职业技能鉴定国家题库石化分库试题选编

维修电工

中国石油化工集团公司职业技能鉴定指导中心 编

中国石化出版社

内 容 提 要

《维修电工》为《职业技能鉴定国家题库石化分库试题选编》丛书之一，由中国石油化工集团公司职业技能鉴定指导中心按照《国家职业标准》及《职业技能鉴定国家题库开发技术规程》组织编写。内容包括：维修电工初级工、中级工、高级工、技师及高级技师的鉴定要素细目表、理论知识试题和技能操作试题，是维修电工进行职业技能鉴定的必备学习资料。

图书在版编目(CIP)数据

维修电工/中国石油化工集团公司职业技能鉴定指导中心编.
—北京:中国石化出版社,2006(2022.7 重印)
(职业技能鉴定国家题库石化分库试题选编)
ISBN 978-7-80229-165-2

Ⅰ.维… Ⅱ.中… Ⅲ.电工-维修-职业技能鉴定-习题 Ⅳ.TM07-44

中国版本图书馆 CIP 数据核字(2006)第 093013 号

中国石化出版社出版发行
地址:北京市东城区安定门外大街 58 号
邮编:100011 电话:(010)57512500
发行部电话:(010)57512575
http://www.sinopec-press.com
E-mail:press@sinopec.com
北京柏力行彩印有限公司印刷
全国各地新华书店经销

*

787×1092 毫米 16 开本 20.5 印张 506 千字
2006 年 9 月第 1 版 2022 年 7 月第 9 次印刷
定价:60.00 元

前　　言

受劳动和社会保障部职业技能鉴定中心委托，按照中国石油天然气集团公司、中国石油化工集团公司职业技能鉴定工作协议，中国石油化工集团公司职业技能鉴定指导中心组织有关专家，依据《职业技能鉴定国家题库开发技术规程》和《国家职业标准》，开发了32个职业95个工种的职业技能鉴定国家题库石化分库，并于2006年5月正式启用。

为满足员工学习专业知识、提高操作技能的需要，我们选编了石化分库的部分试题，按职业（工种）出版《职业技能鉴定国家题库石化分库试题选编》套书。该套书内容包括国家职业标准、鉴定要素细目表、理论知识试题和技能操作试题等，其中，理论知识试题约占分库中该职业（工种）试题的50%，技能操作试题约占70%。

《维修电工》分册由扬子石化主编，上海石化、天津石化、齐鲁石化等单位参编。主要执笔人：蔡景珊。参审人员：石惟理、苏存梅、范士强、刘文福。

由于水平有限，书中难免有遗漏或欠妥之处，敬请谅解并提出宝贵意见。

职业技能鉴定国家题库

石化分库开发领导小组办公室

职业技能鉴定国家题库
石化分库开发领导小组

组　长：刘根元

副组长：傅兴顺　高　滨　孙祖岭　孙金瑜

顾　问：袁　芳　李钰年

成　员(以姓氏笔画为序)：

丁新兴　王凤维　王运才　王虎刚　王瑞萍　石惟理
刘子才　刘文玉　刘忠华　向守源　朱长根　朱正建
朱立群　江毅平　汤　豪　许立明　许　坚　曲子洲
吴　云　何　波　邱　颖　张云燕　张月娥　张全胜
张佐军　张树忠　陈建国　陈若平　周志明　郑洵美
钟文标　徐洪源　贾铁成　郭为民　顾甬明　崔　昶
曹宗祥　黄　进　彭连军　温振丽　童子飞　谢学民
韩　伟　雷建忠　靳良成　潘　慧　穆晓秋　魏洪大
魏根兴

特邀专家(以姓氏笔画为序)：

尤宝英　王　权　丛新泽　刘　欧　刘孝祖
李荣兴　沈洪源　陆　勇　巫建忠　徐　燕
黄世文　黄劲松

编辑出版负责人：

王子康　王力健　邓敦夏

目录

第四部分　技师/高级技师

第一部分

初 级 工

一、理论知识鉴定要素细目表

行业通用理论知识鉴定要素细目表

鉴定范围						鉴定点		
一级		二级		三级		代码	名称	重要程度
代码	名称	代码	名称	代码	名称			
A	基本要求	B	基础知识	A	记录填写基础知识	001	运行记录的种类	X
						002	运行记录的填写要求	X
				B	识图基础知识	001	工艺流程图管线的表示方法	X
						002	工艺流程图管件的表示方法	X
						003	工艺流程图阀门的表示方法	X
						004	工艺流程图仪表电气控制点的表示方法	X
				C	安全环保基础知识	001	石化行业生产的不安全因素	X
						002	国家安全生产的方针	X
						003	三级安全教育的内涵	X
						004	头部的防护	X
						005	眼睛和面部的防护	X
						006	脚部的防护	X
						007	手部的防护	X
						008	耳部的防护	X
						009	口鼻的防护	X
						010	皮肤的防护	X
						011	机械设备对人体伤害的防护	X
						012	厂内交通安全知识	X
						013	石化行业防火防爆十大禁令的内容	X
						014	尘毒物质的分类	X
						015	职业中毒的种类	X
						016	急性中毒的现场抢救	X
						017	高处作业的防护措施	X
						018	石化行业污染的来源	X
						019	石化行业污染的途径	X
						020	石化行业污染的特点	X
						021	清洁生产的定义	X
						022	清洁生产的内容	X
						023	燃烧的三要素	X
						024	干粉灭火器的适用范围	X
						025	泡沫灭火器的适用范围	X

续表

鉴定范围						鉴定点		
一级		二级		三级		代码	名称	重要程度
代码	名称	代码	名称	代码	名称			
						026	1211 灭火器的适用范围	X
						027	ISO 14000 系列标准的含义	X
						028	HSE 管理体系的概念	X
						029	建立 HSE 管理体系的意义	X
						030	石化行业事故处理的原则	X
				D	质量基础知识	001	标准化的概念	X
						002	标准等级划分的类别	X
						003	标准的使用范围	X
						004	ISO 9000 族标准的特点	X
				E	计算机基础知识	001	计算机硬件的组成	X
						002	计算机的安全防护	X
						003	Word 文档的录入与排版	X
						004	计算机浏览器的使用	X
						005	电子邮件的收发	X
				F	法律常识	001	《劳动法》关于劳动者权益的规定	X
						002	劳动合同包含的条款	X
						003	劳动争议解决的途径	X
						004	《劳动法》关于劳动者工作时间的规定	X
						005	《劳动法》关于劳动安全卫生的规定	X
						006	《产品质量法》关于生产者的产品质量责任	X
						007	《产品质量法》关于生产者的产品质量义务	X
						008	《安全生产法》对从业人员的规定	X
						009	《消防法》关于对公民责任的规定	X
B	相关知识	F	培训与指导	B	鉴定与考评	001	职业技能鉴定的定义	X
						002	职业技能鉴定的目的	X
						003	职业资格等级的划分	X
						004	职业资格证书的用途	X
						005	职业、岗位与工种的关系	X

工种理论知识鉴定要素细目表

鉴定范围						鉴定点		
一级		二级		三级		代码	名称	重要程度
代码	名称	代码	名称	代码	名称			
A	基本要求	B	基础知识	G	电工基础知识	001	电路的基本概念	X
						002	电阻的基本概念	X
						003	电感的基本概念	X
						004	电容的基本概念	X
						005	电流的基本概念	X
						006	电位的基本概念	X
						007	电压的基本概念	X
						008	电动势的基本概念	X
						009	一段电路的欧姆定律的概念	X
						010	全电路欧姆定律的概念	X
						011	基尔霍夫定律的内容	X
						012	串联电路的分析和计算方法	X
						013	并联电路的分析和计算方法	X
						014	混联电路的计算	X
						015	电功率的计算	X
						016	正弦交流电的基本概念	X
						017	正弦交流电瞬时值的概念	X
						018	正弦交流电的相位关系	Y
						019	正弦交流电的三要素	X
						020	正弦交流电有效值的概念	X
						021	正弦交流电平均值的概念	Z
						022	正弦交流电有效值和最大值的换算方法	X
						023	用向量表示正弦量的概念	Y
						024	铁磁物质的磁性能	Y
						025	磁场的概念	Y
						026	磁路欧姆定律的内容	Z
						027	磁场对电流的作用	X
						028	电流的磁效应概念	X
						029	电磁感应的基本概念	Y
						030	电流的热效应概念	X
				H	电子技术	001	晶体二极管的伏安特性	X
						002	晶体二极管的主要参数	Y
						003	晶体二极管型号的含义	X
						004	晶体三极管的基本结构	X

续表

鉴定范围						鉴定点		
一级		二级		三级		代码	名称	重要程度
代码	名称	代码	名称	代码	名称			
						005	晶体三极管的工作原理	X
						006	晶体三极管的输入特性	X
						007	晶体三极管的输出特性	X
						008	晶体三极管的主要参数	X
						009	晶体三极管型号的含义	X
						010	硅稳压二极管的基本结构	Y
						011	硅稳压二极管的工作原理	X
						012	硅稳压二极管的伏安特性	X
						013	硅稳压二极管的主要参数	Y
						014	硅稳压二极管型号的含义	X
						015	单相二极管整流电路的工作原理	X
						016	滤波电路的工作原理	Y
						017	硅稳压管稳压电路的工作原理	X
						018	简单串联型稳压电路的工作原理	Y
						019	单管晶体管放大电路的工作原理	X
						020	共射级单管晶体管放大电路主要参数	Z
						021	桥式整流电路的工作原理	X
						022	桥式整流电路的计算	Y
				I	识图知识	001	电气图的分类	X
						002	电气制图的一般规则	X
						003	常用电气的图形符号	X
						004	变电所一次系统图识读	Y
						005	5t 以下起重机电气图的识读	Y
						006	三相异步电动机点动控制电气图的识读	X
						007	三相异步电动机全压启动控制电气图的识读	X
B	相关知识	A	专业知识	A	电工测量技术知识	001	常用电工指示仪表的分类	X
						002	常用电工指示仪表的基本构造	X
						003	常用电工指示仪表的工作原理	X
						004	常用电工指示仪表的符号	X
						005	常用仪表的名称	Y
						006	常用工具的名称	X
						007	常用量具的名称	Z
						008	绝缘器具的使用维护	Y

续表

鉴定范围						鉴定点		
一级		二级		三级		代码	名称	重要程度
代码	名称	代码	名称	代码	名称			
						009	兆欧表的原理和结构	X
						010	兆欧表的选用	X
						011	万用表的原理与结构	X
						012	万用表的使用与维护	X
						013	电压表的原理与结构	X
						014	电压表的使用	X
						015	电流表的工作原理	X
						016	电流表的量程扩大	X
						017	钳形电流表的维护	X
						018	验电器的使用方法	X
						019	功率表的使用	X
				B	电工材料基础知识	001	常用导电材料的名称	X
						002	常用导电材料的用途	X
						003	常用导电材料的规格	Y
						004	常用绝缘材料的名称	X
						005	常用绝缘材料的用途	X
						006	常用绝缘材料的规格	Y
						007	绝缘制品的规格	Y
						008	绝缘制品的用途	Y
						009	常用磁性材料的名称	X
						010	常用磁性材料的规格	Y
						011	常用磁性材料的用途	X
						012	电机常用轴承类别	X
						013	电机常用轴承名称	X
						014	电机常用轴承的型号	Y
						015	电机常用润滑脂的类别	Z
						016	电机常用润滑脂的名称	X
						017	电机常用润滑脂的牌号	Y
						018	常用线管的种类	X
						019	常用线管的用途	Y
						020	常用电力电缆的型号	X
						021	选择电缆截面的方法	X
						022	常用绝缘电线的型号	X
						023	导线截面的选择方法	X
						024	电刷的选用	X

续表

鉴定范围						鉴定点		
一级		二级		三级		代码	名称	重要程度
代码	名称	代码	名称	代码	名称			
				C	变压器知识	001	变压器的种类	X
						002	变压器的用途	X
						003	单相变压器的基本构造	X
						004	单相变压器的基本工作原理	X
						005	三相变压器的基本构造	X
						006	变压器铭牌数据的含义	X
						007	电焊机变压器的基本构造	X
						008	电焊机变压器的基本工作原理	Y
						009	交流电焊机的用途	X
						010	互感器的基本构造	Y
						011	互感器的基本工作原理	Y
						012	互感器的用途	X
						013	互感器铭牌数据的含义	Y
						014	变压器绕组分类	Y
				D	电动机知识	001	常用交流电动机的种类	Y
						002	异步电动机的使用	X
						003	直流电机的工作原理	Y
						004	常用直流电动机的用途	X
						005	常用交流电动机的构造	X
						006	常用交流电动机的工作原理	X
						007	单相异步电动机的构造	X
						008	单相异步电动机的工作原理	X
						009	直流电动机构造和工作原理	X
						010	常用交流电动机铭牌数据的含义	X
						011	中、小型交流电动机绕组的分类	Y
				E	电器知识	001	常用低压电器的名称	Y
						002	常用低压电器的种类	X
						003	常用熔断器的选用	X
						004	常用接触器的选用	X
						005	常用低压电器的使用知识	X
						006	熔断器（RC、RL、RM、RLS、RSO 系列）的规格	Y
						007	熔断器（RC、RL、RM、RLS、RSO 系列）的基本构造	Y
						008	熔断器（RC、RL、RM、RLS、RSO 系列）的工作原理	X

续表

鉴定范围						鉴定点		
一级		二级		三级		代码	名称	重要程度
代码	名称	代码	名称	代码	名称			
						009	开关(HK、HH、HZ系列)的规格、基本构造及工作原理	X
						010	开关(HK、HH、HZ系列)的选用	X
						011	自动空气断路器的规格	X
						012	自动空气断路器的基本构造	X
						013	自动空气断路器的工作原理	X
						014	交流接触器的规格	X
						015	交流接触器的基本构造	X
						016	交流接触器的工作原理	X
						017	直流接触器的规格	Y
						018	主令电器	Y
						019	中间继电器	X
						020	电流继电器	Y
						021	电压继电器	Y
						022	速度继电器	Y
						023	热继电器	X
						024	时间继电器	X
						025	压力继电器	Y
						026	电磁离合器	Y
						027	电磁铁(牵引、阀用、制动、起重电磁铁)的规格	Y
						028	电阻器	Y
						029	频敏变阻器	Z
						030	影响电磁铁的吸力的相关因素	Z
						031	低压电器产品铭牌数据的含义	X
						032	磁力启动器	X
				F	电车拖动自动控制知识	001	三相异步电动机全压启动控制的原理	X
						002	三相异步电动机点动控制原理	X
						003	三相异步电动机正转控制原理	X
						004	三相异步电动机定子绕组串接电阻降压启动控制的原理	Y
						005	三相异步电动机自耦变压器(补偿器)降压启动控制的原理	X
						006	三相异步电动机星形—三角形(Y—△)降压启动控制的原理	X
						007	三相异步电动机正反转控制的原理	X

续表

鉴定范围						鉴定点		
一级		二级		三级		代码	名称	重要程度
代码	名称	代码	名称	代码	名称			
						008	三相异步电动机电磁抱闸制动控制的原理	X
						009	三相异步电动机电磁离合器制动控制的原理	Z
						010	三相鼠笼式异步电动机反接制动控制的原理	X
						011	三相异步电动机能耗制动控制的原理	X
						012	三相异步电动机顺序控制的原理	X
						013	三相异步电动机多地控制的原理	X
						014	三相异步电动机位置控制的原理	X
				G	工厂供电知识	001	隔离开关的型号	X
						002	隔离开关的用途	X
						003	高压断路器的用途	X
						004	避雷器的原理	X
						005	高压电气设备的维护	X
						006	电动机停送电的操作方法	X
						007	电力系统的概念	Y
						008	电力网的概念	Y
						009	电力负荷及供电质量的概念	Y
				H	照明及动力线路知识	001	白炽灯的工作原理	X
						002	日光灯的工作原理	X
						003	汞灯的工作原理	Y
						004	卤钨灯的工作原理	Y
						005	钠灯的工作原理	Z
						006	车间照明的分类	X
						007	车间照明线路的要求	X
						008	车间动力线路的要求	X
				I	电气安全技术知识	001	接地的种类	X
						002	接地的作用	X
						003	临时接地线的使用方法	X
						004	接零的作用	X
						005	漏电保护器的接线	X
						006	保证安全的组织措施	X
						007	保证安全的技术措施	X
						008	心肺复苏法的操作	X
						009	触电急救的方法	X
						010	电气火灾的扑救方法	X

续表

鉴定范围						鉴定点		
一级		二级		三级		代码	名称	重要程度
代码	名称	代码	名称	代码	名称			
		B	相关专业知识	A	钳工基础及焊接知识	001	划线的基本方法	X
						002	錾削的基本方法	X
						003	锉削的基本方法	X
						004	钻孔的基本方法	X
						005	铆接的基本方法	Y
						006	攻螺纹的基本方法	Y
						007	套螺纹的基本方法	Y
						008	矫正的基本方法	Y
						009	弯曲的基本方法	Y
						010	锯削的基本方法	X
						011	一般机械零、部件的拆装方法	Z
						012	锡焊的方法	X
						013	锡焊的选择	X

二、理论知识试题

行业通用理论知识试题

判断题

1. 岗位交接班记录不属于运行记录。(√)

2. 填写记录要求及时、准确、客观真实、内容完整、字迹清晰。(√)

3. 工艺流程图中，主要物料(介质)的流程线用细实线表示。(×)

正确答案：工艺流程图中，主要物料(介质)的流程线用粗实线表示。

4. 在工艺流程图中，表示法兰堵盖的符号是。(√)

5. 在工艺流程图中，符号表示的是减压阀。(×)

正确答案：在工艺流程图中，符号表示的是减压阀。

6. 带控制点的工艺流程图中，表示压力调节阀的符号是。(×)

正确答案：带控制点的工艺流程图中，表示压力调节阀的符号是。

7. 石化生产中存在诸多不安全因素。事故多，损失大。(√)

8. 防护罩、安全阀等不属于安全防护装置。(×)

正确答案：防护罩、安全阀等均属于安全防护装置。

9. 安全检查的任务是发现和查明各种危险和隐患，督促整改；监督各项安全管理规章制度的实施；制止违章指挥、违章作业。(√)

10. 女工在从事转动设备作业时必须将长发或发辫盘卷在工作帽内。(√)

11. 从事化工作业人员必须佩戴防护镜或防护面罩。(×)

正确答案：从事对眼睛及面部有伤害危险作业时必须佩戴有关的防护镜或面罩。

12. 穿用防护鞋时应将裤脚插入鞋筒内。 (×)

正确答案：穿用防护鞋的职工禁止将裤脚插入鞋筒内。

13. 对于从事在生产过程中接触能通过皮肤侵入人体的有害尘毒作业人员，只需发放防护服。 (×)

正确答案：对于从事在生产过程中接触能通过皮肤侵入人体的有害尘毒作业人员，需发放防护服，并需有工业护肤用品，涂在手臂、脸部，以保护职工健康。

14. 在超过噪声标准的岗位工作的职工，要注意保护自己的听力，可戴上企业发给的各种耳塞、耳罩等。 (×)

正确答案：在超过噪声标准的岗位工作的职工，要注意保护自己的听力，一定要戴上企业发给的各种耳塞、耳罩等。

15. 口鼻的防护即口腔和鼻腔的防护。 (×)

正确答案：口鼻的防护即呼吸系统的防护。

16. 人体皮肤是化工生产中有毒有害物质侵入人体的主要途径。 (√)

17. 一般情况下，应将转动、传动部位用防护罩保护起来。 (√)

18. 在设备一侧的转动、传动部位要做好外侧及内侧的防护。 (×)

正确答案：在设备一侧的转动、传动部位要做好外侧及周边的防护。

19. 各种皮带运输机、链条机的转动部位，除装防护罩外，还应有安全防护绳。 (√)

20. 在传动设备的检修工作中，只需在电气开关上挂有“有人作业，禁止合闸”的安全警告牌。 (×)

正确答案：在传动设备的检修工作中，电气开关上应挂有“有人作业，禁止合闸”的安全警告牌，并设专人监护。

21. 限于厂内行驶的机动车不得用于载人。 (√)

22. 严禁在生产装置罐区及易燃易爆装置区内用有色金属工具进行敲打撞击作业。 (×)

正确答案：严禁在生产装置罐区及易燃易爆装置区内用黑色金属工具进行敲打撞击作业。

23. 烟、雾、粉尘等物质是气体，易进入呼吸系统，危害人体健康。 (×)

正确答案：烟、雾、粉尘等物质是气溶胶，易进入呼吸系统，危害人体健康。

24. 烟尘的颗粒直径在 0.1μm 以下。 (√)

25. 职业中毒是指在生产过程中使用的有毒物质或有毒产品，以及生产中产生的有毒废气、废液、废渣引起的中毒。 (√)

26. 毒物进入人体就叫中毒。 (×)

正确答案：毒物对有机体的毒害作用叫中毒。

27. 低毒物质进入人体所引发的病变称慢性中毒。 (×)

正确答案：低浓度的毒物长期作用于人体所引发的病变称慢性中毒。

28. 急性中毒患者呼吸困难时应立即吸氧。停止呼吸时，立即做人工呼吸，气管内插管给氧，维持呼吸通畅并使用兴奋剂药物。 (√)

29. 急性中毒患者心跳骤停应立即做胸外挤压术，每分钟 30~40 次。 (×)

正确答案：急性中毒患者心跳骤停应立即做胸外挤压术，每分钟 60~70 次。

30. 休克病人应平卧位，头部稍高。昏迷病人应保持呼吸道畅通，防止咽下呕吐物。（×）

正确答案： 休克病人应平卧位，头部稍低。昏迷病人应保持呼吸道畅通，防止咽下呕吐物。

31. 高处作业人员应系用与作业内容相适应的安全带，安全带应系挂在施工作业处上方的牢固挂件上，不得系挂在有尖锐的棱角部位。（√）

32. 高处作业可以上下投掷工具和材料，所用材料应堆放平稳，必要时应设安全警戒区，并设专人监护。（×）

正确答案： 高处作业严禁上下投掷工具和材料，所用材料应堆放平稳，必要时应设安全警戒区，并设专人监护。

33. 高处作业人员不得站在不牢固的结构物上进行作业，可以在高处休息。（×）

正确答案： 高处作业人员不得站在不牢固的结构物上进行作业，不得在高处休息。

34. 燃烧产生的废气是石化行业污染的主要来源之一。（√）

35. 工艺过程排放是造成石化行业污染的主要途径。（√）

36. 成品或副产品不会造成石化行业的污染。（×）

正确答案： 成品或副产品的夹带也会造成石化行业的污染。

37. 石化行业污染的特点之一是污染物种类多、危害大。（√）

38. 清洁生产通过末端治理污染来实现。（×）

正确答案： 清洁生产通过应用专门技术，改进工艺、设备和改变管理态度来实现。

39. 清洁的服务不属于清洁生产的内容。（×）

正确答案： 清洁的服务属于清洁生产的内容之一。

40. 引起闪燃的最高温度称为闪点。（×）

正确答案： 引起闪燃的最低温度称为闪点。

41. 燃点是指可燃物质在空气充足条件下，达到某一温度时与火源接触即行着火，并在移去火源后继续燃烧的最低温度。（√）

42. 自燃点是指可燃物在没有火焰、电火花等火源直接作用下，在空气或氧气中被加热而引起燃烧的最高温度。（×）

正确答案： 自燃点是指可燃物在没有火焰、电火花等火源直接作用下，在空气或氧气中被加热而引起燃烧的最低温度。

43. 干粉灭火器能迅速扑灭液体火焰，同时泡沫能起到及时冷却作用。（√）

44. 抗溶性泡沫灭火剂可以扑灭一般烃类液体火焰，但不能扑救水溶性有机溶剂的火灾。（×）

正确答案： 抗溶性泡沫灭火剂可以扑灭一般烃类液体火焰，同时能扑救水溶性有机溶剂的火灾。

45. 1211 灭火器仅适用于扑灭易燃、可燃气体或液体，不适用于扑灭一般易燃固体物质的火灾。（×）

正确答案： 1211 灭火器不仅适用于扑灭易燃、可燃气体或液体，也适用于扑灭一般易燃固体物质的火灾。

46. ISO 14000 系列环境管理标准是国际标准化组织（ISO）第 207 技术委员会（ISO/

TC207)组织制订的环境管理体系标准，其标准号从 14001 到 14100，共 100 个标准号，统称为 ISO 14000 系列标准。(√)

47. HSE 管理体系是指实施安全、环境与健康管理的组织机构、职责、做法、程序、过程和资源等而构成的整体。(√)

48. HSE 中的 S(安全)是指在劳动生产过程中，努力改善劳动条件、克服安全因素，使劳动生产在保证劳动者健康、企业财产不受损失、人民生命安全的前提下顺利进行。(×)

正确答案：HSE 中的 S(安全)是指在劳动生产过程中，努力改善劳动条件、克服不安全因素，使劳动生产在保证劳动者健康、企业财产不受损失、人民生命安全的前提下顺利进行。

49. 建立 HSE 管理体系可改善企业形象、取得经济效益和社会效益。(√)

50. 建立 HSE 管理体系不能控制 HSE 风险和环境影响。(×)

正确答案：建立 HSE 管理体系可有效控制 HSE 风险和环境影响。

51. 对工作不负责任，不严格执行各项规章制度，违反劳动纪律造成事故的主要责任者应严肃处理。(√)

52. 标准化是指在经济、技术、科学及管理等社会实践中，对事物和概念通过制订、发布和实施标准达到统一，以获最佳秩序和社会效益。(×)

正确答案：标准化是指在经济、技术、科学及管理等社会实践中，对重复性事物和概念通过制订、发布和实施标准达到统一，以获最佳秩序和社会效益。

53. 任何标准，都是在一定条件下的“统一规定"，标准化的统一是相对的。(√)

54. 对已有国家标准、行业标准或地方标准的，鼓励企业制订低于国家标准、行业标准或地方标准要求的企业标准。(×)

正确答案：对已有国家标准、行业标准或地方标准的，鼓励企业制订高于国家标准、行业标准或地方标准要求的企业标准。

55. 按约束力分，国家标准、行业标准可分为强制性标准、推荐性标准和指导性技术文件。(√)

56. 只要企业活动和要素具有“重复性"，都可以进行标准化。(√)

57. 2000 版 ISO 9000 族标准可适用于所有产品类型、不同规模和各种类型的组织，并可根据实际需要增加某些质量管理要求。(×)

正确答案：2000 版 ISO 9000 族标准可适用于所有产品类型、不同规模和各种类型的组织，并可根据实际需要减少某些质量管理要求。

58. ISO 9000 族标准是质量保证模式标准之一，用于合同环境下的外部质量保证。可作为供方质量保证工作的依据，也是评价供方质量体系的依据。(√)

59. 计算机内存是可以由 CPU 直接存取数据的地方。(√)

60. 杀毒软件对于病毒来说永远是落后的，也就是说，只有当一种病毒出现后，才能产生针对这种病毒的消除办法。(√)

61. 在计算机应用软件 Word 中输入文字，当打满一行时，必须按一下 Enter 键换到下一行继续输入。(×)

正确答案：在 Word 中输入文字，当打满一行时，不需按一下 Enter 键，系统可自动换到下一行继续输入。

62. 中国大陆地区的顶级域名是“cn”。 (√)

63. 使用应用程序 Outlook Express 可以同时向多个地址发送电子邮件，也可以把收到的邮件转发给第三者。 (√)

64.《劳动法》规定，对劳动者基本利益的保护是最基本的保护，不应由于用人单位所有制的不同或组织形式不同而有所差异。 (√)

65. 依据《劳动法》的规定，劳动争议当事人对仲裁裁决不服的，可以自收到仲裁裁决书之日起三十日内向人民法院提起诉讼。一方当事人在法定期限内不起诉又不履行仲裁裁决的，另一方当事人可申请人民法院强制执行。 (√)

66. 劳动安全卫生工作“三同时”是指：新建工程的劳动安全卫生设施必须与主体工程同时设计、同时施工、同时投入生产和使用。 (×)

正确答案：劳动安全卫生工作“三同时”是指：新建、改建或扩建工程的劳动安全卫生设施必须与主体工程同时设计、同时施工、同时投入生产和使用。

67.《产品质量法》规定，生产者不得生产国家明令淘汰的产品；不得伪造或者冒用认证标志等质量标志。 (√)

68. 产品质量义务分为积极义务和消极义务，“生产者不得伪造产地，不得伪造或者冒用他人的厂名、厂址”属于产品生产者的积极义务。 (×)

正确答案：产品质量义务分为积极义务和消极义务，“生产者不得伪造产地，不得伪造或者冒用他人的厂名、厂址”属于产品生产者的消极义务。

69. 从业人员在发现直接危及人身安全的紧急情况时，有权停止作业或者在采取可能的应急措施后撤离作业场所。 (√)

70.《消防法》第四十八条规定：埋压、圈占消火栓或者占用防火间距、堵塞消防通道的，或者损坏和擅自挪用、拆除、停用消防设施、器材的，处警告、罚款或者十日以下拘留。 (×)

正确答案：《消防法》第四十八条规定：埋压、圈占消火栓或者占用防火间距、堵塞消防通道的，或者损坏和擅自挪用、拆除、停用消防设施、器材的，处警告或者罚款。

71. 职业技能鉴定是按照国家规定的职业标准，通过政府授权的考核鉴定机构对劳动者的专业知识和技能水平进行客观、公正、科学规范地评价与认证的活动。 (√)

72. 职业技能鉴定是为劳动者颁发职业资格证书。 (×)

正确答案：职业技能鉴定是为劳动者持证上岗和用人单位就业准入提供资格认证的活动。

73. 职业技能鉴定考试是以社会劳动者的职业技能为对象，以规定的职业标准为参照系统，通过相关知识和实际操作的考核作为综合手段，为劳动者持证上岗和用人单位就业准入提供资格认证的活动。 (√)

74. 职业资格证书分一级、二级、三级、四级、五级五个级别。 (√)

75. 职业资格证书是劳动者的专业知识和职业技能水平的证明。 (√)

76. 职业资格证书是劳动者持证上岗和用人单位录用员工的资格认证。 (√)

77. 职业是指从业人员为获取主要生活来源所从事的社会工作类别。 (√)

78. 一个职业可以包括一个或几个工种，一个工种又可以包括一个或几个岗位，它们是一种包含与被包含的关系。 (√)

单选题

1. 运行记录填写错误需要更正时，必须采用(C)。

A. 撕页重写　　B. 用刀片刮去重写　　C. 划改　　D. 涂改

2. 化工管路图中，表示蒸汽伴热管道的规定线型是(C)。

A. 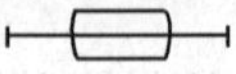　　B. 　　C. 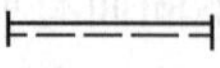　　D. 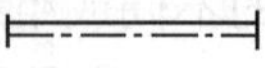

3. 化工管路图中，表示热保温管道的规定线型是(A)。

A. 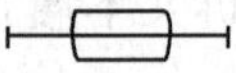　　B. 　　C. 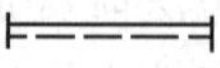　　D. 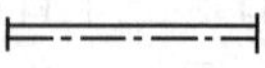

4. 在工艺流程图中，下列符号表示活接头的是(C)。

A. 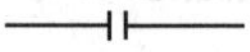　　B. 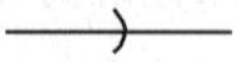　　C. 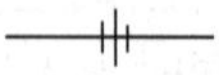　　D. 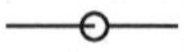

5. 在工艺流程图中，表示法兰连接的符号是(D)。

A. 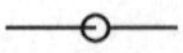　　B. 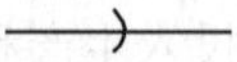　　C. 　　D. 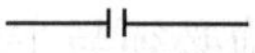

6. 在工艺流程图中，表示闸阀的符号是(B)。

A. 　　B. 　　C. 　　D. 

7. 在工艺流程图中，表示球阀的符号是(D)。

A. 　　B. 　　C. 

D. 

8. 在工艺流程图中，表示截止阀的符号是(A)。

A. 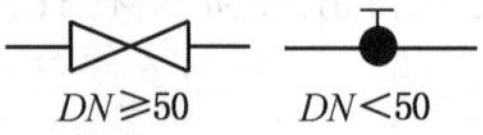

B. 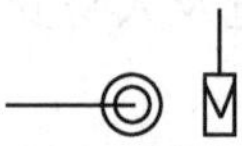

C. 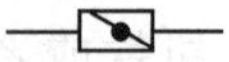
D. 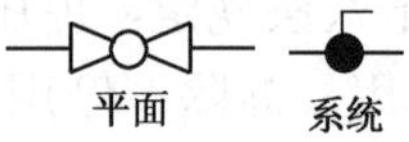

9. 带控制点的工艺流程图中，仪表控制点以(A)在相应的管路上用代号、符号画出。

A. 细实线　　B. 粗实线　　C. 虚线　　D. 点划线

10. 带控制点的工艺流程图中，表示指示的功能符号是(C)。

A. T　　B. J　　C. Z　　D. X

11. 带控制点的工艺流程图中，表示电磁流量计的符号是(B)。

A. 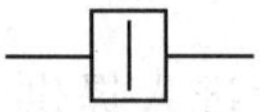　　B. 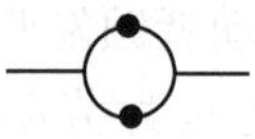

C. 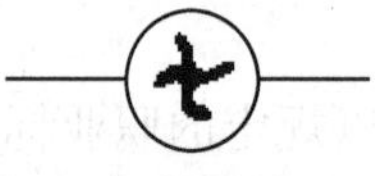　　D. 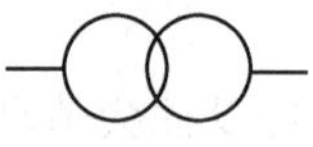

12. 石化生产存在许多不安全因素，其中易燃、易爆、有毒、有(A)的物质较多是主要的不安全因素之一。

A. 腐蚀性　　B. 异味　　C. 挥发性　　D. 放射性

13. 石化生产的显著特点是工艺复杂、(C)要求严格。

A. 产品　　B. 原料　　C. 操作　　D. 温度

14. 我国安全生产的方针之一是“(C)第一，预防为主”。

A. 管理　　B. 效益　　C. 安全　　D. 质量

15. 我国安全生产的方针之一是“防消结合，以(D)为主”。

A. 管　B. 消　C. 人　D. 防

16. “三级安全教育”即厂级教育、车间级教育、(A)级教育。

A. 班组　B. 分厂　C. 处　D. 工段

17. 工人的日常安全教育应以“周安全活动”为主要阵地进行，并对其进行(B)的安全教育考核。

A. 每季一次　B. 每月一次　C. 每半年一次　D. 一年一次

18. 为保护头部不因重物坠落或其他物件碰撞而伤害头部的防护用品是(A)。

A. 安全帽　B. 防护网　C. 安全带　D. 防护罩

19. 从事(B)作业时，作业人员必须穿好专用的工作服。

A. 电焊　B. 酸碱　C. 高空　D. 气焊

20. 从事计算机、焊接及切割作业、光或其他各种射线作业时，需佩戴专用(C)。

A. 防护罩　B. 防护网　C. 防护镜　D. 防护服

21. 从事有(B)、热水、热地作业时应穿相应胶鞋。

A. 硬地　B. 腐蚀性　C. 检修作业　D. 机床作业

22. 从事(A)作业时应穿耐油胶鞋。

A. 各种油类　B. 酸碱类　C. 机加工　D. 检查维护

23. 从事酸碱作业时，作业人员需戴(C)手套。

A. 布　B. 皮

C. 耐酸碱各种橡胶　D. 塑料

24. 线手套或(B)手套只可作为一般的劳动防护用品。

A. 皮　B. 布　C. 橡胶　D. 塑料

25. 耳的防护即(A)的保护。

A. 听力　B. 耳廓　C. 头部　D. 面部

26. 工作地点有有毒的气体、粉尘、雾滴时，为保护呼吸系统，作业人员应按规定携带戴好(A)。

A. 过滤式防毒面具　B. 防护服

C. 口罩　D. 防护面罩

27. 从事易燃、易爆岗位的作业人员应穿(B)工作服。

A. 腈纶　B. 防静电　C. 涤纶　D. 防渗透

28. 从事苯、石油液化气等易燃液体作业人员应穿(D)工作服。

A. 耐腐蚀　B. 阻燃　C. 隔热　D. 防静电

29. 各种皮带运输机、链条机的转动部位，除安装防护罩外，还应有(A)。

A. 安全防护绳　B. 防护线　C. 防护人　D. 防护网

30. 厂内行人要注意风向及风力，以防在突发事故中被有毒气体侵害。遇到情况时要绕行、停行、(C)。

A. 顺风而行　B. 穿行　C. 逆风而行　D. 快行

31. 不能用于擦洗设备的是(D)。

A. 肥皂　B. 洗衣粉　C. 洗洁精　D. 汽油

32. 不属于有毒气体的是(C)。

A. 氯气　　B. 硫化氢　　C. 二氧化碳　　D. 一氧化碳

33. 属于气体物质的是(A)。

A. 氯气　　B. 烟气　　C. 盐酸雾滴　　D. 粉尘

34. 引起慢性中毒的毒物绝大部分具有(A)。

A. 蓄积作用　　B. 强毒性　　C. 弱毒性　　D. 中强毒性

35. 急性中毒现场抢救的第一步是(C)。

A. 迅速报警　　B. 迅速拨打 120 急救

C. 迅速将患者转移到空气新鲜处　　D. 迅速做人工呼吸

36. 酸烧伤时，应用(B)溶液冲洗。

A. 5%碳酸钠　　B. 5%碳酸氢钠　　C. 清水　　D. 5%硼酸

37. 高处作业是指在坠落高度基准面(含)(A)m 以上，有坠落可能的位置进行的作业。

A. 2　　B. 2.5　　C. 3　　D. 5

38. 一般不会造成环境污染的是(B)。

A. 化学反应不完全　　B. 化学反应完全

C. 装置的泄漏　　D. 化学反应中的副反应

39. 不是石化行业污染主要途径的是(C)。

A. 工艺过程的排放　　B. 设备和管线的滴漏

C. 成品运输　　D. 催化剂、助剂等的弃用

40. 不属于石化行业污染特点的是(B)。

A. 毒性大　　B. 毒性小　　C. 有刺激性　　D. 有腐蚀性

41. 清洁生产是指在生产过程、产品寿命和(A)领域持续地应用整体预防的环境保护战略，增加生态效率，减少对人类和环境的危害。

A. 服务　　B. 能源　　C. 资源　　D. 管理

42. 清洁生产的内容包括清洁的能源、(D)、清洁的产品、清洁的服务。

A. 清洁的原材料　　B. 清洁的资源

C. 清洁的工艺　　D. 清洁的生产过程

43. 不属于燃烧三要素的是(C)。

A. 点火源　　B. 可燃性物质　　C. 阻燃性物质　　D. 助燃性物质

44. 气体测爆仪测定的是可燃气体的(D)。

A. 爆炸下限　　B. 爆炸上限

C. 爆炸极限范围　　D. 浓度

45. MF4 型手提式干粉灭火器的灭火参考面积是(B)m^2。

A. 1.5　　B. 1.8　　C. 2.0　　D. 2.5

46. MF8 型手提式干粉灭火器的喷射距离大于等于(B)m。

A. 3　　B. 5　　C. 6　　D. 7

47. MFT70 型推车式干粉灭火器的灭火射程在(D)m。

A. 8~10　　B. 17~20　　C. 30~35　　D. 10~13

48. MPT100 型推车式干粉灭火器的灭火射程在(A)m。

A. 16~18　　B. 14~16　　C. 12~14　　D. 18~20

49. MY2 型手提式 1211 灭火器的灭火射程是(C)m。

A. 1　　B. 2　　C. 3　　D. 4

50. MY0.5 型手提式 1211 灭火器的灭火射程在(D)m。

A. 3　　B. 4.5　　C. 2.5　　D. 2

51. ISO 14000 系列标准的核心是(B)标准。

A. ISO 14000　　B. ISO 14001　　C. ISO 14010　　D. ISO 14100

52. HSE 管理体系是指实施安全、环境与(C)管理的组织机构、职责、做法、程序、过程和资源等而构成的整体。

A. 生命　　B. 过程　　C. 健康　　D. 资源

53. 建立 HSE 管理体系可提高企业安全、环境和健康(A)。

A. 管理水平　　B. 操作水平　　C. 使用水平　　D. 能源水平

54. 事故处理要坚持(C)不放过的原则。

A. 二　　B. 三　　C. 四　　D. 五

55. 违章作业、违反纪律等造成的一般事故，对责任者应给予(D)。

A. 警告处分　　B. 记过处分　　C. 行政处分　　D. 处罚

56. 标准化包括(C)的过程。

A. 研究、制订及颁布标准　　B. 制订、修改及使用标准

C. 制订、发布及实施标准　　D. 研究、公认及发布标准

57. 根据《中华人民共和国标准化法》的规定，我国的标准分为(B)四级。

A. 国际标准、国家标准、地方标准和企业标准

B. 国家标准、行业标准、地方标准和企业标准

C. 国家标准、地方标准、行业标准和企业标准

D. 国际标准、国家标准、行业标准和地方标准

58. 我国在国家标准管理办法中规定国家标准的有效期一般为(C)。

A. 3 年　　B. 4 年　　C. 5 年　　D. 7 年

59. 2000 版 ISO 9000 族标准适用的范围是(D)。

A. 小企业　　B. 大中型企业

C. 制造业　　D. 所有行业和各种规模的组织

60. 在电脑的存储设备中，数据存取速度从快到慢的顺序是(B)。

A. 软盘、硬盘、光盘、内存　　B. 内存、硬盘、光盘、软盘

C. 软盘、硬盘、内存、光盘　　D. 光盘、软盘、内存、硬盘

61. 计算机硬件系统最核心的部件是(C)。

A. 内存储器　　B. 主机　　C. CPU　　D. 主板

62. 键盘是计算机的一种(D)设备。

A. 控制　　B. 存储　　C. 输出　　D. 输入

63. 计算机病毒会给计算机造成的损坏是(B)。

A. 只损坏软件　　B. 损坏硬件、软件或数据

C. 只损坏硬件　　　　　　　　　　D. 只损坏数据

64. 一张加了写保护的软磁盘(C)。

A. 不会向外传染病毒，但是会感染病毒

B. 不会向外传染病毒，也不会感染病毒

C. 不会再感染病毒，但是会向外传染病毒

D. 既向外传染病毒，又会感染病毒

65. 计算机防病毒软件可(B)。

A. 永远免除计算机病毒对计算机的侵害

B. 具有查病毒、杀病毒、防病毒的功能

C. 消除全部已发现的计算机病毒

D. 对已知病毒产生免疫力

66. 在计算机应用软件 Word 编辑中，以下键盘命令中执行复制操作的命令是(B)。

A. Ctrl+A　　B. Ctrl+C　　C. Ctrl+X　　D. Ctrl+V

67. 在计算机应用软件 Word 中常用工具栏中的“格式刷”用于复制文本和段落的格式，若要将选中的文本或段落格式重复用多次，应进行(A)操作。

A. 双击格式刷　　　　　　　　　　B. 拖动格式刷

C. 右击格式刷　　　　　　　　　　D. 单击格式刷

68. 使用 IE 浏览某网站时，出现的第一个页面称为网站的(C)。

A. WEB 页　　B. 网址　　C. 主页　　D. 网页

69. 在浏览 WEB 网页的过程中，如果你发现自己喜欢的网页并希望以后多次访问，应当使用的方法是(A)。

A. 放到收藏夹中　　B. 建立浏览　　C. 建立地址簿　　D. 用笔抄写到笔记本上

70. 发送电子邮件时，不可作为附件内容的是(B)。

A. 可执行文件　　B. 文件夹　　C. 压缩文件　　D. 图像文件

71. 某电子邮件地址为 new@ public. bta. net. cn，其中 new 代表(A)。

A. 用户名　　B. 主机名　　C. 本机域名　　D. 密码

72.《劳动法》规定，所有劳动者的合法权益一律平等地受我国劳动法的保护，不应有任何歧视或差异。这体现了对劳动者权益(B)的保护。

A. 最基本　　B. 平等　　C. 侧重　　D. 全面

73.《劳动法》规定，(A)的保护是对劳动者的最低限度保护，是对劳动者基本利益的保护，对劳动者的意义最重要。

A. 最基本　　B. 全面　　C. 侧重　　D. 平等

74. 依据《劳动法》规定，劳动合同可以约定试用期。试用期最长不超过(C)个月。

A. 12　　B. 10　　C. 6　　D. 3

75. 能够认定劳动合同无效的机构是(B)。

A. 各级人民政府　　　　　　　　　B. 劳动争议仲裁委员会

C. 各级劳动行政部门　　　　　　　D. 工商行政管理部门

76. 我国劳动法律规定，集体协商职工一方代表在劳动合同期内，自担任代表之日起(A)以内，除个人严重过失外，用人单位不得与其解除劳动合同。

A. 5 年　　B. 4 年　　C. 3 年　　D. 2 年

77. 依据《劳动法》的规定，发生劳动争议时，提出仲裁要求的一方应当自劳动争议发生之日起(D)日内向劳动争议仲裁委员会提出书面申请。

A. 三十　　B. 四十　　C. 十五　　D. 六十

78. 依据《劳动法》的规定，用人单位与劳动者发生劳动争议，当事人可以依法(B)，也可以协商解决。

A. 提起诉讼　　B. 申请调解、仲裁、提起诉讼

C. 申请仲裁　　D. 申请调解

79. 我国《劳动法》规定，安排劳动者延长劳动时间的，用人单位应支付不低于劳动者正常工作时间工资的(B)的工资报酬。

A. 100%　　B. 150%　　C. 200%　　D. 300%

80. 我国劳动法律规定的最低就业年龄是(C)周岁。

A. 18　　B. 17　　C. 16　　D. 15

81. 依据《劳动法》的规定，用人单位必须为劳动者提供符合国家规定的劳动安全卫生条件和必要的劳动防护用品，对从事有(B)危害作业的劳动者应当定期进行健康检查。

A. 身体　　B. 职业　　C. 潜在　　D. 健康

82.《产品质量法》规定，因产品存在缺陷造成人身、缺陷产品以外的其他财产损害的，应当由(D)承担赔偿责任。

A. 生产者和销售者共同　　B. 销售者

C. 消费者　　D. 生产者

83. 产品质量义务中的行为人必须为一定质量行为或不为一定质量行为的(C)性，是义务区别于权利的质的差异和主要特征。

A. 必然　　B. 重要　　C. 必要　　D. 强制

84.《安全生产法》规定，从业人员有获得符合(A)的劳动防护用品的权利。

A. 国家标准、行业标准　　B. 行业标准、企业标准

C. 国家标准、地方标准　　D. 企业标准、地方标准

85. 不属于《安全生产法》规定的从业人员安全生产保障知情权的一项是(D)。

A. 有权了解其作业场所和工作岗位存在的危险因素

B. 有权了解防范措施

C. 有权了解事故应急措施

D. 有权了解事故后赔偿情况

86. 下列说法不正确的是(C)。

A. 任何单位和个人不得损坏或者擅自挪用、拆除、停用消防设备、器材

B. 任何单位和个人不得占有防火间距、不得堵塞消防通道

C. 营业性场所不能保障疏散通道、安全出口畅通的，责令限期改正；逾期不改正的，对其直接负责的主管人员和其他直接责任人员依法给予行政处分或者处警告

D. 阻拦报火警或者谎报火警的，处警告、罚款或者十日以下拘留

87. 以机动车驾驶技能为例，个人日常生活中驾驶是属于(B)。

A. 职业技能　B. 生活技能　C. 操作技能　D. 肢体技能

88. 职业技能鉴定考试的主要目的是(A)。

A. 为劳动者持证上岗和用人单位就业准入资格提供依据

B. 为劳动者提供就业证书

C. 检验劳动者的技能水平

D. 测量劳动者职业技能的等级

89. 职业技能鉴定考试属于(D)。

A. 常模参照考试　B. 上岗考试

C. 取证考试　D. 标准参照考试

90. 职业资格证书初级、中级、高级、技师、高级技师对应的级别分别是(A)。

A.(五、四、三、二、一)　B.(一、二、三、四、五)

C.(二、三、四、五、六)　D.(六、五、四、三、二)

91. 职业资格证书是由(B)机构印制。

A. 各级教育部门　B. 劳动保障部门

C. 劳动者所在的劳资部门　D. 职业技能鉴定部门

92. 可以作为劳动者就业上岗和用人单位准入就业的主要依据是(C)。

A. 毕业证书　B. 介绍信

C. 职业资格证书　D. 成绩单

93. 职业具有社会性、稳定性、规范性、群体性和(A)等特点。

A. 目的性　B. 开放性　C. 先进性　D. 实用性

工种理论知识试题

判断题

1. 从定义上讲，电位和电压相似，电位改变电压也跟着改变。(×)

正确答案：电位是相对的，电压是绝对的。

2. 某一金属导体，若长度增加一倍，截面积增加一倍，则导体电阻增加 4 倍。(×)

正确答案：长度增加一倍，截面积增加一倍，导体电阻不变。

3. 阻值大的电阻一定较阻值小的电阻流过的电流小。(×)

正确答案：电阻流过的电流大小还与电压有关，如：大、小电阻串联时，流过的电流就相等。

4. 导体的长度和截面积都增大一倍，其电阻值不变。(√)

5. 线圈自感系数的大小，决定于线圈本身结构，而与周围介质的导磁系数无关。(×)

正确答案：线圈自感系数的大小，与周围介质的导磁系数有关。

6. 线性电容的容量只与极板面积和极板间距离有关，与中间介质无关。(×)

正确答案：线性电容的容量不仅与极板面积和极板间距离有关，还与中间介质有关。

7. 多个电容串联，其等效电容量的倒数等于串联电容的电容量的倒数之和。(√)

8. 在电路中流动的多数是带负电荷的自由电子，而习惯上规定以正电荷流动的方向为电流的正方向，与自由电子流动的实际方向相反。(√)

9. 单位正电荷在电场中某一点具有的电位能定义为该点的电位。(√)

10. 感生电动势的大小应由法拉第定律来确定。(√)

11. 外力将单位正电荷由正极移向负极所做的功定义为电源电动势。 (×)

正确答案：外力将单位正电荷由负极移向正极所做的功定义为电源电动势。

12. 由一段无源支路欧姆定律公式 $R=U/I$ 可知，电阻(R)的大小与电压有关。 (×)

正确答案：电阻(R)的大小与加在它两端的电压无关。

13. 标识为 100W、220V 的灯泡，接在 20V 的电路中，其实际功率为 P_1，接在 10V 电路中，实际功率为 P_2，则 $P_1>P_2$。 (√)

14. 在一个闭合电路中，电流的大小只与电源电动势(E)、负载(R)的大小有关，与电源内阻(r_0)无关。 (×)

正确答案：在一个闭合电路中，电流的大小与电源内阻(r_0)有关。

15. 当电路处于通路状态时，外电路电阻上的电压等于电源电动势。 (×)

正确答案：当电路处于通路状态时，外电路电阻上的电压等于电动势减去内阻上的电压降。

16. 直流电路中某一节点的电流代数和恒等于零。 (√)

17. 在电阻分压电路中，电阻值越大，其两端分得的电压就越大。 (√)

18. 多个电容串联时，电容量较大的电容分压较多。 (×)

正确答案：多个电容串联时，电容量较小的电容分压较多。

19. 并联电阻起分流作用，阻值差别越大则分流作用越明显。 (√)

20. 并联电阻的等效电阻小于其中任一个电阻的电阻值。 (√)

21. 多个电阻并联时，总电阻值等于各个电阻值的倒数之和。 (×)

正确答案：多个电阻并联时，总电阻的倒数等于各个电阻值的倒数之和。

22. 两个 10Ω 电阻并联，再与一个 5Ω 电阻串联，其总电阻值为 15Ω。 (×)

正确答案：两个 10Ω 电阻并联，再与一个 5Ω 电阻串联，其总电阻值为 10Ω。

23. 负载获得最大功率的条件是负载电阻等于电源内阻。 (√)

24. 正弦交流电的最大值等于平均值的$\sqrt{3}$倍。 (×)

正确答案：正弦交流电的最大值等于平均值的 1.57 倍。

25. 交流电流的平均值 I_a 是指一个周期内绝对值的平均值，也就是半周内的绝对平均值。 (√)

26. 自感电动势的大小只与电流变化快慢有关。 (×)

正确答案：自感电动势的大小不仅与电流变化快慢有关还与自感系数有关。

27. 法拉第电磁感应定律中的负号表示感应电动势的方向永远和原磁通方向相反。 (×)

正确答案：法拉第电磁感应定律中的负号表示感应电动势的方向永远和原磁通的变化方向相反。

28. 穿过线圈的磁通量变化率越小，则感应电动势越大。 (×)

正确答案：穿过线圈的磁通量变化率越小，感应电动势越小。

29. 熔断器是利用电流的热效应原理，当电路发生短路时，导致电路中的电流增大，熔丝过热首先被烧断，最终切断电路。 (√)

30. 加到二极管两端的电压和通过二极管的电流之间的关系称为二极管的伏安特性。 (√)

31. 三极管的电流放大作用就是能把一个微小的电流变化直接扩大为一个较大的电流变化。 (×)

正确答案：三极管的电流放大作用的本质是用一个微小电流的变化去控制一个较大电流的变化。

32. 晶体三极管的输入特性是指：当三极管的集电极与发射极之间电压 U_{CE} 保持为某一固定值时，加在三极管基极与发射极之间的电压 U_{BE} 与基极电流 I_B 之间的关系。（√）

33. 稳压二极管是采用特殊工艺制造的面结合型二极管，反向击穿曲线更为陡峭，只要限制击穿电流，则可长期工作在反向击穿区。（√）

34. 保留脉动电压的直流成分，尽可能滤除它的交流成分就叫滤波器，具有滤波功能的电路就叫滤波电路。（√）

35. 如图所示硅稳压管稳压电路，当电源电压 V_0 升高时，引起 V_Z 两端电压升高，根据稳压管的反向击穿特性，ΔI_Z 比 ΔV_Z 大得多的原理，$V_0\uparrow\rightarrow I_z\uparrow\uparrow\rightarrow I_zR\uparrow\uparrow\rightarrow V_L\downarrow$，使负载电压 V_L 保持近似稳定。（√）

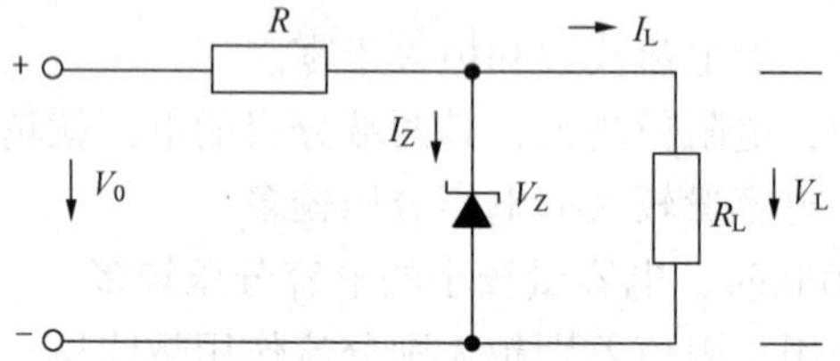

36. 用一个电压调整器件和负载电阻 R_L 串联的电路，称为串联型稳压电路。当输入电压和负载电流变化时，相应改变调整器件两端电压的大小，保证输出电压基本不变，这就是串联型稳压电路基本原理。（√）

37. 在单相桥式整流电路中，在电源电压正半周时，V_1，V_3 导通，V_2，V_4 反偏截止。（√）

38. 电路中用四只二极管接成电桥形式所构成的整流电路称为桥式整流电路。（√）

39. 在单相桥式整流电路中，每只二极管承受的最大反向电压是输出直流电压 V_d 的 $\sqrt{2}$ 倍。（×）

正确答案：每只二极管承受的最大反向电压是输入交流电压的 $\sqrt{2}$ 倍。

40. 维修电工常用的电气图有系统图、安装接线图、电气原理展开图。（√）

41. 绘制电路图时布局要合理，布局应按工作顺序从右向左，从上向下的原则排列。（×）

正确答案：布局应按工作顺序从左向右，从上向下的原则排列。

42. 三相异步电动机点动控制电路中，启动按钮的两端一定要和接触器的常开辅助触头并联。（×）

正确答案：启动按钮的两端不能和接触器的常开辅助触头并联。

43. 指示仪表的基本工作原理是先把被测量 X 转换成测量机构可以接受的过渡量 Y，再将过渡量 Y 变为可以转动部分的偏转角 α，从而实现了指针偏转角 α 反映被测量 X 的大小。（√）

44. 磁电系和电磁系仪表的标度尺分度都是均匀的。（×）

正确答案：磁电系仪表的标度尺分度是均匀的，而电磁系仪表的标度尺分度是不均匀的。

45. 绝缘棒的大小和尺寸取决于电气设备的电压等级。（√）

46. 绝缘手套存放在专用的柜子里，对存放的环境温度没有特殊的要求。 (×)

正确答案： 绝缘手套对存放的环境温度有特殊的要求。

47. 使用兆欧表时，摇动手柄的速度不宜太快或太慢，一般规定为 120r/min。 (√)

48. 兆欧表的接线柱有两个。 (×)

正确答案： 兆欧表的接线柱有三个。

49. 一般兆欧表的分类是以发电机发出的最低电压来决定。 (×)

正确答案： 一般兆欧表的分类是以发电机发出的额定电压来决定。

50. 万用表一般可以用来测量直流电流、直流电压、交流电压和电阻。 (√)

51. 万用表是用电磁系测量机构配合测量电路来实现各种电量的测量的。 (×)

正确答案： 万用表是用磁电系测量机构配合测量电路来实现各种电量的测量的。

52. 万用表只能用来测量交直流电流、电压、电阻，但不能用来测量电功率和电容量。 (×)

正确答案： 万用表不能用来测量电功率，但可测电容量。

53. 交流电压表附有电压互感器时，电压互感器二次侧不能开路。 (×)

正确答案： 交流电压表附有电压互感器时，电压互感器二次侧不能短路。

54. 若需要扩大直流电压表的量程，其方法是根据串联电阻分压原理在测量机构上串联一个分压电阻。 (√)

55. 直流电压表通常采用电磁系测量机构。 (×)

正确答案： 直流电压表通常采用磁电系测量机构。

56. 直流电压表采用磁电系测量机构时，既能测直流电压也能测交流电压。 (×)

正确答案： 直流电压表不能直接测交流电压，带整流器以后可以测量。

57. 运用伏安表法测量电阻时，如果被测电阻很小，应采用电压表后接法。 (√)

58. 直接接入电路的电流表应与被测电路并联。 (×)

正确答案： 直接接入电路的电流表应与被测电路串联。

59. 交流电流表的刻度，是按其有效值进行刻度的。 (√)

60. 只卡住一根导线时，钳形电流所指示的电流就是所测导线的实际工作电流。 (√)

61. 钳形电流表测量电流时，可以不断开电路进行测量。 (√)

62. 用钳形电流表测量三相平衡负载电流时，钳口中放入两相导线时的指示值与放入一相导线时的指示值不相等。 (×)

正确答案： 钳形电流表测量三相平衡负载电流时，钳口中放入两相导线时的指示值与放入一相导线时的指示值应该相等。

63. 电工常用低压试电笔检测电压的范围是 60~103V。 (×)

正确答案： 电工常用低压试电笔检测电压的范围是 60~250V。

64. 高压验电器用以检验对地电压在 250V 以上的电气设备。 (√)

65. 高压验电器必须每年检验一次。 (×)

正确答案： 高压验电器必须每半年检验一次。

66. 用单相功率表测量三相四线制对称负载电路的有功功率时，可以采用一表法。(√)

67. 单相有功功率表不仅可以测量三相负载的有功功率，也可以测量无功功率。 (√)

68. 导电材料的作用主要是传导电流的，但有时并不一定仅仅为了传导电流，而是为了产生热、光、磁或化学效应。 (√)

69. 裸铝包电缆的耐腐蚀性能比裸铅包电缆差。 (√)

70. 电压等级高的动力线、电气设备的控制线和电机电器的线圈等大部分都采用铜导线。 (√)

71. BVR 是 B 系列塑料导线中的聚氯乙烯绝缘软线。 (√)

72. BLV 型号的铜导线属于铜芯聚氯乙烯绝缘导线。 (×)

正确答案：BLV 型号的导线属于铝芯聚氯乙烯绝缘导线。

73. 铝绞线的符号表示为"LJ"。 (√)

74. 电机的绝缘电阻值随温度的升高而明显降低。 (√)

75. 绝缘手套应有足够的长度，通常手套长度应与手腕平齐。 (×)

正确答案：绝缘手套应有足够的长度，通常手套长度比手腕长。

76. 电机和电磁铁的铁芯通常用软磁材料制作。 (√)

77. 直流继电器、直流接触器铁芯选用的磁性材料是电磁钝铁。 (√)

78. 轴承按工作元件的摩擦性质分为滑动轴承和滚动轴承。 (√)

79. 轴承的润滑剂有润滑油、润滑脂和固体润滑剂三类，而电机常用润滑剂是润滑脂。 (√)

80. 电机常用的润滑脂的种类有 8 种：钙基润滑脂、钠基润滑脂、钙钠基润滑脂、石墨钙润滑脂、锂基润滑脂、复合钙基润滑脂、二硫化钼润滑脂、铝基润滑脂。 (√)

81. 当电机负载轻，转速又很低时，应选用二硫化钼润滑脂。 (×)

正确答案：当电机负载轻，转速又很低时，应选用 2# 和 3# 钠基润滑脂。

82. 利用降压变压器将发电机端电压降低，可以减小输电线路上的电能损耗。 (×)

正确答案：利用升压变压器将发电机端电压升高，才可以减小输电线路上的电能损耗。

83. 变压器的效率是输出的功率与输入的功率之比。 (√)

84. 单相变压器原、副边电压的相位，一定相差 180°。 (×)

正确答案：单相变压器原、副边电压的相位，不一定相差 180°。

85. 变压器的次级额定电压是指变压器空载时，初级加上额定电压后，次级两端的电压值。 (√)

86. 温升是变压器在额定状态运行时允许超过周围环境的温度值，它取决于变压器所用绝缘材料的耐热等级。 (√)

87. 在进行三相变压器绕组联接时，应保证三相绕组磁通的矢量和为零。

即(公式 $\phi_U+\phi_V+\phi_W=0$)。 (√)

88. 带电抗器的电焊变压器，当电抗器的气隙增大时，电焊电流减小。 (×)

正确答案：带电抗器的电焊变压器，当电抗器的气隙增大时，电焊电流增大。

89. 电焊变压器(交流弧焊机)是一种特殊的降压变压器。空载时输出电压为 30V 左右，而在有载时电压约在 60~75V。 (×)

正确答案：空载时输出电压为 60~75V，而在有载时电压在 30V 左右。

90. 电流互感器的结构和工作原理与普通变压器相似，它的一次线圈并联在被测电路中。 (×)

正确答案：电流互感器的一次线圈应串联在被测电路中。

91. 电流互感器是按电磁感应原理工作的。 (√)

92. 电流互感器在正常运行时，接近于短路状态，相当于一个短路运行的变压器。(√)

93. 电流互感器的准确度级别，是以最大变比误差和相角误差来区分的，准确度级别在数值上就是变比误差限值的百分数。(√)

94. 当电压互感器的二次电压相量超前一次电压相量时，规定角误差为负误差。(×)

正确答案： 角误差规定为一次向量与转过 180°的二次向量之间的夹角，并无正负之分。

95. 电压互感器二次负载是并联连接，并联后总阻抗的大小不受限制。(×)

正确答案： 电压互感器二次负载是并联连接，并联后总阻抗的大小应受到限制。

96. 电流互感器二次绕组的额定电流都规定为 10A。(×)

正确答案： 电流互感器二次绕组的额定电流都规定为 5A 和 1A。

97. 按变压器绕组数目，可把变压器划分成单绕组变压器、双绕组变压器和多绕组变压器。(√)

98. 大多数电力变压器都采用同芯式绕组，即它的原、副绕组是同心地套装在一个铁芯柱上，为了便于绝缘，一般低压绕组放在里面靠近铁芯，高压绕组放在外面。(√)

99. 异步电动机不希望空载或轻载运行的主要原因是功率因数低。(√)

100. 定子绕组为“Y”形接法的异步电动机，若误接成“△”接法时，不会烧毁电动机。(×)

正确答案： 定子绕组为“Y”形接法的异步电动机，若误接成“△”接法时，将会烧毁电动机。

101. 鼠笼式异步电动机在运行时，转子导体中有电动势及电流存在，因此转子导体与转子铁芯之间需用绝缘材料加以绝缘。(×)

正确答案： 鼠笼式异步电动机转子导体与转子铁芯之间不需要绝缘。

102. 三相异步电动机的转子部分主要有转子铁芯和转子绕组构成。(√)

103. 当三相异步电动机的定子绕组中有一相或两相断路时，电动机仍能正常启动，但功率有所下降。(×)

正确答案： 当三相异步电动机的定子绕组中有一相或两相断路时，不能正常启动。

104. 与同容量三相异步电动机相比，单相异步电动机的体积较小，过载能力较差。(×)

正确答案： 与同容量三相异步电动机相比，单相异步电动机的体积较大，过载能力较差。

105. 电容分相异步电动机中，启动绕组中并联一个电容器。(×)

正确答案： 电容分相异步电动机中，启动绕组中串联一个电容器。

106. 如果没有剩磁则并励发电机就不能发出直流电压。(√)

107. 三相异步电动机的额定电压 U_e 是指电动机在额定运行时电源的相电压。(×)

正确答案： 三相异步电动机的额定电压 U_e 是指电动机在额定运行时电源的线电压。

108. 电动机的额定功率 P_e 是指电动机轴上输出的机械功率。(√)

109. 三相异步电动机定子绕组若为单层绕组，则一般采用短矩绕组。(×)

正确答案： 三相异步电动机定子绕组为双层绕组时，一般采用短矩绕组。

110. 常用的低压电器有刀闸开关和转换开关、熔断器等其他电器共 13 种。(√)

111. 熔断器是作为安全保护用的一种电器，当电动机发生短路时，能自动切断电路。(√)

112. 熔断器的额定电流就是熔断器在规定条件下能分断的最大电流。(×)

正确答案： 熔断器的额定电流就是熔断器在规定条件下能长期运行允许通过的最大

电流。

113. 在通过相同电流的电路中，上一级熔断器的熔断时间应小于下一级熔断器的熔断时间。（×）

正确答案：在通过相同电流的电路中，上一级熔断器的熔断时间应大于下一级熔断器的熔断时间。

114. 在熔体周围充填石英砂，由于它的导热性能好，能大量吸收电弧的热量，从而提高了熔断器的分断能力。（√）

115. 有填料的封闭式熔断器 RTO 系列熔体是由薄紫铜片冲制而成变截面积形状，中间焊有锡桥，锡桥有助于灭弧。（√）

116. RM10 熔断器是利用固体灭弧特别物质（反白管）在熔断过程中自动产生气体来熄灭电弧的。（√）

117. HH3. HH4 负载开关（铁壳开关）不但具有短路保护，而且还有操作联锁装置，即当开关在合闸位置时，外壳盖板是无法打开的。（√）

118. 安装铁壳开关时，为防止击穿，严禁将铁壳开关接地。（×）

正确答案：安装铁壳开关时，铁壳开关外壳必须接地。

119. 组合开关和倒顺开关是同一种类型，可以用来直接启动小容量电动机。（√）

120. 自动开关的分励脱扣器是用作远距离分闸的。（√）

121. DZ10 系列自动开关其装设的脱扣器的形式有复式、电磁式、热脱扣和无脱扣等几种。（√）

122. 装有消弧罩的接触器，当不装消弧罩时，可以开动空载启动的电动机。（×）

正确答案：装有消弧罩的接触器，当不装消弧罩时，不可以开动空载启动的电动机。

123. 交流接触器在铁芯上设置短路铜环的目的是克服颤动。（√）

124. 所谓交流接触器或直流接触器是按励磁线圈所在的电路为交流或直流来划分的。（×）

正确答案：所谓交流接触器或直流接触器是按接触器控制主回路为交流或直流来划分的。

125. 中间继电器的作用是在继电保护装置中或电气自动化装置的接线中以增加接点数量和接点容量，还可以实现不太长的延时功能。（√）

126. 速度继电器是根据被保护设备的转速来实现其接点的闭合或断开，从而对转动设备进行控制。（√）

127. 热继电器是利用电流的热效应动作的一种保护电动机过载的继电器。（√）

128. 一般热继电器的动作电流整定值为电动机额定电流的 2~3 倍。（×）

正确答案：一般热继电器的动作电流整定值为电动机额定电流的 1. 1~2. 5 倍。

129. 时间继电器是一种利用电磁原理或机械原理来延缓触头闭合或断开时间的一种自动控制继电器。（√）

130. 压力继电器常用于生产机械的气压、水压和油压的保护和控制。（√）

131. 低压开关、接触器、继电器、主令电器、电磁铁等都属于低压控制电器。（×）

正确答案：电磁铁不属于低压控制电器。

132. 两个电阻器电阻值一样，功率大的允许通过的电流大。（√）

133. 频敏电阻器的结构类似于没有副绕组的三相交流变压器，流过绕组的电流频率越

高，频敏变阻器的阻值越小。 (×)

正确答案： 频敏电阻器的结构类似于没有副绕组的三相交流变压器，流过绕组的电流频率越高，频敏变阻器的阻值越大。

134. 直流电磁铁励磁电流的大小，取决于线圈两端的电压和线圈本身电阻，与行程大小(即衔铁是否吸合)无关。 (√)

135. 交流接触器的线圈与本接触器的常开辅助触头并联可达到自锁的目的。 (×)

正确答案： 启动按钮的常开触头与交流接触器的常开辅助触头并联可达到自锁的目的。

136. 自耦变压器降压启动是指电动机启动时，利用自耦变压器来降低加在电动机定子绕组上的电压，待电动机启动后，再使电动机与自耦变压器脱离，改为在全电压下运行。 (√)

137. 所谓能耗制动，是指当电动机切断交流电源后，立即在定子绕组中通入直流以消耗转子惯性运转的动能来进行制动的。 (√)

138. 要求一台电动机启动后另一台电动机才能启动的控制方式叫做电动机的顺序控制。 (√)

139. 位置控制是利用机械运动部件上挡铁与位置开关碰撞，使其触头动作，来接通或断开电路，达到控制位置或行程的一种方法。 (√)

140. 所谓频敏电阻是一种阻抗值随频率明显变化的电阻电抗值，一般频敏变阻器的等值阻抗随转子电流频率减小而增大。 (×)

正确答案： 一般频敏变阻器的等值阻抗随转子电流频率减小而减小。

141. 白炽灯的工作原理是由于电流通过钨丝升温达到白炽状态而发光的照明装置。 (√)

142. 日光灯点燃后，镇流器的作用是降压和限流。 (√)

143. 高压水银灯的工作原理和荧光灯相同，其不同之处是它要将灯丝预热。 (√)

144. 卤钨灯的工作原理是在白灯泡内充入少量卤化物，利用卤钨循环原理，提高灯的发光效率和寿命。 (√)

145. 安装照明灯具的要求是灯具导线不得有接头，必须接地或接零的灯具金属外壳应有与接地螺栓和接地网可靠连接。 (√)

146. 接地的作用主要是使与接地相连电路各点与大地等电位起保护作用或屏蔽作用。 (√)

147. 装设携带型接地线必须两人进行，装设接地线必须先接导体端，后接接地端。 (×)

正确答案： 装设接地线必须先接接地端，后接导体端。

148. 漏电保护自动开关一般由自动开关和漏电继电器组合而成。除能起一般自动开关作用外，还能在线路或设备出现漏电或人身触电时迅速自动断开电路。 (√)

149. 触电急救应遵循准确、就地、迅速、坚持的原则。 (√)

150. 消防器材应保持完好，如有过期、失效或损坏，应报 HSE 部门处理。 (√)

151. 单齿纹锉刀适用于锉软材料，双齿纹锉刀适用于锉硬材料。 (√)

152. 套丝时，材料受到挤压而变形，圆杆直径应稍大于小螺纹大径的尺寸。 (×)

正确答案： 套丝时，圆杆直径应稍小于螺纹大径的尺寸。

153. 锯割薄壁管子时，应用粗齿锯条。 (×)

正确答案： 锯割薄壁管子时，应用细齿锯条。

单选题

1. 任何一个电路都可能具有(A)三种状态。

A. 通路、断路和短路　　B. 高压、低压和无线

C. 正常工作、不正常工作　　D. 低频、高频和短波

2. 按电路中流过的电流种类，可把电路分为(B)。

A. 低频电路和微波电路　　B. 直流电路和交流电路

C. 视频电路和音频电路　　D. 电池电路和发电机电路

3. 导体的电阻与(C)无关。

A. 导体的长度　　B. 导体的温度

C. 加在导体两端的电压　　D. 导体的截面积

4. 同一温度下，相同规格的四段导线，电阻最小的是(A)。

A. 银　　B. 铜　　C. 铝　　D. 铁

5. 金属导体的电阻是导体内(D)引起的。

A. 自由电子运动　　B. 原子的运动

C. 正离子的运动　　D. 自由电子和正离子的碰撞

6. 电感的国际单位是(B)。

A. 法拉(F)　　B. 亨利(H)　　C. 欧姆(Ω)　　D. 瓦特(W)

7. 下列对平行板电容器电容量大小影响最小的因数是(B)。

A. 平行板的面积　　B. 极板的材料　　C. 极板间距离　　D. 介质材料

8. 有三个电容量分别是 C_1、C_2、C_3，已知 $C_1>C_2>C_3$，且各电容器两端电压相等，则它们所带电量大小关系为(B)。

A. $Q_1=Q_2=Q_3$　　B. $Q_1>Q_2>Q_3$　　C. $Q_1<Q_2<Q_3$　　D. 均不带电荷

9. 下列对于电流的叙述，错误的是(C)。

A. 在电场力的作用下，自由电子或离子发生的有规则的运动称为电流

B. 正电荷定向移动的方向称为电流的正方向

C. 自由电子定向移动的方向称为电流的正方向

D. 单位时间内通过导体某一截面积的电荷量的代数和称为电流强度

10. 下列对涡流的叙述，正确的是(B)。

A. 涡流是直流电　　B. 涡流属于感应电

C. 涡流是线性电流　　D. 涡流是脉冲电流

11. 下列对于电位的叙述，正确的是(D)。

A. 电路中某点的电位就是该点到电源负极间的电压

B. 电路中某点的电位就是该点到电源正极间的电压

C. 电路中某点的电位就是该点到负载末端间的电压

D. 在电路中选一点作为参考点，则电路中某点的电位就是该点到参考点之间的电压

12. 下列对于电压和电动势的叙述，错误的是(B)。

A. 电压的正方向为电位降的方向　　B. 两者的正方向都是电位降的方向

C. 电动势的正方向为电位升的方向　　D. 两者的基本单位相同

13. 下列对于电压的叙述，错误的是(A)。

A. 电压就是电位
B. 在电场中，将单位正电荷由高电位移向低电位点时，电场力所做的功
C. 电压的单位是伏特
D. 电压为电场中任意两点间的电位差

14. 导体(B)，导体中就产生感应电势。
A. 在磁力线外部运动
B. 与磁力线间有相对切割磁力线运动时
C. 只要放在磁力线间
D. 沿着磁力线运动时

15. 判断感应电动势的方向，应用(A)来确定。
A. 楞次定律
B. 欧姆定律
C. 基尔霍夫定律
D. 回路电流定律

16. 下列对于电动势的叙述，正确的是(D)。
A. 电动势就是电压
B. 电动势就是电位差
C. 电动势就是高电位
D. 电动势是外力把单位正电荷从电源负极移到正极所做的功

17. 下列关于电动势叙述，错误的是(B)。
A. 电动势是外力把单位正电荷从电源负极移到正极所做的功
B. 电动势是外力把单位正电荷从电源正极移到负极所做的功
C. 电动势是外力把单位负电荷从电源正极移到负极所做的功
D. 电动势的单位是伏特

18. 在图示电路中，已知：$R=100\Omega$，$I=200\text{mA}$。则电阻 R 上的压降是(A)。

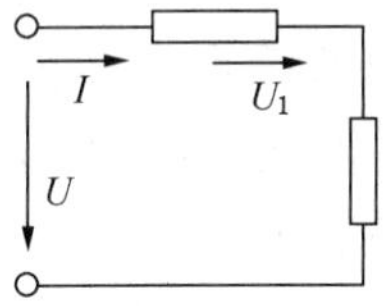

A. 20V
B. 20000V
C. 200V
D. 无法计算

19. 部分电路欧姆定律的内容是(C)。
A. 流过电阻 R 的电流与电源两端电压成正比
B. 流过电阻 R 的电流与电源两端的电压成反比
C. 流过电阻 R 的电流与电阻两端的电压成正比
D. 流过电阻 R 的电流与电阻两端的电压成反比

20. 下列关于全电路欧姆定律的描述，正确的是(C)。
A. 由 $I=(E-V)/R$ 可知，全电路欧姆定律只适用于 $E>V$ 的情况
B. 当 $R=r_0$ 时，负载 R 上获得最大功率
C. 由 $I=E/(R+r_0)$ 可知，电路中的电流不仅与负载有关，也和电源有关
D. 电源的电动势就是负载的端电压

21. 全电路欧姆定律的数学表达式为(D)。
A. $I=U/R$
B. $I=E/(R-r)$

C. $I=U/(R+r)$　　　　D. $I=E/(R+r)$

22. 基尔霍夫第一定律指出，直流电路中任何一个节点的电流(B)。

A. 矢量和等于零　　　　B. 代数和等于零

C. 矢量和大于零　　　　D. 代数和大于零

23. 基尔霍夫第二定律是研究电路(D)之间关系的。

A. 电压与电流　　　　B. 电压与电阻

C. 电压、电流、电阻　　　　D. 回路电压与电动势

24. 基尔霍夫第二定律指出，任何一个闭合回路中电阻压降的代数和(A)电动势代数和。

A. 等于　　B. 大于　　C. 小于　　D. 大于等于

25. 下列有关元件串联的叙述，错误的是(D)。

A. 电阻串联，总电阻比串联中最大的一个电阻还要大

B. 电容串联，等效总电容比串联中最小的一个电容量还要小

C. 串联电路中，各串联元件通过的电流相等

D. 电阻串联时，各串联电阻两端的电压与电阻成正比，各串联电阻消耗的电功率与电阻成反比

26. 把一只标识为220V、60W，与另一只220V、40W的白炽灯泡串联后，接到220V交流电源上，它们的亮度关系是(C)。

A. 60W与40W同样亮　　　　B. 60W比40W更亮

C. 40W比60W更亮　　　　D. 60W亮，40W熄灭

27. 下列关于并联电路的叙述，错误的是(C)。

A. 在电阻并联电路中，端电压相等，通过电阻的电流与电阻成反比

B. 在电阻并联电路中，各电阻消耗的电功率与电阻成反比

C. 在电阻并联电路中，任一并联支路出现断路故障，其他支路也将无电流

D. 在电阻并联电路中，电路消耗的总功率，等于各支路消耗的功率之和

28. 如图所示电路中，每个电阻均为1Ω，AB间的等效电阻为(B)Ω。

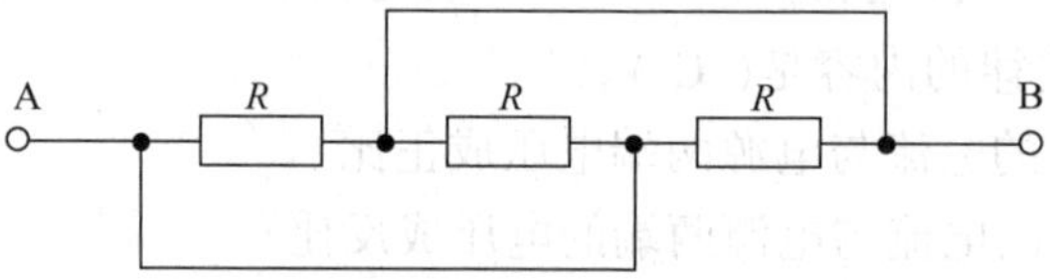

A. 1.5　　B. 0.33　　C. 2　　D. 3

29. 如图所示电路，每个电阻均为1Ω，AB间的等效电阻为(C)Ω。

A. 1　　B. 3　　C. 5/6　　D. 2

30. 如图所示电路中，欲使R获得最大功率，则R的阻值应为(A)Ω。

A. 2　　B. 1　　C. 0.5　　D. 4

31. 从正弦交流电的解析式中，可以得出交流电的(B)。

A. 功率　　B. 最大值　　C. 电量　　D. 阻抗

32. 正弦交流电的(D)不随时间按同一规律做周期性变化。

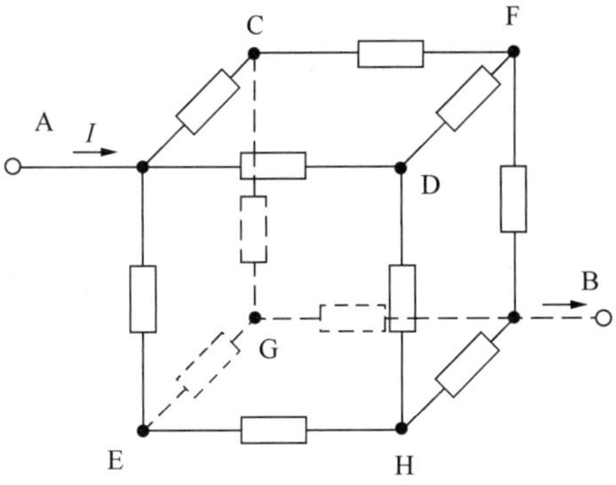

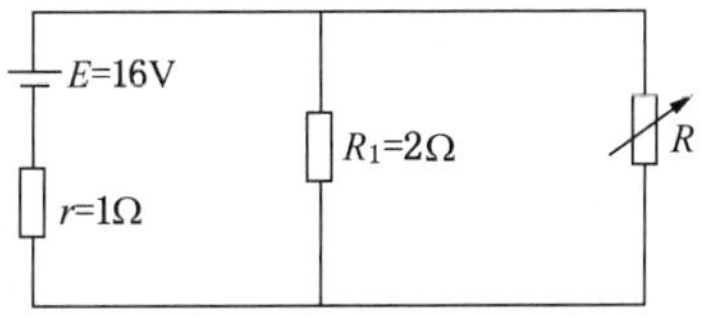

A. 电压、电流的瞬时值　　B. 电动势、电压、电流的大小和方向

C. 电流、电压的大小　　D. 频率

33. 已知正弦电压 $U=311\sin(314t)$V，当 $t=0.01$s，电压的瞬时值为(A)V。

A. 0　B. 311　C. 220　D. 31.1

34. 三相交流发电机三个绕组在空间上彼此相隔(C)。

A. 60°　B. 90°　C. 120°　D. 30°

35. 发电机三相电动势或电流(B)出现的顺序称为相序。

A. 平均值　B. 最大值　C. 瞬时值　D. 有效值

36. 频率为 50Hz 的交流电的周期为(B)s。

A. 0.01　B. 0.02　C. 0.05　D. 0.2

37. 某一交流电的周期为 0.001s，其频率为(D)Hz。

A. 0.001　B. 100　C. 50　D. 1000

38. 正弦交流电的三要素是(B)。

A. 电压、电流、频率　　B. 最大值、周期、初相位

C. 周期、频率、角频率　　D. 瞬时值、周期、有效值

39. 下列电源中，不属于直流电源的是(D)。

A. 碱性电池　B. 铅酸电池　C. 充电电池　D. 市网电源

40. 直流电源的频率是(A)Hz。

A. 0　B. 50　C. 60　D. 100

41. 220V 单相正弦交流电是指其电压的(A)。

A. 有效值　B. 最大值　C. 瞬时值　D. 平均值

42. 交流电流的平均值是最大值的(B)倍。

A. 0.5　B. 0.637　C. 0.707　D. 0.9

43. 交流电流的最大值是平均值的(C)倍。

A. $\sqrt{2}$　　B. $\sqrt{3}$　　C. 1.57　　D. $\sqrt{2}/2$

44. 相量图是用旋转相量法把几个(A)的交流电画在同一坐标中。

A. 同频率　　B. 不同频率　　C. 同效率　　D. 不同效率

45. 某工频正弦交流电电流有效值为 1A，初相角为 30°，则该电流解析表达式为(C)A。

A. $i=\sin 50t$　　B. $i=\sin(314t+30°)$

C. $i=\sqrt{2}\sin(314t+30°)$　　D. $i=\sqrt{2}\sin(50t+30°)$

46. 下列有关相量图的叙述，错误的是(D)。

A. 从相量图可以看出各同频率交流电的相位关系

B. 从相量图可以比较同频率的电压或电流有效值的大小

C. 从相量图可以比较同频率的电压或电流的最大值的大小

D. 相量图可以比较不同频率正弦交流电的相位关系

47. 把通以直流电的线圈套在铁芯上，线圈中磁通增大的原因是(A)。

A. 磁路的磁阻减少　　B. 磁路的磁阻增加

C. 磁通势增加　　D. 线圈中的电流增加

48. 条形磁铁中，磁性最弱的部位在(D)。

A. 两端　　B. N 极上　　C. S 极上　　D. 中间部位

49. 下列有关磁路欧姆定律 $\phi=U_C/R_C$ 的描述，错误的是(D)。

A. 磁路欧姆定律不能直接用来进行磁路计算，只能用来做定性分析

B. 磁路欧姆定律与电路欧姆定律有完全相似的数学表达式,但它们之间又有本质的区别

C. 磁路是非线性的，电路是指线性范围

D. 在磁路中，只要磁势等于零，则磁通也一定为零

50. 通电导体在磁场中受到电磁力的方向可用(A)定则确定。

A. 左手　　B. 右手　　C. 螺旋管　　D. 垂直

51. 下列关于感应电动势的说法，正确的是(C)。

A. 在磁场中运动的导体一定会产生感生电动势

B. 自感电动势的方向与电流变化率无关

C. 感生电动势的大小与另一线圈中的电流变化率成正比

D. 式中：$e=-N\cdot\Delta\phi/\Delta t$ 的负号表示感生电动势总是和原磁通方向相反

52. 楞次定律的内容是(C)。

A. 计算线圈中感应电动势大小的定律

B. 电流通过线圈产生热量的定律

C. 确定线圈产生感应电动势方向的定律

D. 电流与电阻的关系定律

53. 根据楞次定律，当原磁通增加时，感应电流产生的磁通方向和原磁通的方向(B)。

A. 相同　　B. 相反　　C. 垂直　　D. 无关

54. 日光灯是利用镇流器中的(A)来点燃灯管的，同时也利用它来限制灯管的电流。

A. 自感电动势　　B. 互感电动势　　C. 磁感应强度　　D. 电磁力

55. 电流的热效应就是(A)的效应。

A. 电能转换成热能　　B. 热能转换成电能
C. 电能转换成机械能　　D. 电能转换成化学能

56. 两只额定电压相同的电阻并联接入电路中，电阻较大的发热量(B)。
A. 较大　B. 较小　C. 相同　D. 不发热

57. 日常生活中用的电气设备如(B)等，是应用电流热效应原理的设备。
A. 电风扇　B. 电烙铁　C. 变压器　D. 电钻

58. 单相半波整流电路，加电容滤波器后，整流二极管承受的最高反向电压将(C)。
A. 不变　　B. 降低
C. 升高　　D. 与单相半波整流电路相同

59. 单相半波整流电路，加电容滤波器后，整流二极管承受的最高反向电压将(C)。
A. 不变　　B. 降低
C. 升高　　D. 与单相半波整流电路相同

60. 下列参数中，不属于普通晶体二极管的主要的参数是(D)。
A. 正向电流　　B. 反向电流
C. 反向击穿电压　　D. 电流放大系数

61. 锗材料二极管的“死区”电压为(D)V。
A. 0.7　B. 0.5　C. 0.3　D. 0.2

62. 硅材料二极管正向压降一般为(D)V。
A. 0.2　B. 0.3　C. 0.5　D. 0.7

63. 通常要求二极管正反向电阻相差(B)。
A. 越小越好　B. 越大越好　C. 无差别较好　D. 无穷大最好

64. 测量二极管正反向电阻时，正向电阻一般在(D)为良好。
A. 几百千欧以下　B. 几十千欧以下　C. 几千欧以上　D. 几百欧以下

65. 开关二极管的型号是(D)系列。
A. 2CZ　B. 2AP　C. 2DW　D. 2AK

66. 二极管 2AP7 中的 A 代表的含义是(A)。
A. N 型锗材料　B. P 型锗材料　C. N 型硅材料　D. P 型硅材料

67. 晶体三极管三层半导体分界线分别叫(A)。
A. 发射结、集电结　　B. 发射区、集电结
C. 基区、发射区　　D. 基区、集电区

68. 晶体三极管的极性判断是依据三极管的(C)特性。
A. 反向击穿电压　　B. 电流稳定性
C. 电流放大、PN 单向导电性　　D. 电压放大

69. 下列关于三极管输入特性的叙述，错误的是(D)。
A. 输入特性曲线是非线性的
B. 输入特性有“死区”
C. NPN 硅三极管输入特性“死区”约为 0.7V
D. 输入特性曲线就是一个二极管的伏安特性曲线

70. 在共发射极放大电路中，输出电压与输入电压相比较(C)。

A. 相位相同，幅度增大　　B. 相位相同，幅度减小
C. 相位相反，幅度增大　　D. 相位相反，幅度减小

71. 在共发射极放大电路中，晶体三极管的输出电流由(C)决定。
A. V_{CE}　　B. V_{RE}　　C. I_B　　D. 外加电源和 R_c

72. 要使晶体三极管工作在放大区，各极间电压应满足(C)。
A. 发射结、集电极均为正向电压
B. 发射结、集电极均为反向电压
C. 发射结为正向电压、集电极为反向电压
D. 发射结为反向电压、集电极为正向电压

73. 下列关于晶体三极管输出特性曲线叙述，错误的是(C)。
A. 输出特性曲线是指在 I_B 一定时，集电极与发射极间电压 V_{CE} 与集电极电流 I_C 之间关系的曲线族
B. 晶体三极管的每一条输出特性曲线都可划分为上升、弯曲、平坦三个阶段
C. 输出特性曲线就是指在 I_B 为一定值时，集电极与发射极间电压 V_{CE} 与集电极电流 I_C 之间关系的一条曲线
D. 输出特性曲线可划分为三个区域，即放大区、饱和区、截止区

74. 下列参数中，不属于三极管极限参数的是(A)。
A. 反向饱和电流　　B. 反向击穿电压
C. 集电极最大允许电流　　D. 集电极最大耗散功率

75. 晶体三极管的(C)无法用万用表测试。
A. 电流放大倍数 β　　B. 晶体管的管型
C. 截止频率　　D. 穿透电流 I_{CEO}

76. 硅材料低频大功率三极管的型号为(D)。
A. 3AD　　B. 3BD　　C. 3AX　　D. 3DD

77. 低频大功率三极管的型号为(B)系列。
A. 3AX　　B. 3AD 或 3DD　　C. 3AG 或 3DG　　D. 3AA

78. 点接触型稳压二级管的特点是(C)。
A. 通过较大的电流、工作频率较低　　B. 通过较大的电流、工作频率较高
C. 通过的电流较小、工作频率较高　　D. 通过的电流较小、工作频率较低

79. 稳压二极管正常工作在(A)状态。
A. 反向击穿　　B. 正向整流区　　C. 正向“死区”内　　D. 只要加反向电压即可

80. 硅稳压管的稳定电压是指(A)。
A. 稳压管的反向击穿电压　　B. 稳压管的反向截止电压
C. 稳压管的正向死区电压　　D. 稳压管的正向导通电压

81. 稳压二极管是利用其(B)来进行稳压的。
A. 反向电流小范围变化而反向电压大范围变化
B. 反向电流大范围变化而反向电压几乎不变
C. 正向电压的微小变化会引起正向电流大范围变化
D. 正向电压的微小变化会引起正向电流微小变化

82. 硅稳压二极管的伏安特性曲线最大特点是(C)。

A. 加反向电压没有“死区” B. 反向击穿立即烧坏

C. 反向击穿更陡峭，可长期工作 D. 也常作整流二极管用

83. 下列关于稳压二极管的伏安特性，错误的是(C)。

A. 稳压二极管的正向伏安特性和普通二极管相似

B. 稳压二极管的反向伏安特性比普通二极管的更陡峭

C. 稳压二极管工作在反向击穿区是不会烧坏的

D. 稳压二极管可以多个串联使用

84. 稳压二极管在(A)时，将会烧坏。

A. 流过稳压二极管的电流大于 I_{ZM} B. 稳压二极管的耗散功率小于 P_{ZM}

C. 流过稳压二极管的电流大于 I_Z D. 稳压二极管串联使用

85. 晶体二极管正向偏置是指(A)。

A. 正极接高电位，负极接低电位 B. 正极接低电位，负极接高电位

C. 二极管没有正负极之分 D. 二极管的极性任意接

86. 单相半波整流电路,接入电容滤波器后,整流二极管在一个周期内的导通时间将(B)。

A. 不变 B. 缩短

C. 延长 D. 与单相全波整流电路相同

87. 晶体二极管正向偏置是指(A)。

A. 正极接高电位，负极接低电位 B. 正极接低电位，负极接高电位

C. 二极管没有正负极之分 D. 二极管的极性任意接

88. 欲使硅稳压管工作在击穿区，必须加(D)。

A. 小于 0.7V 的正向电压 B. 大于 0.7V 的正向电压

C. 小于击穿电压的反向电压 D. 大于击穿电压的反向电压

89. 下列整流电路中，不属于单相整流电路的是(C)。

A. 单相半波整流电路 B. 单相全波整流电路

C. 三相桥式整流电路 D. 单相倍压整流电路

90. 欲使硅稳压管工作在击穿区，必须(D)。

A. 加正向电压，且大于死区电压 B. 加正向电压，且小于死区电压

C. 加反向电压，且小于击穿电压 D. 加反向电压，且大于击穿电压

91. 硅稳压管工作在击穿区时，其伏安特性是(C)。

A. 电压微变，反向电流微变 B. 电压剧变，反向电流微变

C. 反向电流剧变，电压微变 D. 无法判定

92. 共发射极放大电路，要具有放大功能与下列条件中的(C)无关。

A. 保证三极管发射结正偏,集电结反偏 B. 必须有一个合格的三极管

C. 有一个交流输入信号 D. 合适的基极偏置电路

93. 晶体三极管共发射极的电流放大倍数 β 为(D)。

A. I_e/I_b B. I_c/I_b C. $\Delta I_e/\Delta I_b$ D. $\Delta I_c/\Delta I_b$

94. 在如图所示桥式整流电路中，已知 $U=137V$，$R_L=82\Omega$，则 $I_L=$(B)A。

A. 1.67 B. 1.5 C. 0.75 D. 2.36

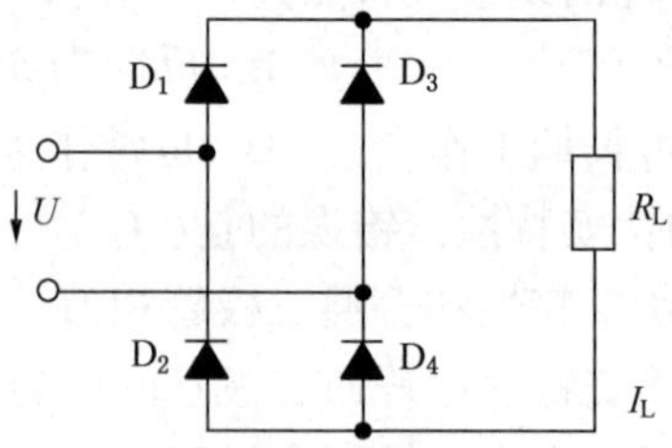

95. 某单相桥式整流电路，输入交流电压为 137V，二极管整流电流 $I_F=1A$，则该电路能输出的直流电流及二极管承受的最大反向电压为(A)。

A. $V_{DM}=193V$，$I_L=2A$　　B. $V_{DM}=215V$，$I_L=2A$

C. $V_{DM}=193V$，$I_L=1A$　　D. $V_{DM}=193V$，$I_L=1A$

96. 电气图包括电路图、功能表图、系统图、框图和(A)等。

A. 位置图　　B. 部件图　　C. 元器件图　　D. 装配图

97. 接线图中，一般需要提供项目的相对位置、项目代号、端子号和(A)。

A. 导线号　　B. 元器件号　　C. 单元号　　D. 接线图号

98. 在电气图上，一般电路或元件是按功能布置，并按工作顺序(D)排列。

A. 从前向后，从左到右　　B. 从上到下，从小到大

C. 从前向后，从小到大　　D. 从左到右，从上到下

99. 电气图包括电路图、功能表图和(A)等构成。

A. 系统图和框图　B. 部件图　　C. 元件图　　D. 装配图

100. 电气展开接线图中，直流回路的编号方法是(A)。

A. 从正电源出发，以奇数顺序编号　　B. 从正电源出发，以偶数顺序编号

C. 从正电源出发，顺序编号　　D. 从左到右，顺序编号

101. 电气图中，断路器的符号为(C)。

A. L　　B. M　　C. QF　　D. TA

102. 电气图中，符号 TV 表示(A)。

A. 电压互感器　　B. 电流回路　　C. 电流互感器　　D. 电视台

103. 电压继电器的电气符号为(C)。

A. KM　　B. KT　　C. KV　　D. KO

104. 断路器合闸线圈的图形符号是(B)。

A. WO　　B. YO　　C. KO　　D. KG

105. 下列关于变电所主接线图的描述，错误的是(D)。

A. 主接线图通常绘制成单线图

B. 主接线图表示变电所电能的输送和分配的线路

C. 主接线图表示各个一次电气设备互相联结的关系

D. 主接线图还表示了控制、测量、指示一次设备的任务

106. 5t 以下起重机的制动一般采用(C)。

A. 反接制动　　B. 能耗制动

C. 电磁抱闸制动器　　D. 再生制动

107. 在异步电动机单向启动控制电路中，保证电动机能连续运行的触点是(B)。

A. 联锁触点　　B. 自锁触点

C. 热继电器常闭触点　　D. 互锁触点

108. 电工测量指示仪表，按使用方式可分为(C)。

A. 普通型和气密型　　B. 指针式和光指示式

C. 安装式和便携式　　D. 防水型和防尘型

109. 下列几类仪表中，广泛用于直流标准仪表和安装式仪表的是(A)。

A. 磁电系　　B. 电磁系　　C. 电动系　　D. 感应系

110. 交直流功率表一般采用(C)测量机构。

A. 磁电系　　B. 电磁系　　C. 电动系　　D. 感应系

111. 电工指示仪表中的测量机构一般由(A)组成。

A. 驱动装置、控制装置和阻尼装置　　B. 测量线路和测量机构

C. 标准电阻和标准电池　　D. 转动力矩和反作用力矩

112. 下列四幅图中，表示电磁系仪表的符号为(B)。

A. 　　B. 　　C. 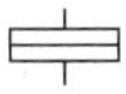　　D. 

113. 某电流表的型号为44C2-A，则可知其测量机构的类型是(A)。

A. 磁电系　　B. 电磁系　　C. 电动系　　D. 感应系

114. 电工常用仪表中既能测电压、电流又能测电阻的仪表是(A)。

A. 万用表　　B. 钳形电流表　　C. 电压电流表　　D. 周波表

115. 用来测电动机绝缘电阻的仪表叫(C)。

A. 单臂电桥　　B. 双臂电桥　　C. 兆欧表　　D. 电位计

116. 下列关于电烙铁使用注意事项，错误的是(C)。

A. 不同大小的焊件应选用适合规格的电烙铁

B. 焊接时，应将焊件表面的污垢或氧化层清除干净

C. 焊接高频电子电路时，一定要有焊油

D. 焊接中，如电烙铁暂时不用，应放在安全可靠的地方

117. 测量漆包线外径使用的工具是(B)。

A. 游标卡尺　　B. 千分尺　　C. 钢板尺　　D. 小卷尺

118. 兆欧表屏蔽端钮的作用为(A)。

A. 屏蔽被测物的表面漏电流　　B. 屏蔽外界干扰磁场

C. 屏蔽外界干扰电场　　D. 保护兆欧表，以免其线圈被烧毁

119. 兆欧表由(B)，手摇发动机和测量线路组成。

A. 电磁系比率表　　B. 磁电系比率表

C. 电流表　　D. 电动系电压表

120. 电机修理后投入使用前，要用兆欧表测量各相绕组对地及各相之间的绝缘电阻。对380V电动机绕组宜选用(B)V兆欧表。

A. 100　　B. 500　　C. 1000　　D. 2500

121. 测量一台35/6kV，400kV·A的变压器的绝缘电阻，应选用(C)V的兆欧表。

A. 500　　B. 1000　　C. 2500　　D. 2000

122. 下列用万用表不能直接测量的参数是(C)。

A. 380V 电压　B. 1000Ω 电阻　C. 6000V 电压　D. 0.1A 电流

123. 万用表长期不用时，应该(B)。

A. 拆散放置　B. 取出内装电池　C. 加油润滑　D. 做耐压试验

124. 下列能用万用表测量的电阻是(C)。

A. 电机绝缘电阻　B. 开关触头的接触电阻

C. 接触器线圈电阻　D. 人体电阻

125. 一般不宜用万用表的 $R\times1$ 挡或 $R\times10k$ 挡测试晶体三极管，是因为(D)。

A. $R\times1$ 挡电压太高　B. $R\times1$ 挡电流太小

C. $R\times10k$ 挡电压较低　D. $R\times10k$ 挡电压较高

126. 使用万用表测量电阻时，反映到表头的被测量实际上是通过被测电阻相应的(C)来体现的。

A. 电压　B. 电阻值　C. 电流　D. 发热量

127. 扩大直流电压表的量程，一般采用(A)的方法来实现。

A. 串附加电阻　B. 并分流器　C. 电流互感器　D. 电压互感器

128. 直流电压表通常采用(C)测量机构。

A. 电动系　B. 铁磁电动系　C. 磁电系　D. 电磁系

129. 测量负载电压时，应将电压表(A)。

A. 并联在负载两端　B. 串联在负载支路中

C. 并联在电源两端　D. 串联在电源支路中

130. 为了把电压表的量程测量范围扩大 100 倍，倍率器的电阻值是表内阻的(C)倍。

A. 1/100　B. 1/99　C. 99　D. 100

131. 选择电流表量程时，测量电流时应尽量使其指针位于(C)区域。

A. 标尺起始的一段　B. 标尺是间附近

C. 接近标尺满刻度值　D. 达到标尺量程

132. 电流表的内阻(A)。

A. 越小越好　B. 越大越好　C. 一般为 1Ω　D. 一般为 0.1Ω

133. 扩大直流电流表的量程通常采用(B)。

A. 分压器　B. 分流器　C. 电流互感器　D. 串接电阻器

134. 为了把电流表的量程扩大 100 倍，倍率器的电阻值应是表内阻的(B)倍。

A. 1/100　B. 1/99　C. 99　D. 100

135. 扩大交流电流表量程一般采用(C)方法。

A. 串联分流电阻　B. 串联分压电阻

C. 配用电流互感器　D. 配用电压互感器

136. 正确使用钳形电流表，每次换量程时，必须打开钳口，其目的是(B)。

A. 让钳口散热　B. 防止 CT 二次开路

C. 让导线散热　D. 使测量更准确

137. 使用钳形电流表时，应选择(B)，然后再根据读数逐次切换。

A. 最低挡位　B. 最高挡位　C. 刻度一半处　D. 没有要求

138. 用来测量交流电流的钳形电流表电由电流互感器和(C)组成的。

A. 电压表　　B. 功率表　　C. 电流表　　D. 电能表

139. 功率表的两种接法中，如果该表电流线圈内阻远远小于负载电阻值，则应采用(A)。

A. 电压线圈前接法　　B. 电压线圈后接法

C. 将电流线圈两端对换　　D. 电压线圈前接法，后接法均可

140. 某交流电路负载电压的有效值为100V，电流有效值为10A，电压电流相位差为30°，如用单相有功功率表进行测量时，读数值应为(B)。

A. 1000W　　B. 866W　　C. 500W　　D. 433W

141. 最常用的导电材料是(A)。

A. 铜和铝　　B. 铜和银　　C. 银和金　　D. 汞和铜

142. 导电材料主要用来(B)。

A. 导电和绝缘　　B. 传导电流、产生热、光、磁或化学效应

C. 产生磁场，变为电场　　D. 传导磁力线，形成闭合磁路

143. 根据铝导线的特点，铝导线适用于(D)。

A. 电气设备控制线　　B. 电机的线圈制造

C. 大型变压器的线圈　　D. 架空线路

144. 下列材料中，电阻率较小的导线是(A)。

A. 铜导线　　B. 铝导线　　C. 铁导线　　D. 钢芯铝铰线

145. 电机线圈采用铜线的原因是(C)。

A. 铜的价格比铝便宜　　B. 铜比铝资源丰富

C. 铜的机械强度比铝高　　D. 铜导线比铝导线容易加工

146. BV 型号的电线是(A)。

A. 铜芯聚氯乙烯绝缘电线　　B. 铝芯聚氯乙烯绝缘电线

C. 铜芯橡皮绝缘电线　　D. 铝芯橡皮绝缘电线

147. BLV 型电线是(B)。

A. 铜芯聚氯乙烯绝缘线　　B. 铝芯聚氯乙烯绝缘线

C. 铝芯聚氯乙烯绝缘软线　　D. 铝芯橡皮线

148. 下列材料中，不属于绝缘材料的是(C)。

A. 云母　　B. 陶瓷　　C. 铅皮　　D. 塑料

149. 绝缘材料又称为(A)。

A. 电介质　　B. 半导体　　C. 电热质　　D. 电磁材料

150. 绝缘材料的主要作用是用来(B)不同电位的导体或导体之间的电流，使电流只沿导体流通。

A. 接通　　B. 隔断　　C. 加热　　D. 冷却

151. 下列功能中，不属于绝缘材料作用的是(D)。

A. 使带电部件与其他部件相互隔离

B. 机械支撑和固定

C. 灭弧、防潮、防霉或改善电场电位分布

D. 把交流电流变成直流电流

152. 我国规定A级绝缘材料正常工作时，最高允许温度为(C)℃。

A. 85　B. 95　C. 105　D. 90

153. 高压绝缘杆耐压试验持续时间为(B)min。

A. 10　B. 5　C. 3　D. 1

154. 35kV绝缘杆交流耐压试验的标准是(C)。

A. 40kV　B. 60kV　C. 三倍线电压　D. 五倍线电压

155. 下列叙述中，不属于绝缘油用途的是(D)。

A. 在电气设备中填充间隙，排除气体，增强设备的绝缘能力

B. 作为冷却剂，依靠液体的对流作用，改善设备的冷却散热条件

C. 断路器中用绝缘油作为灭弧介质

D. 在设备中作吸附剂使用，使设备中的含氧量控制在一定范围

156. 在选用绝缘材料时，可以不考虑的条件是(C)。

A. 满足电性能的要求　B. 满足机械强度的要求

C. 满足材料色彩的要求　D. 满足耐热等级的要求

157. 变压器油在变压器中的主要作用是(A)。

A. 绝缘冷却　B. 灭弧　C. 防潮　D. 隔离空气

158. 下列材料中，不属于磁性材料的是(D)。

A. 软磁材料　B. 硬磁材料

C. 特殊性能的磁性材料　D. 通电中的空心电磁线圈

159. 电机、变压器等产品的铁芯常使用的磁性材料是(A)。

A. 硅钢片　B. 电磁钝铁　C. 铁镍合金　D. 铁铝合金

160. 直流继电器、直流接触器铁芯选用的磁性材料是(B)。

A. 硅钢片　B. 电磁纯铁　C. 铁镍合金　D. 铁铝合金

161. 电动机使用频率最高的轴承是(B)。

A. 滑动轴承　B. 滚动轴承

C. 螺旋滚子轴承　D. 推力与推力向心球轴承

162. 电机常用的轴承是(A)。

A. 深沟型球轴承　B. 圆锥滚子轴承

C. 螺旋滚子轴承　D. 角接触球轴承

163. 电动机常用润滑脂是按(A)命名的。

A. 稠化剂的名称　B. 润滑油的名称

C. 稳定剂的名称　D. 添加剂的名称

164. 矿油润滑脂的名称代号是按(D)排列。

A. 针入度从低到高　B. 润滑油的含量多少

C. 稠化剂含量的多少　D. 滴点从低到高

165. 常用的穿线管的种类有(A)。

A. 钢管和塑料管　B. 有缝钢管和无缝钢管

C. 塑料管　D. 镀锌钢管和有缝钢管

166. 额定电压为 6kV 及以下配电线路中电力电缆的常用型号是(A)。
A. VLV、VV 系列　　B. YJY、YJLV 系列
C. 油浸纸质铜芯电缆　　D. YJQ_{02}、$YJLQ_{02}$系列

167. 下列方法中，不属于选择电缆方法的是(D)。
A. 按发热条件选择　　B. 按经济电流密度选择
C. 按热稳定度选择　　D. 按动稳定度选择

168. 固定敷设的聚氯乙烯绝缘、聚氯乙烯护套铝芯扁平线的型号是(C)。
A. BLVV　　B. BVVB　　C. BLVVB　　D. BLV

169. 固定敷设的聚氯乙烯绝缘铜芯多股软导线的型号是(B)。
A. BXR　　B. BVR　　C. BVV　　D. BXY

170. 在选择导线截面积时，下列条件中(C)可以不考虑。
A. 发热条件　　B. 电压损耗条件　　C. 导线的长度　　D. 机械强度

171. 直流电机电刷因磨损而需要更换时，应选用(B)。
A. 较原电刷更硬的电刷　　B. 与原电刷牌号相同的电刷
C. 较原电刷更软的电刷　　D. 无严格要求

172. 电刷的用途是(D)。
A. 减小噪音　　B. 延长电机的使用寿命
C. 减小损耗提高效率　　D. 传导电流和电流换向

173. 具有一种输入电压，多个输出电压的变压器是(C)变压器。
A. 双绕组　　B. 自耦　　C. 多绕组　　D. 三相五柱式

174. 控制变压器属于(B)变压器。
A. 仪用　　B. 小功率　　C. 配电　　D. 冶炼

175. 油浸式变压器的温度是指变压器(D)的温度。
A. 绕组　　B. 下层油　　C. 中层油　　D. 上层油

176. 变压器油的作用不包括(C)。
A. 灭弧　　B. 绝缘　　C. 润滑　　D. 冷却

177. 用一台电力变压器向某车间的异步电动机供电，当开动的电动机台数增多时，变压器输出的端电压(B)。
A. 升高　　B. 降低　　C. 不高　　D. 可能升高也可能降低

178. 将一理想变压器原边绕组的匝数增加一倍，且所加电压不变，若负载不变，则副边绕组电流的变化将(A)。
A. 减小一半　　B. 增加一倍　　C. 不变　　D. 不能确定

179. 下列变压器中，初、次级线圈既有磁耦合，又有直接电联系的是(C)。
A. 电焊变压器　　B. 单相照明变压器
C. 自耦变压器　　D. 整流变压器

180. 变压器在传输电功率的过程中仍然要遵守(C)。
A. 电磁感应定律　　B. 动量守恒定律
C. 能量守恒定律　　D. 阻抗变换定律

181. 变压器呼吸器中的硅胶在受潮后，其颜色变为(A)。

A. 粉红色　B. 桔黄色　C. 淡蓝色　D. 白色

182. 变压器的铁芯是用导磁性能很好的(B)叠装的，并组成闭合磁路。

A. 电磁纯铁　B. 硅钢片　C. 铁镍合金　D. 磁介质

183. 容量为6.3kV及以下的无载调压变压器分接头开关的电压调整范围是额定电压的(B)。

A. ±7%　B. ±5%　C. ±4%　D. ±1%

184. 变压器的额定容量 S_N 是指在铭牌上规定的条件下，变压器输出的(D)保证值。

A. 有功功率　B. 无功功率　C. 瞬时功率　D. 视在功率

185. 变压器额定容量单位是(C)。

A. kW　B. kvar　C. kV·A　D. kW·h

186. 电弧焊接电路中的负载是(C)。

A. 电焊机　B. 工件　C. 电弧　D. 焊条

187. 电焊变压器的输出电压随负载的增大而(B)。

A. 变化不大　B. 急剧下降　C. 略有增加　D. 增大

188. 下列关于电焊变压器性能的说法，正确的是(C)。

A. 副边电压稳定，焊接电流也稳定

B. 空载时副边电压很低，短路电流不大，焊接时副边电压为零

C. 副边电压空载时较高，焊接时较低，短路电流不大

D. 副边电压空载时较高，焊接时略有下降，短路电流较大

189. 电流互感器一、二次绕组相比，(B)。

A. 一次绕组较多　B. 二次绕组较多

C. 一、二次绕组一样多　D. 一次绕组是二次绕组的2倍

190. 电流互感器在正常运行时，二次绕组处于(B)。

A. 断路状态　B. 接近短路状态

C. 开路状态　D. 允许开路状态

191. 电流互感器的变比误差和相角误差与(D)无关。

A. 一次电流的大小　B. 二次负载阻抗

C. 二次负载的阻抗角　D. 环境温度

192. 电压互感器的变比误差和相角误差与(C)无关。

A. 一次侧负载的大小　B. 二次侧负载的功率因数大小

C. 互感器的容量的大小　D. 一次电压的波动

193. 电压互感器的作用是用于(D)。

A. 配电　B. 调压　C. 控制　D. 测量和保护

194. 决定电流互感器原边电流大小的因数是(D)。

A. 副边电流　B. 副边所接的负载

C. 变流比　D. 被测电路的负载

195. 电压互感器二次短路会使一次(A)。

A. 熔断器熔断　B. 没有变化　C. 电压升高　D. 电压降低

196. 电流互感器副边回路所接仪表或继电器线圈，其阻抗必须(B)。

A. 高　B. 低　C. 高或低　D. 既有高又有低

197. 直流电动机铭牌上的额定电压是指(A)。
A. 直流电源的电压　B. 电动机电枢电压
C. 电动机励磁电压　D. 输出额定功率时端电压
198. 直流电动机具有(A)的特点。
A. 启动转矩大　B. 造价低　C. 维修方便　D. 结构简单
199. 在直流电机中，电枢的作用是(C)。
A. 将交流电变为直流电　B. 在气隙中产生主磁通
C. 实现直流电能和机械能之间的转换　D. 将直流电流变为交流电流
200. 在直流发电机中，将交流电动势转变为直流电动势的部件是(A)。
A. 换向器和电刷　B. 电枢绕组
C. 换向极　D. 主极励磁绕组
201. 磁极对数 $p=4$ 的三相交流绕组所产生的旋转磁场的转速为(C)r/min。
A. 3000　B. 1500　C. 750　D. 1000
202. 异步电动机在正常旋转时，其转速(A)。
A. 低于同步转速　B. 高于同步转速
C. 等于同步转速　D. 与同步转速无关
203. 绕线式异步电动机启动时，为了改善启动性能，将转子绕组接入启动(B)。
A. 电抗器　B. 变阻器　C. 电容器　D. 变压器
204. 异步电动机定子启动电流一般可达额定电流的(B)倍。
A. 7~10　B. 4~7　C. 3~4　D. 1~2
205. 目前国产电风扇所用的单相异步电动机属于(C)。
A. 单相罩极式　B. 直接启动　C. 单相电容运转　D. 单相串激
206. 单相电容式异步电动机的电容器应与(C)。
A. 工作绕组串联　B. 工作绕组并联
C. 启动绕组串联　D. 启动绕组并联
207. 分相启动的单相电动机，启动绕组与工作绕组在空间上互差(B)角。
A. 120°　B. 90°　C. 60°　D. 30°
208. 单相笼型异步电动机工作原理与(B)相同。
A. 单相变压器　B. 三相笼型异步电动机
C. 交流电焊变压器　D. 直流电动机
209. 直流电机设换向极的主要作用是(D)。
A. 增强主磁场　B. 削弱主磁场
C. 增强电枢反应磁场　D. 抵消电枢反应磁场
210. 防护式高启动转矩异步电动机适用于(A)。
A. 粉碎机　B. 拖动水泵　C. 冲压机　D. 车床
211. 额定转速为 485r/min 的三相异步电动机的磁极数是(D)。
A. 6 极　B. 8 极　C. 10 极　D. 12 极
212. 三相异步电动机定子单层绕组的线圈数为(B)。
A. 定子总槽数　B. 定子总槽数的 1/2

C. 定子总槽数的 1/3　　D. 定子总槽数的 2 倍

213. 按标准级别分类，低压电器的国家标准用(A)表示。

A. GB　　B. JB　　C. DQ　　D. JB/DQ

214. 下列电器中，不属于低压电器的是(D)。

A. 自动空气开关　　B. 磁力启动器

C. 交流接触器　　D. RN1 熔断器

215. 低压电器按其在电气线路中的地位和作用可分为(D)两大类。

A. 开关电器和保护电器　　B. 操作电器和保护电器

C. 配电电器和操作电器　　D. 控制电器和配电电器

216. 下列电器组合中，属于低压器的是(A)。

A. 熔断器和刀开关、接触器和自动开关、主令继电器

B. 熔断器和刀开关、隔离开关和负荷开关、凸轮控制器

C. 熔断器和高压熔断器、磁力驱动器和电磁铁、电阻器

D. 断路器和高压断路器、万能转换开关和行程开关

217. 常用熔断器的选用方法是(B)。

A. 按网络额定电压和额定电流选用　　B. 按网络额定电压和短路电流选用

C. 按网络频率选用　　D. 按网络功率因数选用

218. 在照明电路中，熔断器的熔体额定电流的选择方法是(C)。

A. $I_{N熔}=(1.5\sim2.5)I_{N负}$　　B. $I_{N熔}=(2.5\sim3.0)I_{N负}$

C. $I_{N熔}\geqslant I_{N负}$　　D. $I_{N熔}<I_{N负}$

219. 交流接触器每小时的操作次数要求(A)。

A. 加以限制　　B. 无限制

C. 限制为小于 5 次　　D. 限制为小于 15 次

220. 下列功能中，不属于接触器控制所具有的功能是(C)。

A. 能远距离频繁操作　　B. 广泛用于电动控制电路

C. 能用来切断短路和过负荷电流　　D. 能实现欠压保护

221. 自动空气开关又称自动开关，适用于正常情况下(A)的电路。

A. 不频繁操作　　B. 频繁操作　　C. 短路电流小　　D. 任何要求

222. 螺旋式低压熔断器的型号是(B)。

A. RC 系列　　B. RL 系列　　C. RS 系列　　D. RTO 系列

223. 开关的触头分动触头和静触头，接线方法是(C)。

A. 动触头接电压，静触头接负荷　　B. 静触头接高压，动触头接低压

C. 静触头接电源，动触头接负荷　　D. 动触头接高压，静触头接低压

224. HZ 系列是适用于 50Hz、电压 500V 以下电路作为电源引入或作为控制三相异步电动机的特殊(C)开关。

A. 铁壳　　B. 胶盖刀　　C. 组合　　D. 双投刀

225. 启动电动机时自动空气开关立即分断的原因是(B)。

A. 过流脱扣器瞬时整定电流太大　　B. 过流脱扣器瞬时整定电流太小

C. 铁芯工作面有油污，间隙太大　　D. 铁芯短路环断裂

226. DZ10-100/330 脱扣器额定电流 I_r=40A，这是塑壳式空气断路器的铭牌数据，则该断路器瞬时脱扣动作整定电流是(C)A。

A. 40　B. 200　C. 400　D. 50

227. 自动空气开关的分励脱扣器不能使自动空气开关分断的原因与(B)无关。

A. 线圈开路　B. 电源电压过高

C. 电源电压过低　D. 再扣接触面太大

228. DW 型自动控制开关的欠压脱扣器用做(C)。

A. 短路保护　B. 过载保护　C. 欠压保护　D. 过流保护

229. 交流接触器铭牌上的额定电流是指(A)。

A. 主触头的额定电流　B. 主触头控制受电设备的工作电流

C. 辅助触头的额定电流　D. 负载短路时通过主触头的电流

230. 交流接触器铁芯中的短路环的作用是(B)。

A. 增大铁芯磁通　B. 减小铁芯振动

C. 减缓铁芯冲击　D. 减小漏磁通

231. 接触器断电后，衔铁不能释放，其原因是(B)。

A. 电源电压偏低　B. 主触头熔焊

C. 弹簧压力过大　D. 短路环断裂

232. 接触器不能释放或释放慢与(B)原因无关。

A. 触点熔焊　B. 短路环断裂

C. 反力弹簧失效　D. 铁芯工作面有油污或尘埃粘着

233. 直流接触器一般采用(B)灭弧装置。

A. 封闭式自然灭弧、铁磁片灭弧、铁磁栅片灭弧三种

B. 磁吹式

C. 半封闭式绝缘栅片陶土灭弧罩或半封闭式金属栅片陶土灭弧罩

D. 双断口结构的电动力

234. 下列属于主令电器的是(A)。

A. 控制按钮、接近开关　B. 刀开关、空气断路器

C. 凸轮控制器、交流接触器　D. 熔断器、热继电器

235. 下列电器中，属于主令电器的是(D)。

A. 自动开关　B. 接触器　C. 电磁铁　D. 位置开关

236. 下列叙述中，不属于中间继电器特性的是(D)。

A. 电磁式继电器　B. 增加触点数量

C. 增加触点容量　D. 建立较长时间，较精确的延时

237. 下列构件中，不属于中间继电器的是(A)。

A. 钟表延时机构　B. 电磁机构

C. 触点机构　D. 弹簧复位机构

238. 电流继电器线圈的正确接法是(A)电路中。

A. 串联在被测量的　B. 并联在被测量的

C. 串联在控制回路　D. 并联在控制回路

239. 下列关于电流继电器的叙述，错误的是(C)。

A. 电流继电器按工作电流分为直流电流继电器和交流电流继电器

B. 按作用原理分为过电流继电器和欠电流继电器

C. 按电压分为高压电流继电器和低压电流继电器

D. 继电器线圈可由二段组成，它们既可串联也可并联

240. 电流继电器线圈的特点是(C)，只有这样线圈功耗才小。

A. 线圈匝数多、导线细、阻抗小　　B. 线圈匝数少、导线粗、阻抗大

C. 线圈匝数少、导线粗、阻抗小　　D. 线圈匝数多、导线细、阻抗大

241. 下列叙述中，属于电压继电器特征的是(A)。

A. 继电器线圈匝数多，线径细，并联在被测电路中

B. 继电器线圈匝数少，线径粗，串联在被测电路中

C. 继电器线圈匝数多，线径细，继电器触点数量多

D. 继电器线圈匝数多，线径细，带有延时机构

242. 下列关于继电器的叙述中，属于速度继电器的是(B)。

A. 继电器只有一个线圈，继电器动作与否，决定于通过线圈的电流

B. 继电器有一个永久磁铁的转子和一个可以转动的定子绕组，继电器动作与否，决定于转子的转动速度

C. 继电器有一个线圈，继电器的动作与否，决定于加在线圈上的电压

D. 继电器有一个电磁系统和一个延时机构，组成一个计时器

243. 速度继电器是用来(D)的继电器。

A. 提高电动机转速　　B. 降低电动机转速

C. 改变电动机转向　　D. 反映电动机转速和转速的变化

244. 选择热继电器时，应根据被控设备的(A)来选择相应发热元件的规格。

A. 额定电流　　B. 额定电压

C. 额定功率因数　　D. 额定频率

245. 热继电器中的双金属片的弯曲是由于(B)引起。

A. 机械强度　　B. 热膨胀系数不同　　C. 温差效应　　D. 温度效应

246. 普通三相结构式热继电器(B)对星形接法电动机起到断相保护。

A. 不能　　B. 能　　C. 有时不能　　D. B 和 C

247. 以下关于热继电器的描述中，错误的是(C)。

A. 利用物体受热膨胀或其物理特性的相应变化来工作的

B. 热继电器具有反比延时特性

C. 电气设备在启动瞬间或短时负荷剧增，热继电器会立即动作

D. 一般是利用双金属片构成热继电器的感测元件

248. 在低压电器中，热继电器和熔断器的区别是(A)。

A. 熔断器一般只作短路保护，而热继电器只能作过载保护

B. 熔断器和热继电器都可作短路保护

C. 熔断器只作过载保护，热继电器只作短路保护

D. 热继电器可代替熔断器的作用，所以电路中只要热继电器

249. 压力继电器多用于机床设备的(A)等系统。
A. 气压、水压和油 B. 调速调压 C. 换向 D. 齿轮和润滑

250. 电磁工作台又叫电磁吸盘，用于钢铁零件的吸持固定，其文字符号为(B)。
A. YT B. YH C. YL D. YV

251. 电磁离合器的工作原理是(C)。
A. 电流的热效应 B. 电流的化学效应 C. 电磁效应 D. 机电转换

252. 制动电磁铁一般与(A)配合使用，以达到准确停车的目的。
A. 闸瓦制动器 B. 电磁离合器 C. 联锁机构 D. 储能机构

253. 电磁铁的结构主要由(A)等部分组成。
A. 铁芯、衔铁、线圈及工作机械
B. 电磁系统、触头系统、灭弧装置和其他附件
C. 电磁机构、触头系统和其他辅件
D. 闸瓦、闸轮、杠杆、弹簧组成的制动器和电磁机构

254. 低压电器产品型号中的第一位字母是(C)。
A. 设计代号 B. 基本规格代号 C. 类别代号 D. 特殊派生代号

255. 在全压启动中，用得最多的是磁力启动器，它是由(B)组成。
A. 交流接触器、熔断器 B. 交流接触器、热继电器
C. 自动开关、热继电器 D. 自动开关、熔断器

256. 在按钮接触器联锁正转控制电路中，接触器所起的作用是(D)。
A. 使电机转动 B. 使电机停止运转
C. 起短路保护作用 D. 使电机启动、停止及欠压保护

257. 电动机允许的温升与(C)有关。
A. 电动机的容量 B. 电动机的额定电压
C. 电动机采用的绝缘材料 D. 电动机的额定电流

258. 在突然断电时能自动切断电动机电源的保护作用称为(A)。
A. 失压保护 B. 过压保护 C. 电流保护 D. 欠压保护

259. 在三相异步电动机控制线路中，主回路熔断器 FU 的作用是(A)。
A. 短路保护 B. 过载保护 C. 欠压保护 D. 过压保护

260. 如图所示控制电路，能实现电动机点动控制的是(C)。

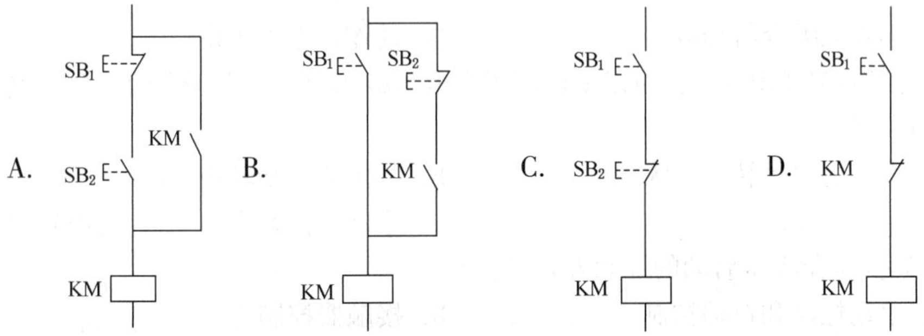

261. 将下图作(C)修改后，电路就能实现点动控制。
A. A，B 两线对调 B. B 点控制线接到 D 点
C. D，C 间连线断开 D. D 点控制线接到 A 点

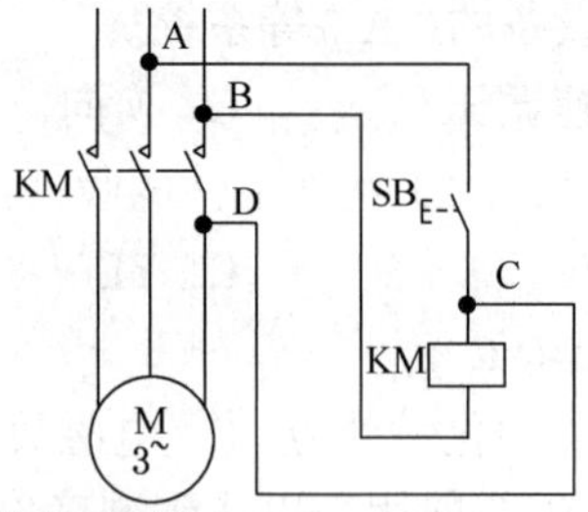

262. 如图所示控制电路的工作原理是(A)。

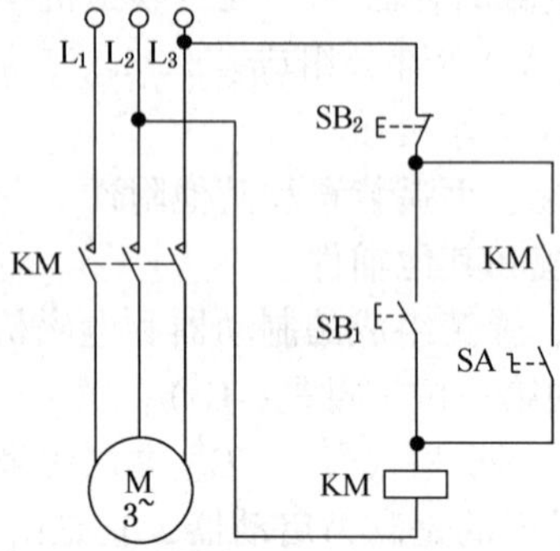

A. SA 断开时，SB_1 实现点动控制，SA 闭合时，SB_1 实现连续控制

B. 电路不能正常工作

C. SA 开关没有存在意义

D. SB_2 不能用来停止 KM 带电

263. 如图所示电路中，接通电源后，接触器将(C)。

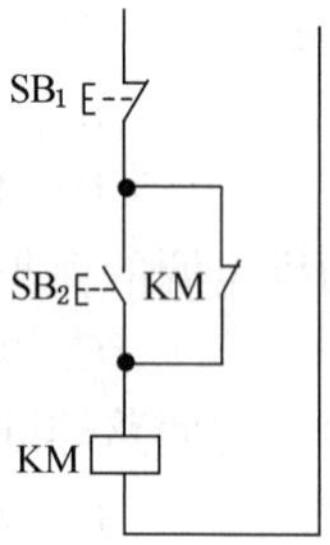

A. 吸合　　B. 不吸合

C. 不停地吸合与释放　　D. 动作状态不确定

264. 三相笼形异步电动机，可以采用定子串电阻减压启动，由于它的主要缺点是(D)，所以很少采用此方法。

A. 产生的启动转矩太大　　B. 产生的启动转矩太小

C. 启动电流过大　　D. 启动电流在电阻上产生的热损耗过大

265. 自耦变压器降压启动的控制方式是(A)。

A. 手动控制和自动控制　　B. 接触器控制

C. 机械控制　　D. 光电控制

266. 三相电动机自耦变压器降压启动器以 80% 的抽头降压启动时，电动机的启动转矩是全压启动转矩的(B)。

A. 36%　　B. 64%　　C. 70%　　D. 81%

267. 如图所示是属于(D)控制原理图。

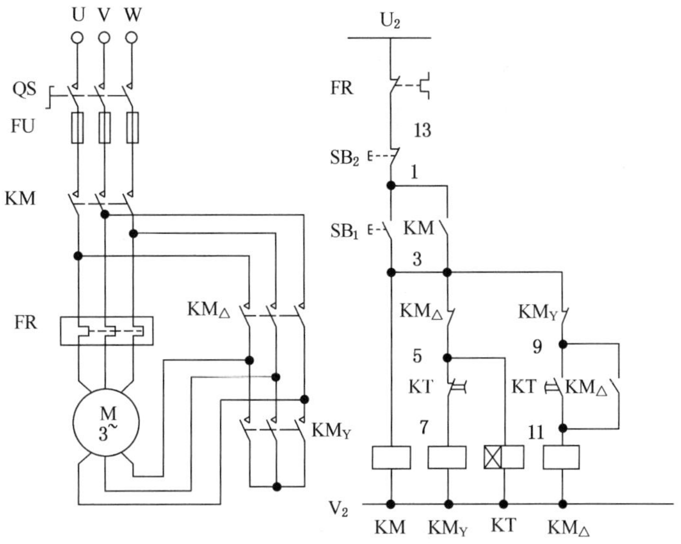

A. 正反转　　B. 双速电动机　　C. 延边三角形　　D. Y-△启动

268. 要使三相异步电动机的旋转磁场方向改变，只需要改变(B)。

A. 电源电压　　B. 电源相序　　C. 电源电流　　D. 负载大小

269. 三相电动机正、反转控制电路中，当一个接触器的触头熔焊而另一个接触器再吸合时将发生短路，能防止这种短路的保护环节是(C)。

A. 复合按钮联锁　B. 熔断器保护　　C. 接触器联锁　　D. 行程开关联锁

270. 为保证交流电动机正反转控制的可靠性，常采用(C)控制线路。

A. 按钮联锁　　B. 接触器联锁

C. 按钮、接触器双重联锁　　D. 手动

271. 如图所示是(A)原理图。

A. 具有双重联锁带过载保护的正反转控制电路

B. Y/△启动控制电路

C. 带能耗制动的正反转控制路

D. 双带电动机控制电路

272. 反接制动的优点是(C)。

A. 制动平稳　　B. 能耗较小　　C. 制动迅速　　D. 定位准确

273. 异步电动机反接制动过程中，由电网供给的电磁功率和拖动系统供给的机械功率，(D)转化为电动机转子的热损耗。

A. 1/4 部分　　B. 1/2 部分　　C. 3/4 部分　　D. 全部

274. 如图所示为两台电动机的顺序控制电路，它们在工作上的顺序是(C)。

A. M_1、M_2 各自单独启动，M_1 停止后，M_2 才能停止

B. M_1 启动后，M_2 才能启动；M_1、M_2 各自单独停止

C. M_1 启动后，M_2 才能启动；M_1 停止时，两台电机同时停止

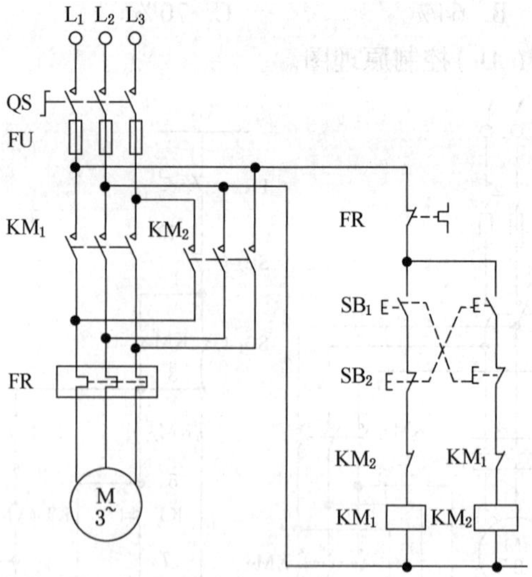

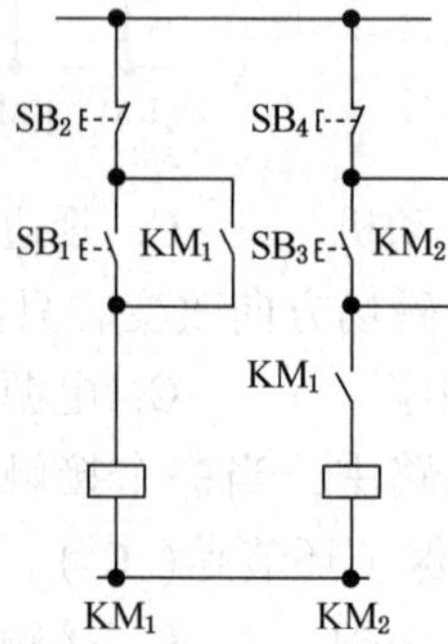

D. M_1、M_2 在启动和停止时互不影响

275. 分析下图控制电路，其工作过程是(B)。

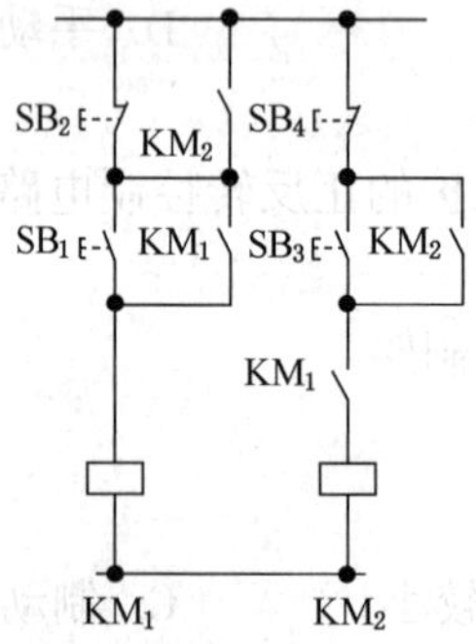

A. M_1 启动后，M_2 才能启动；可独立停止

B. M_1 未启动时，M_2 不能启动；M_2 未停止，M_1 可停止

C. M_1 启动后，M_2 才能启动；只有 M_2 停止后，M_1 才能停止

D. M_1 未启动时，M_2 不能启动；M_1 停止后，M_2 才能停止

276. 对于三相鼠笼式异步电动机的多地控制，需将多个启动按钮(B)，多个停止按钮串联，才能达到要求。

A. 串联　　B. 并联　　C. 自锁　　D. 混联

277. 绕线式异步电动机转子串电阻调速，属于(A)。

A. 改变转差率调速　　B. 变极调速

C. 变频调速　　D. 改变端电压调速

278. 绕线式异步电动机，采用转子串联电阻进行调速时，串联的电阻越小，则转速(B)。

A. 不随电阻变化　　B. 越高

C. 越低　　D. 需进行测量才知道

279. 隔离开关按装设地点可分为(A)。

A. 户内和户外式　　B. 水平旋转和垂直旋转

C. 有接地刀闸和无接地刀闸　　D. 单柱式、双柱式和三柱式

280. 高压隔离开关 GN10-10T/600，其型号含义是(A)。

A. 户内式隔离开关,设计序号 10,10kV-额定电压,T-统一设计,600A-额定电流

B. 户外式隔离开关

C. 统一设计的户内户外式隔离开关

D. 户内式少油断路器

281. 下列用途中，不属于高压断路器功能的是(D)。

A. 断开和接通负载电流　　B. 自动切断短路电流

C. 电力系统中最重要的控制电气设备　D. 隔离电源形成可见间隙

282. 阀形避雷器的主要构造由(A)。

A. 火花间隙和阀形电阻片组装在密封的磁套管内

B. 避雷针和阀形电阻片组装在密封的磁套管内

C. 灭弧管、内部间隙和外部间隙组成

D. 灭弧管、内部间隙和外部避雷针组成

283. 下列不属于高压配电装置的是(C)。

A. 电压在 1000V 及以上的电气装置　　B. 电压在 10kV 及以上的电气装置

C. 电压在 250V 及以下的电气装置　　D. 电压在 10000V 及以上的电气装置

284. 电力系统是指(B)。

A. 由发电、输电、变电、配电构成的整体

B. 由发电、输电、变电、配电和用户构成的整体

C. 由输电网、配电网组成的电力线路总和

D. 由发电厂消耗能源的总和

285. 下列电网中，范围最大的是(A)。

A. 区域电网　　B. 地方电网　　C. 工厂供电系统　　D. 110kV 电网

286. 工厂企业的电力负荷，是指工厂从电力系统中获得的(A)。

A. 电功率　　B. 电压　　C. 电能　　D. 频率

287. 关于白炽灯的说法，正确的是(D)。

A. 光效较高，使用寿命长

B. 灯丝加热缓慢，不能瞬时启动

C. 是纯电感性负载

D. 灯丝的冷态电阻比热态电阻小得多，在点燃瞬时电流较大

288. 日光灯启辉器的原理是(A)。

A. 辉光放电　B. 产生热效应
C. 产生光电效应　D. 电磁感应

289. 工厂车间照明通常分为(A)。

A. 一般照明、局部照明、混合照明　B. 一般照明、高架照明、工作台照明
C. 专用照明、低空照明、墙面照明　D. 一般照明、专用照明、工作台照明

290. 工厂常用电光源中，其显色性最好的应用是(C)。

A. 高压汞灯、高压钠灯　B. 金属卤素灯、高压钠灯
C. 卤钨灯、白炽灯　D. 荧光灯、高压水银灯

291. 变压器中性点接地属于(A)。

A. 工作接地　B. 保护接地　C. 重复接地　D. 故障接地

292. 保护接零的有效性是当设备发生故障时(D)使保护装置动作。

A. 过载电压　B. 额定电压
C. 额定电流　D. 接地短路电流

293. 电磁式和电子式两种漏电保护器相比，电磁式(B)。

A. 需要辅助电源　B. 不需要辅助电源
C. 受电源波动影响大　D. 抗干扰能力差

294. 如果线路上有人工作，停电作业时应在线路开关和刀开关操作手柄上悬挂(D)的标志牌。

A. 止步，高压危险　B. 禁止合闸，有人工作
C. 在此工作　D. 禁止合闸，线路有人工作

295. 如果发现触电者呼吸困难或心跳失常，应立即施行(A)。

A. 人工呼吸及胸外挤压法　B. 静卧观察
C. 心肺复苏　D. 立即送医院

296. 发现有人触电而附近没有开关时，可用(C)切断电路。

A. 电工钳或电工刀　B. 电工钳或铁棒
C. 干燥的木棒　D. 电工刀或斧头

297. 下列灭火器材中，不适用于电气灭火的是(D)。

A. 二氧化碳　B. 四氯化碳　C. 干粉　D. 泡沫

298. 经过划线确定加工时的最后尺寸，在加工过程中，应通过(A)来保证尺寸准确度。

A. 测量　B. 划线　C. 加工　D. 看样冲眼

299. 减少錾切时切屑变形，使切削省力是(C)的作用。

A. 楔角　B. 后角 α_0　C. 前角 γ　D. 前角和后角

300. 锉削硬材料时应选用(C)锉刀。

A. 单锉齿　B. 粗齿　C. 细齿　D. 圆

301. 在进行下列(C)操作时，可不戴手套。

A. 攻丝　B. 锉削　C. 钻床　D. 锯割

302. 钻头的规格和标号一般标在钻头的(D)。

A. 切削部分　B. 导向部分　C. 柄部　D. 颈部

303. 具有铆接压力大、动作快、适应性好、无噪声的铆接方法是(B)。

A. 风枪铆　　B. 液压铆　　C. 手工铆　　D. 机械铆

304. 在钢和铸铁工件上分别加工同样直径的内螺纹，钢件圆杆直径比铸铁圆杆直径(B)P。

A. 大 0.2　　B. 大 0.1　　C. 小 0.1　　D. 小 0.2

305. 对于变形十分严重或脆性较大的金属板材、型材，要加热到(D)℃的温度下进行热矫正。

A. 200~350　　B. 300~500　　C. 500~700　　D. 700~1000

306. 弯曲直径在(A)mm 以下的油管可用冷弯方法进行。

A. 8　　B. 10　　C. 12　　D. 14

307. 塞尺(又称测微法)是用来测量(D)。

A. 薄片厚度　　B. 孔深

C. 锯割深度　　D. 零件配合表面间隙

308. 锡焊用松香焊剂适用于(A)。

A. 所有电子器件和小线径线头的焊接

B. 小线径线头和强电领域小容量元件的焊接

C. 大线径线头焊接

D. 大截面导体表面的加固搪锡

309. 多股铝导线的焊接，可采用(B)。

A. 锡焊　　B. 气焊　　C. 电阻焊　　D. 电弧焊

三、技能操作鉴定要素细目表

鉴定范围						鉴定点	
一级		二级		三级		代码	名称
代码	名称	代码	名称	代码	名称		
A	技能要求	A	工作前准备	A	安全文明生产	001	触电急救知识
						002	触电急救的胸外心脏挤压法
				B	工具、量具、仪器、仪表	001	用万用表测量电阻
						002	用万用表测量交/直流电压
						003	用万用表测量晶体二极管
						004	用万用表估算晶体三极管参数
						005	用万用表测量直流电流
						006	用兆欧表测量电动机绝缘电阻
						007	用千分卡尺测量导线线径并计算截面积
						008	用钳形电流表测量运行电动机电流
						009	用单臂电桥测电阻
						010	高压验电器的使用
						011	用万用表确定三极管的型号和管脚

续表

鉴定范围						鉴定点	
一级		二级		三级		代码	名称
代码	名称	代码	名称	代码	名称		
				C	材料选择	001	识别常用绝缘导线材料(绝缘种类、导线线径识别)
						002	识别电机常用轴承型号的含义
						003	识别电机常用润滑脂的组成
						004	常用电缆型号识别
						005	常用电刷型号识别
						006	根据容量选择导线、开关、插座
				D	读图分析与计算	001	分析三相异步电动机全压启动工作原理
						002	分析三相异步电动机异地控制工作原理
						003	分析点动与连续运行控制的电气原理图
						004	识读白炽灯照明电气原理图
		B	装调与维修	A	电气检修与排除故障	001	三相异步电动机全压启动控制线路故障排除
						002	日光灯照明线路故障检修
						003	点动与连续运行控制电动机故障排除
						004	检查三相异步电动机三相电流不平衡故障
						005	用万用表判断小型三相异步电动机定子绕组首尾端
						006	掌握1~2种干燥电动机的方法
						007	小型三相异步电动机的拆装
						008	电动机轴承更换
				B	配线与安装	001	配置点动控制电动机控制线路
						002	配置电动机正转控制线路
						003	装接按钮互锁的正反转控制电动机线路
						004	装接带计量的日光灯电路
						005	安装两地控制的照明电路
						006	安装带镇流器的照明(日光灯、高压水银灯)
						007	导线的连接方法，绝缘层的恢复
						008	制作多股导线的连接、焊接、压接各种端头
						009	单相桥式整流电路安装
				C	调试与测绘	001	测试轴承间隙
						002	测试运行电动机的电流、电压
						003	绘制点动控制三相异步电动机线路图
						004	绘制按钮互锁可逆运行控制电路图
						005	绘制接触器触头互锁控制的可逆运行控制电路图
						006	绘制带三相有功电度表的低压配电箱的电路图
						007	绘制测量三相电流的TA接线原理图(V形)
						008	绘制单相全波整流电路图
						009	绘制单相桥式整流电路图

四、技能操作试题

试题 1：触电急救的胸外心脏挤压法

（考核时间：5min）

序号	考核内容	考核要点	配分	评分标准	检测结果	扣分	得分	备注
1	急救方法的选用	选用正确	30	选用不正确扣 10 分				
2	急救方法的使用	操作正确	70	方法不熟练扣 20 分，方法不正确扣 40 分				
3	安全文明生产	遵守国家或企业有关安全规定		每违反一项从总分中扣除 5 分，严重违反者停止操作			—	
合计			100					

试题 2：用万用表测量电阻

（考核时间：30min）

序号	考核内容	考核要点	配分	评分标准	检测结果	扣分	得分	备注
1	测量准备	准确到位	20	挡位选择不正确扣 20 分				
2	测量过程	准确无误	50	操作步骤错误，每错 1 处扣 10 分；改变量程要重新调零，不调零扣 10 分				
3	测量结果	在允许范围内	30	测量结果有较大误差或错误扣 30 分				
4	安全文明生产	遵守国家或企业有关安全规定		每违反一项从总分中扣除 5 分，严重违反者停止操作			—	
合计			100					

试题 3：用万用表测量晶体二极管

（考核时间：30min）

序号	考核内容	考核要点	配分	评分标准	检测结果	扣分	得分	备注
1	测量准备	准确到位	20	挡位选择不正确扣 20 分				
2	测量过程	准确无误	50	操作步骤错误，每错 1 处扣 10 分				
3	测量结果	在允许范围内	30	测量结果有较大误差或错误扣 30 分				
4	安全文明生产	遵守国家或企业有关安全规定		每违反一项从总分中扣除 5 分，严重违反者停止操作			—	
合计			100					

试题 4：用万用表估算晶体三极管电流放大倍数

（考核时间：30min）

序号	考核内容	考核要点	配分	评分标准	检测结果	扣分	得分	备注
1	测量准备	仪表、三极管准备齐全	10	缺一项扣 3 分				
2	正确测量	管子类型判别	20	判别错误扣 20 分				
		判别三极管的 b、e、c 极	30	错判一个管脚扣 10 分				
		电流放大倍数的估测	20	估测错误扣 20 分				
3	万用表使用	有关万用表使用知识提问	20	答错一问扣 10 分				
4	安全文明生产	遵守国家或企业有关安全规定		每违反一项从总分中扣除 5 分，严重违反者停止操作			—	
		合　计	100					

试题 5：用万用表测量直流电流

（考核时间：30min）

序号	考核内容	考核要点	配分	评分标准	检测结果	扣分	得分	备注
1	测量准备	准确到位	20	挡位选择不正确扣 20 分				
2	测量过程	准确无误	50	操作步骤错误，每错 1 处扣 10 分；不机械调零扣 10 分				
3	测量结果	在允许范围内	30	测量结果有较大误差或错误扣 30 分				
4	安全文明生产	遵守国家或企业有关安全规定		每违反一项从总分中扣除 5 分，严重违反者停止操作			—	
		合　计	100					

试题 6：用兆欧表测量电动机绝缘电阻

（考核时间：30min）

序号	考核内容	考核要点	配分	评分标准	检测结果	扣分	得分	备注
1	测量准备	被测电机、仪表齐全	20	选表不正确扣 10 分；不检查兆欧表扣 10 分；少准备一项扣 5 分				
2	正确测量	测量方法正确，测量项目齐全	50	测量方法错误，每错 1 处扣 5 分				
				测量相对地绝缘电阻缺一处扣 5 分				
				测量相间绝缘电阻缺一处扣 5 分				
3	测量结果	正确读取测量结果	30	指针不稳定时读数扣 10 分，读数不正确扣 10 分				
4	安全文明生产	遵守国家或企业有关安全规定		每违反一项从总分中扣除 5 分，严重违反者停止操作			—	
		合　计	100					

试题 7：用千分卡尺测量导线线径并计算截面积

（考核时间：30min）

序号	考核内容	考核要点	配分	评分标准	检测结果	扣分	得分	备注
1	测量准备	被测物、测量工具准备齐全	10	缺一项扣 5 分				
2	测量过程	准确无误	50	操作步骤错误，每错 1 处扣 10 分				
3	测量结果	在允许范围内	40	测量结果有较大误差或错误扣 30 分				
4	安全文明生产	遵守国家或企业有关安全规定		每违反一项从总分中扣除 5 分，严重违反者停止操作			—	
	合　计		100					

试题 8：用钳形电流表测量运行电动机电流

（考核时间：30min）

序号	考核内容	考核要点	配分	评分标准	检测结果	扣分	得分	备注
1	测量准备	测量对象、仪表齐全	10	挡位选择不正确扣 20 分				
2	测量过程	准确无误	50	操作步骤错误，每错 1 处扣 10 分				
3	测量结果	在允许范围内	30	测量结果有较大误差或错误扣 30 分				
4	维护保养	能进行简单的维护	10	维护保养有误扣 10 分				
5	安全文明生产	遵守国家或企业有关安全规定		每违反一项从总分中扣除 5 分，严重违反者停止操作			—	
	合　计		100					

试题 9：用单臂电桥测电阻

（考核时间：30min）

序号	考核内容	考核要点	配分	评分标准	检测结果	扣分	得分	备注
1	测量准备	电桥、电阻准备齐全	20	电桥调零、比较臂选择合适，缺一项扣 10 分				
2	测量过程	准确无误	50	比较臂的调零从低位到高位，错一步扣 10 分				
3	测量结果	在允许范围内	30	测量结果有较大误差或错误扣 30 分				
4	安全文明生产	遵守国家或企业有关安全规定；在规定时间内完成		每违反一项从总分中扣除 5 分，严重违反者停止操作			—	
	合　计		100					

试题10：高压验电器的使用

（考核时间：30min）

序号	考核内容	考核要点	配分	评分标准	检测结果	扣分	得分	备注
1	准备工作	穿戴劳保用品	5	未穿戴整齐扣5分				
		工具、安全用具准备	15	未检查高压绝缘手套完好性扣5分，室外测试未检查绝缘靴完好状况扣5分				
2	操作程序	检查高压验电器并组装	30	未对验电器的有效期进行检查扣10分				
				未对验电器的各部件完好性进行检查扣10分				
				验电器组装错误扣10分，未擦拭干净扣5分				
3		验电操作	50	未戴高压绝缘手套扣5分，室外测试未穿绝缘靴扣5分				
				验电时未用单手操作扣5分，手握验电器的位置错误扣5分				
				未先在带电设备上测试验电器的完好性扣10分				
				验电时直接接触带电体扣10分				
				验电操作程序错误扣10分				
				验电时无监护人扣10分				
4	安全文明生产	遵守国家或企业有关安全规定		每违反一项从总分中扣除5分，严重违反者停止操作			—	
		合　　计	100					

试题11：电动机加润滑脂

（考核时间：30min）

序号	考核内容	考核要点	配分	评分标准	检测结果	扣分	得分	备注
1	准备工作	电动机润滑脂加装前的准备工作	10	准备工作不完整扣5分				
2	润滑脂状况的检查	电动机原有润滑脂状况的检查	25	主要步骤不正确不完整扣5分，未做原有润滑脂状况的检查不得分				
3	装润滑脂	加油枪装润滑脂方法	25	主要步骤不完整扣5分				
4	检修项目要求	主要检修项目要求明确	25	主要检修项目要求不明确不完整扣5分				
5	润滑脂材料选用	润滑脂选用合理	15	润滑脂选用不合理扣10分，润滑脂加装过量扣5分				
6	安全文明生产	遵守国家或企业有关安全规定；在规定时间内完成		每违反一项从总分中扣除5分，严重违反者停止操作			—	
		合　　计	100					

试题 12：识别电机常用轴承型号的含义

（考核时间：30min）

序号	考核内容	考核要点	配分	评分标准	检测结果	扣分	得分	备注
1	识别代号	识别类型代号 识别尺寸系列代号 内径代号	50	不能识别每项扣 15 分				
2	识别结构	滚动轴承的组成 滚动轴承按其滚动体的品种分类 滚动轴承的基本类型有几种	50	不能识别每项扣 15 分				
3	安全文明生产	遵守国家或企业有关安全规定		每违反一项从总分中扣除 5 分，严重违反者停止操作			—	
		合　计	100					

试题 13：识别常用电力电缆型号

（考核时间：30min）

序号	考核内容	考核要点	配分	评分标准	检测结果	扣分	得分	备注
1	识别电缆型号	识别型号含义 绝缘层型号含义 护套层数字含义 外护层数字含义 导电芯线材料	60	不能正确说明或识别每项扣 15 分				
2	电缆结构与使用	电缆的基本结构 电力电缆的主要品种 电力电缆的使用知识要点	40	不能识别每项扣 10 分；使用知识要点缺一项扣 10 分				
3	安全文明生产	遵守国家或企业有关安全规定		每违反一项从总分中扣除 5 分，严重违反者停止操作			—	
		合　计	100					

试题 14：根据容量选择导线、开关、插座

（考核时间：90min）

序号	考核内容	考核要点	配分	评分标准	检测结果	扣分	得分	备注
1	准备工作	纸、笔、计算器	5	少一项扣 1 分				
2	材料设备选择	正确选择导线	10	选择错误扣 10 分				
		正确选择插座	10	选择错误扣 10 分				
		正确选择电度表	10	选择错误扣 10 分				
		正确选择空气断路器	15	选择错误扣 15 分				
3	画电气原理图	电度表画图正确	15	电度表画图错误扣 15 分				
		空气开关画图正确	10	空气开关画图错误扣 10 分				
		插座画图正确	15	插座中的相线、零线、地线错误一处扣 3 分				
		图面整洁美观	10	整洁有误扣 5 分，美观有误扣 3 分				
4	安全文明生产	遵守国家或企业有关安全规定		每违反一项从总分中扣除 5 分，严重违反者停止操作			—	
		合　计	100					

试题15：三相异步电动机全压启动工作原理分析

（考核时间：30min）

序号	考核内容	考核要点	配分	评分标准	检测结果	扣分	得分	备注
1	准备工作	按要求完成准备工作	5	未按要求完成准备工作，每缺少一项扣1分				
2	工作原理	电动机的启动过程	25	少一个环节扣5分				
		停机过程	25	少一个原理点扣5分				
		具有的保护功能	25	少一种保护功能扣5分				
3	主回路工作原理	说明主回路工作原理	10	不能说出主回路工作原理扣10分，有错误扣5分，无逻辑性扣5分				
4	控制回路工作原理	说明控制回路工作原理	10	不能说出控制回路工作原理扣10分，有错误扣5分，无逻辑性扣5分				
5	安全文明生产	遵守国家或企业有关安全规定		每违反一项从总分中扣除5分，严重违反者停止操作			—	
		合　　计	100					

试题16：三相异步电动机异地控制工作原理分析

（考核时间：30min）

序号	考核内容	考核要点	配分	评分标准	检测结果	扣分	得分	备注
1	根据原理图说明各元件符号名称	说明主回路部分各元件符号名称；说明控制回路部分各元件符号名称	30	少说明主回路部分各元件名称一处扣1分；不能说明主回路部分各元件符号名称扣10分；少说明控制回路部分各元件符号名称一处扣1分；不能说明控制回路部分各元件符号名称扣10分				
2	说明主回路工作原理	根据原理图说明主回路工作原理	25	不能根据原理图说明主回路工作原理扣15分；说明主回路工作原理时有错误扣5分；说明主回路工作原理时无逻辑性扣10分				
3	说明控制回路工作原理	根据原理图说明控制回路工作原理图	25	不能根据原理图说明控制回路工作原理扣15分；说明控制回路工作原理时有错误扣5分；说明控制回路工作原理时无逻辑性扣10分				
4	根据用电设备的性质和容量，选择电器元件及导线规格	根据30kW三相异步电动机选择电器元件；电源总开关容量；交流接触器容量；热继电器容量；主回路熔断器容量；控制电路熔断器容量	10	不能说明电源总开关容量扣1分；不能说明交流接触器容量扣1分；不能说明热继电器容量扣1分；不能说明主回路熔断器容量扣1分；不能说明控制电路熔断器容量扣1分；不能说明按钮容量扣1分				
		根据30kW三相异步电动机选择导线截面：主回路导线；控制回路导线	10	不能说明主回路导线截面扣2分；不能说明控制回路导线截面扣1分				
5	安全文明生产	遵守国家或企业有关安全规定；在规定时间内完成		每违反一项从总分中扣除5分，严重违反者停止操作			—	
		合　　计	100					

试题17：识读异地控制白炽灯照明电气原理图

（考核时间：30min）

序号	考核内容	考核要点	配分	评分标准	检测结果	扣分	得分	备注
1	准备工作	准备电路图、纸、笔	10	少准备一件扣2分				
2	根据原理图说明各元件符号名称	说明各元件符号名称	15	少说明各元件符号名称一处扣2分；不能说明各元件符号名称扣15分				
3	叙述工作原理	根据原理图说明工作原理	40	不能根据原理图叙述工作原理扣20分；叙述工作原理时有错误扣5分；叙述工作原理时无逻辑性扣15分				
4	根据用电设备的性质和容量，选择电器元件及导线规格	根据200W白炽灯选择电器元件；电源总开关容量；灯座容量；开关K1、K2容量	25	不能说明电源总开关容量扣10分；不能说明灯座容量扣10分；不能说明开关K1、K2容量扣5分，不能说出火线的连接点扣5分				
		根据40W照明灯选择导线截面	10	不能说明导线截面扣10分				
5	安全文明生产	遵守国家或企业有关安全规定；在规定时间内完成		每违反一项从总分中扣除5分，严重违反者停止操作			—	
	合　计		100					

试题18：三相异步电动机全压启动控制线路故障排除

（考核时间：30min）

序号	考核内容	考核要点	配分	评分标准	检测结果	扣分	得分	备注
1	准备工作	准备万用表、试电笔及常用电工工具	5	少准备一件扣1分				
2	识图	识读电气原理图	20	不会识图扣10分；不能正确识别每个图形、文字符号的意义一处扣1分				
3	观察外观	认真观察电路外观是否有明显故障点	15	不能发现明显故障点一处扣5分；未检查外观扣10分				
4	通电观察现象	接通电源观察故障现象	15	不能根据故障现象判断故障原因扣10分				
5	测量判断	使用万用表(电压法或电阻法)、验电器判断故障	15	仪器、仪表使用不当一次扣5分；测量中没有逻辑性扣10分				
6	判断拆除故障	通过测量确定故障点，拆除故障	30	不能确定有故障点扣30分；少确定一处故障点扣10分；少排除一处故障扣10分				
7	安全文明生产	遵守国家或企业有关安全规定		每违反一项从总分中扣除5分，严重违反者停止操作			—	
	合　计		100					

试题 19：日光灯照明线路故障检修

（考核时间：30min）

序号	考核内容	考核要点	配分	评分标准	检测结果	扣分	得分	备注
1	准备工作	准备万用表、试电笔及常用电工工具	5	少准备一件扣1分				
2	观察故障	认真检查电路是否有明显故障点；合上电源开关，观察电路故障现象	20	没有检查电路是否有明显故障点扣10分；合上电源开关，观察故障现象，错误判断故障原因，每一处扣5分				
3	测量判断	根据故障现象说明故障原因；测量判断故障范围及故障点	50	不能根据现象说明故障原因扣10分；仪器、仪表使用不当扣10分；测量中没有逻辑性扣10分；少找到一个故障点扣10分				
4	排除故障	排除故障	25	不能排除故障扣10分；由于操作原因使故障扩大，一次扣15分				
5	安全文明生产	遵守国家或企业有关安全规定		每违反一项从总分中扣除5分，严重违反者停止操作			—	
		合　计	100					

试题 20：检查三相异步电动机三相电流不平衡故障

（考核时间：30min）

序号	考核内容	考核要点	配分	评分标准	检测结果	扣分	得分	备注
1	准备工作	准备万用表、钳形电流表	5	少准备一件扣1分				
2	观察现象	观察故障电动机现象	15	未观察现象就测量扣5分；不能正确形容故障现象扣10分				
3	测量电压	检查电源电压是否平衡	30	未测量电源电压扣10分；不能根据测量的三相电压判断故障扣10分；万用表使用不当扣10分				
4	测量电流	检查三相电流偏差范围	30	未测量三相电流扣10分；不能根据测量三相电流判断故障扣10分；钳形电流表不当扣10分				
5	综合判断	定子绕组2路并联支路，其中有1条支路断路应用什么方法判断	5	不能说明该故障的判断方法扣5分				
		如某相绕组匝数多或匝数少用什么方法判断	5	不能说明该故障的判断方法扣5分				
		说明三相电压的最大允许偏差值	5	不能说明扣5分				
		说明三相电流的最大允许偏差值	5	不能说明扣5分				
6	安全文明生产	遵守国家或企业有关安全规定		每违反一项从总分中扣除5分，严重违反者停止操作			—	
		合　计	100					

试题21：检查并排除电动机故障

（考核时间：30min）

序号	考核内容	考核要点	配分	评分标准	检测结果	扣分	得分	备注
1	调查研究	对故障现象进行调查研究	10	排除故障前不进行调查研究扣1分				
2	故障分析	分析故障可能的原因，思路正确	40	找不出故障范围，每个扣2分；不能标出最小的故障范围，每个点扣2分				
3	故障排除	正确使用工具和仪表，找出故障点并排除故障	40	实际操作中，思路不清，扣2分；每少查出1处扣2分；每少排除1处扣4分；运用方法不正确，每处扣4分				
4	其他	操作有误，要从总分中扣除	10	排除故障时产生新的故障后不能自行恢复，每处扣10分，已修复扣5分；不符合安全规程或损坏设备，扣10分				
5	安全文明生产	遵守国家或企业有关安全规定；在规定时间内完成		每违反一项从总分中扣除5分，严重违反者停止操作			—	
		合　计	100					

试题22：用万用表法判断小型三相异步电动机定子绕组首尾端

（考核时间：60min）

序号	考核内容	考核要点	配分	评分标准	检测结果	扣分	得分	备注
1	准备工作	器具、工具的选择检查	5	少选择一件扣1分				
2	操作顺序	将设备从电网上断开并拆除所有连线	10	不切断电源扣5分；不拆除所有连线扣5分				
		拆除电动机星形或三角形连接片，整理好端头	5	不拆连接片扣3分；未整理好端头扣2分				
		用万用表找出同一相绕组的两个端头并做出标记	20	用万用表的欧姆挡分别找出三相绕组的两个端，并将一相绕组做出标记，每少找一相扣5分；不做标记扣5分				
		假设首尾端，并将假设的首尾端封在一起，尾端封在一起	10	不封首尾端或首尾端封错扣10分				
		将万用表扳至毫安挡，将负表笔置到尾端上，将正表笔置到首端上，然后，用手匀速转动转子，观察指针有无摆动。若有摆动对调任意一相首尾端直至不动，要求三次完成	40	不能说出测量原理扣10分；调换首尾端直至表笔不动，说明原因，说错扣10分				

续表

序号	考核内容	考核要点	配分	评分标准	检测结果	扣分	得分	备注
3	综合分析	利用剩磁法判断首尾端对电动机有何要求	10	不能正确分析判断扣5分				
4	安全文明生产	遵守国家或企业有关安全规定		每违反一项从总分中扣除5分，严重违反者停止操作			—	
合计			100					

试题23：拆卸小型三相异步电动机

（考核时间：60min）

序号	考核内容	考核要点	配分	评分标准	检测结果	扣分	得分	备注
1	准备工作	准备电机拆卸工具、常用电工工具	5	少准备一件扣3分				
2	拆卸前检查、记录拆引线	做好全面检查和记录	5	拆卸前未做记录和检查扣5分				
		做好标记	5	未做记号扣5分				
		正确拆除引线	5	未拆除引线扣5分				
		检查电机转动情况	5	未检查扣5分				
3	电机拆卸解体	正确拆卸皮带轮或联轴器	20	拆皮带轮或联轴器时，操作不当扣10分；轴头中心孔被破坏扣10分				
		正确拆卸风罩风扇	10	拆卸风罩风扇时操作方法不当扣10分				
		正确拆卸轴承盖、端盖	5	拆卸轴承盖、端盖时操作方法不当扣5分				
		正确抽出转子	10	抽转子时，操作不当扣5分；碰伤铁芯或线圈扣10分				
		正确拆卸轴承及内盖	10	拆卸前后轴承和轴承内盖，操作不当扣5分；未检查、清洗轴承扣5分				
		拆卸顺序正确	10	拆卸顺序有误一处扣2分				
		不能损坏零部件；不能碰伤绕组	10	损坏一个零部件、碰伤绕组扣10分				
4	安全文明生产	遵守国家或企业有关安全规定		每违反一项从总分中扣除5分，严重违反者停止操作			—	
合计			100					

试题24：更换电动机轴承

（考核时间：60min）

序号	考核内容	考核要点	配分	评分标准	检测结果	扣分	得分	备注
1	准备工作	准备电机拆卸工具、常用电工工具	5	少准备一件扣3分				

续表

序号	考核内容	考核要点	配分	评分标准	检测结果	扣分	得分	备注
2	拆卸前检查、记录拆引线	做好全面检查和记录	5	拆卸前未做记录和检查扣5分				
		检查电机转动情况	5	未检查扣5分				
3	电机拆卸解体	解体顺序正确	30	操作不当扣5分；顺序不对扣10分				
		检查轴承间隙	10	测量数据不对扣5分				
		拆卸轴承	15	方法不对扣5分				
4	组装轴承	更换新轴承型号	5	型号不对扣5分				
		安装方法正确	25	方法不对，错误一处扣5分				
5	安全文明生产	遵守国家或企业有关安全规定		每违反一项从总分中扣除5分，严重违反者停止操作			—	
		合　计	100					

试题25：配置点动控制电动机控制线路

（考核时间：120min）

序号	考核内容	考核要点	配分	评分标准	检测结果	扣分	得分	备注
1	准备工作	画电路图 准备器材	20	少准备一件扣2分 画图不正确扣5分				
2	操作项目	准备电工工具、万用表；检查元件、画图；接线	50	工具准备缺项扣2分；画图不正确扣5分；接线错误扣10分；布线不合理扣3分；漏套线号套管扣3分				
3	通电试验	通电试验	30	点动和单相控制，每缺一项扣10分				
4	安全文明生产	遵守国家或企业有关安全规定		每违反一项从总分中扣除5分，严重违反者停止操作			—	
		合　计	100					

试题26：装接按钮互锁的正反转控制电动机线路

（考核时间：120min）

序号	考核内容	考核要点	配分	评分标准	检测结果	扣分	得分	备注
1	准备工作	根据原理图绘制安装接线图；准备器材	20	画图不正确扣5分；少准备一件扣2分				
2	操作内容	准备电工工具、万用表；检查元件、接线	50	工具准备缺项扣2分；接线错误每处扣10分；布线不合理扣3分；漏套线号套管每处扣3分				
3	通电试验	通电试验	30	电动和正反转控制，每缺一项扣10分				
4	安全文明生产	遵守国家或企业有关安全规定		每违反一项从总分中扣除5分，严重违反者停止操作			—	
		合　计	100					

试题 27：装接带计量的日光灯照明电路

（考核时间：120min）

序号	考核内容	考核要点	配分	评分标准	检测结果	扣分	得分	备注
1	准备工作	画电路图；准备器材	20	画图不正确扣 5 分；少准备一件扣 2 分				
2	接线	布线合理；元件固定牢固，导线选择合理；接线牢固，电气接触良好	40	接线错误和接触不良各扣 10 分；布线不合理扣 3 分；漏套线号套管每处扣 3 分				
3	通电试验	通电试运行达到要求试运行步骤方法正确	40	经两次试验运行才正常扣 5 分；第三次试验成功扣 10 分，不成功则停止试验；试验步骤和方法不正确扣 10 分				
4	安全文明生产	遵守国家或企业有关安全规定		每违反一项从总分中扣除 5 分，严重违反者停止操作			—	
		合　计	100					

试题 28：安装带镇流器的照明（高压水银灯），排除日光灯故障

（考核时间：120min）

序号	考核内容	考核要点	配分	评分标准	检测结果	扣分	得分	备注
1	准备工作	检查准备所用材料	5	未检查扣 5 分				
2	元器件安装	按要求正确使用仪表，熟练安装元器件；元器件布置合理，安装准确	25	元器件布置不整齐、不合理，每只扣 2 分；损坏元器件，每只扣 5 分；使用万用表错误一处扣 5 分				
3	正确接线	接线正确；导线连接牢固	40	接线错误每处扣 10 分；导线连接不牢固扣 5 分				
4	排除故障	排除三个故障	30	少排除一个故障扣 10 分				
5	安全文明生产	遵守国家或企业有关安全规定		每违反一项从总分中扣除 5 分，严重违反者停止操作			—	
		合　计	100					

试题 29：导线的连接方法，绝缘层的恢复

（考核时间：120min）

序号	考核内容	考核要点	配分	评分标准	检测结果	扣分	得分	备注
1	绝缘剖削	剥线钳剖削电线线头正确；用电工刀剖削电线线头正确	20	线钳刃口不正确扣 3 分；剥线过程过长、过短扣 4 分；电工刀切入塑料层时角度不对扣 3 分；剖削方法不正确扣 5 分；刮伤导线扣 5 分				

续表

序号	考核内容	考核要点	配分	评分标准	检测结果	扣分	得分	备注
2	导线连接	导线与导线连接紧密、平整、长度合适；导线与导线T接处紧密、平整、长度合适	30	连接不紧密、接触不良、松动一处扣5分；粗细不均匀扣3分；绕向不正确扣5分；连接处过长、过短扣5分				
3	导线焊接，压接端头	线焊接平滑、牢固，无虚焊；压接端头紧密，压接牢固	30	焊接不平滑扣5分；焊接有虚焊扣5分；端头与导线截面不配扣5分；端头压接不牢固扣5分				
4	绝缘层恢复	绝缘胶带缠绕平整，厚薄均匀	20	绝缘胶带缠绕不平整扣5分；厚薄不均匀扣5分				
5	安全文明生产	遵守国家或企业有关安全规定		每违反一项从总分中扣除5分，严重违反者停止操作			—	
合　计			100					

试题30：制作多股导线的连接、焊接、压接各种端头

（考核时间：120min）

序号	考核内容	考核要点	配分	评分标准	检测结果	扣分	得分	备注
1	线头的剥削	剥线或削线方法正确	20	剥钳刀口选择不当扣3分；剥线过长、过短扣4分；电工刀切入塑料层时，角度不对扣3分；剥削方法不正确扣5分；刮伤导线扣5分				
2	导线间的连接	对接紧密，平整，长度合适	40	连接不紧密，接触不良，松动一处扣5分；粗细不均匀，扣3分；绕向不正确扣5分；连接处过长、过短扣5分				
3	焊接压接端头	焊接平滑，压接牢固	40	焊接不平滑有毛刺扣5分；焊接有虚焊扣5分；端头压接不牢扣5分；端头与导线截面不配扣5分				
4	安全文明生产	遵守国家或企业有关安全规定		每违反一项从总分中扣除5分，严重违反者停止操作			—	
合　计			100					

试题31：安装单相桥式整流电路

（考核时间：120min）

序号	考核内容	考核要点	配分	评分标准	检测结果	扣分	得分	备注
1	准备工作	检查元件工具	5	未检查扣5分				
2	一般项目	按图正确装接，焊接牢固，排列整齐，外形美观，焊点光亮，无虚焊漏焊	50	元件装接不正确每处扣2分；有一处虚焊、焊点毛刺扣2分；有一处漏焊扣4分；损坏元件扣15分				

续表

序号	考核内容	考核要点	配分	评分标准	检测结果	扣分	得分	备注
		调试：正确使用示波器；正确分析波形	35	不会使用示波器扣10分；读不出测试点的波形每处扣5分				
		回答问题	10	每题7分，回答不完整酌情扣分				
3	安全文明生产	遵守国家或企业有关安全规定		每违反一项从总分中扣除5分，严重违反者停止操作			—	
		合　计	100					

试题32：绘制点动控制三相异步电动机线路图

（考核时间：60min）

序号	考核内容	考核要点	配分	评分标准	检测结果	扣分	得分	备注
1	准备工作	检查准备工作	5	未检查扣5分				
2	主要项目	图形符合正确	25	图形符号每错一处扣2分				
		文字符合正确	25	文字符号每错一处扣2分				
		电路功能完整	30	电路功能每缺一项扣10分				
		图形美观整齐；图形布置合理	15	电路严重错误扣5分；图形不美观整洁扣5分				
3	安全文明生产	遵守国家或企业有关安全规定		每违反一项从总分中扣除5分，严重违反者停止操作			—	
		合　计	100					

试题33：绘制按钮互锁可逆运行控制电路图

（考核时间：60min）

序号	考核内容	考核要点	配分	评分标准	检测结果	扣分	得分	备注
1	准备工作	检查准备工作	5	未检查扣5分				
2	主要项目	图形符合正确	25	图形符号每错一处扣2分				
		文字符合正确	25	文字符号每错一处扣2分				
		电路功能完整	30	电路功能每缺一项扣10分				
		图形美观整齐；图形布置合理	15	电路严重错误扣5分，图形不美观整洁扣5分				
3	安全文明生产	遵守国家或企业有关安全规定；在规定时间内完成		每违反一项从总分中扣除5分，严重违反者停止操作			—	
		合　计	100					

试题 34：绘制带三相有功电度表的低压配电箱电路图

（考核时间：60min）

序号	考核内容	考核要点	配分	评分标准	检测结果	扣分	得分	备注
1	准备工作	器材齐全	5	少一项扣 1 分				
2	电度表	接线图	40	图形符号每错一处扣 10 分				
3	配电箱	图形、文字符号、电路	55	错一处扣 10 分				
4	安全文明生产	遵守国家或企业有关安全规定；在规定时间内完成		每违反一项从总分中扣除 5 分，严重违反者停止操作			—	
		合　计	100					

试题 35：绘制测量三相电流的 TA 接线原理图（V 形）

（考核时间：60min）

序号	考核内容	考核要点	配分	评分标准	检测结果	扣分	得分	备注
1	准备工作	检查准备工作	5	未检查扣 5 分				
2	主要项目	图形符合正确	25	图形符号每错一处扣 2 分				
		文字符合正确	25	文字符号每错一处扣 2 分				
		电路功能完整	30	电路功能每缺一项扣 10 分				
		图形美观整齐；图形布置合理	15	电路严重错误扣 5 分；图形不美观整洁扣 5 分				
3	安全文明生产	遵守国家或企业有关安全规定		每违反一项从总分中扣除 5 分，严重违反者停止操作			—	
		合　计	100					

试题 36：绘制单相全波整流电路图（含降压变压器）

（考核时间：60min）

序号	考核内容	考核要点	配分	评分标准	检测结果	扣分	得分	备注
1	准备工作	检查准备工作	5	未检查扣 5 分				
2	主要项目	图形符合正确	25	图形符号每错一处扣 2 分				
		文字符合正确	25	文字符号每错一处扣 2 分				
		电路功能完整	30	电路功能每缺一项扣 10 分				
		图形美观整齐；图形布置合理	15	电路严重错误扣 5 分；图形不美观整洁扣 5 分				
3	安全文明生产	遵守国家或企业有关安全规定		每违反一项从总分中扣除 5 分，严重违反者停止操作			—	
		合　计	100					

第二部分

中 级 工

一、理论知识鉴定要素细目表

行业通用理论知识鉴定要素细目表

鉴定范围						鉴定点		
一级		二级		三级		代码	名称	重要程度
代码	名称	代码	名称	代码	名称			
A	基本要求	B	基础知识	A	记录填写基础知识	001	岗位交接班记录的填写要求	X
						002	关键设备巡检记录的填写要求	X
				B	识图基础知识	001	正投影的特点	X
						002	三视图的特点	X
						003	三视图的作图方法	X
						004	零件图的作用	X
				C	安全环保基础知识	001	石化行业安全检查的内容	X
						002	尘毒物质危害人体的主要因素	X
						003	化工污染的控制方法	X
						004	清洁生产的理论基础	X
						005	清洁生产审计的目的	X
						006	灭火的机理	X
						007	ISO 14001 标准的特点	X
						008	ISO 14001 环境因素识别的状态、时态和类型	X
						009	ISO 14001 环境因素识别的步骤	X
						010	ISO 14001 识别环境因素的方法	X
						011	HSE 审核的概念	X
						012	HSE 审核的目的	X
						013	HSE 危害的概念	X
						014	废水治理的常识	X
						015	废气治理的常识	X
						016	废渣处理的常识	X
						017	防冻防凝的知识	X
						018	夏季四防的知识	X
						019	职业病的概念	X
						020	职业病的种类	X
						021	石化行业事故的分类	X
						022	石化行业事故分级的规定	X
						023	HSE 不符合的概念	X
						024	HSE 事故的定义	X

续表

鉴定范围						鉴定点		
一级		二级		三级		代码	名称	重要程度
代码	名称	代码	名称	代码	名称			
				D	质量基础知识	001	标准化的意义	X
						002	质量认证的概念	X
						003	全面质量管理的特点	X
						004	ISO 9000 质量管理体系基础的内容	X
						005	质量管理 PDCA 动态循环的意义	X
						006	ISO 9000 族标准的核心标准	X
						007	ISO 9000 族标准“质量”的意义	X
						008	ISO 9001 标准的八项管理原则	X
				E	计算机基础知识	001	Word 文字处理软件基础知识	X
						002	Word 表格处理知识	X
						003	Excel 工作表的建立	X
						004	Excel 的排版	X
				F	法律常识	001	合同的形式	X
						002	合同法关于无效合同的规定	X

工种理论知识鉴定要素细目表

鉴定范围						鉴定点		
一级		二级		三级		代码	名称	重要程度
代码	名称	代码	名称	代码	名称			
A	基本要求	B	基础知识	G	电工基础知识	001	戴维南定理的应用	X
						002	支路电流法的应用	X
						003	回路电流法的应用	X
						004	节点电位法的应用	X
						005	电压源的等效变换原理	Y
						006	电流源的等效变换原理	Y
						007	正弦交流电的解析法	X
						008	正弦交流电的图形分析法	X
						009	正弦交流电的相量分析法	X
						010	正弦交流电的电功率的概念	X
						011	正弦交流电的电功率的计算	X
						012	交流电效率的概念	Z
						013	交流电效率的计算方法	Z
						014	三相交流电相电流的概念	X
						015	三相交流电线电流的概念	X

续表

鉴定范围						鉴定点		
一级		二级		三级		代码	名称	重要程度
代码	名称	代码	名称	代码	名称			
						016	三相交流电相电流的计算方法	X
						017	三相交流电线电流的计算方法	X
						018	三相交流电相电压的概念	X
						019	三相交流电线电压的概念	X
						020	三相交流电相电压的计算方法	X
						021	三相交流电线电压的计算方法	X
						022	三相交流电有功功率的计算方法	X
						023	三相交流电无功功率的计算方法	X
						024	三相交流电视在功率的计算方法	X
						025	三相交流电的有功电能计算	X
						026	三相交流电的无功电能计算	X
						027	三相交流电的视在功率计算	X
						028	功率因数的概念	X
						029	功率因数的计算方法	X
						030	三相交流电的功率因素补偿	X
						031	涡流的基本概念	Y
						032	电动力的概念	X
						033	电阻、电感串联电路的基本概念	X
						034	电阻、电容串联电路的基本概念	X
						035	电阻、电感、电容串联电路的基本概念	X
						036	电阻、电感、电容串联电路的计算方法	X
				H	电子技术	001	共发射极放大电路及其应用	X
						002	反馈电路及其应用	X
						003	阻容耦合多级放大电路	X
						004	阻容耦合多级放大电路应用	X
						005	功率放大电路概念	X
						006	功率放大电路应用	X
						007	振荡电路概念	X
						008	振荡电路应用	X
						009	直接耦合放大电路概念	X
						010	直接耦合放大电路应用	X
						011	晶体二极管开关特性	X
						012	晶体二极管开关特性应用	X
						013	晶体三极管开关特性	X

续表

鉴定范围						鉴定点		
一级		二级		三级		代码	名称	重要程度
代码	名称	代码	名称	代码	名称			
						014	晶体三极管开关特性应用	X
						015	基本逻辑门电路概念	X
						016	基本逻辑门电路应用	Y
						017	集成逻辑门电路概念	Z
						018	集成逻辑门电路应用	Z
						019	逻辑代数的基础概念	Y
						020	逻辑代数的基础应用	Z
						021	晶闸管的结构	X
						022	晶闸管的工作原理	Y
						023	晶闸管的型号	X
						024	晶闸管的参数	X
						025	单结晶体管的工作原理	X
						026	单结晶体管触发电路的工作原理	X
						027	晶体管触发电路的工作原理	Y
						028	单相半波可控整流电路的工作原理	X
						029	单相全波可控整流电路的工作原理	X
						030	三相半波可控整流电路的工作原理	Y
						031	共射级单管晶体管放大电路主要参数	X
						032	共基极单管晶体管放大电路主要参数	Y
				I	识图知识	001	变电所的一次系统图	X
						002	变电所的中央信号回路图	X
						003	6kV 配出线的保护原理图	X
						004	高压电动机的保护原理图	Y
						005	变电所主变保护原理图	X
						006	备用电源自动投入装置原理图	X
						007	断路器典型控制电路图	X
						008	电压互感器二次接线图	X
B	相关知识	A	专业知识	A	电工测量技术知识	001	常用电工仪器的基本工作原理	X
						002	常用电工仪器的使用方法	Y
						003	常用电工仪器的适用范围	Y
						004	仪表测量误差的表示方法	X
						005	仪器、仪表的准确度等级的概念	X
						006	误差及其主要来源分析	X
						007	减少仪器、仪表测量误差的方法	Y

续表

鉴定范围						鉴定点		
一级		二级		三级		代码	名称	重要程度
代码	名称	代码	名称	代码	名称			
						008	仪表准确度等级的计算	X
						009	单臂电桥的使用	X
						010	双臂电桥的使用	X
						011	通用示波器的使用	X
						012	光电检流计的使用	Z
						013	单臂电桥的保养	X
						014	双臂电桥的保养	X
						015	通用示波器的保养	X
						016	光电检流计的保养	Z
						017	接地电阻测量仪的使用	Y
						018	红外测温仪的使用	Z
						019	测振仪的使用	Z
				B	电工材料基础知识	001	绝缘胶带的选用	X
						002	硅橡胶的用途	Y
						003	热缩材料的使用方法	Y
						004	电缆终端头的制作方法	X
						005	电缆中间接头的制作方法	Y
						006	导线截面的选择原则	X
						007	照明电路导线截面的选择方法	X
						008	高压电缆截面的选择方法	X
						009	电缆的敷设	X
						010	电缆的维修	X
						011	变压器密封圈的选择	X
						012	冷缩材料的使用方法	Z
						013	阻燃材料的应用	Z
						014	复合材料的应用	Z
				C	变压器知识	001	变压器的冷却方式	X
						002	电力变压器各部分的作用	X
						003	新型变压器介绍	Y
						004	变压器负载运行的相量图	X
						005	变压器负载运行的外特性	Y
						006	变压器负载运行的效率特性	X
						007	变压器的主要技术指标	X
						008	三相变压器的联结组别	X

续表

鉴定范围						鉴定点		
一级		二级		三级		代码	名称	重要程度
代码	名称	代码	名称	代码	名称			
						009	三相变压器的并联运行	X
						010	交流电焊机的构造	X
						011	交流电焊机的工作原理	Y
						012	直流电焊机的构造	X
						013	直流电焊机的工作原理	Y
						014	直流电焊机的故障排除方法	X
						015	整流式直流电焊机的构造	X
						016	整流式直流电焊机的工作原理	Y
						017	整流式直流电焊机的故障排除方法	X
						018	电力变压器的维护方法	Y
						019	电力变压器的检修项目及方法	Z
						020	变压器试验的目的	X
						021	电力变压器调压方法	Z
						022	电力变压器调压原理	X
						023	电力变压器试验项目	X
						024	电力变压器试验方法	Y
				D	电动机知识	001	三相旋转磁场产生的条件	X
						002	三相绕组的分布原则	X
						003	异步电动机定子绕组接线图的绘制方法	Y
						004	电动机制造工艺的基础	Z
						005	测速发电机的用途	X
						006	测速发电机的分类	X
						007	测速发电机的构造	X
						008	测速发电机的工作原理	X
						009	电磁调速异步电动机的构造	X
						010	电磁转差离合器的工作原理	X
						011	交流电动机试验的目的	X
						012	交流电动机试验项目	X
						013	异步电动机的工作原理	X
						014	特种电动机	X
				E	电器知识	001	晶体管时间继电器的工作原理	X
						002	晶体管时间继电器的特点	X
						003	光电开关的工作原理	X
						004	晶体管接近开关的特点	X

续表

鉴定范围						鉴定点		
一级		二级		三级		代码	名称	重要程度
代码	名称	代码	名称	代码	名称			
						005	少油式断路器的构造	X
						006	真空断路器的原理	X
						007	六氟化硫断路的原理	Y
						008	断路器的操作机构种类	X
						009	额定电压为10kV以下的油断路器试验的目的	X
						010	额定电压为10kV以下的油断路器试验方法	X
						011	额定电压为10kV以下的油断路器试验项目	X
						012	常用低压电器交流灭弧装置的灭弧原理	Y
						013	常用低压电器交流灭弧装置的作用和构造	X
						014	常用低压电器直流灭弧装置的灭弧原理	Y
						015	常用低压电器直流灭弧装置的作用	Z
						016	常用低压电器直流灭弧装置的构造	Z
						017	接触器的检修	Z
						018	断路器的检修	Y
				F	电力拖动自动控制知识	001	交流电动机的原理	X
						002	交流电动机启动的方法	X
						003	交流电动机按钮联锁正反转的控制原理	X
						004	交流电动机制动的原理	X
						005	交流电动机反接制动的电气原理图	X
						006	交流电动机能耗制动电气原理图	X
						007	交流电动机Y-△启动的电气原理图	X
						008	交流电动机顺序启动的电气原理图	X
						009	交流电动机往返工作台的电气原理图	X
						010	交流电动机双重联锁控制的电气原理图	X
						011	交流电动机的保护装置	X
						012	根据电气控制原理图绘制电气设备安装图	Y
						013	20/5t桥式起重机的电气控制原理	X
						014	联锁控制的概念	X
				G	工厂供电知识	001	发电厂的类型	Y
						002	电力系统的接线方式	Y
						003	电力系统的中性点的概念	X
						004	变电所的作用	X
						005	提高工厂供电系统功率因数的方法	X
						006	功率因数补偿的计算	X

续表

鉴定范围						鉴定点		
一级		二级		三级		代码	名称	重要程度
代码	名称	代码	名称	代码	名称			
						007	工业企业供配电系统的概念	X
						008	电力负荷的概念	Y
						009	负荷曲线的绘制	X
						010	变配电所电气主接线的基本接线形式	X
						011	变配电所的所用电接线形式	X
						012	成套配电装置的组成	X
						013	电气设备的接地种类	Y
						014	电气设备选择的一般条件	X
						015	二次回路的基本概念	X
						016	操作电源的种类	X
						017	断路器的典型控制回路	X
						018	过电流保护的任务	X
						019	过电流保护要求	X
						020	熔断器保护的要求	X
						021	低压断路器脱扣器的种类	X
				H	照明及动力线路知识	001	车间防爆照明的要求	X
						002	车间对照明照度的要求	X
						003	照明器具的选择	Y
						004	照明器具的安装	X
						005	照明器具的维修	Y
				I	电气安全技术知识	001	接地电阻的测量	X
						002	接地的一般要求	X
						003	接零的要求	X
						004	漏电保护器的原理	X
						005	保证安全的组织措施	X
						006	保证安全的技术措施	X
						007	触电急救的知识	X
						008	电气火灾的扑救知识	X
						009	防静电的措施	X
						010	电气设备的防爆概念	X
						011	电气火灾和爆炸的原因	Y
						012	电气设备的防爆等级	X
						013	电气设备防火防爆措施	X
						014	检修施工临时用电的管理	X
						015	避雷知识	X

续表

鉴定范围						鉴定点		
一级		二级		三级		代码	名称	重要程度
代码	名称	代码	名称	代码	名称			
		B	相关专业知识	A	钳工基础及焊接知识	001	焊接材料的使用方法	Z
						002	焊接材料的保管	Y
						003	常用的焊接方法	X
						004	焊接缺陷的外观检查	X
						005	常用焊接工具的合理使用与维护	Y
						006	一般机械零部件的测绘方法	Y
						007	一般机械零部件制图	Y
						008	一般机械零部件图的识读	Y
						009	设备起运吊装知识	Y
		C	生产技术管理知识	A	设备管理知识	001	车间生产管理的基本内容	Z
						002	常用电气设备、装置的检修工艺	Y
						003	常用电气设备、装置的质量标准	Y
						004	节约用电的方法	X
						005	提高用电设备功率因数的方法	X

二、理论知识试题

行业通用理论知识试题

判断题

1. 交接班记录需要领导审阅签字。 (√)

2. 设备巡检包括设备停机过程中的检查。 (√)

3. 投影线都相互平行的投影称为中心投影。 (×)

正确答案： 投影线都相互平行的投影称为平行投影。

4. 在三视图中，能够反映物体上下、左右位置关系的视图为俯视图。 (×)

正确答案： 在三视图中，能够反映物体上下、左右位置关系的视图为主视图。

5. 画三视图时，左视图和俯视图的关系是长对正。 (×)

正确答案： 画三视图时，左视图和俯视图的关系是宽相等。

6. 零件图的作用是读零件图与装配图关系。 (×)

正确答案： 零件图的作用是直接指导制造零件和检验零件的图样。

7. 零件图是直接指导制造零件和检验零件的图样。 (√)

8. 综合性季度检查中，安全生产不仅是重要内容，还实行一票否决权。 (√)

9. 尘毒物质对人体的危害与个人体质因素无关。 (×)

正确答案： 尘毒物质对人体的危害与个人年龄、身体健康状况等因素有关。

10. 因为环境有自净能力，所以轻度污染物可以直接排放。 (×)

正确答案： 虽然环境有自净能力，轻度污染物也不可以直接排放。

11. 目前清洁生产审计中应用的理论主要是物料平衡和能量守恒原理。（√）

12. 清洁生产审计的目的是：通过清洁生产审计判定生产过程中不合理的废物流和物、能耗部位，进而分析其原因，提出削减它的可行方案并组织实施，从而减少废弃物的产生和排放，达到实现本轮清洁生产目标。（√）

13. 根据燃烧三要素，采取除掉可燃物、隔绝氧气(助燃物)、将可燃物冷却至燃点以下等措施均可灭火。（√）

14. 在 HSE 管理体系中，评审是高层管理者对安全、环境与健康管理体系的适应性及其执行情况进行正式评审。（√）

15. 第二方审核是直属企业作为受审方，由取得相应资格的单位进行 HSE 体系审核。（×）

正确答案：第三方审核是直属企业作为受审方，由取得相应资格的单位进行 HSE 体系审核。

16. 含汞、铬、铅等的工业废水不能用化学沉淀法治理。（×）

正确答案：含汞、铬、铅等的工业废水可以用化学沉淀法治理。

17. 一级除尘又叫机械除尘。（√）

18. 废渣处理首先考虑综合利用的途径。（√）

19. 陆地填筑法可避免造成火灾或爆炸。（×）

正确答案：陆地填筑法有可能造成火灾或爆炸。

20. 在防冻防凝工作中，严禁用高压蒸汽取暖、严防高压蒸汽串入低压系统。（√）

21. 对已冻结的铸铁管线、阀门等可以用高温蒸汽迅速解冻。（×）

正确答案：对已冻结的铸铁管线、阀门等不得急剧加热，只允许温水或少量蒸汽缓慢解冻，以防骤然受热损坏。

22. 进入夏季，工业园区应对所有地沟、排水设施进行检查，清除排水障碍。备足防汛物资，遇到险情满足需求。（√）

23. 从事办公室工作的人员不会形成职业病。（×）

正确答案：从事办公室工作的人员也会形成相应的职业病。

24. 职业中毒不属于职业病。（×）

正确答案：职业中毒属于职业病之一。

25. 急慢性中毒皆属于人身事故。（×）

正确答案：急性中毒属于人身事故。

26. 在 HSE 管理体系中，一般不符合项是指能使体系运行出现系统性失效或区域性失效的问题。（×）

正确答案：在 HSE 管理体系中，一般不符合项是指个别的、偶然的、孤立的、性质轻微的问题或者是不影响体系有效性的局部问题。

27. HSE 管理体系规定，公司应建立事故报告、调查和处理管理程序，所制定的管理程序应保证能及时地调查、确认事故(未遂事故)发生的根本原因。（√）

28. 标准化的重要意义是提高产品、过程或服务的质量，防止贸易壁垒，并促进技术合作。（×）

正确答案：标准化的重要意义是改进产品、过程或服务的适用性，防止贸易壁垒，并促进技术合作。

29. 企业应当具备法人的资格或是法人的一部分，才可以申请质量体系认证。 (√)

30. 全面质量管理的核心是强调提高产品质量。 (×)

正确答案： 全面质量管理的核心是强调提高工作质量。

31. 生产制造过程的质量管理是全面质量管理的中心环节。 (√)

32. 质量管理体系是指在质量方面指挥和控制组织的管理体系，它是组织若干管理体系的一个。 (√)

33. PDCA 循环是全面质量管理的科学方法，可用于企业各个方面、各个环节的质量管理活动。 (√)

34. ISO 9004：2000 标准是“指南”，可供组织作为内部审核的依据，也可用于认证和合同目的。 (×)

正确答案： ISO 9004：2000 标准提供了超出 ISO 9001 要求的指南和建议，不用于认证或合同的目的。

35. ISO 9000 族标准中，质量仅指产品质量。 (√)

36. ISO 9000 族标准质量管理八项原则是一个组织在质量管理方面的总体原则。 (√)

37. 计算机应用软件 Word 字处理软件不仅可以进行文字处理，还可以插入图片、声音等，但不能输入数学公式。 (×)

正确答案： Word 字处理软件不仅可以进行文字处理，还可以插入图片、声音等，也能输入数学公式。

38. 在应用软件 Word 表格操作中选定整个表格后，按格式工具栏上的左、右、居中对齐等按钮则单元格中的文字内容进行左、右、居中对齐。 (×)

正确答案： 选定整个表格后，按格式工具栏上的左、右、居中对齐等按钮则单元格中的文字内容不会进行左、右、居中对齐，整个工作表整体在页面中进行左、右、居中对齐。

39. 在应用软件 Word 表格操作中利用表格工作栏还可对表格内容进行垂直对齐。 (√)

40. 在计算机应用软件 Excel 中选中不连续单元格的功能键是 Alt。 (×)

正确答案： 在计算机应用软件 Excel 中选中不连续单元格的功能键是 Ctrl。

41. 在计算机应用软件 Excel 中清除合并居中的格式可以通过键盘的删除(Delete)键来实现。 (×)

正确答案： 在计算机应用软件 Excel 中清除合并居中的格式可以通过编辑菜单中的清除格式来实现。

42. 在计算机应用软件 Excel 中的打印可实现放大或缩小比例打印。 (√)

43. 不动产的买卖合同一般采用登记形式。 (√)

44. 在实践中，口头形式是当事人最为普遍采用的一种合同约定形式。 (×)

正确答案： 在实践中，书面形式是当事人最为普遍采用的一种合同约定形式。

单选题

1. 不允许在岗位交接班记录中出现(C)。

A. 凭旧换新　B. 划改内容　C. 撕页重写　D. 双方签字

2. 投影线都通过中心的投影称为(A)投影法。

A. 中心　B. 平行　C. 斜　D. 正

3. 在工程制图中应用较多的投影法是(D)投影法。

A. 中心　B. 平行　C. 斜　D. 正

4. 剖视图的剖切符号为断开的(D)线。

A. 细实　B. 点划　C. 虚　D. 粗实

5. 在三视图中，反映物体前后、左右位置关系的视图为(B)。

A. 主视图　B. 俯视图

C. 左视图　D. 在三个视图中都有可能

6. 在三视图中，反映物体前后、上下位置关系的视图为(C)。

A. 主视图　B. 俯视图

C. 左视图　D. 在三个视图中都有可能

7. 画三视图时，主视图和俯视图的关系是(A)。

A. 长对正　B. 高平齐　C. 宽相等　D. 无关系

8. 零件图的主要作用之一是(B)。

A. 指导读零件的结构　B. 直接指导制造零件

C. 读零件图与装配图关系　D. 读零件之间的配合情况

9. 毒物的沸点是(C)。

A. 越低毒性越小　B. 越高毒性越大

C. 越低毒性越大　D. 与毒性无关

10. 污染物的回收方法包括(D)。

A. 蒸发　B. 干燥　C. 排放　D. 吸收

11. 清洁生产涵盖有深厚的理论基础，但其实质是(A)。

A. 最优化理论　B. 测量学基本理论

C. 环境经济学基本理论　D. 资源经济学基本理论

12. 液体有机物的燃烧可以采用(C)灭火。

A. 水　B. 沙土　C. 泡沫　D. 以上均可

13. ISO 14001 标准其主要特点有强调(D)、强调法律、法规的符合性、强调系统化管理、强调文件化、强调相关方的观点。

A. 污染预防　B. 持续改进

C. 末端治理　D. 污染预防、持续改进

14. 在 ISO 14001 标准体系中，为了确保环境因素评价的准确性，在识别环境因素时应考虑的三种状态是(C)。

A. 开车、停机和检修状态　B. 连续、间歇和半连续状态

C. 正常、异常和紧急状态　D. 上升、下降和停止状态

15. 公司 HSE 管理体系的审核分为内部审核、(C)。

A. 第一方审核　B. 第二方审核　C. 第三方审核　D. 第四方审核

16. HSE 评审的目的是检验 HSE 管理体系的适宜性、(B)和有效性。

A. 充分性　B. 公平性　C. 权威性　D. 必要性

17. 废水治理的方法有物理法、(A)法和生物化学法等。

A. 化学　B. 过滤　C. 沉淀　D. 结晶

18. 可直接用碱液吸收处理的废气是(A)。

A. 二氧化硫　　B. 甲烷　　C. 氨气　　D. 一氧化氮

19. 废渣的处理大致采用(D)、固化、陆地填筑等方法。

A. 溶解　　B. 吸收　　C. 粉碎　　D. 焚烧

20. 为了作好防冻防凝工作，停用的设备、管线与生产系统连接处要加好(B)，并把积水排放吹扫干净。

A. 阀门　　B. 盲板　　C. 法兰　　D. 保温层

21. “夏季四防”包括防暑降温、防汛、(A)、防倒塌。

A. 防雷电　　B. 防霉变　　C. 防跌滑　　D. 防干旱

22. 属于石化行业职业病的是(B)。

A. 近视　　B. 尘肺病　　C. 肩周炎　　D. 哮喘

23. 与化工生产密切相关的职业病是(B)。

A. 耳聋　　B. 职业性皮肤病　　C. 关节炎　　D. 眼炎

24. 在 HSE 管理体系中，(A)是指组织在职业健康安全绩效方面所达到的目的。

A. 目标　　B. 事件　　C. 不合格　　D. 不符合

25. 在 HSE 管理体系中，(B)是指与组织的职业健康安全绩效有关的或受其职业健康安全绩效影响的个人或团体。

A. 目标　　B. 相关方　　C. 事件　　D. 不符合

26. 在 HSE 管理体系中，造成死亡、职业病、伤害、财产损失或环境破坏的事件称为(C)。

A. 灾害　　B. 毁坏　　C. 事故　　D. 不符合

27. 标准化的重要意义是改进产品、过程或服务的(C)，防止贸易壁垒，并促进技术合作。

A. 品质　　B. 性能　　C. 适用性　　D. 功能性

28. 产品质量认证活动是(D)开展的活动。

A. 生产方　　B. 购买方

C. 生产和购买双方　　D. 独立于生产方和购买方之外的第三方机构

29. 全面质量管理强调以(B)质量为重点的观点。

A. 产品　　B. 工作　　C. 服务　　D. 工程

30. 质量管理体系要求企业除应有(A)上的保证能力以外，还应有资源上的保证能力。

A. 管理　　B. 质量计划

C. 质量政策与程序　　D. 质量文件

31. 企业的质量方针是由(D)决策的。

A. 全体员工　　B. 基层管理人员

C. 中层管理人员　　D. 最高管理层人员

32. PDCA 循环的四个阶段八个步骤的第四个步骤是(B)。

A. 总结　　B. 拟订对策并实施

C. 分析问题原因　　D. 效果的确认

33. ISO 9001 和 ISO 9004 的区别在于(D)。

A. 采用以过程为基础的质量管理体系模式

B. 建立在质量管理八项原则的基础之上
C. 强调与其他管理标准的相容性
D. 用于审核和认证

34. 下列各项中属于产品固有特性的是(B)。
A. 价格　B. 噪音　C. 保修期　D. 礼貌

35. PDCA 循环是实施 ISO 9000 族标准(B)原则的方法。
A. 系统管理　B. 持续改进　C. 过程方法　D. 以事实为决策依据

36. 在计算机应用软件 Word 中，不能进行的字体格式设置是(C)。
A. 文字的缩放　B. 文字的下划线　C. 文字的旋转　D. 文字的颜色

37. 计算机应用软件 Word 的菜单中，经常有一些命令是灰色的，这表示(B)。
A. 应用程序本身有故障　B. 这些命令在当前状态不起作用
C. 系统运行故障　D. 这些命令在当前状态下有特殊的效果

38. 在计算机应用软件 Word 中，可用于计算表格中某一数值列平均值的函数是(C)。
A. Abs( )　B. Count( )　C. Average( )　D. Total( )

39. 在计算机应用软件 Excel 工作表中，可按需拆分窗口，一张工作表最多拆分为(B)个窗口。
A. 3　B. 4　C. 5　D. 任意多

40. 在计算机应用软件 Excel 中如图所示页面中的斜杠是通过(B)菜单中单元格里的边框来实现。

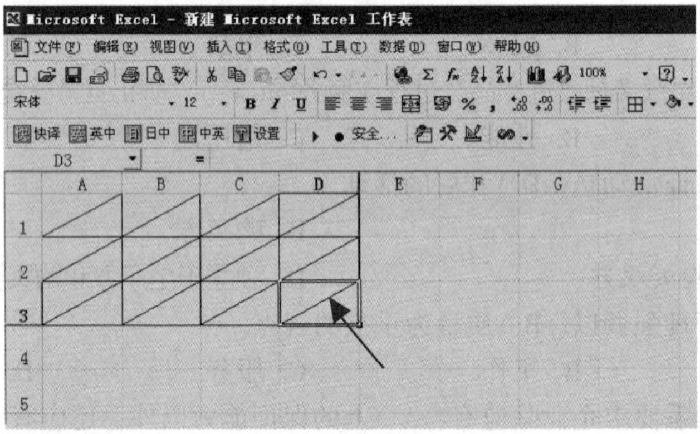

A. 编辑　B. 格式　C. 工具　D. 窗口

41. 当事人采用合同书形式订立合同的，自双方当事人(C)时合同成立。
A. 制作合同书　B. 表示受合同约束
C. 签字或者盖章　D. 达成一致意见

42. 下列各种合同中，必须采取书面形式的是(D)合同。
A. 保管　B. 买卖　C. 租赁　D. 技术转让

多选题

1. 设备巡检时域分为(A，B，C，D)等检查。
A. 设备运行期间　B. 设备停机过程中
C. 设备停运期间　D. 设备开机过程中

2. 在三视图中，能够反映物体前后位置关系的视图为(B，C)。

A. 主视图　　B. 俯视图

C. 左视图　　D. 在三个视图中都有可能

3. 在三视图中，能够反映物体上下位置关系的视图为(A，C)。

A. 主视图　　B. 俯视图

C. 左视图　　D. 在三个视图中都有可能

4. 在三视图中，与高度有关的视图是(A，C)。

A. 主视图　　B. 俯视图　　C. 左视图　　D. 三个视图都有关系

5. 在三视图中，与宽度有关的视图是(B，C)。

A. 主视图　　B. 俯视图　　C. 左视图　　D. 三个视图都有关系

6. 零件图的主要作用是(A，C)。

A. 直接指导制造零件　　B. 指导读零件的结构

C. 检验零件的图样　　D. 读零件图与装配图关系

7. 安全检查中的“月查”由车间领导组织职能人员进行月安全检查，查领导、查思想、(A，B，D)。

A. 查隐患　　B. 查纪律　　C. 查产量　　D. 查制度

8. 尘毒物质对人体的危害与工作环境的(A，B，C)等条件有关。

A. 温度　　B. 湿度　　C. 气压　　D. 高度

9. 改革生产工艺是控制化工污染的主要方法，包括(A，B，C)等。

A. 改革工艺　　B. 改变流程

C. 选用新型催化剂　　D. 更新设备

10. 着火点较大时，有利于灭火措施的是(A，C，D)。

A. 抑制反应量　　B. 用衣服、扫帚等扑打着火点

C. 减少可燃物浓度　　D. 减少氧气浓度

11. 在 ISO 14001 标准体系中，为了确保环境因素评价的准确性，在识别环境因素时应考虑土地污染、对社区的影响、原材料与自然资源的使用、其他地方性环境问题外，还应考虑(A，B，C)问题。

A. 大气排放　　B. 水体排放　　C. 废物管理　　D. 材料的利用

12. 在 ISO 14001 标准体系中，环境因素识别的步骤包括(A，B，D)。

A. 划分和选择组织过程　　B. 确定选定过程中存在的环境因素

C. 初始环境评审　　D. 明确每一环境因素对应的环境影响

13. 在 ISO 14001 标准体系中，识别环境因素的方法除问卷调查、专家咨询、现场观察和面谈、头脑风暴、查阅文件及记录、测量、水平对比、纵向对比等方法外，还有(A，B，C)方法。

A. 过程分析法　　B. 物料衡算

C. 产品生命周期　　D. 最优化理论

14. 在 HSE 管理体系中，审核是判别管理活动和有关的过程(A，B)，并系统地验证企业实施安全、环境与健康方针和战略目标的过程。

A. 是否符合计划安排　　B. 是否得到有效实施

C. 是否已经完成　　D. 是否符合标准

15. HSE 管理体系中，危害主要包括(A，B，C，D)等方面。

A. 物的不安全状态　　B. 人的不安全行为

C. 有害的作业环境　　D. 安全管理缺陷

16. 工业废水的生物处理法包括(B，D)法。

A. 过滤　　B. 好氧　　C. 结晶　　D. 厌氧

17. 对气态污染物的治理主要采取(B，C)法。

A. 蒸馏　　B. 吸附　　C. 吸收　　D. 过滤

18. 可用于废渣处理方法的是(A，B，C)。

A. 陆地填筑　　B. 固化　　C. 焚烧　　D. 粉碎

19. 为了做好防冻防凝工作，应注意(A，B，C)。

A. 加强报告制度　　B. 加强巡检力度

C. 有情况向上级或领导汇报　　D. 独立解决问题

20. 不属于夏季四防范畴的是(A，B，D)。

A. 防滑　　B. 防冰雹　　C. 防雷电　　D. 防干旱

21. HSE 管理体系规定，事故的报告、(A，B，C)、事故的调查、责任划分、处理等程序应按国家的有关规定执行。

A. 事故的分类　　B. 事故的等级　　C. 损失计算　　D. 事故的赔偿

22. 标准化的重要意义可概括为(A，B，C，D)。

A. 改进产品、过程或服务的适用性　　B. 防止贸易壁垒，促进技术合作

C. 在一定范围内获得最佳秩序　　D. 有一个或多个特定目的，以适应某种需要

23. 企业质量体系认证(A，C，D)。

A. 是一种独立的认证制度

B. 依据的标准是产品标准

C. 依据的标准是质量管理标准

D. 是第三方对企业的质量保证和质量管理能力依据标准所做的综合评价

24. 产品的质量特性包括(A，B，C，D)。

A. 性能　　B. 寿命　　C. 可靠性　　D. 安全性

25. PDCA 循环中，处置阶段的主要任务是(B，D)。

A. 明确目标并制订实现目标的行动方案

B. 总结成功经验

C. 对计划实施过程进行各种检查

D. 对质量问题进行原因分析，采取措施予以纠正

26. 下列哪些标准应用了以过程为基础的质量管理体系模式的结构(B，C)。

A. ISO 9000：2000《质量管理体系基础和术语》

B. ISO 9001：2000《质量管理体系要求》

C. ISO 9004：2000《质量管理体系业绩改进指南》

D. ISO 19011：2002《质量和环境管理体系审核指南》

27. ISO 9000 族标准中，质量具有(B，C)性等性质。

A. 适用　　B. 广义　　C. 相对　　D. 标准

28. 在计算机应用软件 Word 的"页面设置"对话框中，可以设置的选项为(B，C，D)。

A. 字体　　B. 位置　　C. 纸型　　D. 纸张大小

29. 在计算机应用软件 Word 表格中，关于数据排序的叙述，不正确的是(A，B，C)。

A. 表格中数据的排序只能按升序进行　　B. 表格中数据的排序只能按降序进行

C. 表格中数据的排序依据只能是行　　D. 表格中数据的排序依据可以是列

30. 在计算机应用软件 Excel 工作表中，选定某单元格，单击"编辑"菜单下的"删除"选项，可能完成的操作是(A，B，C)。

A. 删除该行　　B. 右侧单元格左移

C. 删除该列　　D. 左侧单元格右移

31. 在 Excel 工作簿中，对工作表可以进行的打印设置是(A，B，D)。

A. 打印区域　　B. 打印标题

C. 打印讲义　　D. 打印顺序

32. 合同可以以(A，B，C，D)形式存在。

A. 口头　　B. 批准　　C. 登记　　D. 公正

33. 下列说法中属于无效合同特征的有(A，B，C，D)。

A. 无效合同自合同被确认无效时起无效

B. 对无效合同要进行国家干预

C. 无效合同具有不得履行性

D. 无效合同的违法性

工种理论知识试题

判断题

1. 任何一个线性二端网络，对外都可以用一个等效电源来代替。 (×)

正确答案：任何一个线性有源二端网络，对外都可以用一个等效电源来等值替代。

2. 对支路数多但网孔数较少的电路，采用回路电流法计算支路电流较为方便。 (√)

3. 一个理想的电压源可以用一个理想的电流源来进行等值互换。 (×)

正确答案：理想电压源与理想电流源之间不能进行等值互换。

4. 电压源与电流源之间的等效变换是以保证电源外特性一致为先决条件的。 (√)

5. 已知，$i_2=2\sqrt{2}\sin(314t+60°)$，$i_1=\sqrt{2}\sin(314t-30°)$，则 i_2 超前 $i_1$90°。 (√)

6. 三相交流电路中，某相电源或某相负载中流过的电流称为相电流。 (√)

7. 负载的功率因数越高，电源设备的利用率就越高。 (√)

8. 功率因数 $\cos\varphi$ 可利用电压三角形、阻抗三角形及功率三角形中任一个三角形的角边关系求得。 (√)

9. 感性负载并联补偿电容后，提高了功率因数，使电源容量得到了充分利用。 (√)

10. 涡流在铁芯中会引起较大的功率损耗，使铁芯发热，故一般的电气设备中都设法减小涡流。 (√)

11. 共发射极基本晶体管放大电路在动态时，输出电压的相位与输入电压的相位同相。 (×)

正确答案：共发射极基本晶体管放大电路在动态时，输出电压的相位与输入电压的相位反相。

12. 放大电路采用正反馈的缺点是会增加电路的失真和不稳定性。 (√)

13. 如要求放大电路带负载能力强、输入电阻高，应引入电流串联负反馈。 (×)

正确答案：要求放大电路带负载能力强、输出电阻低，应引入电压串联负反馈。

14. 阻容耦合放大电路中，耦合电容的作用就是用来传输信号。 (×)

正确答案：阻容耦合放大电路中，耦合电容的作用就是隔直流通交流。

15. 由多级电压放大器组成的放大电路，其总电压放大倍数是每一级放大器电压放大倍数的乘积。 (√)

16. OCL 功率放大电路要采用两组不同电压的电源供电。 (×)

正确答案：OCL 功率放大电路要用一组正负电源供电。

17. 晶体管振荡电路必须具有正反馈特性，且当反馈信号大于原输入信号时，晶体三极管会很快进入饱和状态。 (×)

正确答案：晶体管振荡电路必须具有正反馈特性，且当反馈信号大于原输入信号时，晶体三极管会很快进入自激振荡状态。

18. 电感三点式振荡器的振荡频率比电容三点式振荡器高。 (×)

正确答案：电感三点式振荡器的振荡频率比电容三点式振荡器低。

19. 晶体二极管的开关速度主要受其反向恢复时间的影响。 (√)

20. 二极管参数中的最大整流的“整流电流”是指允许通过二极管的脉动电流的有效值。 (×)

正确答案：二极管参数中的最大整流的“整流电流”是指允许通过二极管的最大正向电流的平均值。

21. 晶体三极管在饱和状态时，I_b 增大时，I_c 几乎不变。 (√)

22. 在数字电路中，用来完成先“与”后“非”的复合逻辑门电路叫与或门电路。 (×)

正确答案：在数字电路中，用来完成先“与”后“非”的复合逻辑门电路叫与非门电路。

23. TTL 集成逻辑门电路内部、输入端和输出端都采用三极管。 (√)

24. 任意一个组合逻辑函数都可以用与非门实现，也可以用或非门实现。 (√)

25. 对于螺栓型晶闸管，螺栓是晶闸管的阴极。 (×)

正确答案：对于螺栓型晶闸管，螺栓是晶闸管的阳极。

26. 晶闸管导通后，控制极仍然要保持一定的大小和宽度的触发电压。 (×)

正确答案：晶闸管导通后，控制极不需要保持一定的大小和宽度的触发电压。

27. 某晶闸管的型号为 2CT100/800，其中的“100”表示额定正向平均电压为 100V。 (×)

正确答案：某晶闸管的型号为 2CT100/800，其中的“100”表示额定正向平均电流为 100A。

28. 晶闸管的通态平均电流大于 200A，外部均为平板式。 (√)

29. 某单结晶体管的型号为 BT35，则其中的“5”表示耗散功率为 500mW。 (√)

30. 单相半波可控整流电路的移相范围是 180°。 (√)

31. 三相半波可控整流电路电阻性负载，如窄脉冲在自然换相点之前出现，将会产生缺相现象。 (√)

32. 在共射极基本放大电路中，静态工作点选择偏高，则输出信号易产生饱和失真。 (√)

33. 射极输出放大电路就是一个电压串联负反馈放大电路。 (√)

34. 共基极电路又称为电压跟随器。 (×)

正确答案：共基极电路又称为电流跟随器。

35. 与共射极电路相比，共基极电路中晶体管的输入电阻减小为 $1/(1+\beta)$。 (√)

36. 表示变配电所中，电能输送和分配的线路图叫一次系统图。 (√)

37. 6kV 配出线的电流速断器保护的动作电流是按躲过线路末端最大短路电流来整定的。 (√)

38. 为了避免将备用电源合闸到永久性故障上去，只允许 BZT 装置动作一次。 (√)

39. 断路器的控制回路必须做到一个合闸命令断路器只允许合闸一次。 (√)

40. 在更换电压互感器二次侧熔断器的熔体时，只要拔下 5 个运行的熔体，换上 5 个新的熔体即可。 (×)

正确答案：应逐个进行更换，否则会造成低电压保护动作。

41. 如果一个测量结果的系统误差和随机误差都很小，则可称为准确度低而精度高。 (×)

正确答案：随机误差的大小表征测量的精密度，系统误差和随机误差两者对测量结果的综合影响表征测量的准确度。

42. 两块量程相同的仪表，相对误差的绝对值愈小，表示测量的准确度愈高。 (√)

43. 选用仪表时，应考虑仪表的准确度及仪表的量程，这样才能保证测量结果的准确性。 (√)

44. 对精密仪器，如外壳接地，除起保护作用外，同时还能使仪器不受外界电场干扰的影响。 (√)

45. 在示波器不使用时，最好将“辉度”旋钮顺时针旋尽。 (×)

正确答案：在示波器不使用时，最好将“辉度”和“聚焦”旋钮逆时针旋尽。

46. 示波器触发耦合方式置“AC”时，内、外触发信号为交流耦合，触发性能不受交流分量的影响。 (×)

正确答案：示波器触发耦合方式置“AC”时，内、外触发信号为交流耦合，触发性能不受直流分量的影响。

47. 光电检流计使用时，最好用水平仪校准水平位置。 (√)

48. 用光电检流计测量时，在不清楚被测电流范围情况下，应以最低灵敏度挡开始检测，逐步向高灵敏度挡过渡，直到适合为止。 (√)

49. 对电桥有关部件的保养方法是用绸布沾些汽油擦净活动触点，再用无水酒精清洗，并涂上一层薄薄的凡士林或其他防锈油。 (√)

50. 当电桥内部线路受到污染时，应先清洗干净，再进行检定。 (√)

51. 通用示波器存放保养时，应经常放在阳光下以保持干燥。 (×)

正确答案：通用示波器存放保养时，应放在避光、通风、干燥处。

52. 用电桥进行直接测量测量光电检流计的内阻，不会造成检流计损坏。 (×)

正确答案：不准用万用表或电桥直接测量光电检流计的内阻，以免烧坏检流计。

53. 接地电阻测量仪是根据补偿法测量接地电阻的原理而设计的。 (√)

54. 接地摇表的电位探测针和电流探测针可选任意位置分别插入地中。 (×)

正确答案：接地摇表在测试时，要将电位探测针和电流探测针分别插入离接地体 20m、

40m 远的地下，三者成一直线，两根针均需垂直插入地面 400mm 深。

55. 用接地摇表测量接地电阻时，手柄的转速应逐渐加快并保持 120r/min 的均匀转速。 (√)

56. 红外线热偶测温仪的传感器插头无正负极之分。 (×)

正确答案： 使用红外线热偶测温仪进行测试时，要注意传感器插头的正负极接线。

57. 红外线热敏测温仪是一种用高灵敏度热敏感应辐射元件检测出由被测物放散出来的红外线而进行测量温度的仪表。 (√)

58. 使用 VM-63A 测振仪可测量加速度、烈度和振幅。 (√)

59. J10 绝缘胶带使用于高压电缆的绝缘。 (×)

正确答案： J10 绝缘胶带一般使用于 1000V 及以下的电缆绝缘。

60. 硅橡胶因具有耐油、阻燃、不受温度影响且使用寿命长的特点而广泛应用于电气工程的施工和改造中。 (√)

61. 使用热缩材料制作电缆头时，加热收缩的部位，一般应由下往上进行(终端头)或由中间向两边进行(中间接头)。 (√)

62. 电缆终端头两端的钢带铠装层应接地，分相屏蔽型电缆应按等电位线并与接地线联通。 (√)

63. 制作中间接头锯缆芯时，应先在缆芯根部扎好临时“分架木”，将缆芯分开并弯好角度。注意不要损伤根部绝缘。 (√)

64. 选择变压器密封圈时，必须考虑密封圈与变压器油的相溶性要良好。 (√)

65. 油浸自冷式没有特别的冷却设备，是以油的自然对流作用将热量带到油箱壁，然后依靠空气的对流传导将热量散发。 (√)

66. 单相变压器原、副边电压的相位，一定相差 180°。 (×)

正确答案： 单相变压器原、副边电压的相位不一定相差 180°。

67. 变压器的效率高低不仅取决于其内部的损耗，而且还取决于负载的大小和性质。 (√)

68. Y/d 或 D/Y 接法的变压器的联接组别一定是奇数，而 Y/Y 或 D/d 接法的变压器的联接组别一定是偶数。 (√)

69. 动铁式电焊变压器是通过改变二次绕组匝数和调节可动铁芯位置来改变焊接电流的大小。 (√)

70. 直流电焊发电机要求在电极短路时能够正常工作，并且当电弧的电阻在一定范围内变化时，电流的数值几乎不变，因此直流焊机具有陡降的外特性。 (√)

71. 利用分接开关可改变高压绕组的匝数，达到调节变压器输出电压的目的。 (√)

72. 绘制绕组接线图时，每个极相组都用一根带箭头的短圆弧线来表示，箭头所指方向表示电流参考方向。 (√)

73. 测速发电机在自动控制系统和计算装置中，常作为电源来使用。 (×)

正确答案： 测速发电机在自动控制系统和计算装置中，主要作为检测元件使用。

74. 交流测速发电机定子上装有两个在空间相差 90°电角度的绕组，其中一个为励磁绕组，另一组用来测量输出电流。 (×)

正确答案： 其中一个为励磁绕组，另一组用来测量输出电压。

75. 电动机耐压试验的目的是考核各相绕组之间及各相绕组对机壳之间的绝缘性能的好

坏，以确保设备运行及人身安全。(√)

76. 高压交流电动机试验的目的是了保证电机能安全投入运行，对已安装好的电动机或属于成套设备系统内的电动机，都要照规程要求，进行检查和试验，以便及时发现故障，减少投运后引起不必要的损失。(√)

77. 晶体管时间继电器也称半导体时间继电器或电子式时间继电器，是自动控制系统的重要元件。(√)

78. 晶体管保护中各种时间电路均利用 RC 充电和放电电路构成。(√)

79. 接近开关作为位置开关，由于可靠性高，只适用于操作频繁的设备。(×)

正确答案：一般不适用于操作频繁的设备。

80. 多油断路器与少油断路器中的绝缘油所起的作用是相同的。(×)

正确答案：多油断路器中的绝缘油一是起绝缘作用，二是起灭弧作用；少油断路器中的绝缘油只用来熄灭电弧。

81. 真空断路器是对密封在真空灭弧室中的触头进行开断、关合的设备，利用电弧在真空中的扩散作用，电弧在 1/2 周期内被熄灭。(√)

82. 10kV 高压 SF_6 断路器采用的灭弧方式为旋弧纵吹式与压气式相结合的灭弧方式。(√)

83. 由于 SF_6 气体的优良绝缘和灭弧性能，使得 SF_6 断路器具有开断能力强、断口电压高、连续开断次数多、噪音小、无火灾危害等优点。(√)

84. 交流耐压试验是对高压电器绝缘性能的最后一次检验。(√)

85. 少油断路器做交接试验时，加压部位应在断口的两极之间和主绝缘对地之间。(√)

86. 交流电弧的特点是电流通过零点时熄灭，在下一个半波内经重燃而继续出现。(√)

87. 接触器桥式触头灭弧时，可利用两段电弧相互间的电动力，将电弧向外侧拉长，以增大电弧长度，加速散热而熄弧。(×)

正确答案：利用两段电弧相互间的电动力，将电弧向外侧拉长，以增大电弧与冷空气的接触面，加速散热而熄弧。

88. 直流电弧从燃烧到熄灭的暂态过程中，会因回路存在恒定电感的作用出现过电压现象，破坏线路和设备的绝缘。(√)

89. 交流电弧要比直流电弧容易熄灭的原因是：直流电弧要依靠拉长电弧和冷却电弧，而交流电弧除此之外还有自然过零点，因而在同样电参数下，交流电弧要比直流电弧容易熄灭。(√)

90. 接触器触头的终压力，指的是动、静触头闭合在最终位置时触头弹簧由于超行程作用引起的压力变形而产生的最终压力，因此，没有超行程就没有终压力。(√)

91. 直流电器不宜采用栅片灭弧。(√)

92. 接触器的银或银基合金触头表面的氧化银层，维修时应刮除。(×)

正确答案：接触器的银或银基合金触头表面的氧化银层，维修时不应刮除。

93. 三相异步电动机的额定电流 I_n 是指电动机在额定工作状态下流过定子绕组中的相电流，单位为 A。(×)

正确答案：指电动机在额定工作状态下流过定子绕组中的线电流。

94. 一般笼型转子电动机在正常情况下允许冷态启动 5 次，热态启动次 3 次。(×)

正确答案：一般笼型转子电动机在正常情况下允许冷态启动2次，热态启动1次。

95. 电动机降压启动的主要目的是降低启动电流。 (√)

96. 同步电动机采用异步法启动，为避免励磁绕组出现高压，在向定子绕组通电前应将绕组用7~10倍励磁绕组阻值的电阻短接。 (√)

97. 电机控制线路常采用的电流控制原则是根据电动机主回路电流的大小，利用电流继电器来控制电动机的工作状态的。 (√)

98. 在电力拖动电路中，除安装接触器外，还必须安装带有过载保护的电源开关。 (×)

正确答案：在电力拖动电路中，除安装接触器外，还必须安装带有短路保护的电源开关。

99. 桥式起重机设立零位保护的目的是防止当控制器的控制手柄不在零位，电源断电后又重新送电时，电动机自行启动而发生事故。 (√)

100. 桥式起重机提升重物时，提升电动机产生的电磁转矩的方向和负载转矩的方向相反，此时，电动机转子回路串入的电阻越多，负载提升的速度越快。 (×)

正确答案：此时，电动机转子回路串入的电阻越多，负载提升的速度越慢。

101. 桥式起重机下放轻载或空钩时，提升电动机产生的电磁转矩和负载转矩方向相反，电动机串入电阻越多时，负载下降速度越快。 (×)

正确答案：桥式起重机下放轻载或空钩时，提升电动机产生的电磁转矩和负载转矩方向相同，电动机串入电阻越多时，负载下降速度越慢。

102. 桥式起重机下放重载时，如果拖动电动机按反转接线，则提升电动机将工作在再生发电制动状态，此时，电动机转子回路串入的电阻越多，重物下降的速度越快。 (√)

103. 抽水蓄能电厂主要起电网调峰作用。 (√)

104. 只要一级负荷比例小就可以采用无备用结线方式。 (×)

正确答案：这些一级负荷可单独设置备用电源。

105. 在中性点经消弧圈接地的系统中，发生单相接地故障时，会造成单相短路，其他两相对地电压不会升高。 (×)

正确答案：直接接地系统中发生单相接地故障时，会造成单相短路，其他两相对地电压不会升高。

106. 电力网是指电力系统中各级电压的电力线路及其联系的变电所。 (√)

107. 随着变频器的大量使用，对功率因数的提高将带来不利。 (×)

正确答案：随着变频器的大量使用将有利于功率因数的提高。

108. 负荷系数就是平均负荷 P_{av} 与最大负荷 P_{max} 的比值。 (√)

109. 外桥接线方式运行灵活，可采用备用电源自投装置。 (×)

正确答案：内桥接线方式运行灵活，可采用备用电源自投装置。

110. 额定电压在220V及以下的蓄电池室内的金属支架可以不接地或接零。 (√)

111. 一般动力线路宜先按电压损耗选择截面积，再校验发热和机械强度。 (×)

正确答案：一般动力线路宜先按发热条件选择截面积，再校验发热和机械强度。

112. 变压器的选择通常应满足：变压器的额定容量 $S_T \geqslant$ 全部用设备的计算容量 S_{30}。 (√)

113. 交流回路属一次回路，直流回路属二次回路。 (×)

正确答案：用于保护测量等的交流回路也是二次回路。

114. 二次回路操作电源分直流和交流两大类。 (√)

115. 交流操作电源适用于弹簧操作机构的操作电源和比较复杂的继电保护。 (×)

正确答案：交流操作电源不适用于复杂保护。

116. 断路器自动合闸时，一般会出现红灯闪光。 (√)

117. 灵敏度是表征保护装置对其保护区内故障和不正常状态时能否可靠动作的一个参数。 (×)

正确答案：灵敏度是表征保护装置对其保护区内故障和不正常状态时的反应能力的参数。

118. 过流脱扣器和热脱扣器都是通过电流参数来整定的。 (√)

119. 照度是决定物体明亮程度的间接指标，在一定范围内，照度增加就使视觉提高，合适的照度将有利于保护工作人员视力，有利于提高产品质量，提高劳动生产率。 (√)

120. 照明灯具的选择取决于环境特征、悬挂高度和光源结构形式，并且要考虑眩光，对有些项目还要考虑与建筑协调，注意美观。 (√)

121. 防爆灯具的选择方法是根据爆炸危险区域的等级，电气设备的种类和作用条件，选择相应的电气设备；选用防爆照明灯具的级别和组别，不得低于该爆炸危险环境内爆炸混合物的级别和组别。 (√)

122. 在气温较低或电源电压低于额定电压的地方，日光灯不易启动时，应采取的措施是在日光灯线路中串接一只电阻就能解决。 (×)

正确答案：在气温较低或电源电压低于额定电压的地方，日光灯不易启动时，应采取的措施是在日光灯线路中串接一只二极管就能解决。

123. 高压汞灯当电源电压降低5%时，灯泡就可能自灭，再行点燃时需间隔一段时间后才能恢复。 (√)

124. 在380/220V中性点不接地电网中，保护接地是很有效的保安技术措施。 (√)

125. 在三相四线制供电系统中，从安全防护观点出发，电气设备采用接零保护要比采用接地保护好。 (√)

126. 在施工(或检修)现场专用的中性点直接接地的低压电力线路中必须采用TN-S接零保护系统。 (√)

127. 漏电开关是将零序电流互感器、脱扣器自动开关组装在一个绝缘外壳中的漏电保护装置。 (√)

128. 在带电工作时，直接接触单相回路中的零线是没有危险的。 (×)

正确答案：在带电工作时，直接接触单相回路中的零线也可能危险。

129. 发现有人触电时，应立即请示领导再拉开最近的电源开关。 (×)

正确答案：发现有人触电时，应立即拉开最近的电源开关，再向领导汇报。

130. 对于电缆沟的大火一时无法扑灭时，可将电源切断，向沟内灌水，用水封法扑救。 (√)

131. 在爆炸性气体环境1区内电缆线路严禁有中间接头，在爆炸性气体环境2区内不应有中间接头。 (√)

132. 在爆炸性气体环境 1 区内，单相网络中的相线及中性线均应装设短路保护，并有双极开关同时切断相线和中性线。 (√)

133. 在爆炸危险环境内，防爆电气设备的金属外壳不应接地。 (×)

正确答案：在爆炸危险环境内，防爆电气设备的金属外壳一般应可靠接地。

134. 本安型是指对在正常运行条件下不会产生电弧或火花的电气设备，为提高其安全程度，防止电气设备产生危险温度、电弧和火花可能性的防爆型式。 (×)

正确答案：增安型是指对在正常运行条件下不会产生电弧或火花的电气设备，为提高其安全程度，防止电气设备产生危险温度、电弧和火花可能性的防爆型式。

135. 电气火灾通常是因电气设备的绝缘老化、接头松动、过载或短路等因素导致过热而引起的。尤其在易燃易爆场所，必须采取防火防爆措施。 (√)

136. 合格的防爆电气设备，由修理单位的检验部门发给修理合格证。其至少应包括被修理电气设备的名称、型号、规格、防爆标志、修理厂名及其认可证编号、修理合格证编号、日期等。 (√)

137. 增安型电气设备的密封衬垫不允许修复，也不允许取消，而应采用与原设计相同的配件更换。 (√)

138. 电气设备外壳及其通风、正压系统的门或盖子上，应有警告标志或联锁装置，防止运行中错误打开。 (√)

139. 隔爆型电机的隔爆接合面是指隔爆外壳不同部件相对应的表面配合在一起且火焰或燃烧生成物可能会由此从外壳内部传到外壳外部的部位。 (√)

140. 临时用电设备现场就近要装设在紧急情况下能断开电源的开关。 (√)

141. 采用 1∶1 隔离变压器提供的 220V 电源的移动电动工具可免于保护接地。 (√)

142. 氧化锌避雷器对大气过电压和操作过电压都起保护作用。 (√)

143. 避雷器用于防止雷电直击近区线路，避免雷电波直接入侵变电站损坏设备。 (×)

正确答案：避雷器用防止雷电过电压，即防止雷电感应过电压和雷电波沿线路侵入变电站的大气过电压，保护高压设备绝缘不被破坏。

144. 接地装置是防雷保护中重要的组成部分，它不仅能够安全地引导雷电流入地，并应使雷电流流入大地时能均匀地分布出去。 (√)

145. 焊条的直径一般不超过焊件的厚度。 (√)

146. 焊条必须在通风良好的室内仓库中存放。 (√)

147. 锤击焊缝是减小焊接残余应力行之有效的一种方法。 (√)

148. 焊接产生的内部缺陷，必须通过无损探伤等方法才能发现。 (√)

149. 气焊中回火的根本原因是混合气体的喷出速度过快。 (×)

正确答案：气焊中回火的根本原因是混合气体的喷出速度小于混合气体燃烧的速度。

150. 焊工用面罩不得漏光，使用时应避免碰撞。 (√)

151. 根据现有部件，画出其装配图和零件图的过程称为部件测绘。 (√)

152. 电气故障修复完毕，需要先进行通电试运行，然后再投入正常运行。 (×)

正确答案：电气故障修复完毕，需要通电试运行时，应和操作者配合，避免出现新的故障。

153. 节约用电主要体现在供电系统的科学管理和技术改造两个方面。 (√)

单选题

1. 运用戴维南定理分析以下电路中通过 1Ω 电阻的支路电流，正确的等效电路图是(B)。

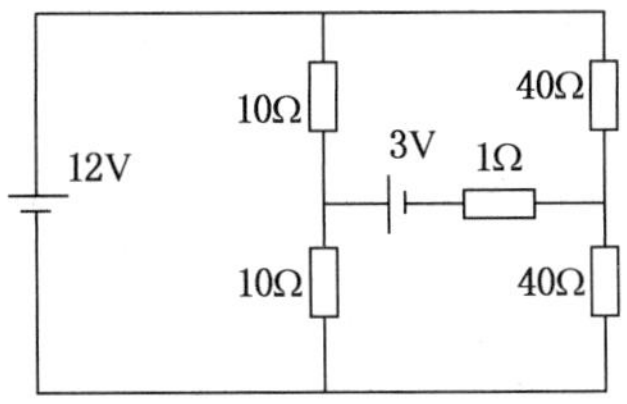

A. 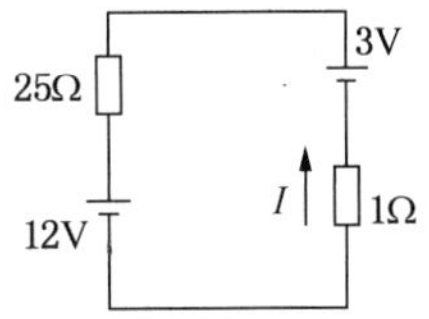

B. 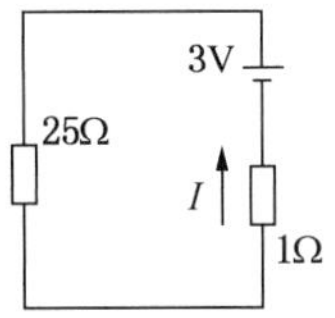

C. 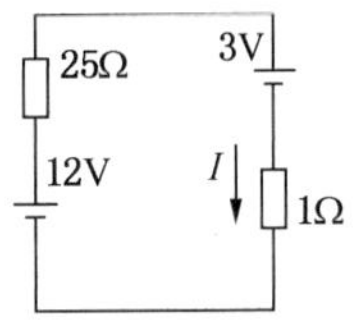

D. 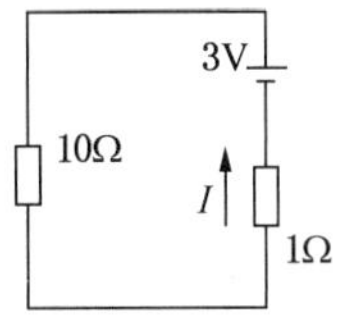

2. 用回路电流法求解电路时(B)电流一定等于回路电流。

A. 公共支路　　B. 独立支路　　C. 电源支路　　D. 纯电阻支路

3. 如图所示电压源的等效电流源是(A)。

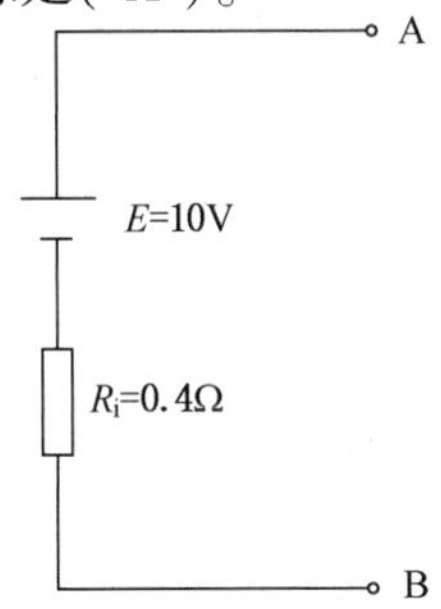

A. 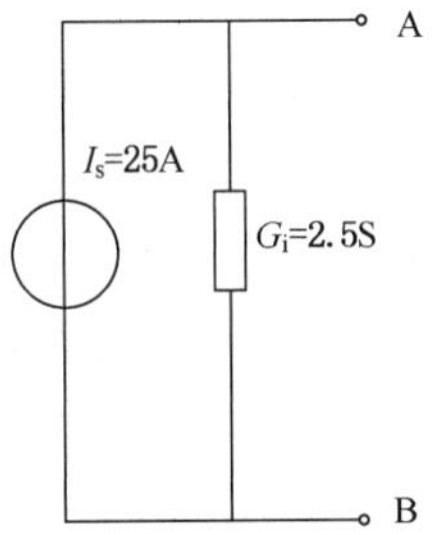

B. 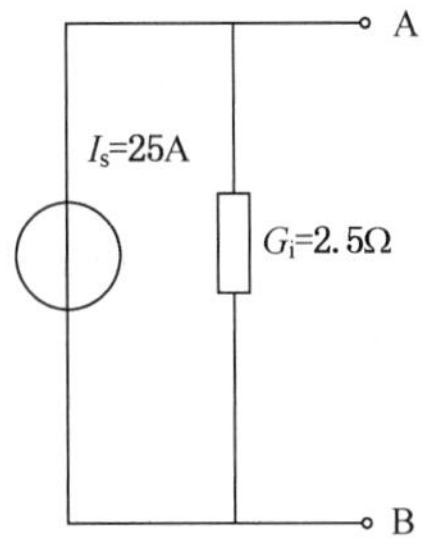

C. 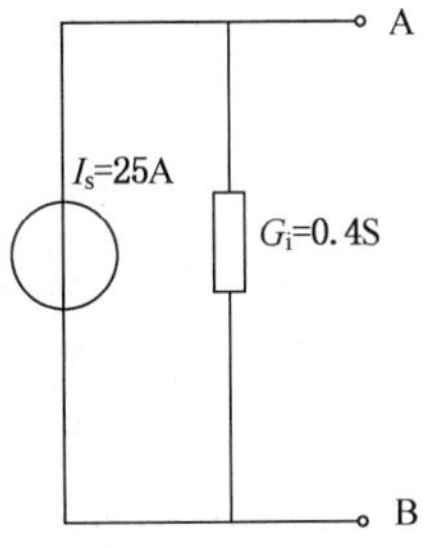

D. 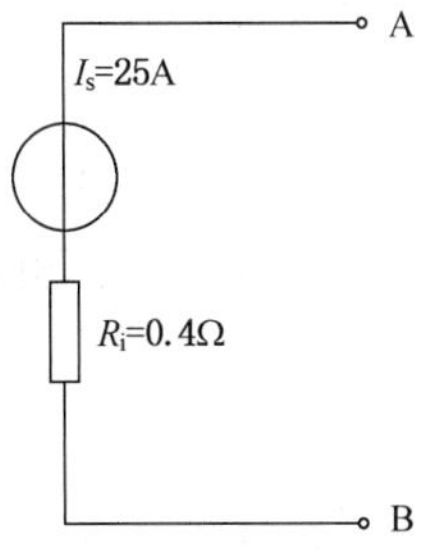

4. 正弦交流电有效值$I=10A$，频率$f=50Hz$，初相位$\varphi_i=-\frac{\pi}{3}$，则此电流的解析表达式为(B)。

A. $i=10\sin\left(314t-\frac{\pi}{3}\right)$　　B. $i=10\sqrt{2}\sin\left(314t-\frac{\pi}{3}\right)$

C. $i=10\sin\left(50t+\frac{\pi}{3}\right)$　　D. $i=10\sqrt{2}\sin\left(50t+\frac{\pi}{3}\right)$

5. 设$u_1=U_m\sin\omega t$(V)，$u_2=U_m\sin(\omega t+\pi)$(V)，则两者的相位关系是(D)。

A. u_1超前u_2　　B. u_2超前$u_1 90°$　　C. u_1、u_2同相　　D. u_1、u_2反相

6. 如图所示是电压与电流的相量图，设角频率$\omega=314t$rad/s，下列描述正确的是(B)。

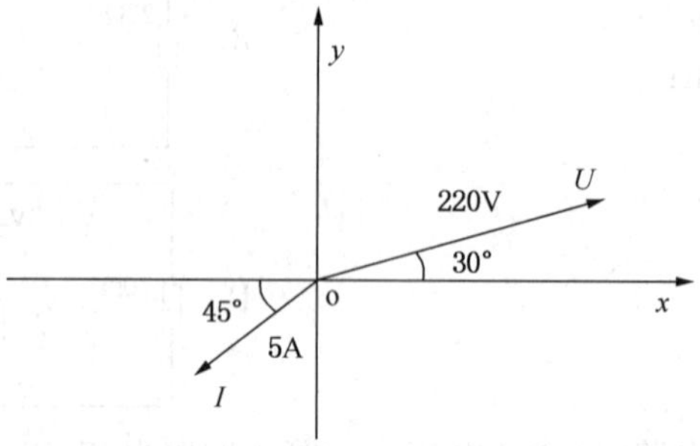

A. $u=220\sin\left(314t+\frac{\pi}{6}\right)$　　B. $u=220\sqrt{2}\sin\left(314t+\frac{\pi}{6}\right)$

C. $i=5\sin\left(314t+\frac{\pi}{4}\right)$　　D. $i=5\sqrt{2}\sin\left(314t+\frac{\pi}{4}\right)$

7. 纯电感电路中无功功率用来反映电路中(C)。

A. 纯电感不消耗电能的情况　　B. 消耗功率的多少

C. 能量交换的规模　　D. 无用功的多少

8. 在由Z_1与Z_2组成的正弦交流电路中，其功率关系，错误的是(C)。

A. $P=P_1+P_2$　　B. $Q=Q_1+Q_2$

C. $S=S_1+S_2$　　D. $S_1=\sqrt{P_1^2+Q_1^2}$

9. 三相异步电动机输出的机械功率与它从电源吸取的电功率之比的百分数叫该电动机的(B)。

A. 额定效率　　B. 瞬时效率　　C. 电源效率　　D. 功率比

10. 某三相异步电动机，额定功率为2.2kW，额定电压380V，功率因数为0.86，额定电流为4.41A。该电动机效率为(A)。

A. 0.88　　B. 0.86　　C. 1.25　　D. 0.8

11. 有一对称三相负载，每相的$R=16\Omega$，$X_L=12\Omega$，△接法，接在线电压为380V的电源上使用时，相电流、线电流分别为(A，B)A。

A. 19　　B. 32.9　　C. 11　　D. 23.75

12. 在对称三相交流电路中，负载接成三角形时，线电流是相电流的(B)倍。

A. 3　　B. $\sqrt{3}$　　C. $\frac{1}{\sqrt{3}}$　　D. $\frac{1}{3}$

13. 如图所示三相负载接到线电压为380V的电源上，如$R_U=R_V=R_W=20\Omega$，则所接电

流表 1 和电流表 2 的读数分别为(C)A。

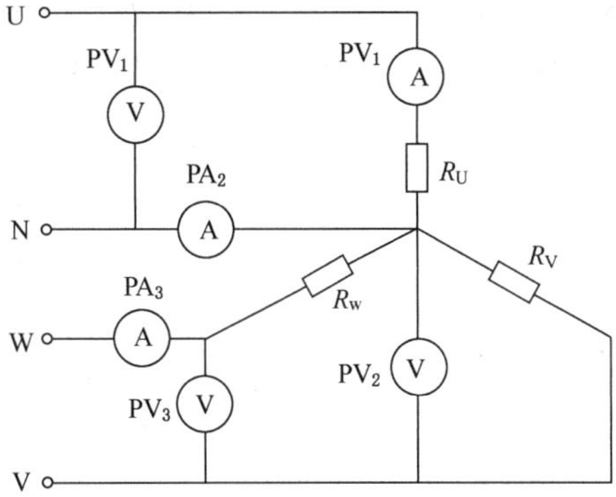

A. 19，0　　B. 11，19　　C. 11，0　　D. 19，11

14. 如图所示三相负载接到线电压为 380V 的电源上，如 $R_U=R_V=R_W=20\Omega$，则所接电流表 1 和电流表 2 的读数分别为(B)A。

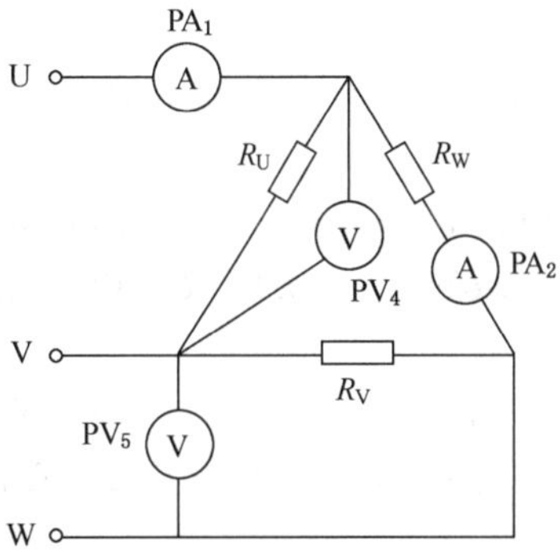

A. $19\sqrt{3}$，$19\sqrt{3}$　　B. $19\sqrt{3}$，19　　C. 19，11　　D. $11\sqrt{3}$，11

15. 某三相对称负载，每相负载的 $X_L=30\Omega$，$R=40\Omega$，△接法电源的线电压为 380V，则相电流是(A)A。

A. 7.6　　B. $7.6\sqrt{3}$　　C. 4.4　　D. $4.4\sqrt{3}$

16. 当三相对称负载作三角形联接时，以下说法正确的是(A)。

A. $I_l=\sqrt{3}I_{\Delta\varphi}$，$I_{\Delta\varphi}=U_{\Delta\varphi}/Z$

B. 电源电压升高为原来两倍时，有功功率升为原来的两倍

C. 若改为星形接法，功率为三角形接法的$\sqrt{3}$倍

D. $U_{\Delta\varphi}=\sqrt{3}U_l$

17. 对称三相对称负载作 Y 连接时，线电压是相电压的(A)。

A. $\sqrt{3}$倍　　B. $1/\sqrt{3}$倍　　C. 3 倍　　D. 1/3 倍

18. 如图所示三相对称负载接到线电压为 380V 的电源上，则所接电压表的读数为(B)V。

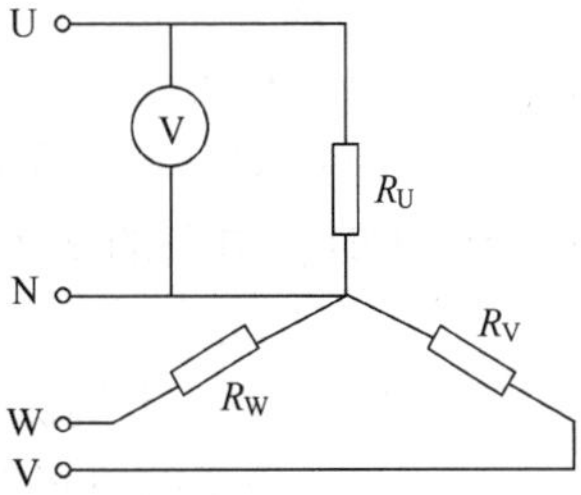

A. 380　　B. 220

C. 110　　D. 0

19. 设 $U_L=380V$ 的三相三线对称电网中接有一三相星形对称感性负载，当因故 U 相断路时，则各相负载相电压为(D)。

A. $U_u=U_v=U_w$ 不变　　B. $U_v=U_w$ 不变，$U_u=0$

C. U_u 不变，$U_v=U_w=190V$　　D. $U_u=0$，$U_v=U_w=190V$

20. 不对称三相负载作 Y 连接时，其三相有功功率的计算公式是(A)。

A. $P_Y=P_A+P_B+P_C$　　B. $P_Y=\sqrt{3}U_L\cdot I_L\cdot\cos\phi$

C. $P_Y=3P_\varphi$　　D. $P_Y=\sqrt{3}U_L\cdot I_L$

21. 三相对称交流电路中，对于同一电源，三相对称负载作△连接时，消耗的功率是它作 Y 连接时的(D)。

A. 1 倍　　B. $\sqrt{2}$倍　　C. $\sqrt{3}$倍　　D. 3 倍

22. 某三相对称负载，每相负载的 $X_L=30\Omega$，$R=40\Omega$，Y 接法，电源的线电压为 380V，则此电路消耗的有功功率是(A)kW。

A. 2. 3　　B. 3　　C. 1. 84　　D. 2. 2

23. 某三相对称负载，每相负载的 $X_L=30\Omega$，$R=40\Omega$，Y 接法，电源的线电压为 380V，则引电路的无功功率(A)。

A. 1. 74kvar　　B. 1. 74kW　　C. 2. 3kvar　　D. 2. 2kvar

24. 有一对称三相负载，每相的 $R=16\Omega$，$X_L=12\Omega$，△接法，接在线电压为 380V 的电源上使用时，电路的无功功率是(B)。

A. 13kW　　B. 13kvar　　C. 17. 3kW　　D. 17. 3kvar

25. 某三相对称负载，每相负载的 $X_L=30\Omega$，$R=40\Omega$，△接法，电源的线电压为 380V，则此电路的视在功率为(C)。

A. 5kW　　B. 5kvar　　C. 8. 66kV · A　　D. 8. 66kW

26. 有一对称三相负载，每相的 $R=16\Omega$，$X_L=12\Omega$，△接法，接在线电压为 380V 的电源上使用时，电路的有功功率是(C)。

A. 13kW　　B. 13kV · A　　C. 17. 3kW　　D. 17. 3kV · A

27. 车间某变压器月初有功电度表的表码是 425kW · h，月末该表的表码为 675kW · h，已知该表电压线圈额定值为 100V，电流线圈额定值为 5A，它们分别和 6. 3kV/100V，1000A/5A 的互感器相连，问这台变压器一个共传输的有功电能是(B)kW · h。

A. 250　　B. 3.15×10^6　　C. 15.75×10^3　　D. 3.15×10^5

28. 已知某三相对称负载，在五月份共用电 465kW · h，该负载在五月份的平均功率因数为 0. 866，则该负载在五月份消耗的无功电能是(A)kvar · h。

A. $155\sqrt{3}$　　B. 232. 5　　C. 465　　D. 402. 69

29. 有一对称三相负载，每相的 $R=86.6\Omega$，$X_L=50\Omega$。△接法，接在线电压为 380V 的电源上使用时，此时电路消耗的视在功率是(D)。

A. 1444V · A　　B. 1448V · A　　C. 2501V · A　　D. 4332V · A

30. 正弦交流电路中的负载，若(C)占的比重越大，其功率因数就越高。

A. 电感　　B. 电容　　C. 电阻　　D. 电抗

31. 有一对称三相负载，每相的 $R=16\Omega$，$X_L=12\Omega$，△接法，接在线电压为 380V 的电源上使用时，电路的功率因数是(D)。

A. 1. 33　　B. 0. 75　　C. 0. 6　　D. 0. 8

32. 铁芯中产生涡流的原因是(D)。

A. 交变的电场穿过铁芯　　B. 铁芯在电场中运动

C. 绕组绝缘下降，在铁芯中形成漏电流　　D. 交变的磁通穿过铁芯

33. 两根平行导体中通过方向相反的电流时，则这两导体将受到(A)的力。

A. 相互排斥　　B. 相互吸引　　C. 方向不定　　D. 为零

34. 在电阻、电感串联交流电路中，电路中的总电流与总电压之间的关系是(B)。

A. 电压超前电流 90°　　B. 电压超前电流的角度大于 0°小于 90°

C. 电压与电流同相位　　D. 电流超前电压的角度大于 0°小于 90°

35. 在电阻、电感串联交流电路中，正确的表达式是(B)。

A. $Z=R+X_L$　　B. $Z^2=R^2+(\omega L)^2$　　C. $Z=R^2+(\omega L)^2$　　D. $Z=R+L$

36. 在电阻、电感串联交流电路中，电源频率越高其阻抗(B)。

A. 越小　　B. 越大　　C. 不变　　D. 变化趋势不确定

37. 在电阻、电容串联交流电路中，既有能量消耗又有能量交换，消耗能量的元件是(C)。

A. 电感　　B. 电容　　C. 电阻　　D. 电阻、电感

38. 在电阻、电容串联交流电路中，复阻抗为(B)。

A. $R+jX_C$　　B. $R-jX_C$　　C. $\sqrt{R^2+jX_C{}^2}$　　D. $\sqrt{R^2+X_C{}^2}$

39. 在 R、L、C 串联电路中，阻抗关系为(D)。

A. $Z=R+X_L+X_C$　　B. $Z=R+X_L-X_C$

C. $Z=\sqrt{R^2+X_L^2+X_C^2}$　　D. $Z=\sqrt{R^2+(X_L-X_C)^2}$

40. 在 R、L、C 串联电路中当 $X_L<X_C$ 时电路呈(B)。

A. 感性　　B. 容性　　C. 阻性　　D. 谐振

41. R、L、C 串联交流电路中，发生谐振时外加电压与电阻上的电压 U_R 之间的关系时(C)。

A. $U>U_R$　　B. $U<U_R$　　C. $U=U_R$　　D. $U=U_R+U_L$

42. 关于 R、L、C 串联交流电路发生谐振，下列叙述错误的是(D)。

A. 电路呈电阻性　　B. 称为电压谐振

C. 电阻上的电压达到最大值　　D. 电源仍向回路输送无功功率

43. 在多级放大电路的三种耦合方式中，效率最低的是(B)。

A. 直接耦合　　B. 阻容耦合　　C. 变压器耦合　　D. 以上三种相等

44. 在多极放大电路的级间耦合中，低频电压放大电路主要采用(A)耦合方式。

A. 阻容　　B. 直接　　C. 变压器　　D. 电感

45. 下列关于阻容耦合多极放大器描述，正确的是(D)。

A. 放大直流信号　　B. 放大缓慢变化的信号

C. 便于集成化　　D. 各级静态工作点互不影响

46. 推挽功率放大电路若不设置偏置电路，输出信号将会出现(C)。

A. 饱和失真　　B. 截止失真　　C. 交越失真　　D. 线性失真

47. 石英晶体振荡器的特点是(B)。

A. 振荡器的振幅大　　B. 频率稳定度高

C. 频率高　　D. 频率的稳定性差

48. 集成运算放大器实际上是一个加有(A)。

A. 深度负反馈的高放大倍数($10^3\sim10^6$)的直接耦合多极放大电路

B. 高放大倍数($10^3 \sim 10^6$)的直接耦合多极放大电路

C. 深度负反馈的直接耦合多极放大电路

D. 深度负反馈的高放大倍数($10^3 \sim 10^6$)的阻容耦合多极放大电路

49. 如图所示是(B)门电路。

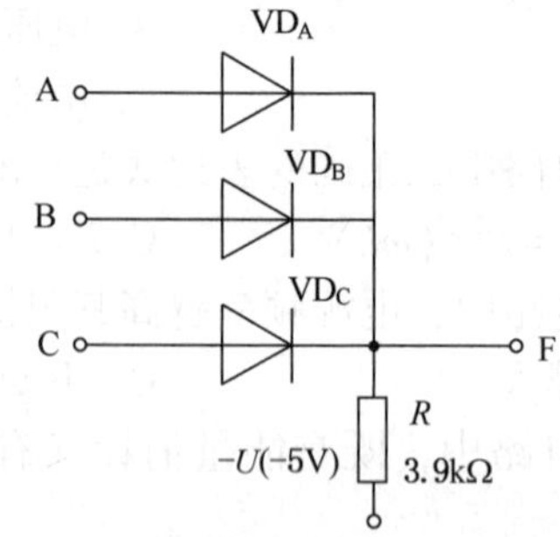

A. 与　　B. 或　　C. 与非　　D. 或非

50. 晶体三极管作开关使用时，通常都是采用(A)接法。

A. 共发射极　　B. 共基极

C. 共集电极　　D. 共发射极和共基极

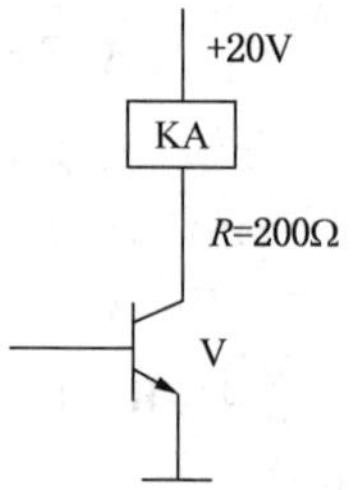

51. 如图所示电路中，管子 V 的 $I_{cm}=200mA$，$BV_{ceo}=45V$，工作在开关状态，使用后发现管子经常损坏，其主要原因是(C)。

A. 管子质量差

B. 饱和导通时间长

C. 管子由饱和转入截止时“KA”产生自感电动势

D. 管子由截止转入饱和时“KA”产生自感电动势

52. 如图所示门电路的逻辑表达式是(A)。

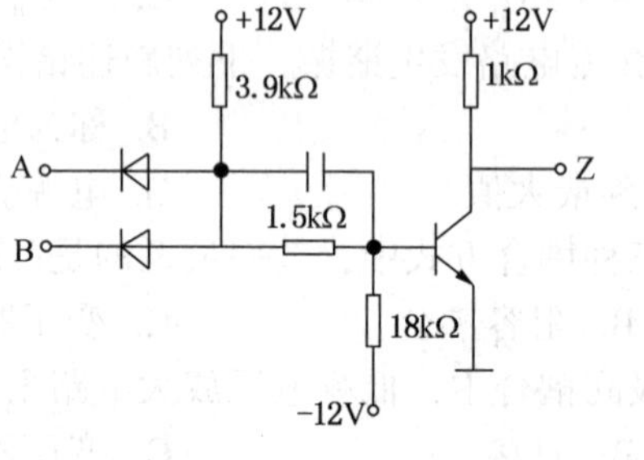

A. $Z=\overline{A \cdot B}$　　B. $Z=\overline{A+B}$　　C. $Z=A \cdot B$　　D. $Z=A+B$

53. 把文字、符号转换为二进制码的组合逻辑电路是(A)。

A. 编码器　　B. 译码器　　C. 数据选择器　　D. 数据分配器

54. 把二进制数 101000110110 化为十六进制数是(C)。

A. A36H　　B. 63AH　　C. A36H　　D. 3A6H

55. 组合逻辑函数如果有 n 个输入量，则其变量组合可能出现的情况有(C)。

A. n 种　　B. $2n$ 种　　C. 2^n 种　　D. $4n$ 种

56. 对晶闸管触发电流、触发电压影响最大的是(A)。

A. 温度　　B. 主电路的负载

C. 电源电压轻微波动　　D. 负载性质

57. 晶闸管阻断时，晶闸管承受的电压取决于(D)。

A. 晶闸管管压降　　B. 脉冲电压

C. 触发角大小　　D. 阳极与阴极间所加电压大小

58. 晶闸管导通的条件是（ C ）。

A. 主回路加反向电压，同时控制极加适当的正向电压

B. 主回路加反向电压，同时控制极加适当的反向电压

C. 主回路加正向电压，同时控制极加适当的正向电压

D. 主回路加正向电压，同时控制极加适当的反向电压

59. 型号为 KP200-18F 的晶闸管，其额定正向平均电流为(A)A。

A. 200　　B. 18　　C. 22　　D. 180

60. 晶闸管反向转折电压与反向峰值电压的关系为(D)。

A. 反向峰值电压较小　　B. 反向转折电压较大

C. 两者相等　　D. 反向峰值电压大于反向转折电压

61. 在单结晶体管触发电路中，调小电位器的阻值，会使晶闸管导通角 θ(A)。

A. 增大　　B. 减小　　C. 不改变　　D. 不定

62. 一般采用(B)方法来改变单结晶体管触发电路的振荡频率。

A. 改变 R_C　　B. 改变 C　　C. 改变 L　　D. 同时改变 R_C 和 C

63. 若单相半波可控整流电路中的晶闸管反接，则该电路将(D)。

A. 短路　　B. 和原电路一样正常工作

C. 开路　　D. 仍然整流，但输出电压极性相反

64. 同步是指触发电路与主电路在(B)上有相互协调、配合的关系。

A. 电压和电流　　B. 频率和相位

C. 功率和阻抗角　　D. 频率和电压的比率

65. 单相全控桥电阻负载电路导通时，截止晶闸管承受的最大反压为(B)。

A. U_2　　B. $\sqrt{2}U_2$　　C. $\sqrt{2}U_2/2$　　D. $\sqrt{6}U_2$

66. 画放大电路的交流通道时，电容可看作(B)，直流电源可看作短路。

A. 开路　　B. 短路

C. 具有一定电阻值　　D. 一个等效电压源

67. 6kV 配出线的单相接地保护的电流取自(B)。

A. PT 二次回路　　B. 零序电流互感器二次侧

C. 中央信号回路　　D. 出线一相电流互感器的二次侧

68. 变压器的过负荷保护的启动电流按变压器(C)来整定的，动作时间一般为 10～15s。

A. 空载电流　　B. 高压侧短路电流

C. 额定电流　　D. 励磁涌流

69. 变压器的电流速断保护动作电流是按(B)整定。

A. 躲过变压器一次三相绕组短路电流

B. 躲过变压器二次侧的最大短路电流

C. 躲过变压器的二次侧的最小短路电流

D. 躲过变压器一次侧三相绕组最小短路电流

70. 瓦斯保护的主要优点是(A，B，C)，能反映变压器油箱内部各种类型的故障。

A. 动作迅速　　B. 灵敏度高　　C. 结构简单　　D. 保护范围大

71. 断路器的控制电路中，只有(A)时，才会出现闪光信号。

A. 控制开关位置 KK 和断路器的位置不对应

B. 控制电源负极断线

C. 控制开关 KK 在合闸位置

D. 控制开关 KK 在跳闸位置

72. 断路器的控制回路应满足(A，B，C)要求。

A. 应能监视控制回路、保护装置及跳闸、合闸回路的完好性；合闸或跳闸完成后，应能使其命令脉冲解除

B. 应能指示断路器正常合闸和跳闸的位置状态，并在自动合闸和自动跳闸时有明显的指示信号

C. 断路器应有事故跳闸信号

D. 对于有可能出现不正常工作状态或故障的设备，应装设预告信号

73. 手动操作断路器分闸后，指示灯绿灯亮，其意义是(A，B)。

A. 指示断路器在分闸位置　　B. 合闸接触器线圈及其回路完好

C. 断路器位置和控制开关位置不对应　　D. 断路器处在合闸位置

74. 断路器自动合闸后，红灯闪光，其意义是(B，D)。

A. 断路器在分闸位置　　B. 断路器在合闸位置

C. 控制开关 KK 在合闸后位置　　D. 控制开关在分闸后位置

75. 6kV 系统接地信号取自(A)。

A. PT 二次开口三角所接电压继电器　　B. PT 二次星形接线所接电压继电器

C. PT 二次低电压继电器　　D. 时间继电器 1ST

76. 当 6kV 母线 A 相发生金属性接地时，则该母线电压互感器二次侧 A 相对的电压为零，B，C 相对地压 (B)。

A. 为零　　B. 升高$\sqrt{3}$倍　　C. 100V　　D. $6\text{kV}\cdot\frac{\sqrt{3}}{3}$

77. 电磁测量用的数字仪表的典型结构包括(A，B，C)几个部分。

A. 测量线路　　B. 模数转换　　C. 数字显示　　D. 光电指示器

78. 测量机构中增设阻尼力矩的作用是(B)。

A. 使可动部分迅速偏转到平衡位置　　B. 使可动部分迅速在平衡位置稳定下来

C. 适当调整可动部分偏转角的大小　　D. 辅助反作用力矩起到平衡转动力矩作用

79. 吸引型电磁系仪表中，可动铁片偏心装在转轴上的目的是为了(B)。

A. 产生电磁吸引力　　B. 产生转动力矩

C. 产生反作用力矩　　D. 使铁片磁化

80. 手摇式兆欧表的测量机构，通常是用(C)做成。

A. 铁磁电动系仪表　　B. 电磁系比率表

C. 磁电系比率表　　D. 电动系比率表

81. 使用万用表测量电阻时，被测电阻越大，指针偏转的角度就(B)。

A. 越大　B. 越小　C. 无关　D. 不变

82. 单量程交流电压表测量 6kV 电压时应采用(C)扩大量程。

A. 串联分压电阻　B. 并联分流电阻

C. 配用电压互感器　D. 并联分压电阻

83. 测量 1Ω 以下小阻值电阻的方法有(B)。

A. 电流表法和电压表法　B. 双臂电桥

C. 单臂电桥　D. 万用表

84. 选择电工仪表时，如要求测量精度要高，则仪表的(C)是选择时应考虑的主要方面。

A. 内阻　B. 准确度　C. 准确度和量程　D. 量程和内阻

85. 若铜导线的允许电流密度选取 $6A/mm^2$，18A 的负荷电荷电流应选用(D) mm^2 铜导线。

A. 25　B. 8　C. 1. 5　D. 4

86. 单相有功功率的测量，在频率不很高时，采用(B)功率表直接测量。

A. 热电系　B. 电动系　C. 电磁系　D. 静电系

87. 仪器仪表的引用误差是(D)之比。

A. 绝对误差与实际值　B. 相对误差与指示值

C. 相对误差与仪表测量上限　D. 绝对误差与仪表测量量程

88. 仪器仪表的相对误差是(A)之比。

A. 绝对误差与实际值　B. 相对误差与指示值

C. 相对误差与仪表测量上限　D. 绝对误差与仪表测量上限

89. 仪表的准确度是指(A)的一致程度。

A. 测量结果与实际值　B. 实际值与误差

C. 仪表本身设计　D. 测量结果与绝对误差

90. 测量时没有充分估计接触电阻的影响而引起的误差，属于(A)。

A. 测量方法误差　B. 附加误差　C. 偶然误差　D. 疏失误差

91. 电工仪表测量时，工作环境温度稍为偏高所引起的误差，属于(D)。

A. 基本误差　B. 偶然误差　C. 疏失误差　D. 附加误差

92. 通过改变测量方法和测量装置的安装方式及使用环境等方法，可以减小(A)。

A. 测量误差　B. 仪表的磨损　C. 准确度　D. 测量值

93. 欲精确测量 10~200Ω 电阻的阻值，应选用(B)。

A. 万用表　B. 单臂电桥　C. 双臂电桥　D. 兆欧表

94. 用单臂直流电桥测量电感线圈的直流电阻时，发现检流计指针不在零位，应该(B),然后调节比较臂电阻使检流计指零。

A. 先松开电源按钮，再松开检流计按钮

B. 先松开检流计按钮，再松开电源按钮

C. 同时松开检流计按钮和电源按钮

D. 同时按下检流计按钮和电源按钮

95. 直流双臂电桥采用两对端钮，是为了(B)。
A. 保证桥臂电阻比值相等　B. 消除接线电阻和接触电阻影响
C. 采用机械联动调节　D. 保证检流计两端电位相等
96. 直流双臂电桥连接被测电阻 R_x 时使用(D)导线。
A. P、C 两根　B. E、L、G 三根
C. E、P、C 三根　D. P_1、P_2、C_1、C_2 四根
97. 电桥电池电压不足时，将影响电桥的(A)。
A. 灵敏度　B. 安全　C. 准确度　D. 读数时间
98. 示波器开机后，至少要预热(C)min 后方可使用。
A. 3　B. 5　C. 15　D. 30
99. 示波器荧光屏上亮点不能太亮，否则(C)。
A. 保险丝将熔断　B. 指示灯将烧坏
C. 有损示波管的使用寿命　D. 影响使用者的安全
100. 使用 VM-63A 测振仪测量电机时，应将测振仪传感器的探测头(A)。
A. 靠着电机　B. 接近但不能接触电机
C. 放在电机内　D. 紧贴电机的转轴
101. J20 绝缘胶带一般用于电压等级为(C)的场所。
A. 1000V 及以下　B. 500V 及以下
C. 1000V 以上　D. 所有电压等级都可使用
102. 关于热缩材料的处理方法，正确的是(A)。
A. 应用慢火沿着管套四周均匀加热火焰朝收缩前进方向缓慢均匀移动
B. 应用慢火对准管套中心加热，火焰朝收缩前进方向缓慢均匀移动
C. 切割热缩管时对断面无要求
D. 加热收缩部位一般可以由上往下进行(终端头)
103. 交联电缆热缩型终端头制作中，用于改善电场分布的是(A)。
A. 应力控制管　B. 分支手套　C. 收缩管　D. 一定的加热温度
104. 选择低压动力线路导线截面积时应先按(A)进行计算，然后再对其他条件进行校验。
A. 发热条件　B. 经济电流密度　C. 机械强度　D. 允许电压损失
105. 对于照明线路，一般按允许电压损耗的(B)来选择截面积。
A. 5%　B. 2.5%　C. 4%　D. 3.5%
106. 选择高压电缆的截面积时，要校验的条件是(B)。
A. 动稳定度　B. 热稳定度　C. 机械强度　D. 最高工作温度
107. 高压电缆按发热条件选择后，还应校验(C)。
A. 其短路动稳定度　B. 其短路动稳定度和短路热稳定度
C. 其短路热稳定度　D. 其电压损耗
108. 电缆根数少，敷设距离长的线路通常采用(A)敷设。
A. 直接埋地　B. 电缆沟　C. 电缆桥架　D. 架空悬吊
109. 柔软的绝缘复合材料主要用于(A)。
A. 电机绕组的对地绝缘、衬垫绝缘和匝间绝缘

B. 变压器的绝缘

C. 瓷瓶的绝缘

D. 断路器的绝缘

110. 下列说法中，错误的是(D)。

A. 变压器是一种静止的电气设备　　B. 变压器可以用来变换电压

C. 变压器可以变换变流　　D. 变压器可以改变频率

111. 电力变压器常用的冷却方式有(A，B，C)。

A. 油浸自冷式　　B. 油浸风冷式　　C. 强迫油循环　　D. 自然风冷式

112. 一台变压器型号为 S7-200/10，其中 10 代表(C)。

A. 额定容量 10kV · A　　B. 高压侧额定电流 10A

C. 高压侧额定电压 10kV　　D. 低压侧额定电压 10kV

113. 当变压器带纯阻性负载运行时，其外特性曲线(D)。

A. 上升很快　　B. 稍有上升　　C. 下降很快　　D. 稍有下降

114. 当变压器一次侧的端电压 U_1 和负载的功率因数 $\cos\phi_2$ 都一定时，二次侧的电压 U_2 伴随二次电流 I_2 的变化关系，称为变压器的(A)。

A. 外特性　　B. 变比　　C. 电磁关系　　D. 输入特性

115. 变压器运行性能的主要指标有两个：一是(A)，二是效率。

A. 二次电压稳定性　　B. 二次电压的大小

C. 电源频率的稳定性　　D. 电源波形的畸变程度

116. 三相变压器铭牌上的额定电压指(B)。

A. 一、二次绕组的相电压　　B. 一、二次绕组的线电压

C. 变压器内部的电压降　　D. 带负载后一、二次绕组电压

117. 电力变压器油枕的作用是(A，B，C)。

A. 使油箱内部与外界空气隔绝

B. 避免潮气侵入

C. 当温度变化时，调节变压器内的油压

D. 起防爆作用

118. 变压器并列运行的目的是(C)。

A. 提高电网的电压

B. 降低电网电压

C. 提高变压器的经济性或电网供电可靠性

D. 提高负载功率因数

119. 下面是关于电焊变压器性能的几种说法，其中正确的是(C)。

A. 副边输出电压稳定，焊接电流也稳定

B. 空载时副边电压很低，短路电流不大，焊接时副边电压为零

C. 副边电压空载时较高，焊接时较低，短路电流不大

D. 副边电压空载时较高，焊接时略有下降，短路电流较大

120. 直流弧焊发电机由(A)构成。

A. 原动机和去磁式直流发电机　　B. 原动机和去磁式交流发电机

C. 直流电动机和交流发电机　　D. 整流装置和调节装置

121. 电弧焊接电路中的负载是(C)。

A. 电焊机　　B. 工件　　C. 电弧　　D. 焊条

122. 电焊变压器短路时，短路电流(A)。

A. 不能过大　　B. 可以大一些　　C. 可以小　　D. 可以很小

123. 直流弧焊发电机在使用中发现火花大、全部换向片发热的原因可能是(B)。

A. 导线接触电阻过大　　B. 电刷盒的弹簧压力过小

C. 励磁绕组匝间短路　　D. 个别电刷刷绳断线

124. 弧焊整流器主要由(D)组成。

A. 直流发电机　　B. 整流装置

C. 调节装置　　D. 整流装置和调节装置

125. 整流式直流电焊机中主变压器的作用是将(B)引弧电压。

A. 交流电源电压升至　　B. 交流电源电压降至

C. 直流电源电压升至　　D. 直流电源电压降至

126. 整流式直流电焊机二次电压太低，其故障原因可能是(A)。

A. 变压器一次线圈匝间短路　　B. 饱和电抗器控制绕组极性接反

C. 稳压器谐振线圈短路　　D. 稳压器补偿线圈匝数不恰当

127. 在中、小型电力变压器的定期检查维护中，若发现变压器上层油温与室温之差超过(B)℃，说明变压器过载或变压器内部已发生故障。

A. 35　　B. 55　　C. 105　　D. 120

128. 主变压器重瓦斯动作是由于(C)造成的。

A. 主变压器两侧断路器跳闸

B. 高压出线套管两相闪络

C. 主变压器内部高、低压侧绕组严重匝间短路

D. 低压出线套管三相短路

129. 变压器在(B)情况下可以不进行干燥处理。

A. 更换绕组或绝缘时

B. 变压器干燥剂变粉红色时

C. 在修理或安装时，器身在空气中暴露的时间超过规定的时间

D. 经绝缘电阻和吸收测量证明变压器绕组受潮时

130. 当变压器大量漏油使油位迅速下降时，对变压器重瓦斯保护的处理应(A)。

A. 立即将重瓦斯保护退出运行或改为信号

B. 禁止将重瓦斯保护改为只作用于信号

C. 视变压器的负荷性质决定重瓦斯保护投、退

D. 退出轻瓦斯保护

131. 利用无载调压开关可进行电压调节，调节最大范围是额定输出电压的(C)。

A. ±10%　　B. ±8%　　C. ±5%　　D. ±2. 5%

132. 若变压器绝缘受潮，如进行耐压试验时将会(A)。

A. 使绝缘击穿

B. 因试验时绕组发热而使绝缘得以干燥，恢复正常

C. 无任何影响

D. 危及操作人员的人身安全

133. 测量变压器绕组直流电阻的目的是(C)。

A. 保证设备温升不超过上限　　B. 判断绝缘是否受潮

C. 判断绕组是否断股或接头接触不良　　D. 判断绝缘状况

134. 进行变压器耐压试验时，若试验中无击穿现象，要把变压器试验电压均匀降低，大约在 5s 内降低到试验电压的(B)或更小，再切断电源。

A. 15%　　B. 25%　　C. 45%　　D. 55%

135. 变压器负载试验时，其二次绕组短路，一次绕组分接头应放在(B)位置。

A. 最大　　B. 额定　　C. 最小　　D. 任意

136. 当工频交流耐压试验需将试验变压器串联组合使用时，应考虑处高电位的变压器的(D)。

A. 绕组线径　　B. 绕组匝数　　C. 接地方式　　D. 绝缘水平

137. 一台两极三相异步电动机，定子绕组采用星形接法，若有一相断线则(B)。

A. 有旋转磁场产生　　B. 有脉动磁场产生

C. 有恒定磁场产生　　D. 无磁场产生

138. 要使三相异步电动机的旋转磁场方向改变，只需要改变(B)。

A. 电源电压　　B. 电源相序　　C. 电源电流　　D. 负载大小

139. 三相异步电动机定子绕组若为单层绕组，则一般采用(A)。

A. 整距绕组　　B. 短距绕组　　C. 长距绕组　　D. 接近极距绕组

140. 绘制三相单速异步电动机定子绕组接线图时，要先将定子槽数按极数均分，每等分代表(C)电角度。

A. 90°　　B. 120°　　C. 180°　　D. 360°

141. 三相异步电动机定子绕组若为单层绕组，则一般采用(A)。

A. 整距绕组　　B. 短距绕组　　C. 长距绕组　　D. 接近极距绕组

142. 交流测速发电机的定子上装有(D)。

A. 一个绕组　　B. 两个串联的绕组

C. 两个并联的绕组　　D. 两个在空间相差 90°电角度的绕组

143. 若按定子磁极的励磁方式来分，直流测速发电机可分为(C)两大类。

A. 有槽电枢和无槽电枢　　B. 同步和异步

C. 永磁式和电磁式　　D. 空心杯形转子和同步

144. 若被测机械转向改变，则交流测速发电机的输出电压(D)。

A. 频率改变　　B. 大小改变　　C. 相位改变 90°　　D. 相位改变 180°

145. 测速发电机是一种能将旋转机械的转速变换成(B)输出的小型发电机。

A. 电流信号　　B. 电压信号　　C. 功率信号　　D. 频率信号

146. 电磁铁的结构主要由(A)部分组成。

A. 铁芯、衔铁、线圈

B. 电磁系统、触头系统、灭弧装置和其他附件

C. 电磁机构、触头系统和其他辅件

D. 闸瓦、闸轮、杠杆、弹簧组成的制动器和电磁机构

147. 使用电磁调速异步电动机自动调速时，为改变控制角，只需改变(B)即可。

A. 主电路的输入电压　　B. 触发电路的输入电压

C. 放大电路的放大倍数　　D. 触发电路的输出电压

148. 改变电磁转差离合器(A)，就可调节离合器的输出转矩和转速。

A. 励磁绕组中的励磁电流　　B. 电枢中的励磁电流

C. 异步电动机的转速　　D. 旋转磁场的转速

149. 以下情况，不会造成交流电动机绝缘被击穿的是(A)。

A. 电机轴承内缺乏润滑油　　B. 电机绝缘受潮

C. 电机长期过载运行　　D. 电机长期过压运行

151. 电动机的功率因数随电压变动的曲线可以通过(B)来测量。

A. 空载试验　　B. 堵转试验　　C. 极性试验　　D. 耐压试验

152. 交流电动机作耐压试验时，试验时间应为(B)。

A. 30s　　B. 60s　　C. 3min　　D. 10min

153. 三相异步电动机的转差率 S 的变化范围(A)。

A. $0<S<1$　　B. $0\leqslant S<1$　　C. $0<S\leqslant 1$　　D. $0\leqslant S\leqslant 1$

153. 两台额定功率相同、额定转速不同的电动机，它们所接的电源电压，所带的负载均为额定值，极数多的输出转矩与极数少的输出转矩比较是(A)。

A. 极数多的转矩大　　B. 极数少的转矩小

C. 相等　　D. 不可比较

154. 在自动控制系统中，把输入的电信号转换成电机轴上的角位移或角速度的电磁装置称为(A)。

A. 伺服电动机　　B. 测速发电机　　C. 交磁电机扩大机　　D. 步进电机

155. 交流伺服电动机在没有控制信号时，定子内(D)。

A. 没有磁场　　B. 只有旋转磁场　　C. 只有永久磁场　　D. 只有脉动磁场

156. 采用晶体管延时电路的晶体管时间继电器，其延时电路由(A)等部分组成。

A. 延时环节、鉴幅器、输出电路、电源和指示灯

B. 主电路辅助电源、双稳态触发器及其附属电路

C. 振荡电路、记数电路、输出电路、电源和指示灯

D. 电磁系统、触头系统

157. 晶体管时间继电器消耗的功率(A)电磁式时间继电器消耗的功率。

A. 小于　　B. 等于　　C. 大于　　D. 远大于

158. 检测各种金属应选用(C)邻近开关。

A. 超声波　　B. 永磁型及磁敏元件　　C. 高频振荡　　D. 光电效应

159. 以下关于位置开关的应用，正确的是(C)。

A. 实现机构联锁并将状态信号远传

B. 实现机构联锁

C. 与相关机构配合，实现控制、操作信号的反馈

D. 接通或断开电源

160. 少油断路器的灭弧室装在绝缘筒或不接地的金属筒中，变压器油只用作（ A ）。

A. 灭弧和触头间隙的绝缘　　B. 对地绝缘

C. 冷却　　D. 导电部分的绝缘

161. 真空断路器触头常采用（ B ）来灭弧的。

A. 压缩空气　　B. 真空的高介质强度

C. 磁场力　　D. 油

162. SF_6 气体断路器经过解体大修后，对原来的气体（ C ）。

A. 可持续使用　　B. 进行净化处理后使用

C. 作毒性、生化试验合格，并进行净化处理后使用

D. 废弃处理

163. 高压 10kV 以下油断路器作交流耐压前后，其绝缘电阻不下降（ C ）为合格。

A. 15%　　B. 10%　　C. 30%　　D. 20%

164. 对于过滤及新加油的断路器，必须等油中气泡全部逸出后才能进行交流耐压试验，一般需静止（ C ）h 左右，以免油中气泡引起放电。

A. 5　　B. 4　　C. 3　　D. 10

165. 灭弧装置的作用是（ B ）。

A. 引出电弧　　B. 熄灭电弧　　C. 使电弧分段　　D. 使电弧产生磁力

166. B 系列交流接触器，采用的灭弧装置是（ D ）。

A. 电动力灭弧　　B. 金属栅片陶土灭弧罩

C. 窄缝灭弧　　D. 封闭式灭弧室

167. 低压电器产生直流电弧从燃烧到熄灭是一个暂态过程，往往会出现（ C ）现象。

A. 过电流　　B. 欠电流　　C. 过电压　　D. 欠电压

168. 熄灭直流电弧，常采用的途径是（ A ）。

A. 使电弧拉长和强冷的方法　　B. 使电弧扩散

C. 复合　　D. 窄缝灭弧

168. 接触器的文字符号是（ A ）。

A. KM　　B. KT　　C. FU　　D. FR

170. 当接触器触头过度磨损，将会使（ C ）不合格。

A. 初压力　　B. 终压力　　C. 超行程　　D. 开距

171. 检修 SN10-10 高压少油断路器时，根据检修规程，测量断路器可动部分的绝缘电阻时，应选取额定电压（ C ）V 的兆欧表进行绝缘电阻摇测。

A. 250　　B. 500　　C. 2500　　D. 1000

172. 电动机三相电流不平衡度不允许大于（ B ）。

A. 5%　　B. ±10%　　C. ±20%　　D. ±25%

173. 异步电动机绕线型转子绕组与定子绕组形式基本相同，一般作（ B ）连接。

A. 三角形　　B. 星形　　C. 延边三角形　　D. 任何

174. 只有正常运行时，采用（ B ）的三相异步电动机，启动时才能采用 Y-△降压启动。

A. Y 接法　　B. △接法　　C. Y-△接法　　D. 任何接法

175. 一个三相电动机单向启动、停止控制电路，能启动不能停止，原因是(C)。

A. 停止按钮接触不良

B. 保持接点误与停止按钮并联

C. 启动、停止的串联支路误与保持触点并联

D. 启动按钮接触不良

176. 三相电动机单向启动、停止控制电路，每次按动启动按钮均能开动，但不能保持，这是因为(B)。

A. 停止按钮接触不良

B. 保持触点误与停止按钮并联

C. 启动、停止的串联支路误与保持触点并联

D. 启动按钮接触不良

177. 三相电动机正、反转控制电路中，当一个接触器的触头熔焊而另一个接触器再吸合时将发生短路，能防止这种短路的保护环节是(A)。

A. 接触器联锁　B. 复合按钮联锁　C. 行程开关联锁　D. 熔断器保护

178. 在电动机的反接制动电路中，是通过改变电动机电源(C)使电动机得到与运动方向相同的力矩。

A. 电压　B. 电流　C. 相序　D. 频率

179. 直流电动机的反接制动时，当电动机转速接近于零时，就应立即切断电源，防止(D)。

A. 电流增大　B. 电机过载　C. 发生短路　D. 电动机反向转动

180. 对于要求制动准确、平稳的场合，应采用(B)制动。

A. 反接　B. 能耗　C. 电容　D. 再生发电

181. 能耗制动就是在运转的三相异步电动机脱离电源后，立即给定子绕组通入(A)产生磁场，正在惯性运转的绕组中的感应电流将产生制动力矩，使电动机迅速停转。

A. 直流电　B. 交流电　C. 高频电流　D. 高压电

182. 结合如图所示能耗制动工作原理，下列说法正确的是(B)。

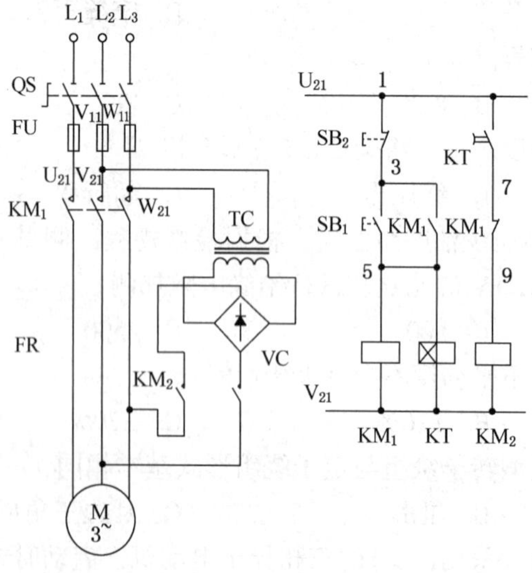

A. 只要按下 SB_1，在 KT 控制下，就能实现能耗制动

B. 只有 M 在运转时，按下 SB_2，KM_1 接通能耗制动电路，KT 用于控制能耗制动时间

C. 只有 M 在运转时，按下 SB_2，电机就一直在能耗制动状态，直到电机停转为止

D. 电机在任何状态下，都能实现能耗制动

183. 下图是属于(D)控制原理图。

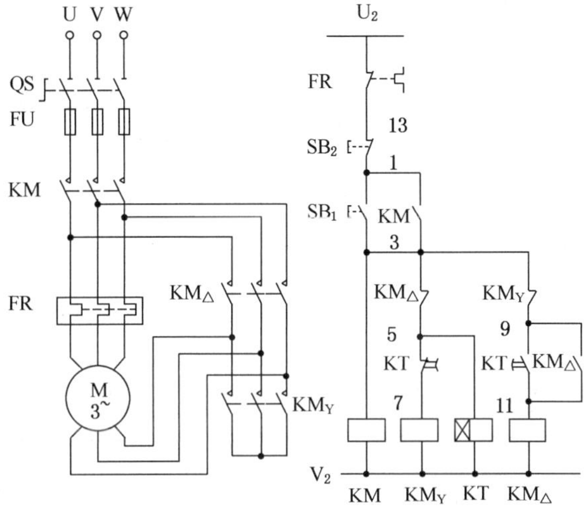

A. 正反转　　B. 双速电动机　　C. 延边三角形　　D. Y-△启动

184. 220/380V，△/Y 接的电动机，当电源电压为 380V 时应接成(B)。

A. △接法　　B. Y 接法　　C. 任意接法　　D. Y-△变换

185. 如图所示控制电路中的两台电动机能实现的程序控制是(C)。

A. 对任一台电动机都能独立启动和停止

B. 启动时 M_1 先于 M_2，停止时亦如此

C. 启动时 M_1 先于 M_2，停止时顺序相反

D. 启动时 M_2 先于 M_1，停止时顺序相反

186. 如图所示顺序控制电路中，下列说法错误的是(C)。

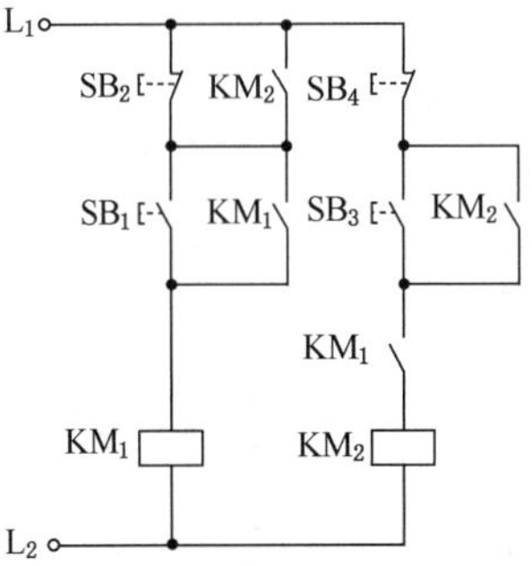

185 题图

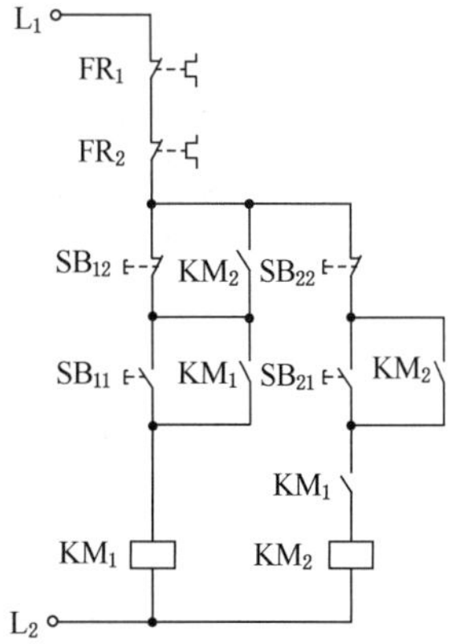

186 题图

A. 只有 M_1 启动后，M_2 才能启动

B. M_1、M_2 都运行时，按下 SB_{12}时，M_1、M_2 均会停止

C. M_1、M_2 都运行时，只有 M_2 停止以后，才能停止 M_1

D. M_1 可以单独启动、停止操作

187. 自动往返控制行程控制线路需要对电动机实现自动转换的(D)控制才能达到要求。

A. 自锁　　B. 点动　　C. 联锁　　D. 正反转

188. 如图所示控制电路中，SQ_1、SQ_2 的作用是(C)。

A. 正反转联锁　　B. 自动往返启动

C. 正、反行程终端保护　　D. 热保护

189. 指出下面自动往返工作台控制回路图中的 SQ_1、SQ_2 的作用是(B)。

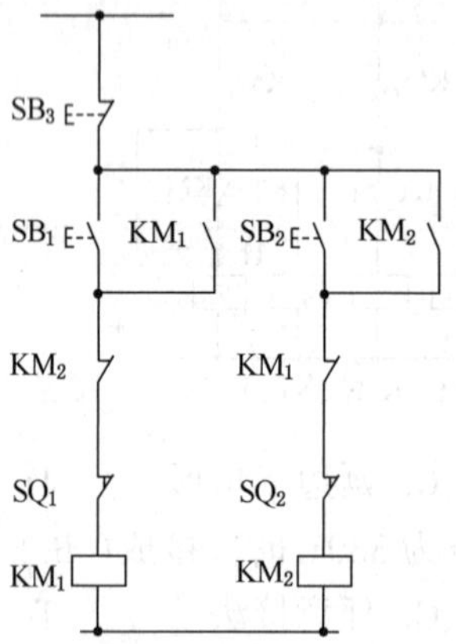

188 题图

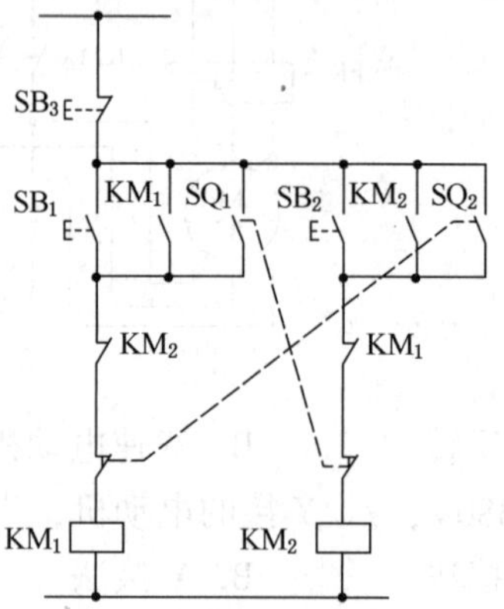

189 题图

A. 正反转联锁控制　　B. 正反转自动循环

C. 保护　　D. 终端保护

190. 如图所示控制原理图的作用及具有的保护是(D)。

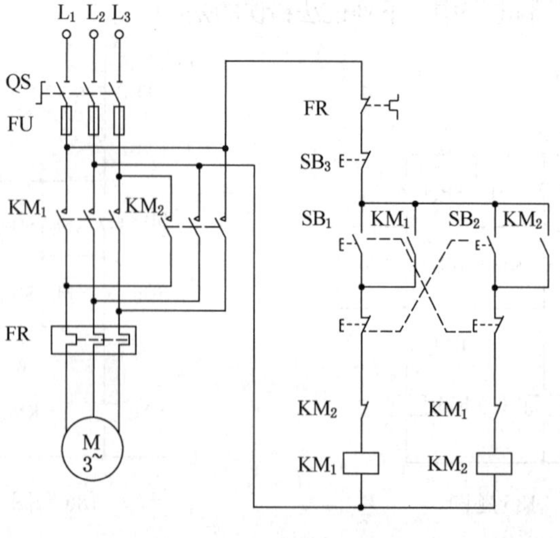

A. 正反转控制电路图，具有短路保护

B. 正反控制电路图，具有短路、过载保护

C. 具有双重联锁的可逆控制电路，具有短路过载保护

D. 具有双重联锁的可逆控制电路，具有短路过载、欠压和失压保护

191. 正反转控制电路在实际工作中最常用、最可靠的是(D)。

A. 倒顺开关　　B. 接触器联锁

C. 按钮联锁　　D. 按钮、接触器双重联锁

192. 双金属片热继电器作电动机的保护时适用于(C)。

A. 重载间断工作的过载保护　　B. 频繁启动的过载保护

C. 轻载启动连续工作的过载保护　　D. 轻载反复短时工作的过载保护

193. GL 型电流继电器的反时限部分用作(D)保护。

A. 速断　　B. 短路　　C. 过压　　D. 过电流

194. 根据实物测绘机床电气设备控制线路的布线图时，应按(D)绘制。

A. 实际尺寸　　B. 比实际尺寸大

C. 比实际尺寸小　　D. 一定比例

195. 下列不属于联锁控制的输入部分的器件是(C)。

A. 现场开关　　B. 按钮　　C. 选择开关　　D. 电磁阀

196. 下列不属于联锁控制的输出部分的器件是(A)。

A. 现场开关　　B. 指示灯　　C. 电动机启动器　　D. 电磁阀

197. 根据发电厂所利用的能源不同，主要可分为(A)和其他能源发电厂。

A. 火电厂、水电厂、核电厂　　B. 热电厂、水电厂、潮汐电厂

C. 热电厂、凝汽电厂、抽水蓄能电厂　　D. 主力电厂、调峰电厂、自备电厂

198. 火电厂是利用(C)来产生电能。

A. 热能　　B. 势能　　C. 化学能　　D. 动能

199. 中性点不接地系统发生单相接地故障时，中性点对地电压(A)。

A. 升高为相电压　　B. 升高为线电压　　C. 不变　　D. 为 0

200. (B)的任务是接受电能、变换电压和分配电能。

A. 母线　　B. 变电所　　C. 配电所　　D. 用电设备

201. 无功功率是电源与负载之间(A)的功率。

A. 不断交换　　B. 负载消耗　　C. 线路损耗　　D. 负载发热消耗

202. 用户最大月平均有功功率 P_p，无功 Q_p，补偿前功率因数 $\cos\phi_1$，补偿后要求达到 $\cos\phi_2$，这需装设的电容器容量为(D)。

A. $Q_p(\cos\phi_2-\cos\phi_1)$　　B. $P_p(\cos\phi_2-\cos\phi_1)$

C. $Q_p(\tan\phi_1-\tan\phi_2)$　　D. $P_p(\tan\phi_1-\tan\phi_2)$

203. 配电所的任务是(A，C)。

A. 接受电能　　B. 变换电压

C. 分配电能　　D. 将电能转化为机械能或热能

204. 发电机的负荷一般指发电机的(D)。

A. 计算功率　　B. 视在功率　　C. 无功功率　　D. 有功功率

205. 负荷曲线主要用来分析(A)的。

A. 负荷变动规律　B. 负荷的大小　C. 损耗　D. 负荷消耗的电量

206. 给化工装置供电的降压站一般常采用(B)接线方式。

A. 单母线　B. 单母线分段

C. 单母线分段带旁母　D. 双母线分段带旁母

207. 一般适用于故障机率较多的长线路和变压器不需要经常切换的运行方式是(A)。

A. 内桥接线　B. 外桥接线　C. 单母线加旁母　D. 双母线

208. 重要变电所还需要从(A)引入一路所用电。

A. 邻近变电所的独立电源　B. 直流系统逆变

C. 事故照明回路　D. 电厂

209. 成套配电装置(开关柜)是以(D)为主的，将其他配套电器组合在一起的配电装置。

A. 柜体　B. 母线　C. 保护装置　D. 开关

210. 如果三相四线制系统中的中性线与保护共用一根导线——保护中性线(PEN)，则此系统称为(B)。

A. TN-S 系统　B. TN-C 系统　C. TN-C-S 系统　D. 重复接地系统

211. 以下关于电动机的类型选择，正确的是(D)。

A. 对启动、调速无要求时选用绕线转子电动机

B. 对调速质量有要求较高时选用笼型电动机

C. 对启动、调速及制动要求较高时，应选择交流电动机

D. 对调速质量要求不高，且调速比不大时，宜选用绕线转子电动机

212. 红绿灯回路串联电阻是为了(A)。

A. 防止灯座短路造成断路器误动　B. 防止灯泡烧坏

C. 防止合跳闸线圈烧坏　D. 减小操作电流

213. 过电流保护的任务是为了(A)。

A. 避免短路电流对系统的影响　B. 瞬时切除故障

C. 发出故障信号　D. 防止系统振荡

214. 过流保护装置的返回电流也应躲过线路的(A)。

A. 最大负荷电流　B. 计算电流

C. 额定电流　D. 额定电压

215. 电流速断保护实际上就是一种瞬时动作的过电流保护，其选择性是依靠(B)来解决。

A. 继电器的固有动作时间　B. 选择适当的动作电流

C. 继电器的动作时间和动作电流配合　D. 线路的长度

216. 当过电流保护灵敏系数达不到要求时，可采用(A)来提高灵敏度。

A. 带低电压闭锁保护　B. 降低动作电流

C. 改变电流互感器变比　D. 改变接线系数

217. 当供电系统发生故障时，只离故障点最近的继电保护装置动作，切除故障，而其他非故障部分仍能正常工作。满足这一要求的特性叫(B)。

A. 速动性　　B. 选择性　　C. 灵敏性　　D. 可靠性

218. 熔断器在供电系统的配置应符合(D)的原则。

A. 快速熔断　　B. 躲过正常负荷电流

C. 限制短路电流　　D. 选择性保护

219. 下列保护中，(C)通常是反时限的。

A. 短延时过流脱扣器　　B. 瞬时过流脱扣器

C. 长延时脱扣器　　D. 速断保护

220. 防爆型白炽灯 B_4C-200 型隔爆型灯的防爆标志是(A)。

A. dⅡCT_3　　B. dⅡBT_6　　C. dⅡBT_4　　D. dⅡBT_3

221. 隔离型防爆灯型的防爆标志是(B)。

A. dⅡBT_3　　B. dⅡBT_4　　C. dⅡBT_6　　D. dⅡCT_3

222. 在振动较大的场所宜采用(D)。

A. 白炽灯　　B. 荧光灯　　C. 卤钨灯　　D. 高压汞灯

223. 下列电光源中，综合显色指数 Ra 最好的是(A)。

A. 白炽灯　　B. 荧光灯　　C. 高压汞灯　　D. 高压钠灯

224. 用 CZ-8 型摇表测量接地电阻时，电压极愈接近接地极，所测得的接地电阻数值(B)。

A. 愈大　　B. 愈小　　C. 不变　　D. 无穷大

225. 与容量小于 100kV·A 以上的变压器相连的接地装置，接地电阻不得大于(D)Ω。

A. 4　　B. 5　　C. 7　　D. 10

226. 接地体多采用(C)制成，其截面应满足热稳定和机械强度的要求。

A. 任一种金属材料　　B. 铜铝材料

C. 型钢　　D. 绝缘导线

227. 保护接零的有效性是当设备发生故障时，(C)使保护装置动作。

A. 过载电压　　B. 额定电压　　C. 短路电流　　D. 接地电流

228. 有保护接零要求的单相移动式用电设备，应使用三孔插座供电，正确的接线位置是(C)。

A. 大孔接地，右下小孔接地相线，左下小孔接工作零线

B. 大孔接保护零线，右下小孔接工作零线，左下小孔接相线

C. 大孔接保护零线，右下小孔接相线，左下小孔接工作零线

D. 大孔和左下小孔接工作零线，右下小孔接相线

229. 关于漏电保护器，以下说法正确的是(A)。

A. 选择漏电保护器时，应注意产品的自保功能

B. 漏电保护器不能作防止直接接触的保护

C. 漏电保护器只能作防止直接接触的其他保护

D. 漏电保护器宜装设在线路的首端，以提高供电的可靠性

230. 第一种工作票的有效时间，以批准的检修期为限。第一、第二种工作票最长使用期应不超过(B)天。

A. 7　　B. 14　　C. 21　　D. 30

231. 如果变压器上有人工作，应在可能来电的断路器和隔离开关的操作把手上悬挂(A)的标志牌。

A. “禁止合闸，有人工作” B. “禁止合闸，线路有人工作”
C. “止步，高压危险” D. “在此工作”

232. 高压触电救护时，救护人员应(D)。

A. 穿绝缘靴，使用绝缘棒 B. 穿绝缘靴，带绝缘手套
C. 使用绝缘工具 D. 穿绝缘靴，带绝缘手套，使用绝缘棒

233. 触电急救的原则是(A)。

A. 迅速、就地、准确、坚持 B. 穿绝缘靴，带绝缘手套
C. 迅速、就地、坚持 D. 穿绝缘靴，带绝缘手套，使用绝缘棒

234. ExeⅡT_3代表工厂用(B)防爆电气设备，适用于含有$T_1 \sim T_3$组别的爆炸性气体混合物环境中。

A. 本安型 B. 增安型 C. 防爆型 D. 防护型

235. 电气设备应与通风、正压系统联锁。运行中停机时，应停止电气设备，再停止(A)。

A. 通风设备 B. 连接设备 C. 联锁 D. 工艺设备

236. 焊剂使用前必须(A)。

A. 烘干 B. 加热 C. 冷却 D. 脱皮

237. 气焊采用的接头形式主要是(A)。

A. 对接 B. T 字接 C. 角接 D. 搭头接

238. 常用的焊接方法有(B，C)。

A. 手工焊 B. 电焊 C. 气焊 D. 自动焊

239. 移动式电动工具用的电源线，应选用的导线类型是(B)。

A. 绝缘软线 B. 通用橡套电缆 C. 绝缘电线 D. 地埋线

240. 焊接电子元件要用(A)W 及以下的电烙铁。

A. 45 B. 55 C. 75 D. 100

241. 部件测绘时，首先要对部件(D)。

A. 画零件图 B. 拆卸在零件 C. 画装配图 D. 分析研究

242. 确定物体大小的尺寸叫(B)。

A. 总体尺寸 B. 定型尺寸 C. 定位尺寸 D. 尺寸基准

243. 机械制图图样上所用的单位是(A)。

A. mm B. cm C. m D. mm^2

244. 假如图样的比例为 2∶1，则图上的直线是实物长的(B)倍。

A. 1/2 B. 2 C. 1. 5 D. 3

245. 起吊设备时，只允许(A)人指挥，同时指挥信号必须明确。

A. 1 B. 2 C. 3 D. 4

246. 生产一线的质量管理称为(B)。

A. 生产现场管理 B. 生产现场质量管理
C. 生产现场设备管理 D. 生产计划管理

247. 在检查电气设备故障时，(A)只适用于压降极小的导线及触头之类的电气故障。

A. 短接法　B. 电阻测量法　C. 电压测量法　D. 外表检查法

248. 工厂企业供电系统的日负荷波动较大时，将影响供电设备效率，而使线路的功率损耗增大，所以应调整(B)。

A. 设备负荷　B. 线路负荷　C. 线路电压　D. 设备电压

249. 为了提高设备的功率因数，常在感性负载的两端(B)。

A. 串联电容器　B. 并联适当的电容器

C. 串联电感　D. 并联适当的电感

250. 在保证电动机性能的前提下，合理选择电动机(C)，能达到节能的效果。

A. 电压等级　B. 电流等级　C. 功率等级　D. 温升等级

多选题

1. 下列关于戴维南定理的描述，正确的是(B，D)。

A. 适用于线性电路，也适用于非线性电路

B. 根据戴维南定理求得的等效电源是指对外电路有效

C. 有源二端网络化为无源二端网络时，网络内的电动势均看作断路

D. 画等效电源时，电动势的方向需根据开路电压的正负确定

2. 用支路电流法求解复杂电路时，以下描述正确的是(A，B)。

A. 需假设各支路电流参考方向

B. 需选定回路的绕行方向

C. 电路若有 n 个节点，则可列出 n 个独立的节点电流方程

D. 电路若有 n 个回路，则可列出 n 个独立的回路电压方程

3. 在下图电路中已知 $E_1=78\text{V}$，$R_1=0.2\Omega$，$E_2=60\text{V}$，$R_2=1\Omega$，$R_L=4\Omega$，用节点电位法求 R_L 中的电流，其正确计算公式和结果是(A，C)。

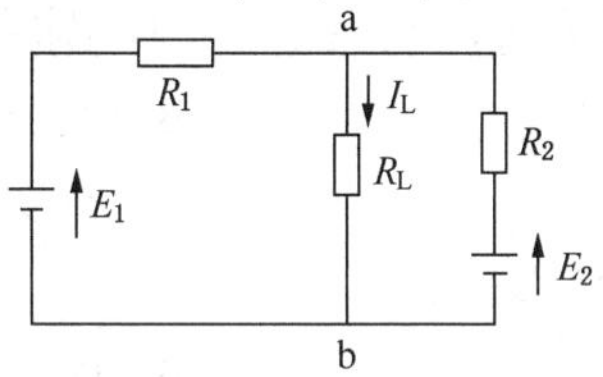

A. $U_{ab}=\dfrac{\dfrac{E_1}{R_1}+\dfrac{E_2}{R_2}}{\dfrac{1}{R_1}+\dfrac{1}{R_L}+\dfrac{1}{R_2}}$　B. $U_{ab}=\dfrac{\dfrac{E_1}{R_1}+\dfrac{E_2}{R_2}}{R_1+R_L+R_2}$

C. 18A　D. 12A

4. 理想电压源的端电压与(A，C，D)阻值的大小无关。

A. 负载电阻　B. 电源内阻　C. 负载电流　D. 负载特性

5. 关于正弦量 $u=100\sin\left(314t+\dfrac{\pi}{6}\right)$ 的描述，正确的是(B，C)。

A. 有效值为 100V　B. 频率为 50Hz

C. 最大值为 100V　D. 初相角为 $-\dfrac{\pi}{6}$

6. 如图所示的电压波形，分析正确的是(B，D)。

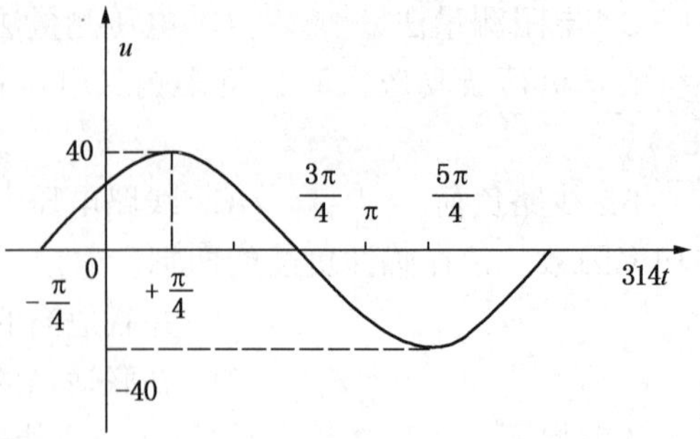

A. $T=\pi$　　B. $f=50\text{Hz}$　　C. $U=40$　　D. $\varphi_0=\frac{\pi}{4}$

7. 三相正弦交流电路中，视在功率等于(B，D)。

A. 电路实际所消耗的功率　　B. 有功功率除以功率因数

C. 有功功率与无功功率之和　　D. 线电流与线电压之积的$\sqrt{3}$倍

8. 在对称三相交流电路中，负载接成三角形时，(A，D)。

A. 线电流是相电流的$\sqrt{3}$倍　　B. 线电压是相电压的$\sqrt{3}$倍

C. 线电流与相电流相等　　D. 线电压与相电压相等

9. 对称三相电路中，当电源或负载作△联接时，以下描述正确的是(B，D)。

A. 线电流与相电流相等　　B. 线电流是相电流的$\sqrt{3}$倍

C. 线电流超前相应相电流 30°　　D. 线电流滞后相应相电流 30°

10. 对称三相电路中，当电源或负载作 Y 联接时，以下描述正确的是(A，C)。

A. 线电压是相电压的$\sqrt{3}$倍　　B. 相电压与线电压的值相等

C. 线电压超前相应相电压 30°　　D. 线电压滞后相应相电压 30°

11. 交流电路中功率因数值可通过(A，B，C，D)求得。

A. 阻抗三角形　　B. 电压三角形

C. 功率三角形　　D. 有功电度数和无功电度数

12. 提高功率因数的意义在于(B，C)。

A. 防止设备损坏　　B. 提高输电效率

C. 提高供电设备利用率　　D. 提高电源电压

13. 共发射极晶体管交流放大电路的饱和失真和截止失真是指输出电压波形的(A，B)发生畸变。

A. 正半周　　B. 负半周　　C. 整个波形　　D. 过零点

14. 欲使放大器输出电压稳定，输入电阻提高，则应采用(A，C)。

A. 电压反馈　　B. 电流反馈　　C. 串联负反馈　　D. 并联负反馈

15. OTL 功率放大电路中与负载串联的电容器具有(A，D)的功能。

A. 传送输出信号　　B. 对电源滤波

C. 提高输出信号电压　　D. 充当一个电源，保证晶体管能正常工作

16. 集成运算放大器内部电路一般采用直接耦合方式，因此它能放大(A，B)信号。

A. 交流　　B. 直流　　C. 电流　　D. 电阻

17. CMOS 集成逻辑门电路内部不包括以下(A，B，C)元件。

A. 二极管　B. 三极管　C. 晶闸管　D. 场效应管

18. “与非”门的逻辑功能可记为(A，B，D)。

A. 输入全 1 出 0　B. 输入有 0 出 1

C. 输入有 1 出 1　D. 输入全 0 出 1

19. 由函数式 $L=AB+BC+D$ 可知，只要 $A=0$，$B=1$，输出 L 就(C，D)。

A. 等于 0　B. 等于 1　C. 由 C、D 值决定　D. 等于 $C+D$

20. “异或”门的函数式可以表示为(A，B)。

A. $F = A\overline{B} + \overline{A}B$　B. $F = \overline{\overline{A}\,\overline{B} + AB}$

C. $F = AB + \overline{A}\,\overline{B}$　D. $F = AB + A\overline{B}$

21. 晶闸管的(B，D)，容易造成误触发。

A. 触发电压太大　B. 触发电压太小

C. 触发电流太大　D. 触发电流太小

22. 要想使正向导通着的普通晶闸管关断，只要(C，D)即可。

A. 断开控制极　B. 给控制极加反压

C. 使通过晶闸管的电流小于维持电流　D. 给导通着的普通晶闸管加反压

23. 若单相桥式整流电路中，有一只二极管已断路，则该电路(B，C)。

A. 不能工作　B. 仍能工作

C. 输出电压下降　D. 输出电压上升

24. 当晶体三极管集电极电流大于它的最大允许电流 I_{CM} 时，则该管子(A，C)。

A. 放大能力降低　B. 必定过热至烧毁

C. 集电极功耗增大　D. 被击穿

25. 射极输出器的特点是(B，C，D)。

A. 很大的输出电阻　B. 很大的输入电阻

C. 很小的输出电阻　D. 电压放大倍数小于 1，接近于 1

26. 变配电所一次系统图的作用是(A，B)。

A. 电能输送接线图　B. 电能分配线路

C. 控制指示一次设备　D. 测量电路参数

27. 中央信号包括(A，C)。

A. 事故信号　B. 位置指示信号　C. 预告信号　D. 闪光信号

28. 阅读 6kV 出线保护原理图，三段式电流保护的内容是(A，B，C)。

A. 电流速断保护　B. 定时限电流速断保护

C. 定时限过电流保护　D. 低电压保护

29. 高压异步电动机一般装设的继电保护装置有(A，B，C)。

A. 电流速断保护或纵联差动保护　B. 过负荷保护、低电压保护

C. 单相接地保护　D. 定时过电流保护

30. 下列高压电动机中，应装设纵联差动保护装置的是(A，B)。

A. 容量在 2000kW 及以上电动机

B. 容量<2000kW，具有 6 个引出端的重要电动机，当电流速断保护灵敏度不能满足要求时

C. 容量在 1000kW 及以上电动机

D. 具有 6 个引出端的重要电动机

31. 仪器仪表测量误差的表达形式有(A，B，C)。

A. 绝对误差　　B. 相对误差　　C. 引用误差　　D. 制造误差

32. 测量实际值为 200V 的电压时，电压表的指示值为 202V 时，则该表的绝对误差、相对误差分别为(A，C)。

A. 2V　　B. -2V　　C. 1%　　D. -1%

33. 用 2.5 级电压表的 300V 挡，在额定工作条件下测得某电压的指示值为 250.0V，则测量结果可能出现的最大相对误差为(C，D)。

A. 2.5%　　B. -2.5%　　C. 3%　　D. -3%

34. 使用 VM-63A 测振仪可测量电机的(A，B，C)。

A. 加速度　　B. 速度　　C. 位移　　D. 频率

35. 电缆终端头的制作方法有(A，B，D)。

A. 热缩法　　B. 预制法　　C. 钳压法　　D. 冷缩法

36. 电缆中间接头制作的基本要求是(A，B，C)。

A. 连接牢靠，接头电阻小，机械强度高　　B. 防止接头的电化腐蚀

C. 绝缘性能好　　D. 外形美观

37. 导线截面积的选择原则是(A，B，C，D)。

A. 发热条件　　B. 经济电流密度

C. 机械强度　　D. 允许电压损耗

38. 选择照明线路截面积时应按(A，B，C，D)计算和校验。

A. 根据允许的电压损失要求来选择导线截面积

B. 计算负荷电流不大于导线连续允许电流

C. 导线截面应不小于保护设备的额定电流所允许的截面积

D. 导线的机械强度

39. 敷设电缆线路的基本要求是(A，B，C)。

A. 满足供配电及控制的需要　　B. 运行安全

C. 线路走向经济合理　　D. 使电缆长度最短，转向为直角

40. 电缆运行中绝缘最薄弱，故障率最高的部位是（ B，D ）。

A. 电缆沟内　　B. 终端接头　　C. 拐弯处　　D. 中间接头

41. 判断电缆头发热的方法通常有(A，B，D)。

A. 示温蜡片监视　　B. 用测温仪监视

C. 用手摸　　D. 色漆变化现象

42. 电缆线路发生故障的主要原因有（ A，B，C，D ）。

A. 电缆受外力引起机械损伤　　B. 绝缘老化

C. 因腐蚀使保护层损坏　　D. 因雷击、过载或其他过电压使电缆击穿

43. 冷缩材料使用时应(A，B，C)。

A. 核对材料电压等级与实际需要相符　　B. 按工艺产品说明进行操作

C. 使用部位必须进行清洁处理　　D. 使用时没有特殊要求

44. 在下列(A，B，C)情况下对安装的电缆需要采取阻燃措施。

A. 电缆隧道内的电缆　　B. 进入开关柜间隔的电缆

C. 电缆比较集中的场所　　D. 直埋的电缆

45. 油浸式变压器主要部件包括(A，B，D)。

A. 铁芯、绕组

B. 油箱、散热器、油枕、防爆管

C. 瓦斯继电器、电压继电器

D. 分接开关、气体继电器、温度计、净油器等

46. 干式变压器具有(A，B，C)的特点。

A. 维修工作量小　　B. 体积小　　C. 无油　　D. 全密封

47. 要提高变压器的运行效率，(A，B)。

A. 应使变压器在较高的负荷下运行　　B. 不应使变压器在较低的负荷下运行

C. 尽量使变压器在过载下运行　　D. 尽量使变压器在空载下运行

48. 变压器的铭牌数据有(A，B，C，D)。

A. 额定容量　　B. 额定电流　　C. 阻抗电压　　D. 连接组别

49. 一般 6-10/0.4kV 的电力变压器联结组别有(A，D)。

A. Y，yn0　　B. D，yn3　　C. Y，yn　　D. D，yn11

50. 在(B，C)场合，应用 Dyn11 联结的电力变压器。

A. Y 接线系统　　B. TN 系统接地型式的低压电网

C. TT 系统接地型式的低压电网　　D. △接线系统

51. 两台容量相同的变压器并联运行时，在一、二次绕组构成的回路出现环流电流的原因是(A，B)。

A. 变压比不等　　B. 连接组别不同

C. 阻抗电压不等　　D. 对地绝缘不等

52. 变压器油正常应无气味，下列不会产生油变成酸味的情况是(A，B，C)。

A. 油干燥时过热　　B. 油内水分含量高

C. 油内产生过电弧　　D. 油严重老化

53. 进行变压器空载试验的目的是(A，B，C)。

A. 测量变压器的空载电流和空载损耗

B. 验证变压器铁芯的设计计算、工艺制造是否满足标准和技术条件的要求

C. 检查变压器铁芯是否存在缺陷，如局部过热、局部绝缘不良

D. 变压器选用是否合理

54. 变压器铭牌上所注的额定电压 $U_N \pm 5\%$ 是说明该变压器是(B，C)。

A. 有载调压　　B. 三级调压　　C. 无载调压　　D. 变频调压

55. 变压器装设的过流保护是变压器(A，B)。

A. 负荷过电流的主保护　　B. 差动、瓦斯保护的后备保护

C. 线圈相间短路过电流的主保护　　D. 变压器的速断保护

56. 用有载调压变压器的调压装置进行调整电压时，对系统来说(B，D)。

A. 起不了多大作用　　B. 补偿不了无功不足的情况

C. 能提高功率因数　　D. 能够改善供电质量

57. 变压器大修后的预防试验项目有（ A，B，C，D ）。

A. 绝缘电阻测量　　B. 短路试验

C. 绕组直流电阻测量　　D. 绝缘油电气强度试验

58. 对称三相交流绕组应符合的条件是（ B，C，D ）。

A. 三相绕组紧密分布

B. 三相绕组在空间位置上分别相差 120°电角度

C. 每相导体数，并联支路数相等，导体规格一样

D. 每相线圈或导体在空间的分布规律一样

59. 三相异步电动机的转速取决于（ B，C，D ）。

A. 电源电压　　B. 绕组极数　　C. 电源频率　　D. 转差率

60. 一台电动机检修回装后转子转动不灵活，可能原因有（ A，B，C，D ）。

A. 转轴前后端装倒

B. 端盖或轴承盖的位置不对

C. 转轴与轴承间或轴承与端盖间相对位置不对

D. 端盖与定子的合缝处有污物

61. 下列关于高压断路器用途的说法，正确的是（ B，C ）。

A. 切断电路，形成可见断开点

B. 分断或接通正常负荷电流

C. 既能切换正常负荷又可切除故障，同时承担着控制和保护双重功能

D. 接通或断开电路空载电流，严禁带负荷拉闸

62. 断路器操作机构的基本要求是（ A，B，C，D ）。

A. 具有足够的操作功

B. 具有高度的可靠性

C. 动作迅速，即断路器分、合闸动作要快

D. 结构简单、尺寸小、重量轻、价格低廉

63. 下列为断路器常用的动力操作机构（ A，B，C，D ）。

A. 电磁机构　　B. 气动机构　　C. 弹簧机构　　D. 液压机构

64. 引起接触器触头过热的原因是（ A，B，C ）。

A. 动、静触头之间的接触电阻增大　　B. 通过动、静触头之间的电流过大

C. 动、静触头之间的压力减小　　D. 动、静触头之间的电流减小

65. 检查接触器触头时，应检查和调整触头的（ A，B，C，D ）。

A. 开距和超程　　B. 三相同步性　　C. 触头压力　　D. 触头的完好性

66. 交流接触器在运行中噪声大的原因可能是（ A，B，C，D ）。

A. 短路环损坏　　B. 衔铁与铁芯接触不良

C. 触头弹簧压力过大　　D. 衔铁不能完全吸合

67. 6kV 三相异步电动机一相电源断线时，另外两相（ B，C ）。

A. 电流减小　　B. 电压降低　　C. 电流升高　　D. 电压升高

68. 按转子绕组形式的不同，三相异步电动机可分为(A，B)。
A. 笼型　B. 绕线型　C. 罩极型　D. 双槽
69. 三相异步电动机的电源电压过高或过低对电动机的影响因素有(A，B，C，D)。
A. 定子绕组所产生的旋转磁场减弱，而电磁转矩与电压平方成正比
B. 当电动机轻负载时，端电压较低对电动机没有太大影响
C. 当负载较重时，端电压过低，定子电流增加，功率损耗加大，时间过长会烧毁电动机
D. 当电源电压过高时，导致定子绕组过热而超过允许范围
70. 常用电动机的启动方法有(A，B，C，D)。
A. 直接启动　B. 自耦调压器的间接启动
C. Y-△启动器的间接启动　D. 串联阻抗间接启动
71. 三相绕线式异步电动机转子串电阻启动时，其电阻的作用是(A，B，D)。
A. 减小启动电流　B. 提高启动转距
C. 缩短启动时间　D. 提高功率因数
72. 复式按钮在交流电动机按钮联锁正反转控制电路中的作用(A，B，C，D)。
A. 启动　B. 停止　C. 正反转联锁　D. 顺序控制
73. 电动机常用的制动方法有(A，B，C，D)。
A. 电磁制动　B. 反接制动　C. 能耗制动　D. 再生制动
74. 交流电动机线圈修理后的试验项目有(A，B，C)。
A. 绕组绝缘电阻测定　B. 绕组冷态下直流电阻测定
C. 空载试验　D. 铁芯试验
75. 中性点不接地系统发生 A 相金属性接地故障时，以下说法正确的是(A，D)。
A. A 相电压为零　B. 中性点对地电压为零
C. B，C 相相电压不变　D. 线电压不变
76. 电力系统的结线方式中属有备用的是(A，C，D)。
A. 环式　B. 单回路放射式
C. 两端供电　D. 双回路干线式
77. 工厂企业中提高功率因数的方法可分为(A，B)。
A. 提高自然功率因数　B. 无功补偿两种
C. 减少负荷　D. 增加负荷
78. 提高功率因数的意义(A，D)。
A. 可提高电力系统和用电企业的设备的利用率
B. 可提高电动机的机械出力
C. 可提高保护的灵敏度
D. 可降低电力系统电能损耗和提高供电质量
79. 工厂供电系统包括(C，D)。
A. 发电厂　B. 高压输电线路

C. 厂内变配电所　　D. 高低压配电线路

80. 输电线路所能传送的有功功率取决于(A，B，C)。

A. 电压等级　　B. 线路截面积

C. 功率因数　　D. 绝缘强度

81. 年负荷曲线可用于(A，B，D)。

A. 中长期负荷预测　　B. 运行方式的安排

C. 调峰机组调度　　D. 系统规划

82. 变电所的操作电源必须做到(A，B)。

A. 不受系统事故影响　　B. 不受运行方式改变的影响

C. 不受负荷大小的影响　　D. 不受时间的影响

83. 高压开关柜是一种将(A，B)组合为一体的电气装置。

A. 开关本体　　B. 保护装置

C. 电缆终端头　　D. 操作电源

84. 若选用两台变压器时，每台变压器的容量必须同时满足(A，C)两个条件。

A. 变压器的额定容量 S_T≥0.7 倍全部用设备的计算容量 S_{30}

B. 变压器的额定容量 S_T≥0.9 倍全部用设备的计算容量 S_{30}

C. 变压器的额定容量 S_T≥系统一、二级负荷的总和 $S_{30(\mathrm{I}+\mathrm{II})}$

D. 变压器的额定容量 S_T≤系统一、二级负荷的总和 $S_{30(\mathrm{I}+\mathrm{II})}$

85. 电动机的选择依据是(A，B，C，D)。

A. 负荷的功率、转速　　B. 负荷的大小和供电电压

C. 负荷的性质和工艺要求　　D. 负荷的环境条件

86. 二次回路分为(A，B，C)。

A. 控制信号回路　　B. 保护和自动装置

C. 仪表测量回路　　D. 调度通讯

87. 操作电源可取自(A，B)。

A. 所用变输出的交流电源　　B. 蓄电池

C. 照明配电盘　　D. 应急电源

88. 开关合闸后红灯不亮，其故障可能是(A，C，D)。

A. 指示灯故障　　B. 合闸回路故障

C. 跳闸回路故障　　D. 控制开关触点故障

89. 过电流保护必须满足下列要求(A，B，C)。

A. 选择性　　B. 速动性　　C. 可靠性　　D. 准确性

90. 变压器的熔断器熔体电流选择只需躲过(A，B，C)。

A. 过负荷电流　　B. 尖峰电流　　C. 励磁涌流　　D. 负荷电流

91. 变压器的熔断器熔体电流选择需要考虑(B，C，D)。

A. 短路电流　　B. 正常过负荷电流

C. 尖峰电流　　D. 励磁涌流

92. 下列保护中，(C，D)的动作电流按躲过线路的最大负荷电流整定。

A. 短延时过流脱扣器　　B. 瞬时过流脱扣器

C. 热脱扣器　　D. 长延时过流脱扣器

93. 防爆标志的意义是(A，B，C)。

A. d—工厂用隔爆型

B. ⅡB—最大试验安全间隙 $0.9>\delta max>0.5$

C. T_4—爆炸性混合物引燃温度 135℃$<t\leqslant$200℃

D. 4—表示 $\delta\leqslant 0.4$

94. 防爆灯具的选择方法是(A，B，C，D)。

A. 爆炸危险区域等级和范围的划分

B. 爆炸危险区域内气体或整齐的级别、组别及危险介质的有关特性数据

C. 爆炸危险区域内的电气设备应该在布置上和防护上采取措施

D. 根据爆炸危险区域的等级，电气设备的种类和作用条件，选择相应的电气设备；选用防爆照明灯具的级别和组别

95. 根据不同的安装环境划分，灯具的种类有(A，B，C)。

A. 无封闭式　　B. 完全封闭式　　C. 防爆式　　D. 金属卤化物灯

96. 从安全使用考虑，灯具安装的要求有(A，B，C，D)。

A. 灯头距地面高度不应小于 2m

B. 开关应装在火线上

C. 灯具应平稳，绝缘良好

D. 导线不应承受压力，灯架或吊灯管内的导线不许有接头

97. 荧光灯管两端发亮，中间不亮的原因是(A，B，C)。

A. 启辉器接触不良　　B. 启辉器内部小电容击穿

C. 启辉器基座线头脱落　　D. 供电电压偏低

98. 白炽灯泡不发光的原因是(A，B，C，D)。

A. 电路开路　　B. 灯丝断裂

C. 灯座或开关接触不良　　D. 熔丝烧毁

99. 白炽灯泡不发光故障的处理方法是(A，B，C，D)。

A. 更换灯泡　　B. 修复接触不良的接点

C. 修复熔丝　　D. 修复线路

100. 照明线路漏电的原因通常有(A，B，C)。

A. 导线或电气设备绝缘受到外力损伤　　B. 线路长期运行，绝缘老化

C. 线路受潮或被腐蚀而绝缘不良　　D. 未装设漏电保护器

101. 化工生产装置的主控制室照度不得低于(A)L_X。

A. 150　　B. 200　　C. 100　　D. 75

102. 保证安全的组织措施主要有(A，B，C，D)。

A. 工作票制度　　B. 工作许可制度

C. 工作监护制度　　D. 工作间断、转移和终结制度

103. 下列需填第二种工作票的工作是(B，D)。

A. 在高压设备上工作　　B. 低压带电作业

C. 在停电设备上工作　　D. 在带电设备外壳上工作

104. 人体触电的种类有(A，B，C)。

A. 单相触电　　B. 两相触电　　C. 跨步电压触电　　D. 接触电压触电

105. 当电气设备沿输送易燃气体或液体的管道、栈桥敷设时，应(A，B，C)。

A. 沿危险程度较小的管道一侧敷设

B. 当易燃物质比空气重时，应在管道上方敷设

C. 当易燃物质比空气轻时，应在管道下方敷设

D. 按常规敷设

106. 选用于扑灭电气火灾的灭火器材有(A，B，D)。

A. 1121　　B. 二氧化碳　　C. 泡沫　　D. 四氯化碳

107. 电气设备防火防爆措施有(A，B，C，D)。

A. 合理选用电气设备　　B. 保持电气设备正常运行

C. 保持良好的通风　　D. 有可靠的规范的接地装置

108. 临时用电设备的熔断器(C，D)。

A. 可用适当的铜丝代替

B. 可用适当的铝丝代替

C. 熔体的额定电流不能随意换大

D. 额定电流根据用电设备容量等条件合理选择

109. 临时用电管理是确保石化行业作业安全的重要保证，需要以下单位(A，B，C，D)的协同管理。

A. 用电单位　　B. 供电执行单位

C. 供电管理部门　　D. 申请作业单位

110. 静电的危害主要包括(A，B，C)。

A. 引起爆炸和火灾　　B. 静电电击　　C. 妨碍生产　　D. 引起大电流

111. 电气设备火灾和爆炸在石化装置中常有发生，主要原因有(A，B，C，D)。

A. 设备选型不合理，如防爆场所未选用防爆设备或设备容量与实际使用不符等

B. 不按规程进行安装与维修，如电机端子压接不牢固、轴承长期缺油等

C. 电缆因老化或故障发热、变压器油系统故障、继电器保护不能及时动作等

D. 电气设备短路或过载等都可能引发电气设备的火灾和爆炸事故

112. 常用电气设备和装置的检修工艺要求为(A，B，C，D)。

A. 必须采用正确的修理方法和步骤　　B. 不得损坏完好的零部件

C. 不得降低电气装置固有的性能　　D. 修理后能满足质量标准要求

113. 电气设备维修的一般质量要求有(A，B，C，D)。

A. 采取的步骤和方法必须正确、切实可行

B. 不得损坏完好器件，不得随意更换器件及更改线路

C. 电气设备的保护性能必须满足要求

D. 绝缘电阻合格，通电试车能满足电路的各种功能

三、技能操作鉴定要素细目表

鉴定范围						鉴定点	
一级		二级		三级		代码	名称
代码	名称	代码	名称	代码	名称		
A	技能要求	A	工作前准备	B	工具、量具、仪器、仪表	001	用兆欧表测量变压器的绝缘电阻、吸收比(R60/R15)
						002	用示波器进行电压波形测试
						003	用接地摇表进行接地电阻测试
						004	校验电流表
						005	检测单向晶闸管
						006	检测双向晶闸管
						007	用两表法测三相电路有功功率
						008	用单相有功电度表测三相三线无功电能
						009	用双臂电桥测电动机(变压器)定子绕组的直流电阻
						010	用数字式万用表测量20F以下电容器
						011	用万用表检测简单电子线路并排除故障
						012	红外线测温仪的使用(以架空线路为例)
				C	材料选择	001	识别常用变压器油的牌号含义
						002	选择熔断器的熔体
						003	选择接触器
				D	读图分析与计算	001	双重联锁的正反转电动机线路工作原理分析
						002	Y-△启动交流电动机线路的工作原理分析
						003	交流电动机往返工作台电气线路原理分析
						004	能耗制动电气线路的分析
						005	交流电动机的(高、低压)保护装置工作原理分析
						006	M7475型平面磨床电气线路的工作原理分析
						007	6~10kV供电线路保护装置工作原理分析
						008	根据有功、无功电度表读数计算平均功率因数
						009	根据线电流、线电压、功率因数的测量结果，计算三相功率
						010	识读6kV断路器控制电路图
						011	反接制动电气线路的分析
		B	装调与维修	A	电气检修与排除故障	001	排除正反转控制电路的故障
						002	排除Y-△启动控制电路的故障
						003	排除能耗制动控制电路的故障
						004	排除M7475平面磨床电路的故障
						005	检修6kV断路器
						006	电缆终端接头的制作
						007	检修低压电缆

续表

鉴定范围						鉴定点	
一级		二级		三级		代码	名称
代码	名称	代码	名称	代码	名称		
				B	配线与安装	001	正反转控制电路的配线、安装
						002	安装 Y-△启动控制线路
						003	安装能耗制动电气控制线路
						004	安装反接制动电气线路
						005	安装往返工作台控制电路
						006	常用防爆灯具的拆装
						007	6kV 母线 PT 电路安装
						008	安装三相有功、无功电度表
						009	安装三相桥式整流电路
				C	调试与测绘	001	绘制带低电压闭锁的过电流保护电气原理展开图
						002	绘制两相一继电器(GL 型)组成的反时限过电流保护电气原理图
						003	绘制 Y-△启动控制原理图
						004	绘制能耗制动电气原理图
						005	绘制异地控制电动机电气原理图
						006	绘制 6kV 断路器电气控制原理图
						007	绘制 6~10kV 配出线定时限过电流保护原理图
						008	绘制按钮、接触器、双重联锁的可逆运行控制电路图

四、技能操作试题

试题 1：用兆欧表测量变压器的绝缘电阻、吸收比

（考核时间：30min）

序号	考核内容	考核要点	配分	评分标准	检测结果	扣分	得分	备注
1	准备工作	准备短接（放电）线；准备兆欧表 1 块	5	没准备短接线扣 1 分；没准备兆欧表扣 4 分				
2	选表及接线前	根据变压器的电压等级正确选择兆欧表；将兆欧表正确放置；正确检查兆欧表	45	兆欧表选择错误扣 10 分；未水平放置或未说明水平放置扣 5 分；未作开路检查或开路试验时转速未达到 120r/min 扣 5 分；未作短路检查或未轻带手柄扣 5 分				
3	测量读数	正确接线，摇测，读数，放电，拆线	40	接线不正确一处扣 5 分；摇测时转速未达到 120r/min 扣 5 分；读数误差大扣 5 分；测量缺项扣 5 分；测量完工项后未放电扣 5 分；未拆除测量线或未整理现场扣 5 分				
4	结果分析	测量完毕，根据测量读数判断变压器绝缘好坏	10	不能根据测量读数判断电动机绝缘好坏或结论错误扣 10 分				

续表

序号	考核内容	考核要点	配分	评分标准	检测结果	扣分	得分	备注
5	安全文明生产	遵守国家或企业有关安全规定		每违反一项从总分中扣除5分，严重违反者停止操作			—	
合　计			100					

试题2：用接地摇表进行接地电阻测试

（考核时间：30min）

序号	考核内容	考核要点	配分	评分标准	检测结果	扣分	得分	备注
1	准备工作	工具、用具准备	5	工具选择不正确扣2分				
2	操作程序	正确接线	20	未拆开接地装置与被保护设备之间的连接扣10分；电流、电位探针布置不与接地体成一条直线扣10分；电流、电位探针之间距离相距不符合规定扣10分；E、P、C位置接线错误扣10分				
3		接地电阻测试	40	测前检流计未调零错误扣5分；倍率标度放置错误扣5分；调节方法错误扣5分；测量转速不符合要求扣5分；未调节指针保持平衡扣5分；读数错误扣10分；读数小于1而未重新调整倍率扣5分；未作记录扣10分；记录项目不全每项扣2分				
4		结果分析	20	不知道标准扣10分；未分析或分析错误扣10分				
5		清理现场	10	未拆除探针引线扣5分；未恢复接地连接扣10分				
6	使用工具	正确使用工具	3	工具使用不正确扣3分				
		正确维护工具	2	工具乱摆乱放扣2分				
7	安全文明生产	遵守国家或企业有关安全规定；在规定时间内完成		每违反一项从总分中扣除5分，严重违反者停止操作			—	
合　计			100					

试题3：校验电流表

（考核时间：30min）

序号	考核内容	考核要点	配分	评分标准	检测结果	扣分	得分	备注
1	准备工作	标准表、滑线电阻、连接导线、待校表	5	缺一项扣1分				
2	选表接线	选择合适的标准表	25	选表不合适扣10分				
		正确接线		接线不对每处扣10分				

续表

序号	考核内容	考核要点	配分	评分标准	检测结果	扣分	得分	备注
3	测量读数	正确改变滑线电阻	25	滑线电阻方向调整不正确扣10分				
		读取待校表、标准表的读数，并记录		不会正确读数扣10分；读数误差大扣5分；测量缺项扣5分				
4	结果分析	计算绝对误差	15	计算错误扣15分				
		计算相对误差	15	计算错误扣15分				
		计算最大引用误差	15	计算错误扣15分				
5	安全文明生产	遵守国家或企业有关安全规定		每违反一项从总分中扣除5分，严重违反者停止操作			—	
		合　计	100					

试题4：检测双向晶闸管

（考核时间：30min）

序号	考核内容	考核要点	配分	评分标准	检测结果	扣分	得分	备注
1	准备工作	按考核要求准备	5	少准备一件扣2.5分				
2	机械调零	水平放置万用表；机械调零；插入表笔	20	万用表未水平放置扣5分；未进行机械调零扣5分；当指针未指向零位时未机械调零扣5分；表笔插入错误扣5分				
3	选择量程	根据被测参量的性质选择合适的挡位及量程；欧姆挡调零	30	挡位选择错误扣10分；量程选择不当扣10分；未进行欧姆挡调零扣10分				
4	测量判断	将表笔接入被测元件；判断G（门极）；判断T1（主端子）；判断T2（主端子）	40	G（门极）判断错误扣10分；T1（主端子）判断错误扣10分；T2（主端子）判断错误扣10分；不能通过测量判断管子的好坏扣10分				
5	归表	测量完毕将挡位开关调至交流电压最大挡或空挡	5	测量结束未将挡位调至交流电压最大挡或空挡扣5分				
6	安全文明生产	遵守国家或企业有关安全规定		每违反一项从总分中扣除5分，严重违反者停止操作			—	
		合　计	100					

试题5：用单相有功电度表测三相三线制的无功电能

（考核时间：30min）

序号	考核内容	考核要点	配分	评分标准	检测结果	扣分	得分	备注
1	准备工作	根据考核要求准备	5	少准备一件扣1分				
2	选择电度表	根据给定参数正确选择电度表	30	量程选择错误扣10分				

续表

序号	考核内容	考核要点	配分	评分标准	检测结果	扣分	得分	备注
3	正确接线	电度表的正确接线	35	接线错误每处扣 10 分				
4	正确读数	正确读取单相电度表的读数，计算三相无功电能	30	读数错误扣 15 分；计算错误扣 15 分				
5	安全文明生产	遵守国家或企业有关安全规定；在规定时间内完成		每违反一项从总分中扣除 5 分，严重违反者停止操作			—	
合　计			100					

试题 6：用双臂电桥测电动机定子绕组(变压器绕组)的直流电阻

(考核时间：30min)

序号	考核内容	考核要点	配分	评分标准	检测结果	扣分	得分	备注
1	调整检流计零位	电桥放平，检流计调零	10	电桥不平扣 3 分；没调零扣 5 分				
2	接线	接线正确	10	不正确扣 10 分				
		接线接触良好	5	接线接触不良扣 5 分				
3	测试	选择适当倍率，灵敏度调在最低位置	5	不符合要求扣 5 分				
		按下 B，点动按下 G 调节倍率和读数盘旋钮，使检流计指针零位	5	操作不规范扣 5 分				
		逐步增大灵敏度同时调节电桥使指针在零位	5	操作不规范扣 5 分				
		灵敏度最大，电桥平衡时，读数并记录	5	读数不准确扣 5 分				
		重复以上操作测出 R_{AB}、R_{BC}、和 R_{AC}	25	按上述标准扣分，扣完本项配分为止				
4	计算分析数据	计算 $R\Sigma\phi$	5	计算错误扣 5 分				
		计算 $R_{A\phi}$、$R_{B\phi}$、$R_{C\phi}$	5	计算错一项扣 2 分；以下各项不得分				
		计算$\overline{R}_{\phi}$	5	计算错误扣 5 分且以下各项不得分				
		计算相间差(%)	5	计算错误扣 5 分且以下各项不得分				
		判断故障相	10	判断错误扣 10 分				
5	安全文明生产	遵守国家或企业有关安全规定		每违反一项从总分中扣除 5 分，严重违反者停止操作			—	
合　计			100					

试题 7：用数字式万用表测量 20F 以下的电容器

(考核时间：30min)

序号	考核内容	考核要点	配分	评分标准	检测结果	扣分	得分	备注
1	准备工作	准备数字式万用表及电容器	5	少准备一件扣 2.5 分				
2	闭合电源	闭合数字式万用表电源开关	5	未闭合电源开关扣 5 分				

续表

序号	考核内容	考核要点	配分	评分标准	检测结果	扣分	得分	备注
3	选择量程	估计电容量，选择合适挡位及量程	15	不会选择挡位扣 10 分；量程选择不当扣 5 分				
4	调整零位	调整“ZERO ADJ”旋钮，使显示器显示为“000”	15	未调整“ZERO ADJ”旋钮扣 10 分；调整旋钮后，显示器未显示“000”扣 5 分				
5	插入电容器	将电容器两端子插入 CX 插孔	20	未将电容器两端子插入 CX 插孔扣 10 分；电容器插入后端子接触不良扣 10 分				
6	读数	根据显示器显示，读取数值	10	数值及单位读取错误各扣 5 分				
7	归挡	测量完毕后将挡位开关调至交流电压最大挡	5	未进行归挡扣 5 分				
8	断开电源	断开电源开关	10	未断开电源开关扣 5 分				
9	综合分析	测量值超出电容器额定值的 10 倍或数值不稳定，说明什么问题	15	不会分析或解答不准确扣 10 分				
10	安全文明生产	遵守国家或企业有关安全规定		每违反一项从总分中扣除 5 分，严重违反者停止操作			—	
		合　计	100					

试题 8：用万用表检测简单电子线路并排除故障

（考核时间：60min）

序号	考核内容	考核要点	配分	评分标准	检测结果	扣分	得分	备注
1	电子线路测试	按要求对电子线路进行测试，并记录检测结果	10	每漏测一处扣 2 分；每少记录一处扣 2 分				
2	检测数据分析	在电子线路图上分析故障可能的原因，思路正确	40	错标或标不出故障范围，每个扣 2 分；不能标出最小的故障范围，每个点扣 2 分				
3	故障排除	正确使用工具和仪表，找出故障点并排除故障	30	实际操作中，思路不清，扣 2 分；每少查出 1 处扣 2 分；每少排除 1 处扣 4 分；运用方法不正确，每处扣4 分				
4	其他	操作有误，要从总分中扣除	20	排除故障时产生新的故障后不能自行恢复，每处扣 10 分，已修复扣 5 分；损坏线路板扣 10 分				
5	安全文明生产	遵守国家或企业有关安全规定		每违反一项从总分中扣除 5 分，严重违反者停止操作			—	
		合　计	100					

试题9：选择熔断器的熔体

（考核时间：30min）

序号	考核内容	考核要点	配分	评分标准	检测结果	扣分	得分	备注
1	识别熔断器的型号含义	识别熔断器的型号含义	10	错误一个扣10分				
2	正确选择熔断器的熔体	熔断体的额定电流不得超过熔断器的额定电流	30	错误一个扣10分				
		平稳负荷的熔体选择	30	错误一个扣10分				
		电动机短路保护的熔体选择	30	错误一个扣10分				
3	安全文明生产	遵守国家或企业有关安全规定		每违反一项从总分中扣除5分，严重违反者停止操作			—	
合计			100					

试题10：电动机双重联锁的正反转控制线路工作原理分析

（考核时间：30min）

序号	考核内容	考核要点	配分	评分标准	检测结果	扣分	得分	备注
1	根据原理图说明各元件符号名称	说明主回路部分各元件符号名称；说明控制回路部分各元件符号名称	40	少说明主回路部分各元件名称一处扣1分；不能说明主回路部分各元件符号名称扣10分；少说明控制回路部分各元件符号名称一处扣1分；不能说明控制回路部分各元件符号名称扣10分				
2	说明主回路工作原理	根据原理图说明主回路工作原理	25	不能根据原理图说明主回路工作原理扣15分；说明主回路工作原理时有错误扣5分；说明主回路工作原理时无逻辑性扣10分				
3	说明控制回路工作原理	根据原理图说明控制回路工作原理图	25	不能根据原理图说明控制回路工作原理扣15分；说明控制回路工作原理时有错误扣5分；说明控制回路工作原理时无逻辑性扣10分				
4	根据用电设备的性质和容量，选择电器元件及导线规格	根据30kW三相异步电动机选择电器元件：电源总开关容量；交流接触器容量；热继电器容量；主回路熔断器容量；控制电路熔断器容量；按钮容量	5	不能说明电源总开关容量扣1分；不能说明交流接触器容量扣1分；不能说明热继电器容量扣1分；不能说明主回路熔断器容量扣1分；不能说明控制电路熔断器容量扣1分；不能说明按钮容量扣1分				
		根据30kW三相异步电动机选择导线截面：主回路导线；控制回路导线	5	不能说明主回路导线截面扣2分；不能说明控制回路导线截面扣1分				
5	安全文明生产	遵守国家或企业有关安全规定		每违反一项从总分中扣除5分，严重违反者停止操作			—	
合计			100					

试题 11：交流电动机 Y-Δ 启动控制线路的工作原理分析

（考核时间：30min）

序号	考核内容	考核要点	配分	评分标准	检测结果	扣分	得分	备注
1	根据原理图说明各元件符号名称和作用	说明主回路部分各元件符号名称和作用；说明控制回路部分各元件符号名称和作用	40	少说明主回路部分各元件名称一处扣 1 分；不能说明主回路部分各元件符号名称扣 10 分；少说明控制回路部分各元件符号名称一处扣 1 分；不能说明控制回路部分各元件符号名称扣 10 分；不能准确说明各元器件的作用酌情扣 5~10 分				
2	说明主回路工作原理	根据原理图说明主回路工作原理	25	不能根据原理图说明主回路工作原理扣 15 分；说明主回路工作原理时有错误扣 5 分；说明主回路工作原理时无逻辑性扣 10 分				
3	说明控制回路工作原理	根据原理图说明控制回路工作原理图	25	不能根据原理图说明控制回路工作原理扣 15 分；说明控制回路工作原理时有错误扣 5 分；说明控制回路工作原理时无逻辑性扣 10 分				
4	根据用电设备的性质和容量，选择电器元件及导线规格	根据 30kW 三相异步电动机选择电器元件；电源总开关容量；交流接触器容量；热继电器容量；主回路熔断器容量；控制电路熔断器容量；按钮容量	5	不能说明电源总开关容量扣 1 分；不能说明交流接触器容量扣 1 分；不能说明热继电器容量扣 1 分；不能说明主回路熔断器容量扣 1 分；不能说明控制电路熔断器容量扣 1 分；不能说明按钮容量扣 1 分				
		根据 30kW 三相异步电动机选择导线截面：主回路导线；控制回路导线	5	不能说明主回路导线截面扣 2 分；不能说明控制回路导线截面扣 1 分				
5	安全文明生产	遵守国家或企业有关安全规定；在规定时间内完成		每违反一项从总分中扣除 5 分，严重违反者停止操作			—	
		合　计	100					

试题 12：交流电动机往返工作台电气线路原理分析

（考核时间：30min）

序号	考核内容	考核要点	配分	评分标准	检测结果	扣分	得分	备注
1	根据原理图说明各元件符号名称	说明主回路部分各元件符号名称；说明控制回路部分各元件符号名称	40	少说明主回路部分各元件名称一处扣 1 分；不能说明主回路部分各元件符号名称扣 10 分；少说明控制回路部分各元件符号名称一处扣 1 分；不能说明控制回路部分各元件符号名称扣 10 分				
2	说明主回路工作原理	根据原理图说明主回路工作原理	25	不能根据原理图说明主回路工作原理扣 15 分；说明主回路工作原理时有错误扣 5 分；说明主回路工作原理时无逻辑性扣 10 分				
3	说明控制回路工作原理	根据原理图说明控制回路工作原理图	25	不能根据原理图说明控制回路工作原理扣 15 分；说明控制回路工作原理时有错误扣 5 分；说明控制回路工作原理时无逻辑性扣 10 分				

续表

序号	考核内容	考核要点	配分	评分标准	检测结果	扣分	得分	备注
4	根据用电设备的性质和容量，选择电器元件及导线规格	根据30kW三相异步电动机选择电器元件：电源总开关容量；交流接触器容量；热继电器容量；主回路熔断器容量；控制电路熔断器容量；按钮容量	5	不能说明电源总开关容量扣1分；不能说明交流接触器容量扣1分；不能说明热继电器容量扣1分；不能说明主回路熔断器容量扣1分；不能说明控制电路熔断器容量扣1分；不能说明按钮容量扣1分				
		根据30kW三相异步电动机选择导线截面：主回路导线；控制回路导线	5	不能说明主回路导线截面扣2分；不能说明控制回路导线截面扣1分				
5	安全文明生产	遵守国家或企业有关安全规定；在规定时间内完成		每违反一项从总分中扣除5分，严重违反者停止操作			—	
合　计			100					

试题13：交流电动机的（低压）保护装置工作原理分析

（考核时间：30min）

序号	考核内容	考核要点	配分	评分标准	检测结果	扣分	得分	备注
1	根据原理图说明各元件符号名称	说明主回路部分各元件符号名称；说明控制回路部分各元件符号名称	10	少说明主回路部分各元件名称一处扣1分；不能说明主回路部分各元件符号名称扣5分；少说明控制回路部分各元件符号名称一处扣1分；不能说明控制回路部分各元件符号名称扣5分				
2	说明原理图中电动机保护种类	说明电路中电动机具有的保护种类	10	缺短路保护扣2分；缺欠压、失压保护扣3分；缺过载保护扣2分；缺断相保护扣2分				
3	电动机的保护原理分析	说明电路中电动机具有的各种保护的原理	40	短路保护工作原理分析不完整或不正确酌情扣2~10分；欠压、失压保护工作原理分析不完整或不正确酌情扣2~10分；过载保护工作原理分析不完整或不正确酌情扣2~10分；断相保护工作原理分析不完整或不正确酌情扣2~10分				
4	根据用电设备的性质和容量，选择电器元件及导线规格	根据30kW三相异步电动机选择电器元件；电源总开关容量；交流接触器容量；热继电器容量；主回路熔断器容量；控制电路熔断器容量	30	不能说明电源总开关容量扣5分；不能说明交流接触器容量扣5分；不能说明热继电器容量扣5分；不能说明主回路熔断器容量扣5分；不能说明控制电路熔断器容量扣5分				
		根据30kW三相异步电动机选择导线截面：主回路导线；控制回路导线	10	不能说明主回路导线截面扣2分；不能说明控制回路导线截面扣1分				
5	安全文明生产	遵守国家或企业有关安全规定；在规定时间内完成		每违反一项从总分中扣除5分，严重违反者停止操作			—	
合　计			100					

试题 14：排除 M7120 平面磨床电气线路的故障

（考核时间：30min）

序号	考核内容	考核要点	配分	评分标准	检测结果	扣分	得分	备注
1	准备工作	工具、纸、笔	5	缺一项扣 1 分				
2	排除故障的方法	正确使用万用表	15	量程选择、测量方法错一处扣 5 分；带电测量扣 10 分				
		排除故障的步骤	20	出现逻辑错误一处扣 10 分；思路混乱扣 10 分				
3	排除故障结果	正确排除故障点	60	少排除一个故障点扣 20 分				
4	安全文明生产	遵守国家或企业有关安全规定；在规定时间内完成		每违反一项从总分中扣除 5 分，严重违反者停止操作			—	
	合　计		100					

试题 15：6~10kV 供电线路保护装置工作原理分析

（考核时间：30min）

序号	考核内容	考核要点	配分	评分标准	检测结果	扣分	得分	备注
1	根据原理图说明各元件符号名称	说明保护电路部分各元件符号名称	40	少说明保护回路部分各元件名称一处扣 1 分；不能说明保护回路部分各元件符号名称扣 10 分				
2	说明三段保护工作原理	根据原理图说明三段保护工作原理	40	不能说出三段电流保护名称扣 10 分；不能说出三段电流保护范围扣 10 分；不能说出定时限过电流保护的选择性由什么决定扣 10 分；不能说出克服速断保护“死区”方法扣10 分				
3	说明三段保护配合	根据原理图说明三段保护的配合关系	20	不能说出速断保护和限时速断保护范围和动作时间配合扣 10 分；不能说出限时速断保护和定时限过电流保护的配合扣 10 分				
4	安全文明生产	遵守国家或企业有关安全规定；在规定时间内完成		每违反一项从总分中扣除 5 分，严重违反者停止操作			—	
	合　计		100					

试题 16：根据线电流、线电压、功率因数的测量结果计算三相功率

（考核时间：30min）

序号	考核内容	考核要点	配分	评分标准	检测结果	扣分	得分	备注
1	准备工作	纸、笔、计算器	10	少一项扣 2 分				
2	计算有功功率	正确计算有功功率	45	公式不正确扣 20 分；结果不正确扣 25 分				
		正确计算无功功率	45	公式不正确扣 20 分；结果不正确扣 25 分				

续表

序号	考核内容	考核要点	配分	评分标准	检测结果	扣分	得分	备注
3	安全文明生产	遵守国家或企业有关安全规定；在规定时间内完成		每违反一项从总分中扣除 5 分，严重违反者停止操作			—	
	合　计		100					

试题 17：识读 6kV 断路器控制电路图

（考核时间：20min）

序号	考核内容	考核要点	配分	评分标准	检测结果	扣分	得分	备注
1	断路器合闸回路	合闸回路工作原理	25	不知道合闸回路工作原理的扣25 分				
2	断路器跳闸回路	跳闸回路工作原理	25	不知道跳闸回路工作原理的扣 25 分				
3	断路器机构互锁的实现方法	防跳闸工作原理	35	不知道防跳闸工作原理的扣35 分				
4	6kV 断路器控制电路	控制电路图标识	15	控制电路图标识识读错误的扣15 分				
5	安全文明生产	遵守国家或企业有关安全规定；在规定时间内完成		每违反一项从总分中扣除 5 分，严重违反者停止操作			—	
	合　计		100					

试题 18：排除正反转控制电路的故障

（考核时间：30min）

序号	考核内容	考核要点	配分	评分标准	检测结果	扣分	得分	备注
1	准备工作	工具、笔、纸	5	少选择一件扣 1 分				
2	排除故障的方法	正确使用万用表	15	量程、测量的方法每缺一项扣5 分				
		排除故障的步骤	20	出现明显的错误一处扣 10 分				
3	排除故障的结果	正确排除故障点	60	少排除一个故障点扣 20 分				
4	安全文明生产	遵守国家或企业有关安全规定；在规定时间内完成		每违反一项从总分中扣除 5 分，严重违反者停止操作			—	
	合　计		100					

试题 19：排除 Y-Δ 启动控制电路的故障

（考核时间：30min）

序号	考核内容	考核要点	配分	评分标准	检测结果	扣分	得分	备注
1	准备工作	工具、笔、纸	5	少选择一件扣 1 分				

续表

序号	考核内容	考核要点	配分	评分标准	检测结果	扣分	得分	备注
2	排除故障的方法	正确使用万用表	15	量程、测量的方法每缺一项扣5分				
		排除故障的步骤	20	出现明显的错误一处扣10分				
3	排除故障的结果	正确排除故障点	60	少排除一个故障点扣20分				
4	安全文明生产	遵守国家或企业有关安全规定；在规定时间内完成		每违反一项从总分中扣除5分，严重违反者停止操作			—	
	合　计		100					

试题20：排除能耗制动控制电路的故障

（考核时间：30min）

序号	考核内容	考核要点	配分	评分标准	检测结果	扣分	得分	备注
1	调查研究	对故障现象进行调查研究	10	排除故障前不进行调查研究扣1~10分				
2	故障分析	在电路图上分析故障可能的原因，思路正确	40	错标或标不出故障范围，每个扣2分；不能标出最小的故障范围，每个点扣2分				
3	故障排除	正确使用工具和仪表，找出故障点并排除故障	40	实际操作中，思路不清，扣2分；每少查出1处扣2分；每少排除1处扣4分；运用方法不正确，每处扣4分				
4	其他	操作有误，要从总分中扣除	10	排除故障时产生新的故障后不能自行恢复，每处扣10分，已修复扣5分；不符合安全规程或损坏设备，扣10分				
5	安全文明生产	遵守国家或企业有关安全规定；在规定时间内完成		每违反一项从总分中扣除5分，严重违反者停止操作			—	
	合　计		100					

试题21：电缆终端接头的制作

（考核时间：180min）

序号	考核内容	考核要点	配分	评分标准	检测结果	扣分	得分	备注
1	固定电缆末端	末端固定，取500mm	2	未固定扣1分				
2	导线连接	剥、锯、绑，要求尺寸合理	5	尺寸不够或未按要求扣1分				
3	压接接地线	包绕、绑扎、压接端子	5	尺寸不够扣1分；方法不当扣2分				
4	安装分支手套	包绕、热熔	10	尺寸不够扣2分；方法不当扣3分				

续表

序号	考核内容	考核要点	配分	评分标准	检测结果	扣分	得分	备注
5	剥切分相屏蔽层及半导电层	剥切、清洁、包绕绝缘层	20	剥切尺寸不够扣5分；方法不当扣2分；包绕尺寸不够扣2分				
6	压接接线端子	剥切端部，压接端子、包绕	5	尺寸不够扣1分；方法不当扣1分				
7	安装应力控制层	套管、热缩、包绕	5	方法不当扣1分				
8	安装绝缘层	清洁、包绕、热缩	20	尺寸不够扣5分；方法不当扣5分				
9	包绕自粘带、安装雨裙、安装色相管	包绕、热缩	13	方法不当扣3分				
10	测试绝缘电阻	用2500兆欧表测电缆芯线之间或芯线对地绝缘	5	方法不当扣2分；未按要求扣2分				
11	做直流耐压试验	正确接线，按规程试验并记录	10	接线不当扣3分；未按要求扣5分；不会分析扣2分				
12	其他	出现下述情况从总分中扣除：尺寸误差过大；破坏主绝缘；试验方法不当		尺寸误差太大扣10分；主绝缘被破坏扣30分；调试方法不当扣30分，中止试验			—	
13	安全文明生产	遵守国家或企业有关安全规定；在规定时间内完成		每违反一项从总分中扣除5分，严重违反者停止操作			—	
		合　计	100					

试题22：检修低压电缆

（考核时间：60min）

序号	考核内容	考核要点	配分	评分标准	检测结果	扣分	得分	备注
1	准备工作	工具、笔、纸	10	工具齐全缺一项扣3分				
2	正确判断故障点	寻找故障点的方法正确	10	不能正确使用工具扣10分				
		故障点判断正确	20	故障点判断不正确扣20分				
3	制作电缆中间接头	材料准备齐全	10	缺一项扣3分				
		制作方法正确	20	方法、步骤不对各扣10分				
4	中间接头质量良好	试验方法正确	15	试验方法不正确每处扣5分				
		试验结果良好	15	试验结果达不到标准扣15分				
5	安全文明生产	遵守国家或企业有关安全规定；在规定时间内完成		每违反一项从总分中扣除5分，严重违反者停止操作			—	
		合　计	100					

试题 23：正反转控制电路的配线与安装

（考核时间：120min）

序号	考核内容	考核要点	配分	评分标准	检测结果	扣分	得分	备注
1	元器件安装	按图纸要求、正确使用仪表，熟练安装元器件；元器件布置合理，安装准确；按钮盒不固定在接线板上	25	元器件布置不整齐、不合理，每只扣2分；元器件安装不牢固，每只扣3分；损坏元器件，每只扣5分				
2	布线	布线要求横平竖直，牢固美观；电源和电动机配线要用端子标号接到端子排上；导线不能乱线敷设	30	电机运行正常，如未按电气原理图接线，扣5分；布线不美观、不平直、每根扣3分；接点松动，露铜过长、反圈、压绝缘层、标记遗漏或误标，每处扣3分；损伤导线绝缘或线芯，每根扣3分；导线乱线敷设扣30分				
3	通电试验	在保证人身安全的前提下，通电试验要一次成功	45	时间继电器或热继电器整定值错误各扣10分；主、控电路熔体配错，每处扣5分；一次试车不成功扣10分，二次不成功扣20分，三次试车不成功扣30分				
4	安全文明生产	遵守国家或企业有关安全规定；在规定时间内完成		每违反一项从总分中扣除5分，严重违反者停止操作			—	
		合　计	100					

试题 24：安装 Y-Δ 启动控制线路

（考核时间：120min）

序号	考核内容	考核要点	配分	评分标准	检测结果	扣分	得分	备注
1	准备工作	检查准备所用材料	5	未检查扣5分				
2	元器件安装	图纸要求、正确使用仪表，熟练安装元器件；元器件布置合理，安装准确	20	元器件布置不整齐、不合理，每只扣2分；损坏元器件，每只扣5分				
3	正确接线	接线正确；导线连接牢固	35	接线错误每处扣10分；导线连接不牢固扣5分				
4	通电试车	电路功能	40	两次试车成功扣5分；三次试车成功扣10分；不成功停止操作				
5	安全文明生产	遵守国家或企业有关安全规定；在规定时间内完成		每违反一项从总分中扣除5分，严重违反者停止操作			—	
		合　计	100					

试题 25：安装往返工作台控制电路

（考核时间：120min）

序号	考核内容	考核要点	配分	评分标准	检测结果	扣分	得分	备注
1	准备工作	检查准备所用材料	5	未检查扣5分				
2	元器件安装	图纸要求、正确使用仪表，熟练安装元器件；元器件布置合理，安装准确	20	元器件布置不整齐、不合理，每只扣2分；损坏元器件，每只扣5分				

续表

序号	考核内容	考核要点	配分	评分标准	检测结果	扣分	得分	备注
3	正确接线	接线正确；导线连接牢固	35	接线错误每处扣 10 分；导线连接不牢固扣 5 分				
4	通电试车	电路功能齐全	40	两次试车成功扣 5 分；三次试车成功扣 10 分；不成功停止操作				
5	安全文明生产	遵守国家或企业有关安全规定；在规定时间内完成		每违反一项从总分中扣除 5 分，严重违反者停止操作			—	
合　计			100					

试题 26：常用防爆灯具的拆装

（考核时间：120min）

序号	考核内容	考核要点	配分	评分标准	检测结果	扣分	得分	备注
1	准备工作	检查准备所用的材料和工具	5	未检查扣 5 分				
2	灯具的拆卸	拆卸的步骤正确；拆卸的方法正确	25	拆卸的步骤不正确每处扣 10 分；拆卸的方法不正确每处扣 10 分				
3	灯具的组装	组装的步骤正确；组装的方法正确；导线连接牢固	30	组装的步骤不正确扣 10 分；组装的方法不正确扣 10 分；导线连接不牢固扣 10 分				
4	防爆间隙处理	防爆间隙符合要求	40	防爆间隙不符合要求扣 40 分				
5	安全文明生产	遵守国家或企业有关安全规定；在规定时间内完成		每违反一项从总分中扣除 5 分，严重违反者停止操作			—	
合　计			100					

试题 27：安装三相有功电度表、无功电度表

（考核时间：120min）

序号	考核内容	考核要点	配分	评分标准	检测结果	扣分	得分	备注
1	准备工作	检查准备所用的材料和工具	5	未检查扣 5 分				
2	有功电度表的连接	有功电度表的连接正确	30	每错一处扣 10 分				
3	无功电度表的连接	无功电度表的连接正确	30	（根据 TV、TA 的倍率计算）每错一处扣 10 分				
4	计算电度数	有功电度数、无功电度数计算正确	35	每错一个数扣 15 分				
5	安全文明生产	遵守国家或企业有关安全规定；在规定时间内完成		每违反一项从总分中扣除 5 分，严重违反者停止操作			—	
合　计			100					

试题28：安装三相桥式整流电路

（考核时间：120min）

序号	考核内容	考核要点	配分	评分标准	检测结果	扣分	得分	备注
1	准备工作	准备二极管、变压器、电工工具	5	少准备一件扣1分				
2	接线	接整流二极管；连接二极管与变压器之间的导线；连接输入与输出端子；检查接线	55	二极管接反每只扣10分；变压器输出线接错扣10分；整流输出线接错10分；接线较乱扣10分；连接点松动扣10分；未检查接线柱扣5分				
3	通电试验	通电试验，检查输出电压	35	无直流输出扣10分；无电压输出扣10分；发生短路故障扣15分				
4	清理现场	停电、拆线	5	未先停电拆电源线扣3分；未清理现场扣2分				
5	安全文明生产	遵守国家或企业有关安全规定；在规定时间内完成		每违反一项从总分中扣除5分，严重违反者停止操作			—	
		合　计	100					

试题29：绘制带低电压闭锁的过电流保护电气原理展开图

（考核时间：120min）

序号	考核内容	考核要点	配分	评分标准	检测结果	扣分	得分	备注
1	准备工作	准备工作	5	少准备一项扣1分				
2	操作程序	绘制交流电流回路	15	图形符号使用不正确或文字符号每错一处扣10分；图形结构每错一处扣10分				
		绘制电压回路	15	图形符号、图形结构或文字符号使用不正确每错一处扣10分				
		绘制测量回路	20	图形符号、文字符号或图形结构使用不正确每错一处扣10分				
		绘制信号、跳闸回路	30	图形符号、文字符号或图形结构使用不正确每错一处扣10分				
3	图形外观	图形美观整齐；图形布置合理	15	电路严重错误扣5分，图形不美观整洁扣5分				
4	安全文明生产	遵守国家或企业有关安全规定		每违反一项从总分中扣除5分，严重违反者停止操作			—	
		合　计	100					

试题30：绘制两相一继电器（GL型）组成的反时限过电流保护电气原理图

（考核时间：120min）

序号	考核内容	考核要点	配分	评分标准	检测结果	扣分	得分	备注
1	准备工作	准备工作	5	少准备一项扣1分				

续表

序号	考核内容	考核要点	配分	评分标准	检测结果	扣分	得分	备注
2	操作程序	绘制交流电流回路	20	图形符号、图形结构或文字符号使用不正确每错一处扣 10 分				
		绘制反时限过流和速断保护回路	30	图形符号、图形结构或文字符号使用不正确每错一处扣 10 分				
		绘制信号、跳闸回路	30	图形符号、图形结构或文字符号使用不正确每错一处扣 10 分				
3	图形外观	图形美观整齐；图形布置合理	15	电路严重错误扣 5 分；图形不美观整洁扣 5 分				
4	安全文明生产	遵守国家或企业有关安全规定		每违反一项从总分中扣除 5 分，严重违反者停止操作			—	
合　计			100					

试题 31：绘制时间继电器自动控制 Y–Δ 控制电路原理图

（考核时间：60min）

序号	考核内容	考核要点	配分	评分标准	检测结果	扣分	得分	备注
1	准备工作	准备工作	5	少准备一项扣 1 分				
2	操作程序	绘制主回路	40	图形符号、图形结构或文字符号使用不正确每错一处扣 10 分				
		绘制控制回路	45	图形符号、图形结构或文字符号使用不正确每错一处扣 10 分				
3	图形外观	图形美观整齐；图形布置合理	10	电路严重错误扣 5 分；图形不美观整洁扣 5 分				
4	安全文明生产	遵守国家或企业有关安全规定；在规定时间内完成		每违反一项从总分中扣除 5 分，严重违反者停止操作			—	
合　计			100					

试题 32：绘制异地控制电动机电气原理图

（考核时间：120min）

序号	考核内容	考核要点	配分	评分标准	检测结果	扣分	得分	备注
1	准备工作	准备工作	5	少准备一项扣 1 分				
2	操作程序	绘制主回路	30	图形符号、图形结构或文字符号使用不正确每错一处扣 10 分				
		绘制控制回路	35	图形符号、图形结构或文字符号使用不正确每错一处扣 10 分				
		异地控制按钮的接法	20	按钮接法错一处扣 10 分				
3	图形外观	图形美观整齐；图形布置合理	10	电路严重错误扣 5 分，图形不美观整洁扣 5 分				

续表

序号	考核内容	考核要点	配分	评分标准	检测结果	扣分	得分	备注
4	安全文明生产	遵守国家或企业有关安全规定		每违反一项从总分中扣除5分，严重违反者停止操作			—	
	合　计		100					

试题33：绘制6kV断路器电气控制原理图

（考核时间：90min）

序号	考核内容	考核要点	配分	评分标准	检测结果	扣分	得分	备注
1	准备工作	准备工作	5	少准备一项扣1分				
2	操作程序	绘制合闸回路	40	图形符号、图形结构或文字符号使用不正确每错一处扣10分				
		绘制跳闸回路	40	图形符号、图形结构或文字符号使用不正确每错一处扣10分				
3	图形外观	图形美观整齐；图形布置合理	15	电路严重错误扣5分；图形不美观整洁扣5分				
4	安全文明生产	遵守国家或企业有关安全规定；在规定时间内完成		每违反一项从总分中扣除5分，严重违反者停止操作			—	
	合　计		100					

试题34：绘制6~10kV配出线定时限过电流保护原理图

（考核时间：120min）

序号	考核内容	考核要点	配分	评分标准	检测结果	扣分	得分	备注
1	准备工作	准备工作	5	少准备一项扣1分				
2	操作程序	绘制交流电流回路	20	图形符号、图形结构或文字符号使用不正确每错一处扣10分				
		绘制定时限过流速保护回路	30	图形符号、图形结构或文字符号使用不正确每错一处扣10分				
		绘制信号、跳闸回路	30	图形符号、图形结构或文字符号使用不正确每错一处扣10分				
3	图形外观	图形美观整齐；图形布置合理	15	电路严重错误扣5分；图形不美观整洁扣5分				
4	安全文明生产	遵守国家或企业有关安全规定；在规定时间内完成		每违反一项从总分中扣除5分，严重违反者停止操作			—	
	合　计		100					

试题35：绘制按钮、接触器双重联锁的可逆运行控制电路图

（考核时间：60min）

序号	考核内容	考核要点	配分	评分标准	检测结果	扣分	得分	备注
1	准备工作	检查准备工作	5	未检查扣5分				
2	主要项目	图形符合正确	25	图形符号每错一处扣2分				
		文字符合正确	25	文字符号每错一处扣2分				
		电路功能完整	30	电路功能每缺一项扣10分				
		图形美观整齐；图形布置合理	15	电路严重错误扣5分；图形不美观整洁扣5分				
3	安全文明生产	遵守国家或企业有关安全规定；在规定时间内完成		每违反一项从总分中扣除5分，严重违反者停止操作			—	
合计			100					

第三部分

高 级 工

一、理论知识鉴定要素细目表

行业通用理论知识鉴定要素细目表

鉴定范围						鉴定点		
一级		二级		三级		代码	名　称	重要程度
代码	名　称	代码	名　称	代码	名　称			
A	基本要求	B	基础知识	A	记录填写基础知识	001	班组交接记录的填写要求	X
						002	班组安全活动记录填写要求	X
				B	识图基础知识	001	剖视图知识	X
						002	断面图知识	X
						003	化工设备图表示方法	X
						004	零件图的内容	X
				C	安全环保基础知识	001	清洁生产审计的程序	X
						002	HSE 管理体系文件架构	X
						003	ISO 14001 环境管理体系的组成要素	X
						004	ISO 14000 系列标准的指导思想	X
						005	ISO 14001 环境管理体系的运行模式	X
						006	防尘防毒的技术措施	X
						007	防尘防毒的管理措施	X
						008	国家劳动安全卫生管理体制职责划分的内容	X
						009	ISO 14001 环境管理体系建立的步骤	X
						010	HSE 危害辨识	X
						011	HSE 风险评价的概念	X
						012	HSE 风险评价的目的	X
				D	质量基础知识	001	不合格品的处置途径	X
						002	ISO 9001 族标准质量管理审核的特点	X
						003	ISO 9000 族标准第一、第二、第三方审核的区别	X
						004	质量统计直方图	X
						005	质量统计排列图	X
						006	质量统计因果图	X
						007	质量统计控制图	X
						008	不良产品的分级	X
				E	计算机基础知识	001	Word 绘图	X
						002	Excel 公式与函数的运用	X
						003	Excel 数据的简单分析与管理	X
						004	Excel 简单的图表处理	X
B	相关知识	E	管理知识	A	生产管理	001	班组的管理	X
						002	班组的成本核算	X
				B	编写技术文件	001	总结的格式	X
						002	报告的格式	X
						003	请示的格式	X

工种理论知识鉴定要素细目表

鉴定范围						鉴定点		
一级		二级		三级		代码	名称	重要程度
代码	名称	代码	名称	代码	名称			
A	基本要求	B	基础知识	G	电工基础知识	001	支路电流法求解复杂电路	X
						002	回路电流法求解复杂电路	X
						003	用戴维南定理求支路电流	X
						004	电压源的等值互换	X
						005	电流源的等值互换	X
						006	节点电位法	X
						007	叠加原理的应用	Y
						008	星网络、三角网络等值互换	X
						009	用符号法计算交流电路的电流	Y
						010	用符号法计算交流电路的功率	X
						011	用符号法计算交流电路的复阻抗	X
						012	欧姆定律的复数表现形式	X
						013	基尔霍夫定律的复数表现形式	Y
						014	RLC 串联电路复阻抗	X
						015	RLC 并联电路复阻抗	Y
						016	复杂交流电路的计算	Z
						017	交流电路的功率	X
						018	交流电路的功率因数	X
						019	对称三相电路的计算分析	X
						020	不对称三相电路的计算分析	X
						021	三相电路的电功率的计算	X
						022	具有互感电路的分析	Y
						023	非正弦交流电的基本概念	X
						024	非正弦交流电的有效值	X
						025	非正弦交流电的平均值	X
						026	非正弦交流电的平均功率	X
						027	交变磁通磁路中的电流波形	Y
						028	交变磁通磁路中的磁通波形	X
						029	铁芯损耗 R 的概念	Y
						030	交流铁芯等值电路	Y
						031	交流电磁铁	X
						032	交直流磁路分析	Y
						033	RC 电路的过渡过程描述	X
						034	RL 电路的过渡过程描述	X

续表

鉴定范围						鉴定点		
一级		二级		三级		代码	名称	重要程度
代码	名称	代码	名称	代码	名称			
						035	RLC 过渡过程描述	X
						036	应用磁路定律进行较复杂磁路的计算	Z
						037	正序的概念	X
						038	负序的概念	X
						039	零序的概念	X
				H	电子技术	001	数字译码的编制	X
						002	集成逻辑门电路基本概念	X
						003	逻辑代数基本概念	X
						004	全加器的基本概念	Y
						005	数据选择器的基本概念	Y
						006	计数器的基本概念	X
						007	寄存器的基本概念	X
						008	译码器的基本概念	X
						009	数字显示电路的基本概念	X
						010	集成运算放大器的基本工作原理	X
						011	集成运算放大器的使用	X
						012	集成运算放大器的基本运算电路	X
						013	集成运算放大器的应用举例	X
						014	单相可控整流电路的波形分析	X
						015	单相可控整流电路的计算	X
						016	三相可控整流电路的波形分析	X
						017	三相可控整流电路计算	X
						018	大功率可控整流电路的散热形式	X
						019	大功率可控整流电路的特点	Y
						020	晶闸管整流装置的技术指标	X
						021	晶闸管整流电路的应用举例	X
						022	晶闸管整流电路的保护	X
						023	放大电路的基本概念	X
						024	放大电路的应用	X
						025	正弦波振荡电路的概念	X
						026	正弦波振荡电路应用	X
						027	直流放大电路的基本概念	X
						028	直流放大电路的应用	X
						029	稳压电源电路的基本概念	X
						030	稳压电源电路的应用	X
						031	触发器电路的基本概念	X
						032	触发器电路的应用	X
						033	锯齿波触发电路的工作原理	X

续表

鉴定范围						鉴定点		
一级		二级		三级		代码	名称	重要程度
代码	名称	代码	名称	代码	名称			
B	相关知识	A	专业知识	A	电工测量技术知识	001	普通示波器的应用知识	X
						002	普通示波器的基本原理	X
						003	同步示波器的应用知识	X
						004	同步示波器的基本原理	X
						005	双踪示波器的应用知识	Y
						006	双踪示波器的基本原理	Y
						007	常用非电量的测量原理	X
						008	常用非电量的测量方法	X
						009	仪器、仪表的选择原则	X
				C	变压器知识	001	电流互感器10%误差曲线的概念	X
						002	电流互感器的伏安特性	Y
						003	互感器的试验项目	Y
						004	变压器同名端的测试	X
						005	三相变压器不同联结组别的极性测试	X
						006	变压器介质损耗测试原理	X
						007	变压器大修前的测试项目	X
				D	电动机知识	001	高压交流电动机试验的方法	X
						002	高压交流电动机试验的标准	Y
						003	同步电机的种类	Y
						004	同步电机的构造	Y
						005	同步电机的工作原理	X
						006	同步电机各绕组的作用	X
						007	同步电机各绕组的联接	X
						008	同步电机一般故障	X
						009	防爆电动机	X
						010	异步电动机的故障处理	X
						011	电动机选型	Z
				E	电器知识	001	直流耐压试验的接线方法	X
						002	交流耐压试验的原理及接线	X
						003	固体绝缘材料的绝缘等级	X
						004	直流电机的故障分析	Y
						005	轴承的润滑脂的选择	X
						006	变压器的修理工艺	X
						007	变压器的试验项目及标准	X

续表

鉴定范围						鉴定点		
一级		二级		三级		代码	名称	重要程度
代码	名称	代码	名称	代码	名称			
						008	变压器的接线组别，向量图	X
						009	变压器短路阻抗的意义	X
						010	容量与电流电压关系的计算	X
						011	电缆的结构	Y
						012	电缆的分类	X
						013	蓄电池的种类	X
						014	蓄电池的维护	X
						015	低压断路器过流脱扣器的原理	X
						016	低压断路器选用原则	X
						017	低压断路器的常见故障	X
						018	热继电器的整定	X
						019	熔断器及其熔体额定电流的选择	X
						020	熔断器的选择	X
						021	电力系统接地的分类	X
						022	接地电阻的要求	X
						023	接地电阻的测量方法	X
						024	单相接地选线的方法	X
						025	电抗器的作用	X
						026	消弧线圈的作用	X
				F	电力拖动自动控制知识	001	起重机的电气控制原理	X
						002	PLC 的一般结构及基本工作原理	X
						003	PLC 的基本原理	X
						004	PLC 基本指令系统	X
						005	脉冲发生+二分频程序的编写	X
						006	单开关动作控制多灯头程序的编写	X
						007	步进程序(SFC)的编写	X
						008	断电延时等基本程序的编写	X
						009	Y—△电机控制程序的编写	X
						010	电机正反转控制程序的编写	X
						011	结合生产，应用 PLC 改造较简单的继电器控制系统	X
						012	晶闸管有静差直流调速系统	X
						013	无静差直流调速系统	Y
						014	速度和电流双闭环调速系统	Z

续表

鉴定范围						鉴定点		
一级		二级		三级		代码	名　称	重要程度
代码	名　称	代码	名　称	代码	名　称			
						015	斩波器-直流电动机调速的原理	X
						016	斩波器-直流电动机调速的特点	X
						017	斩波器-直流电动机调速的适用场合	Y
						018	斩波器-直流电动机调速的实例	X
				G	工厂供电知识	001	电力系统的中性点的运行方式	X
						002	电力系统的电力负荷分类	X
						003	工厂的电力负荷曲线分析	X
						004	三相用电设备组计算负荷的确定	X
						005	供电系统功率损耗的概念	Y
						006	供电系统电能损耗的概念	Y
						007	工厂的计算负荷和年电能损耗量	X
						008	尖峰电流的计算	X
						009	短路的形式	X
						010	三相短路电流有名值的计算	X
						011	三相短路电流标幺值的计算	Y
						012	两相短路电流的计算	X
						013	单相短路电流的计算	X
						014	短路电流的热效应	Y
						015	短路电流的电动力效应	X
						016	短路电流的稳定度校验	X
						017	电气设备中的电弧现象	Y
						018	发生电弧的游离方式	X
						019	熄灭电弧的条件	X
						020	工厂高压线路各种继电保护动作的配合	X
						021	电力变压器各种继电保护动作的配合	X
						022	高压电动机各种继电保护动作的配合	X
						023	电力变压器的结构	X
						024	电力变压器制造的基本方法	X
						025	电力变压器的修理工艺	X
						026	电流互感器使用注意事项	X
						027	电压互感器使用注意事项	X
						028	工厂变配电所的主接线图	X
						029	工厂电力线路的接线方式	Y
						030	导线和电缆截面的选择计算	X

续表

鉴定范围						鉴定点		
一级		二级		三级		代码	名称	重要程度
代码	名称	代码	名称	代码	名称			
						031	车间动力电气平面布线图	Z
						032	直流电源的构成	Y
						033	直流电源的维护	X
						034	高压断路器的控制与信号电路	X
						035	中央信号装置的动作原理	X
						036	微机监控装置的组成	X
						037	绝缘监视装置的原理	Y
						038	电力线路的自动重合闸装置动作原理	X
						039	备用电源自动投入装置动作原理	X
						040	继电器控制电路的读图分析	X
						041	晶闸管交流调压器	X
						042	晶闸管交流调压应用实例	X
						043	无源逆变电路	X
						044	晶闸管中频电路	X
						045	有源逆变的原理	X
						046	变频调速的原理	X
						047	变频调速的特点	X
						048	变频调速的适用场合	X
						049	电力晶体管电压型逆变器的工作原理	Y
						050	电力晶体管电压型逆变器的特点	Y
						051	继电保护的概念	X
						052	继电保护的作用	Y
						053	继电保护的组成	X
						054	继电保护原理	X
		B	相关专业知识	A	钳工基础及焊接知识	001	工时定额的组成	X
						002	缩短基本工时的措施	X
						003	缩短辅助工时的措施	X
						004	常用机构的基本概念	X
						005	联接的基本概念	X
						006	带传动的基本概念	Y
						007	链传动的基本概念	Y
						008	齿轮传动的基本概念	Y
						009	蜗杆传动的基本概念	Y
						010	轮系的基本概念	Y
						011	轴与轴承的基本概念	X
						012	联轴器基本概念	X
						013	离合器的基本概念	Y
						014	机器润滑的基本概念	X
						015	液压传动的基本概念	X
						016	仪表联锁的概念	X

二、理论知识试题

行业通用理论知识试题

判断题

1. 班组交接班记录必须凭旧换新。 (√)

2. 车间主要领导参加班组安全日活动每月不少于2次。 (×)

正确答案：车间主要领导参加班组安全日活动每月不少于3次。

3. 在剖视图中，零件后部的不见轮廓线、虚线一律省略不画。 (×)

正确答案：在剖视图中，零件后部的不见轮廓线、虚线一般省略不画，只有对尚未表达清楚的结构，才用虚线画出。

4. 剖面图是剖视图的一种特殊视图。 (×)

正确答案：剖面图是零件上剖切处断面的投影，而剖视图是剖切后零件的投影。

5. 化工设备图的视图布置灵活，俯(左)视图可以配置在图面任何地方，但必须注明"俯(左)视图"的字样。 (√)

6. 化工设备图中的零件图与装配图一定分别画在不同的图纸上。 (×)

正确答案：化工设备图中的零件图可与装配图画在同张图纸上。

7. 零件图不需要技术要求，在装配图表述。 (×)

正确答案：零件图一般需要技术要求。

8. 零件图用视图、剖视图、剖面图及其他各种表达方法，正确、完整、清晰地表达零件的各部分形状和结构。 (√)

9. ISO 14000系列标准对管理标准的一个重大改进，就是建立了一套对组织环境行为的评价体系，这便是环境行为评价标准。 (√)

10. 环境管理体系的运行模式，遵守由查理斯·德明提供的规划策划(PLAN)、实施(DO)、验证(CHECK)和改进(ACTION)运行模式可简称PDCA模式。 (√)

11. 环境管理体系的运行模式与其他管理的运行模式相似，共同遵循PDCA运行模式，没有区别。 (×)

正确答案：环境管理体系的运行模式与其他管理的运行模式相似，除了共同遵循PDCA运行模式外，它还有自身的特点，那就是持续改进，也就是说它的环线是永远不能闭合的。

12. 采取隔离操作，实现微机控制，不属于防尘防毒的技术措施。 (×)

正确答案：采取隔离操作，实现微机控制是防尘防毒的技术措施之一。

13. 严格执行设备维护检修责任制，消除"跑冒滴漏"是防尘防毒的技术措施。 (×)

正确答案：严格执行设备维护检修责任制，消除"跑冒滴漏"是防尘防毒的管理措施。

14. 在ISO 14001环境管理体系中，初始环境评审是建立环境管理体系的基础。 (√)

15. 在HSE管理体系中，定量评价指不对风险进行量化处理，只用发生的可能性等级和后果的严重度等级进行相对比较。 (×)

正确答案：在HSE管理体系中，定性评价指不对风险进行量化处理，只用发生的可能性等级和后果的严重度等级进行相对比较。

16. HSE管理体系规定，在生产日常运行中各种操作、开停工、检维修作业、进行基建及变更等活动前，均应进行风险评价。 (√)

17. 对某项产品返工后仍需重新进行检查。（√）

18. ISO 9000 族标准中，质量审核是保证各部门持续改进工作的一项重要活动。（√）

19. ISO 9000 族标准的三种审核类型中，第三方审核的客观程度最高，具有更强的可信度。（√）

20. 平顶型直方图的形成由单向公差要求或加工习惯等引起。（×）

正确答案：平顶型直方图的形成往往因生产过程有缓慢因素作用引起。

21. 质量统计排列图分析是质量成本分析的方法之一。（√）

22. 质量统计因果图的作用是为了确定“关键的少数”。（×）

正确答案：质量统计排列图的作用是为了确定“关键的少数”。

23. 质量统计控制图上出现异常点时，才表示有不良品发生。（×）

正确答案：不一定。在质量统计控制图上，即使点子都在控制线内，但排列有缺陷，也要判做异常。

24. 国际上通用的产品不良项分级共分三级。（×）

正确答案：国际上通用的产品不良项分级共分四级。

25. 在计算机应用软件 Word 中插入的文本框不允许在文字的上方或下方。（×）

正确答案：Word 中插入的文本框通过设置文本框格式当中的版式允许在文字的上方或下方。

26. 在计算机应用软件 Word 中绘制图形要求两个图形能准确对齐可通过调整绘图网格的水平、垂直间距来实现。（√）

27. 在计算机应用软件 Excel 中“COUNTIF(　　)”函数的作用是计算某区域满足条件的单元格数。（√）

28. Excel 数据表中汉字排序一般是按拼音顺序排序，但也可以按笔画排序。（√）

29. Excel 数据表中分类汇总的选项包括分类字段、汇总方式两方面的内容。（×）

正确答案：Excel 数据表中分类汇总的选项包括分类字段、汇总方式多方面的内容。

30. Excel 数据表中修改图表中的数据标志是通过图表区格式选项中的数据标志选项实现的。（×）

正确答案：Excel 数据表中修改图表中的数据标志是通过数据系列格式选项中的数据标志选项实现的。

31. 班组建设不同于班组管理，班组建设是一个大概念，班组管理从属于班组建设。（√）

32. 一般来说，班组的成本核算是全面的统计核算、业务核算和会计核算。（×）

正确答案：一般来说，班组的成本核算是局部核算和群众核算。

33. 总结的基本特点是汇报性和陈述性。（×）

正确答案：总结的基本特点是回顾过去，评估得失，指导将来。

34. 报告的目的在于把已经实践过的事情上升到理论认识，指导以后的实践，或用来交流，加以推广。（×）

正确答案：报告的主要目的是下情上达，向上级汇报工作、反映情况、提出意见和建议。

35. 为了减少发文，可以把若干问题归纳起来向上级写综合请示，但不能多方请示。（×）

正确答案：要坚持“一文一事”的原则，切忌“一文数事”使上级机关无法审批。

单选题

1. 班组交接班记录填写时，一般要求使用的字体是(B)。

A. 宋体　B. 仿宋　C. 正楷　D. 隶书

2. 下列选项中不属于班组安全活动的内容是(A)。

A. 对外来施工人员进行安全教育

B. 学习安全文件、安全通报

C. 安全讲座、分析典型事故，吸取事故教训

D. 开展安全技术座谈、消防、气防实地救护训练

3. 安全日活动常白班每周不少于(D)次，每次不少于 1h。

A. 4　B. 3　C. 2　D. 1

4. 当物体结构形状复杂，虚线就愈多，为此，对物体上不可见的内部结构形状采用(C)来表示。

A. 旋转视图　B. 局部视图　C. 全剖视图　D. 端面图

5. 单独将一部分的结构形状向基本投影面投影需要用(B)来表示。

A. 旋转视图　B. 局部视图　C. 全剖视图　D. 端面图

6. 用剖切平面把物体完全剖开后所得到的剖视图称为(D)。

A. 局部剖视图　B. 局部视图　C. 半剖视图　D. 全剖视图

7. 画在视图外的剖面图称为(A)剖面图。

A. 移出　B. 重合　C. 局部放大　D. 局部

8. 重合在视图内的剖面图称为(B)剖面图。

A. 移出　B. 重合　C. 局部放大　D. 局部

9. 化工设备图中，表示点焊的焊接焊缝是(A)。

A. ○　B. ∪　C. △　D. ⊿

10. 下列选项中，不属于零件图内容的是(D)。

A. 零件尺寸　B. 技术要求　C. 标题栏　D. 零件序号表

11. 在 HSE 管理体系中，(C)是管理手册的支持性文件，上接管理手册，是管理手册规定的具体展开。

A. 作业文件　B. 作业指导书　C. 程序文件　D. 管理规定

12. ISO 14001 环境管理体系共由(B)个要素所组成。

A. 18　B. 17　C. 16　D. 15

13. ISO 14000 系列标准的指导思想是(D)。

A. 污染预防　B. 持续改进

C. 末端治理　D. 污染预防，持续改进

14. 不属于防尘防毒技术措施的是(C)。

A. 改革工艺　B. 湿法除尘　C. 安全技术教育　D. 通风净化

15. 防尘防毒治理设施要与主体工程(A)、同时施工、同时投产。

A. 同时设计　B. 同时引进　C. 同时检修　D. 同时受益

16. 在 HSE 管理体系中，物的不安全状态是指使事故(B)发生的不安全条件或物质条件。

A. 不可能　B. 可能　C. 必然　D. 必要

17. 在 HSE 管理体系中，风险指发生特定危害事件的(C)性以及发生事件结果严重性的结合。

A. 必要　　B. 严重　　C. 可能　　D. 必然

18. 在(B)情况下不能对不合格品采取让步或放行。

A. 有关的授权人员批准　　B. 法律不允许

C. 顾客批准　　D. 企业批准

19. 不合格品控制的目的是(C)。

A. 让顾客满意　　B. 减少质量损失

C. 防止不合格品的非预期使用　　D. 提高产品质量

20. 在 ISO 9001 族标准中，内部审核是(D)。

A. 内部质量管理体系审核

B. 内部产品质量审核

C. 内部过程质量审核

D. 内部质量管理体系、产品质量、过程质量的审核

21. 在 ISO 9001 族标准中，第三方质量管理体系审核的目的是(C)。

A. 发现尽可能多的不符合项

B. 建立互利的供方关系

C. 证实组织的质量管理体系符合已确定准则的要求

D. 评估产品质量的符合性

22. ISO 9000 族标准规定，(C)属于第三方审核。

A. 顾客进行的审核　　B. 总公司对其下属公司组织的审核

C. 认证机构进行的审核　　D. 对协作厂进行的审核

23. 在 ISO 9000 族标准中，组织对供方的审核是(D)。

A. 第一方审核　　B. 第一、第二、第三方审核

C. 第三方审核　　D. 第二方审核

24. 数据分组过多或测量读数错误而形成的质量统计直方图形状为(A)形。

A. 锯齿　　B. 平顶　　C. 孤岛　　D. 偏峰

25. 把不同材料、不同加工者、不同操作方法、不同设备生产的两批产品混在一起时，质量统计直方图形状为(D)形。

A. 偏向　　B. 孤岛　　C. 对称　　D. 双峰

26. 在质量管理过程中，以下哪个常用工具可用于明确“关键的少数”(A)。

A. 排列图　　B. 因果图　　C. 直方图　　D. 调查表

27. 质量统计图中，图形形状像“鱼刺”的图是(D)图。

A. 排列　　B. 控制　　C. 直方　　D. 因果

28. 在质量统计控制图中，若某个点超出了控制界限，就说明工序处于(D)。

A. 波动状态　　B. 异常状态

C. 正常状态　　D. 异常状态的可能性大

29. 质量统计控制图的上、下控制限可以用来(B)。

A. 判断产品是否合格　　B. 判断过程是否稳定

C. 判断过程能力是否满足技术要求　　D. 判断过程中心与技术中心是否发生偏移

30. 产品的不良项分为A、B、C、D四级，A级不良项是指产品的(C)不良项。

A. 轻微　B. 一般　C. 致命　D. 严重

31. 产品的不良项分为A、B、C、D四级，C级不良项是指产品的(B)不良项。

A. 轻微　B. 一般　C. 致命　D. 严重

32. 在计算机应用软件Word中插入的图片(A)。

A. 可以嵌入到文本段落中

B. 图片的位置可以改变，但大小不能改变

C. 文档中的图片只能显示，无法用打印机打印输出

D. 不能自行绘制，只能从Office的剪辑库中插入

33. 在Excel 97工作表中，单元格C4中有公式"=A3+　C　5"，在第3行之前插入一行之后，单元格C5中的公式为(A)。

A. =A4+　C　6　B. =A4+　C　5

C. =A3+　C　6　D. =A3+　C　5

34. 图中所指的按钮是(B)。

A. 降序按钮　B. 升序按钮　C. 插入字母表　D. 删除字母表

35. 建立图表的方法是从(C)菜单里点击图表。

A. 编辑　B. 视图　C. 插入　D. 工具

36. 班组管理是在企业整个生产活动中，由(D)进行的管理活动。

A. 职工自我　B. 企业　C. 车间　D. 班组自身

37. 属于班组经济核算主要项目的是(C)。

A. 设备完好率　B. 安全生产　C. 能耗　D. 环保中的三废处理

多选题

1. 属于班组交接班记录的内容是(A，B，C)。

A. 生产运行　B. 设备运行　C. 出勤情况　D. 安全学习

2. 下列属于班组安全活动的内容是(B，C，D)。

A. 对外来施工人员进行安全教育

B. 学习安全文件、安全通报

C. 安全讲座、分析典型事故，吸取事故教训

D. 开展安全技术座谈，消防、气防实地救护训练

3. 化工设备装配图中，螺栓连接可简化画图，其中所用的符号可以是(C，D)。

A. 细实线+　B. 细实线×　C. 粗实线+　D. 粗实线×

4. 下列选项中，属于零件图内容的是(A，C)。

A. 零件尺寸　B. 零件的明细栏　C. 技术要求　D. 零件序号表

5. 清洁生产审计有一套完整的程序，是企业实行清洁生产的核心，其中包括以下(B，C，D)阶段。

A. 确定实施方案　B. 方案产生和筛选　C. 可行性分析　D. 方案实施

6. HSE体系文件主要包括(A，B，C)。

A. 管理手册　B. 程序文件　C. 作业文件　D. 法律法规

7. 下列叙述中，属于生产中防尘防毒技术措施的是(A，B，C，D)。

A. 改革生产工艺　　B. 采用新材料新设备

C. 车间内通风净化　　D. 湿法除尘

8. 下列叙述中，不属于生产中防尘防毒的管理措施的有(A，B)。

A. 采取隔离法操作,实现生产的微机控制　　B. 湿法除尘

C. 严格执行安全生产责任制　　D. 严格执行安全技术教育制度

9. 我国在劳动安全卫生管理上实行“(A，B，C，D)”的体制。

A. 企业负责　　B. 行业管理　　C. 国家监察　　D. 群众监督

10. 在 HSE 管理体系中，危害识别的状态是(A，B，C)。

A. 正常状态　　B. 异常状态　　C. 紧急状态　　D. 事故状态

11. 在 HSE 管理体系中，可承受风险是根据企业的(A，B)，企业可接受的风险。

A. 法律义务　　B. HSE 方针　　C. 承受能力　　D. 心理状态

12. 在 HSE 管理体系中，风险控制措施选择的原则是(A，B)。

A. 可行性　　B. 先进性、安全性

C. 经济合理　　D. 技术保证和服务

13. 对于在产品交付给顾客及产品投入使用时才发现不合格产品，可采用以下方法处置(B，D)。

A. 一等品降为二等品　　B. 调换

C. 向使用者或顾客道歉　　D. 修理

14. 在 ISO 9000 族标准中，关于第一方审核说法正确的是(A，B，D)。

A. 第一方审核又称为内部审核

B. 第一方审核为组织提供了一种自我检查、自我完善的机制

C. 第一方审核也要由外部专业机构进行的审核

D. 第一方审核的目的是确保质量管理体系得到有效地实施

15. 质量统计排列图的作用是(A，B)。

A. 找出关键的少数　　B. 识别进行质量改进的机会

C. 判断工序状态　　D. 度量过程的稳定性

16. 质量统计因果图具有(C，D)特点。

A. 寻找原因时按照从小到大的顺序　　B. 用于找到关键的少数

C. 是一种简单易行的科学分析方法　　D. 集思广益，集中群众智慧

17. 质量统计控制图包括(B，C，D)。

A. 一个坐标系　　B. 两条虚线　　C. 一条中心实线　　D. 两个坐标系

18. 产品不良项的内容包括(A，C，D)。

A. 对产品功能的影响　　B. 对质量合格率的影响

C. 对外观的影响　　D. 对包装质量的影响

19. 在计算机应用软件 Word 中页眉设置中可以实现的操作是(A，B，D)。

A. 在页眉中插入剪贴画　　B. 建立奇偶页内容不同的页眉

C. 在页眉中插入分隔符　　D. 在页眉中插入日期

20. 在计算机应用软件 Excel 中单元格中的格式可以进行(A，B，C)等操作。
A. 复制　B. 粘贴　C. 删除　D. 连接
21. 自动筛选可以实现的条件是(A，C，D)。
A. 自定义　B. 数值　C. 前 10 个　D. 全部
22. 对于已生成的图表，说法正确的是(A，B，D)。
A. 可以改变图表格式　B. 可以更新数据
C. 不能改变图表类型　D. 可以移动位置
23. 班组的劳动管理包括(A，B，D)。
A. 班组的劳动纪律　B. 班组的劳动保护管理
C. 对新工人进行"三级教育"　D. 班组的考勤、考核管理
24. 班组生产技术管理的主要内容有(A，C，D)。
A. 定时查看各岗位的原始记录，分析判断生产是否处于正常状态
B. 对计划完成情况进行统计公布并进行分析讲评
C. 指挥岗位或系统的开停车
D. 建立指标管理账
25. 在班组经济核算中，从项目的主次关系上看，属于主要项目的有(A，C，D)指标。
A. 产量　B. 安全生产　C. 质量　D. 工时
26. 总结与报告的主要区别是(A，C，D)不同。
A. 人称　B. 文体　C. 目的　D. 要求
27. 报告与请示的区别在于(A，B，C，D)不同。
A. 行文目的　B. 行文时限　C. 内容　D. 结构
28. 请示的种类可分为(A，B，C，D)的请示。
A. 请求批准　B. 请求指示　C. 请求批转　D. 请求裁决

简答题

1. 清洁生产审计有哪几个阶段？

答：①筹划与组织；②预评估；③评估；④方案产生和筛选；⑤可行性分析；⑥方案实施；⑦持续清洁生产。

2. ISO 14001 环境管理体系由哪些基本要素构成？

答：ISO 14001 环境管理体系由环境方针、规划、实施、测量和评价、评审和改进等五个基本要素构成。

3. 防尘防毒的主要措施是什么？

答：我国石化工业多年来治理尘毒的实践证明，在大多数情况下，靠单一的方法防尘治毒是行不通的，必须采取综合治理措施。即首先改革工艺设备和工艺操作方法，从根本上杜绝和减少有害物质的产生，在此基础上采取合理的通风措施，建立严格的检查管理制度，这样才能有效防止石化行业尘毒的危害。

4. 什么叫消除二次尘毒源？

答：对于因"跑冒滴漏"而散落地面的粉尘、固、液体有害物质要加强管理，及时清扫、冲洗地面，实现文明生产，叫消除二次尘毒源。

5. 什么是劳动安全卫生管理体制中的“行业管理”？

答：劳动安全卫生管理体制中的“行业管理”就是行业主管部门根据本行业的实际和特点切实提出本行业的劳动安全卫生管理的各项规章制度，并监督检查各企业的贯彻执行情况。

6. 简述 ISO 14001 环境管理体系建立的步骤。

答：一般而言，建立环境管理体系过程包括以下六大阶段：①领导决策与准备；②初始环境评审；③体系策划与设计；④环境管理体系文件编制；⑤体系运行；⑥内部审核及管理评审。

7. HSE 管理体系中危害识别的思路是什么？

答：①存在什么危害（伤害源）？②谁（什么）会受到伤害？③伤害怎样发生？

8. 什么是第一方审核？第二方审核？第三方审核？

答：第一方审核又称为内部审核，第二方审核和第三方审核统称为外部审核。①第一方审核指由组织的成员或其他人员以组织的名义进行的审核。这种审核为组织提供了一种自我检查、自我完善的机制。②第二方审核是在某种合同要求的情况下，由与组织有某种利益关系的相关方或由其他人员以相关方的名义实施的审核。这种审核旨在为组织的相关方提供信任的证据。③第三方审核是由独立于受审核方且不受其经济利益制约的第三方机构依据特定的审核准则，按规定的程序和方法对受审核方进行的审核。

9. 什么是排列图？

答：排列图又叫帕累托图，在质量管理中，排列图是用来寻找影响产品质量的主要问题，确定质量改进关键项目的图。

10. 控制图的主要用途是什么？

答：①分析用的控制图主要用于分析工艺过程的状态，看工序是否处于稳定状态；②管理用的控制图主要用于预防不合格品的产生。

11. 国际上通用的产品不良项分为几级？

答：国际上通用的产品不良项分级共分为：致命（A 级）、严重（B 级）、一般（C 级）、轻微（D 级）四级。

12. 班组在企业生产中的地位如何？

答：①班组是企业组织生产活动的基本单位；②班组是企业管理的基础和一切工作的立脚点；③班组是培养职工队伍，提高工人技能的课堂；④班组是社会主义精神文明建设的重要阵地。

13. 班组管理有哪些基本内容？

答：①建立和健全班组的各项管理制度；②编制和执行生产作业计划，开展班组核算；③班组的生产技术管理；④班组的质量管理；⑤班组的劳动管理；⑥班组的安全管理；⑦班组的环境卫生管理；⑧班组的思想政治工作。

14. 班组经济核算的基本原则和注意事项是什么？

答：班组经济核算应遵循“干什么、管什么、算什么”的原则，力求注意三个问题：一是计算内容少而精；二是分清主次；三是方法简洁。

15. 总结的写作要求是什么？

答：①要新颖独特，不能报流水账；②要重点突出，找出规律，避免事无巨细面面俱到；③要实事求是，全面分析问题，从中找出经验教训；④要材料取舍得当；⑤要先叙后议或夹叙夹议。

16. 什么是报告？

答：报告是下级机关向上级机关汇报工作、反映情况、提出意见或建议，答复上级机关的询问时使用的行文。

17. 请示的特点是什么？

答：请示的最大特点是请求性。指本机关、本部门打算办理某件事情，而碍于无权自行决定、或者无力去做，或不知该不该办，必须请求上级机关批准、同意后方可办理。

工种理论知识试题

判断题

1. 实际的电压源与实际的电流源之间满足一定条件时可以互相等效。（√）

2. 叠加原理可用来计算线性电路的功率，但不适用于计算非线性电路的功率。（×）

正确答案：即使对线性电路，功率也不能用叠加原理来计算。

3. 如将一个 Y 网络转换为△网络，当 Y 网络的三电阻值都相等时，则转换后的△网络中的三电阻值也相等，均为 Y 网络中电阻的 3 倍。（√）

4. 如图所示电路的复阻抗为 $5\angle-90°\Omega$。（√）

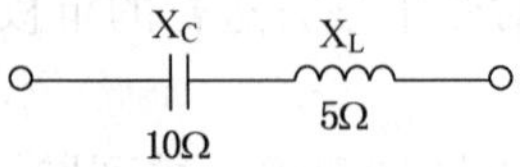

5. 一段含源支路中，其两端的复电压等于复电动势与复阻抗上压降的代数和。（√）

6. 交流电路中，流经任一节点的复电流的代数和恒等于零，即 $\Sigma I=0$。（√）

7. 交流电路中，基尔霍夫第一定律和第二定律写成瞬时值表达形式、有效值表达形式或复数表达形式均成立。（×）

正确答案：交流电路中，基尔霍夫第一定律和第二定律写成瞬时值表达形式或复数表达形式均成立，但写成有效值表达形式不成立。

8. 当 RLC 串联电路发生谐振时，电路中的电流有效值将达到其最大值。（√）

9. RLC 并联电路发生并联谐振，则其 $B=B_L-B_C=0$，电路表现为感性。（×）

正确答案：RLC 并联电路发生并联谐振，则其 $B=B_L-B_C=0$，电路表现为纯电阻性。

10. 一个二端网络，其电压和电流的最大值的乘积称为视在功率。（×）

正确答案：一个二端网络，其电压和电流的有效值的乘积称为视在功率。

11. 对任一正弦交流电路，总视在功率等于各部分视在功率之和。（×）

正确答案：对任一正弦交流电路，总视在功率不等于各部分视在功率之和。

12. 三相不对称负载电路有中线时，中线电流等于三个负载电流的相量和。（√）

13. 不对称三相电路的视在功率等于各相电路视在功率之和。（×）

正确答案：不对称三相电路的视在功率并不等于各相电路视在功率之和，应根据公式 $S_s=\sqrt{P^2+Q^2}$ 来计算。

14. 三相对称负载接成三角连接后，接于对称三相电源上，每相负载消耗的功率为 $P=\frac{\sqrt{3}}{3}U_1I_1\cos\varphi$。（√）

15. 只要是三相负载，其三相功率都可以用 $P=3U_pI_p\cos\varphi$ 计算得到。（×）

正确答案：只有对称三相负载，其三相功率可以用 $P=3U_pI_p\cos\varphi$ 计算得到。

16. 互感线圈顺接就是把线圈的同名端相连接。（×）

正确答案：互感线圈顺接就是把线圈的异名端相连接。

17. 一个非正弦的周期电量，可以用直流分量和谐波分量来表示，其中次数较低的谐波由于其分量较小，常略去不计。（×）

正确答案：一个非正弦的周期电量，可以用直流分量和谐波分量来表示，其中次数较高的谐波由于其分量较小，常略去不计。

18. 非正弦交流电最大值和有效值的关系仍然满足 $I_M=\sqrt{2}I$。（×）

正确答案：非正弦交流电最大值和有效值的关系不是简单的$\sqrt{2}$倍关系。

19. 非正弦周期电流的波形若全部在横轴的上方，则计算出的平均值与直流分量相等。（√）

20. 非正弦交流电的平均功率等于其直流分量的功率。（×）

正确答案：非正弦交流电的平均功率等于其直流分量的功率与各次谐波平均功率之和。

21. 交流电磁铁接于正常的电源上，由于某种原因未能完全吸合，则其线圈将很快发热，甚至烧坏。（√）

22. 交流磁路和直流磁路中均存在铁损。（×）

正确答案：交流磁路中存在铁损，直流磁路中不存在铁损。

23. 电路发生换路时，电容元件上的电流不能发生突变。（×）

正确答案：电路发生换路时，电容元件上的电压不能发生突变。

24. 电路发生换路时，电感元件上的电流不能发生突变。（√）

25. 零值初始条件下，换路后的一瞬间，电感相当于短路。（×）

正确答案：零值初始条件下，换路后的一瞬间，电感相当于开路。

26. 在零值初始条件下，电路在换路后的一瞬间，电容相当于短路，电感相当于开路。（√）

27. 在正常状况下，电力系统各种电气参数中只包含正序分量而没有负序分量和零序分量。（√）

28. 在三个辐值相同、频率相同、相位互差 120°，最大值出现的顺序是 A、C、B 的三相交流电称负序交流电。（√）

29. 对于译码器来说，如果输入端个数为 N，则其输出端个数最多有 2^N-1 个。（×）

正确答案：对于译码器来说，如果输入端个数为 N，则其输出端个数最多有 $2N$ 个。

30. TTL 集成门电路与 CMOS 集成门电路的静态功耗差不多。（×）

正确答案：TTL 集成门电路与 CMOS 集成门电路的静态功耗值的大小不一样，TTL 集成门电路静态功耗大，CMOS 集成门电路的静态功耗小。

31. 在逻辑运算中，把所有条件组合及其结果一一对应列出来的表格称为真值表。（√）

32. 计数器的内部电路主要由单稳态触发器构成。（×）

正确答案：计数器的内部电路主要由双稳态触发器构成。

33. 对于下降沿触发的异步二进制加法计数器，高位触发器的 CP 端应于低位的 Q 端相连。（√）

34. 移位寄存器可以将数码向左移，也可以将数码向右移。（√）

35. 只用七段笔划就可以显示出十进位数中的任何一位数字。（√）

36. 数字显示器电路通常由编码器、驱动器和显示器等部分组成。（×）

正确答案：数字显示器电路通常由译码器、驱动器和显示器等部分组成。

37. 集成运算放大器的输入级采用的是差动放大器。（√）

38. 运放的反相输入端标上"-"号表示只能输入负电压。（×）

正确答案：运放的反向输入端标上"-"号表示输出电压与输入电压的极性相反。

39. 单相半波可控整流电路，无论其所带负载是感性还是纯电阻性的，晶闸管的导通角与触发延迟角之和一定等于180°。（×）

正确答案：单相半波可控整流电路，所带负载是纯电阻性的，晶闸管的导通角与触发延迟角之和一定等于180°；所带负载是感性的，晶闸管的导通角与触发延迟角之和大于180°。

40. 三相桥式可控整流电路中，每只晶闸管承受的最高正反向电压值为变压器二次相电压的最大值。（×）

正确答案：三相桥式可控整流电路中，每只晶闸管承受的最高正反向电压值为变压器二次相电压有效值的$\sqrt{2}$倍。

41. 在高电压和大电流场合，必须把晶闸管串联或并联起来，晶闸管常采用强迫风冷或水冷。（√）

42. 同步电动机晶闸管励磁装置投磁环节的作用是在同步电动机启动过程中，当转速到达亚同步转速（$S=0.04\sim0.05$）时，发出投磁信号，投入直流励磁电流。（√）

43. 差动放大器工作在线性区时，只要信号是从单端输出，则电压放大倍数一定是双端输出时放大倍数的一半，与输入端是单端输入还是双端输入无关。（√）

44. 直流放大器要解决的主要问题是抑制零点个漂移，最常用最有效的办法是采用差动放大器。（√）

45. 复式滤波电路输出的电压波形比一般滤波电路输出的电压波形平直。（√）

46. 三端集成稳压器的输出端有正、负之分，使用时不得用错。（√）

47. 普通示波器所要显示的是被测电压信号随频率而变化的波形。（×）

正确答案：普通示波器所要显示的是被测电压信号随时间而变化的波形。

48. 普通示波器由三部分组成，即垂直系统、水平系统、示波管显示和高低压电源电路。（√）

49. 具有触发延迟扫描和垂直轴延迟两种功能的示波器称为同步示波器。（√）

50. SBT-5型同步示波器的电路结构组成单元有垂直系统、水平放大器、触发电路、扫描发生器、示波管控制电路。（√）

51. SR-8型双踪示波器有三个主要单元，即主机部分、垂直系统及水平系统。（√）

52. 测量单相变压器同名端时一般用直流感应法。（√）

53. 变压器的极性有加极性和减极性两种。（√）

54. 不同介质随温度的上升，其$\tan\delta$值有不同程度的减少。（×）

正确答案：不同介质随温度的上升，其$\tan\delta$值有不同程度的增长。

55. 测量变压器线圈的直流电阻时，应注意掌握电池电压、充电时间、充电电流、测试方法，以使测量值更准确。（√）

56. 当并励直流电动机与直流电网接通后，无论磁路中是否有剩磁存在，都能正常启动并运转。 (√)

57. 电压为 1kV 以上的电机，在接近运行温度时，定子绝缘的绝缘电阻不低于每千伏 1MΩ。转子绕组不低于 0.5MΩ。电机各相绝缘电阻的不平衡系数一般不大于 2。 (√)

58. 做直流泄漏电流试验时，应采用负极性接线。 (√)

59. 交流耐压试验是鉴定电气设备绝缘强度的最有效和最直接的方法，能有效地发现电气设备存在的较危险的集中性缺陷。 (√)

60. 电刷是用碳素粉或碳素粉末与金属粉末混合制成的，它具有良好的导电性和润滑性。 (√)

61. 变压器的工频交流耐压试验，必须在变压器充满合格的绝缘油，并静置一段时间后，才能进行。 (√)

62. 变压器接线组别不同，就说明各台变压器二次相电压不同，至少相差 30°。 (×)

正确答案：变压器接线组别不同，说明各台变压器二次线电压相位不同，至少相差 30°。

63. 阻抗电压一般用占额定电压的百分数来表示。 (√)

64. 电缆铠装层主要是用以减少电磁力对电缆的影响。 (×)

正确答案：电缆铠装层主要是用以增加电缆机械强度。

65. 铬镍电池若出现爬碱现象，可能原因是电液液面过高或凡士林涂抹不良。 (√)

66. 欠电压脱扣器的动作范围一般调整为：当动作电压低于额定电压的 70%时，必须能够释放。 (×)

正确答案：欠电压脱扣器的动作范围一般调整为：当动作电压低于额定电压的 40%时，必须能够释放。

67. 熔体的熔断电流一般是指能使熔体瞬时熔断的电流，通常是额定电流的 2 倍。 (×)

正确答案：熔体的熔断电流一般是指在 30～40s 时间内能使熔体熔断的电流，通常是额定电流的 2 倍。

68. 在小倍数过载时，熔断时间接近于熔化时间，燃弧时间往往可以忽略不计。 (√)

69. 常用的 RN1 型高压熔断器一般用在高压电力线路和电力变压器的保护。RN2 型高压熔断器只用作电压互感器的短路保护。RN2 的熔体额定电流一般为 0.5A。 (√)

70. 在中性点经消弧圈接地的系统中，发生单相接地故障时，会造成单相短路，其他两相对地电压不会升高。 (×)

正确答案：在中性点经消弧圈接地的系统中，发生单相接地故障时，不会造成单相短路，但其他两相对地电压会升高。

71. PLC 的软件系统是指管理、控制和使用 PLC，确保 PLC 正常工作的一整套程序。 (√)

72. 在 PLC 的梯形图中若同一软元件的线圈被多次使用，则程序第一次使用的线圈输出有效，后面的均无效。 (×)

正确答案：在 PLC 的梯形图中若同一软元件的线圈被多次使用，则程序最后一次使用的线圈输出有效，前面的均无效。

73. PLC 中输入继电器和输出继电器提供的内部触点只能有限次地使用。 (×)

正确答案：PLC 中任何继电器(包括输入继电器和输出继电器)提供的内部触点都可以

无限次地使用。

74. PLC 输出锁存器中的内容是 PLC 在一个扫描周期中对用户程序进行处理的最终结果，不随用户程序的解算而变化。 (√)

75. 在有静差直流调速系统中，扰动对输出量的影响只能得到部分补偿。 (√)

76. 当调速系统中积分调节器的输入偏差 $\Delta u=0$ 时，其输出电压也为 0。 (×)

正确答案：积分调节器具有保持作用，当偏差为 0 时，输出不变。

77. 在调速范围中规定的最高转速和最低转速，它们都必须满足静差率所允许的范围。若低速时静差率满足允许范围，则其余转速时静差率自然就一定满足。 (√)

78. 不同斩波器工作原理的区别在于其晶闸管的导通电路。 (×)

正确答案：不同斩波器工作原理的区别在于其晶闸管的关断电路。

79. 在斩波器—直流电动机调速系统中，升压斩波器通常用于直流电动机的再生制动。 (√)

80. 斩波器的基本工作原理是利用电力电子开关器件周期性地开通和关断来改变输出直流平均电压的大小，广泛用于直流电动机的调速系统。 (√)

81. 晶闸管斩波器是应用于直流电源方面的调压装置，但输出电压只能下调。 (√)

82. 我国 3～110kV 系统，大多采取中性点不接地的运行方式。 (×)

正确答案：我国 3～60kV 系统，大多采取中性点不直接接地的运行方式。

83. 在中性点直接接地系统供电设备绝缘只需按相电压考虑，而无需按线电压考虑。 (√)

84. 二级负荷要求双回路供电，一级负荷除两个电源外还必须增设应急电源。 (×)

正确答案：一级负荷除两个电源外，仅特别重要的需要增设应急电源。

85. 年平均负荷 $P_{av}=W_a$（全年实际消耗的电能）/8760。 (√)

86. 年最大负荷也称为年小时最大负荷。 (×)

正确答案：年最大负荷也称为年半小时最大负荷。

87. 计算负荷确定的是否正确合理，直接影响到电器和导线的选择是否经济合理。(√)

88. 用来产生主磁通的无功功率近似地与空载电流成正比，与绕组电压无关。 (×)

正确答案：用来产生主磁通的无功功率近似地与空载电流成正比，与绕组电压有关与负荷无关。

89. 确定工厂计算负荷的方法有：逐级计算法、需要系数法和按年产量或年产值估算法等。 (√)

90. 中性点不接地系统不会出现单相短路。 (√)

91. 短路后第一周期的短路电流有效值最大。 (√)

92. 三相短路计算时，某一短路点短路功率与短路电流的标幺值相等。 (√)

93. 计算标幺值采用的基准值原则上是可以任意取的，所以计算是可以按任意数选定基准值。 (×)

正确答案：为计算方便基准值的选取须遵循某些约束条件。

94. 无限大容量系统中同一地点的两相短路电流为三相短路电流的 0.866 倍。 (√)

95. 相同长度和间距的矩形母线放置方式不同，其支撑绝缘子所受的电动力也不同。 (√)

96. 动稳定校验条件是电气的极限通过电流大于三相短路冲击电流。 (√)

97. 校验短路热稳定时除了考虑保护动作时间外还要考虑断路器固有分闸时间和电弧延

燃时间。 (√)

98. 一般铜、铝的导线载流量之比为1∶0.76，在实际使用中如果用铜导线代替铝导线，可以将截面积减小一级。 (√)

99. 电弧是一种极强烈的电游离现象，其特点是光亮很强和温度很高且具有导电性。 (√)

100. 开关主触头分离后短路电流立即被切断。 (×)

正确答案：开关主触头分离后、电弧熄灭前短路电流其实没断。

101. 直流电弧比交流电弧容易熄灭。 (×)

正确答案：直流电弧比交流电弧很难熄灭因为电流不会过零。

102. 要使电弧熄灭，必须使触头间电弧中的游离率大于去游离率。 (×)

正确答案：要使电弧熄灭，必须使触头间电弧中的游离率小于去游离率。

103. 在供电线路的三段式电流保护中，限时电流速断保护能保护本级线路的全长。 (√)

104. 电动机电流速断保护灵敏度不够时应装设纵联差动保护。 (√)

105. 电力变压器的瓦斯保护、纵差动保护均为变压器的主保护，所以装设时，只要选取其中之一就可以。 (×)

正确答案：电力变压器的瓦斯保护、纵差动保护均为变压器的主保护，装设时，都是必须的主保护。

106. 电力变压器的继电保护中，电流速断保护是它的主保护，而且能保护变压器的全部。 (×)

正确答案：电力变压器的继电保护中，差动、瓦斯保护是它的主保护，而且能保护变压器的全部。小型变压器可以以速断保护为主保护但不能保护全部。

107. 在变压器的寿命问题上，电压起着决定的作用。 (×)

正确答案：在变压器的寿命问题上，温度起着决定的作用。

108. 变压器受潮时就必须进行干燥，最常用的就是让变压器带上满负荷利用变压器的温升干燥。 (×)

正确答案：变压器受潮时就必须进行干燥，最常用的就是利用变压器外壳的涡流、热风干燥等。

109. 电流互感器正常运行时，如二次开路则铁芯将高度饱和而在二次绕组感应高电压，危及设备和人身安全。 (√)

110. 直流操作电源有蓄电池供电和直流逆变电源两种。 (×)

正确答案：直流操作电源有蓄电池供电和整流装置供电两种。

111. 密封蓄电池经过长期搁置，电池容量会不足或不均，一般可经过1~2次活化恢复容量。 (√)

112. 防跳继电器在开关合于短路故障时，能防止开关不跳闸。 (×)

正确答案：防跳继电器在开关合于短路故障并跳闸时，能防止开关再次合闸。

113. 不能重复动作的事故信号装置必须解除事故音响后才能再次动作。 (×)

正确答案：不能重复动作的事故信号装置必须复归控制把手后才能再次动作。

114. 微机监控装置采集的数据有模拟量、开关量和脉冲量。 (√)

115. 微机监控装置就是变电所综合自动化系统。 (×)

正确答案：微机监控装置就是变电所综合自动化系统的一个子系统。

116. 自动按频率减负荷装置动作线路跳闸后应闭锁自动重合闸。（√）

117. 为使停电时间尽可能缩短，BZT 动作可以不设时限。（×）

正确答案：虽然要求停电时间尽可能缩短，BZT 动作还是必须设时限。

118. 电压型逆变电路中，都采用反馈二极管。（√）

119. 采用通断控制的交流调压器不适用于声光电路。（√）

120. 变角调频原则弥补了定角调频原则在负载频率升高时，超前时间减少太多的缺点。（×）

正确答案：定角调频原则弥补了变角调频原则在负载频率升高时，超前时间减少太多的缺点。

121. 电压型逆变器适用于对加减速有要求的变频调速系统。（×）

正确答案：电流型逆变器适用于对加减速有要求的变频调速系统。

122. 变频器本身对外部可看成一个可进行调频调压的变流器。（√）

123. 在采用 120 导电型电压型三相桥式逆变电路中，不存在同一相上下直通短路问题。（√）

124. 继电保护装置就是能反映电力系统中各电气设备发生的故障或不正常工作状态，并作用于断路器跳闸或发出警报信号的自动装置。（√）

125. 继电保护测量部分的功能是从被保护对象（输电线路或其他电气元件）输入的信息（电流、电压等）与给定的整定值进行比较，判断被保护元件有无故障或异常情况，并输出相应的信息。（√）

126. 继电器的动作时间就是保护动作的切除时间。（×）

正确答案：继电器的动作时间、断路器的跳闸时间组成保护动作的切除时间。

127. 断路器常用的操作机构是弹簧操作机构和电动操作机构。（√）

128. 隔离开关的操作机构常采用手动机构或电动机构。（√）

129. 齿轮传动指的是由两个相互啮合的齿轮来传递运动和动力的一套装置。（√）

130. 齿轮传动按啮合方式不同可分为外啮合齿轮传动、内啮合齿轮传动和齿条传动。（√）

131. 轮系运转时各齿轮的几何轴线在空间的相对位置是否固定，轮系可分为定轴轮系和周转轮系两大类。（√）

132. 弹性联轴器具有缓冲、减震的作用。（√）

133. 常用的离合器有侧齿式离合器、摩擦式离合器、超越离合器。（√）

134. 离合器是机器在运转过程中，可将传动系统随时分离或结合的一种装置。（√）

135. 在液压传动系统中，传递运动和动力的工作介质是汽油和煤油。（×）

正确答案：在液压传动系统中，传递运动和动力的工作介质是油液。

单选题

1. 下图所示电路中，三极管各极电流关系为（ B ）。

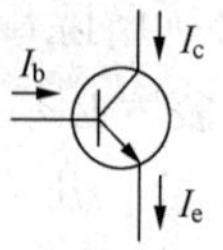

A. $I_b+I_e=I_c$　　B. $I_b+I_c=I_e$　　C. $I_e+I_c=I_b$　　D. $I_b+I_c+I_e=0$

2. 测得一有源二端网络的开路电压 $U_0=6V$，短路电流 $I_S=2A$，设外接负载电阻 $R_L=9\Omega$，则 R_L 中的电流为(C)A。

A. 2　　B. 0.67　　C. 0.5　　D. 0.25

3. 复电流 $I=(8-j6)A$ 的瞬时解析式为(C)。

A. $i=10\sin(\omega t+36.9°)$　　B. $i=10\sin(\omega t-36.9°)$

C. $i=10\sqrt{2}\sin(\omega t-36.9°)$　　D. $i=10\sqrt{2}\sin(\omega t-53.1°)$

4. 已知 $u=-311\sin(314t-10°)V$，其相量表示为(D)V。

A. $311\angle170°$　　B. $311\angle-190°$　　C. $220\angle10°$　　D. $220\angle170°$

5. 三相对称电源星形连接，已知 $U_B=220\angle15°V$，则 $U_{AB}=$(B)V。

A. $220\angle45°$　　B. $380\angle165°$　　C. $220\angle-75°$　　D. $380\angle45°$

6. 复功率定义为一段电流相量的共轭复数与电压相量的乘积，它的模是视在功率 S，辐角是功率因数角，实部为(A)。

A. 有功功率　　B. 无功功率　　C. 瞬时功率　　D. 平均功率

7. 如图所示电路的复阻抗为(C)Ω。

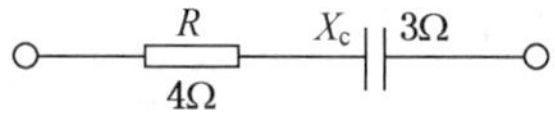

A. $4+j3$　　B. $3-j4$　　C. $4-j3$　　D. $3+j4$

8. 对于正弦交流电路，以下关于功率描述正确的是(B)。

A. $S=P+Q$　　B. $S=\sqrt{P^2+Q^2}$　　C. $S=P^2+Q^2$　　D. $S=P-Q$

9. 在交流电路中，负载的功率因数决定于电路(B)。

A. 负载两端所加的电压　　B. 负载本身的参数

C. 负载的接线方式(Y/△)　　D. 负载功率的大小

10. 一个无源二端网络，其外加电压为 $u=100\sqrt{2}\sin(10000t+60°)V$，通过的电流为 $i=2\sqrt{2}\sin(10000t+120°)V$，则该二端网络的等效阻抗、功率因数是(B)。

A. 50Ω，0.5　　B. 50Ω，-0.5　　C. 50Ω，0.866　　D. 50Ω，-0.866

11. 两个具有互感的线圈，当随时间增大的电流从一个线圈的任一端流入时，另一线圈相应的同名端的电位将会(A)。

A. 升高　　B. 不变　　C. 降低　　D. 为零

12. 非正弦周期电压的有效值与其直流分量和各次谐波分量有效值的关系满足(D)。

A. $U=U_0+U_1+U_2+\cdots$　　B. $U=\sqrt{U_0+U_1+U_2+\cdots}$

C. $U=U_0+\sqrt{U_1^2+U_2^2+\cdots}$　　D. $U=\sqrt{U_0^2+U_1^2+U_2^2+\cdots}$

14. 在周期性非正弦交流电路中，电路的总平均功率等于(A)。

A. 各次谐波的平均功率之和　　B. 各次谐波的功率之和

C. 各次谐波的瞬时功率之和　　D. 总电流乘以总电压

15. 具有铁磁物质的磁路中，若磁通为正弦波，则线圈中的励磁电流为(C)。

A. 正弦波　　B. 方波　　C. 尖顶波　　D. 锯齿波

16. 具有铁磁物质的磁路中，若线圈中的励磁电流为正弦波，则磁路中的磁通为(D)。

A. 正弦波　　　　B. 锯齿波　　　　C. 尖顶波　　　　D. 平顶波

17. 主变磁通波形如图，则感应电动势的波形为(B)。

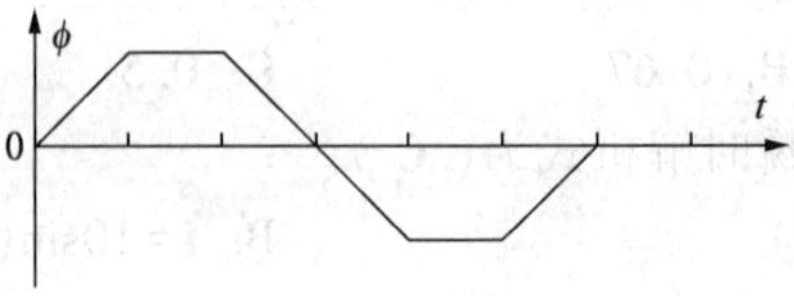

A.
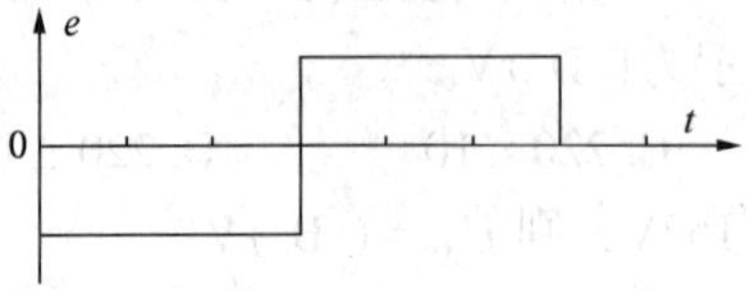

B.
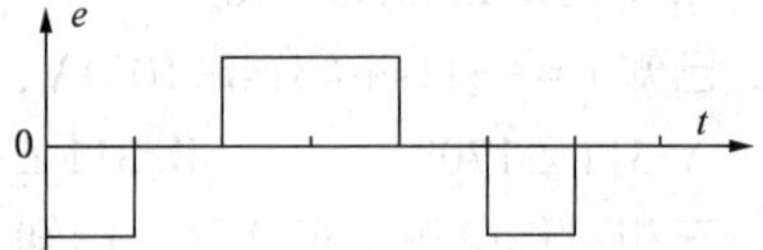

C.
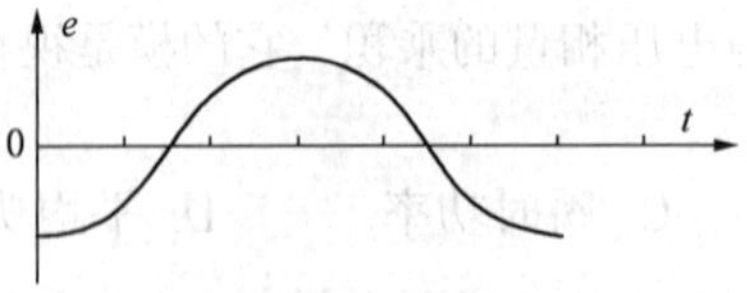

D.
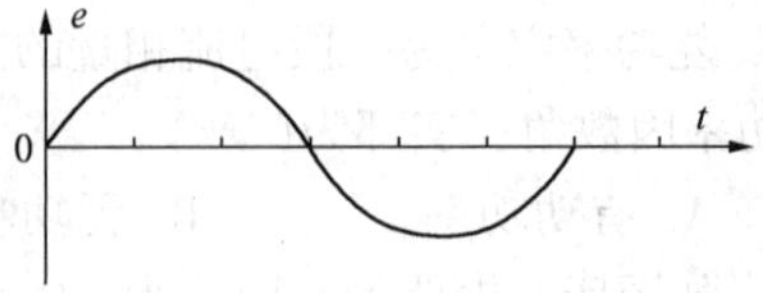

18. 交流电磁铁中短路环的作用是(B)。

A. 对电磁铁进行短路保护　　　　B. 消除衔铁强烈振动和噪音

C. 缓冲衔铁吸合时的撞击　　　　D. 增大衔铁的吸力

19. 将交流电磁机构的线圈接到相同额定电压的直流电源上，以下描述正确的是(A)。

A. 线圈因过电流而烧坏　　　　B. 可以正常工作

C. 线圈中的电流很小以致不能正常启动　　D. 线圈中的磁通变得很小

20. 复杂电路处在过渡过程中时，基尔霍夫定律(D)。

A. 不成立　　　　B. 只有电流定律成立

C. 只有电压定律成立　　　　D. 仍然成立

21. 如图所示，当开关闭合时电路的时间常数为(B)s。

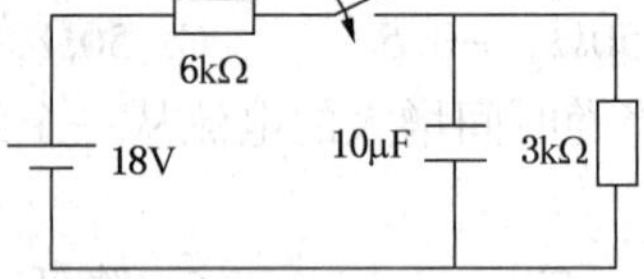

A. 0.06　　　　B. 0.02　　　　C. 0.03　　　　D. 0.1

22. 磁路的磁阻与磁路的长度(A)。

A. 成正比　　　　B. 成反比　　　　C. 无关　　　　D. 平方成正比

23. 磁路的基尔霍夫磁路定律中，穿过闭合面的磁通的代数和必须为(C)。

A. 正数　　　　B. 负数　　　　C. 零　　　　D. 无穷大

24. 当中性点直接接地的电网中发生接地故障时，故障点的零序电压(A)。

A. 最高　　　　B. 最低　　　　C. 不确定　　　　D. 为零

25. 三相五柱式电压互感器，其一次绕组接成星形并将中性点接地，接成开口三角形的二次绕组两端在系统接地时得到的输出电压是(B)。

A. 非故障相对地电压　　B. 零序电压
C. 正序电压　　D. 负序电压

26. 在正逻辑系统中，若要“与”门输出高电平，则其输入端(A)。
A. 全为高电平　　B. 全为低电平
C. 只要有一个高电平就行　　D. 只要有一个低电平就行

27. 如果 CMOS 电路电源电压与 TTL 电路不同，则用 TTL 电路驱动 CMOS 电路时，应该采用(A)。
A. 电平移动器　　B. 缓冲器　　C. 放大器　　D. 比较器

28. 八选一数据选择器当选择码 $S_2S_1S_0$ 为 110 时(D)。
A. 选择数据从 Y_3 输出　　B. 选择数据从 I_3 输入
C. 选择数据从 Y_6 输出　　D. 选择数据从 I_6 输入

29. 高电平有效的 3/8 译码器在 CBA 输入 011 时，输出(B)为 1。
A. Y_1　　B. Y_3　　C. Y_5　　D. Y_7

30. 数字式万用表一般都是采用(C)显示器。
A. 半导体式　　B. 荧光数码　　C. 液晶数字式　　D. 气体放电管式

31. 集成运放由双端输入、双端输出组成差动放大电路的输入级的主要作用是(A)。
A. 有效地抑制零点漂移　　B. 放大功能
C. 输入电阻大　　D. 输出功率大、输出电阻小

32. 集成运放产生零点漂移的主要原因是(A)。
A. 环境温度变化　　B. 电压增益太大
C. 采用直接耦合方式　　D. 采用阻容耦合方式

33. 集成运算放大器的开环差模电压放大倍数高，说明(D)。
A. 电压放大能力强　　B. 电流放大能力强
C. 共模抑制能力强　　D. 运算精度高

34. 单相全波可控整流电路，若输入电压为 10V，则晶闸管承受的最大峰值电压为 (D)V。
A. 10　　B. 14　　C. 18　　D. $20\sqrt{2}$

35. 已知某个单相半波可控整流电路，输入电压有效值为 100V，触发信号的控制角为 60°，则输出电压平均值约为(D)V。
A. 22. 5　　B. 45　　C. 31. 25　　D. 33. 75

36. 单相桥式可控整流电路，通过改变控制角度，负载电压可在(B)之间连续可调。
A. $0 \sim 0.45U_2$　　B. $0 \sim 0.9U_2$　　C. $0 \sim U_2$　　D. $(0.45 \sim 0.9)U_2$

37. 三相半波可控整流电路带电阻负载时，其输出直流电压的波形在(B)的范围内是连续的。
A. $\alpha<120°$　　B. $\alpha<30°$　　C. $30°<\alpha<150°$　　D. $\alpha>30°$

38. 同步电动机启动过程中励磁绕组将产生感应交流电压，随转速增加此感应交流电压的(B)。
A. 频率和幅值都增加　　B. 频率和幅值都减小
C. 频率和幅值都不变　　D. 频率增加，幅值减小

39. 防止晶闸管过电流的保护装置常用的是(A)。

A. 快速熔断器保护　　B. 阻容保护
C. 压敏电阻保护　　D. 硒堆保护

40. 衡量差动放大电路性能质量的指标是(C)。
A. 差模放大倍数 A_d　　B. 共模放大倍数 A_c
C. 共模抑制比 K_{CMRP}　　D. 输出电压 u_0

41. 差动放大电路的功能是(B)。
A. 稳定放大系数　　B. 放大差模信号，抑制共模信号
C. 减小输出电阻　　D. 增大输入电阻

42. 变压器耦合式振荡器属于(A) 振荡电路。
A. LC　　B. RC　　C. RL　　D. 石英晶体

43. 正弦波振荡器必须由(B)组成。
A. 放大器、负反馈网络和选频网络　　B. 放大器、正反馈网络和选频网络
C. 放大器、负反馈网络和稳压器　　D. 放大器、负反馈网络和滤波电路

44. 晶体管串联反馈式稳压电源中的调整管起(D)作用。
A. 放大信号　　B. 降压
C. 提供较大的电流　　D. 调整管压降来保证输出电压稳定

45. 整流电路同步是指触发电路与主电路在(B)上有相互协调、配合的关系。
A. 电压和电流　　B. 相位
C. 功率和阻抗角　　D. 频率和电压的比率

46. 直流电压较低、电流较大的设备，宜采用(D)整流电源。
A. 单相桥式可控　　B. 三相桥式半控
C. 三相桥式全控　　D. 带平衡电抗器三相双反星形可控

47. 晶闸管相控整流电路采用(B)电路。
A. 过零触发　　B. 移相触发　　C. 同步触发　　D. 计数触发

48. 脉冲变压器传递的是(A)。
A. 前沿陡峭、顶部平坦的矩形波信号　　B. 正弦波电压信号
C. 能量的变换　　D. 电压的变换

49. 三相桥式全控整流电路移相触发电路在每个周期中能输出(B)脉冲。
A. 1 个　　B. 相隔 60°的 2 个
C. 相隔 120°的 2 个　　D. 相隔 180°的 2 个

50. 使用 SB-10 型普通示波器观察信号波形时，欲使显示波形稳定，可以调节(B)旋钮。
A. 聚焦　　B. 整步增幅　　C. 辅助聚焦　　D. 辉度

51. 调节示波器控制屏幕上迹线清晰度的旋钮是(A)。
A. FOCUS　　B. POWER　　C. INTENSITY　　D. SCALE ILLUM

52. 示波器面板上的“辉度”旋钮就是调节(A)的电位器旋钮。
A. 栅极上电压　　B. 第一阳极上电压
C. 第二阳极上电压　　D. 两个阳极间电压

53. 通常在使用 SBT-5 型同步示波器观察被测信号时：“X 轴选择”应置于(D)挡。
A. 1　　B. 10　　C. 100　　D. 扫描

54. 观察持续时间很短的脉冲时，最好用(C)示波器。

A. 普通　　B. 双踪　　C. 同步　　D. 双线

55. SR-8 型双踪示波器中的电子开关处在“交替”状态时，适合于显示(B)的信号波形。

A. 两个频率较低　　B. 两个频率较高　　C. 一个频率较低　　D. 一个频率较高

56. 用 SR-8 型双踪示波器的屏幕显示波形周期为 8div，“t/div”置于 1μs/div，则波形的周期 T 为(B)。

A. 8s　　B. 8μs　　C. 8ms　　D. 0.8s

57. 用 SR-8 型双踪示波器 Y 轴偏转因数开关“V/div”位于“0.2”挡级，被测波形若上 5.2div，则此信号的电压值为(A)V。

A. 1.04　　B. 0.104　　C. 10.4　　D. 104

58. 非电量测量的关键是(A)。

A. 把非电量变换成电量的变换技术和其传感器装置

B. 精密的测试仪器

C. 非电量变换成电量的技术

D. 高精度的传感器装置

59. 热电阻是利用电阻与温度呈现一定函数关系的(C)制成的感温元件。

A. 金属导体　　B. 半导体

C. 金属导体或半导体　　D. 绝缘体

60. 测量仪表的量程一般应大于被测电量的最大值，并把被测量的指示范围选择在仪表满刻度的(C)处，这时仪表准确度较高。

A. 1/2　　B. 3/4　　C. 1/2~2/3　　D. 1/3

61. 电流互感器伏安特性试验，主要是检查互感器的(C)。

A. 容量　　B. 绝缘　　C. 磁饱和程度　　D. 极性

62. 测量电流互感器极性的目的是(B)。

A. 满足负载的要求　　B. 保证外部接线正确

C. 提高保护装置动作的灵敏度　　D. 便于选用表计量

63. 测量 6kV 及以上互感器线圈的绝缘电阻时，对兆欧表的要求是(C)。

A. 一、二次线圈均需要 1000V 兆欧表

B. 一、二次线圈均需要 2500V 兆欧表

C. 一次线圈用 2500V 兆欧表，二次线圈用 1000V 兆欧表

D. 一次线圈用 2500V 兆欧表，二次线圈用 500V 兆欧表

64. 通常在用直流法测量单相变压器同名端时，用一个 1.5V 或 3V 的干电池接入高压绕组，在低压侧接一直流毫伏表或直流微安表。当合上刀闸瞬间表针向正方向摆动，则接电池正极的端子与接电表正极的端子为(B)。

A. 异名端　　B. 同名端　　C. 无法确定　　D. 异极性

65. 介损是指电解质在交流电场的作用下由电解质的传导和吸收现象所产生的有功和附加损失之和。当一电压加在某一被试物上，则可看成是一个几何电容和一个有效电阻的串、并联等值电路，在串联电路中，介损 $\tan\delta$ 等于(B)。

A. $R\omega C$　B. $1/(R\omega C)$　C. $C/R\omega$　D. ω/RC

66. 用 2500 兆欧表测量变压器线圈之间和绕阻对地的绝缘电阻，若其值为零，则线圈之间和绕组对地可能有(A)现象。

A. 击穿　B. 运行中有异常声
C. 变压器油温突然升高　D. 变压器着火

67. 三相异步电动机要检查定、转子绕组匝间绝缘的介电强度，应进行(A)试验。

A. 匝间绝缘　B. 耐压　C. 短路　D. 吸收比

68. 电力系统中的调相机实际上就是一台(C)。

A. 空载运行的异步电动机　B. 负载运行的异步电动机
C. 空载运行的同步发电机　D. 负载运行的同步发电机

69. 同步电机的转子磁极上装有励磁绕组，由(C)励磁。

A. 正弦交流电　B. 三相对称交流电　C. 直流电　D. 脉冲电流

70. 三相同步电动机的转子在(B)时才能产生同步转矩。

A. 直接启动　B. 同步转速　C. 降压启动　D. 异步启动

71. 同步电动机采用异步启动，在(C)时，启动绕组中的电流最大。

A. 转速较低　B. 转速较高　C. 启动瞬间　D. 达到同步转速

72. 同步电动机当作为同步补偿机使用时，若其所接电网功率因数是电感性的，为了提高电网功率因数，那么应使该机处于(B)状态。

A. 欠励运行　B. 过励运行　C. 他励运行　D. 自励运行

73. 要使同步发电机的输出有功功率提高，则必须(D)。

A. 增大励磁电流　B. 提高发电机的端电压
C. 增大发电机的负载　D. 增大原动机的输入功率

74. 同步电动机转子的励磁绕组的作用使通电后产生一个(C)磁场。

A. 脉动　B. 交变
C. 极性不变但大小变化　D. 大小和极性都不变化的恒定

75. 造成同步电机失磁故障的原因是(B)。

A. 负载转矩太大　B. 同步电机励磁回路断线
C. 转子励磁绕组有匝间短路　D. 负载转矩太小

76. 定子绕组出现匝间短路故障后，给电动机带来的最主要危害是(C)。

A. 使外壳带电　B. 电动机将很快停转
C. 电动机绕组过热冒烟甚至烧坏　D. 电动机转速变慢

77. 三相异步电动机外壳带电的原因是(C)。

A. 绕组断路　B. 一相绕组接反
C. 绕组接地　D. 绕组匝间短路

78. 三相异步电动机启动电流很大，启动转矩不大的原因是(C)。

A. 定子阻抗大　B. 定子电阻小
C. 转子电路功率因数小　D. 转子电路功率因数大

79. 一个三相电动机单向启动、停止控制回路，能启动不能停止，原因是(C)。

A. 停止按钮接触不良

B. 保持接点误与停止按钮并联

C. 启动、停止的串联支路误与保持触点并联

D. 启动按钮接触不良

80. 三相电动机单向启动、停止控制回路，两个按钮都是复合式，其故障是接通电源，电机就启动运行，按停止按钮可以停止，但不能撒手，只有先按住启动按钮，再按一下停止按钮可以停止，但启动按钮撒手，电机又启动，原因是(A)。

A. 将启动按钮的常闭触点误认为常开触点接入线路

B. 保持触点误与停止按钮并联

C. 误将接触器一对常闭触点作保持触点

D. 启动按钮接触不良

81. 在选择电动机的类型时，对调速和制动无特殊要求的一般生产机械而言，应首选(A)。

A. 笼型异步电动机　　B. 同步电动机

C. 绕线式异步电动机　　D. 直流电动机

82. 起重用的电动机，一般选用(C)。

A. 笼型异步电动机　　B. 同步电动机

C. 绕线式异步电动机　　D. 直流电动机

83. 变压器交流耐压试验中测量交流泄漏电流主要是检查变压器(C)。

A. 绕组损耗大小　　B. 内部是否放电

C. 绕组是否受潮　　D. 绕组是否接地

84. B 极绝缘材料的极限工作温度为(B)℃。

A. 120　　B. 130　　C. 140　　D. 150

85. 直流电动机各电刷压力差(B)。

A. 应小于 0.5kPa　　B. 不应超过各电刷压力平均值的±10%

C. 不应超过各电刷压力平均值的±5%　　D. 应小于 1kPa

86. 直流电动机启动时电枢电流较大的原因是(B)。

A. 启动时电枢反电势最高　　B. 电枢反电势最低

C. 电枢回路电阻最小　　D. 电机励磁回路电阻最小

87. 选择滑动轴承的润滑油时，为了在摩擦面形成足够薄的油膜，一般在轴承工作温度下，转速高时，应选用(A)的润滑油。

A. 黏度低　　B. 纯度低　　C. 黏度高　　D. 都可以

88. 高温、有水接触及严重水分的开启式及封闭式电动机用轴承，应运用(C)润滑脂。

A. 钠基　　B. 锂基　　C. 复合铝基　　D. 钙基

89. 重载高速电动机应选用 (C)润滑脂。

A. 钠基　　B. 锂基　　C. 二硫化钼　　D. 钙基

90. 测量变压器绕组绝缘电阻时，如果相对地阻值低于规定值，说明绕组可能存在(B)。

A. 接地故障　　B. 绝缘受潮　　C. 短路故障　　D. 缺油

91. 变压器发生故障后，在判断故障时，有时需作交流耐压试验，试验值为按(B)的标准值。

A. 100%　　B. 85%　　C. 70%　　D. 50%

92. 同一台 Y，d11 接线组别的变压器，改接成 Y，yn0 接线组别后，其输出电压和电流及功率与原来相比较(C)。

A. 电压不变，电流减小，功率减小　　B. 电压降低，电流增大，功率不变

C. 电压升高，电流减小，功率不变　　D. 电压降低，电流不变，功率减小

93. 对于各相不平衡负载比较突出的场所，电力变压器绕组宜采用(B)连接方式。

A. Y，yn0　　B. D，yn11　　C. Y，d11　　D. Y，yn8

94. 三相电力变压器一次接成星形，二次为星形的三相四线制，其相位关系用时钟序数表示为 12，其连接组别表示为(A)。

A. Y，yn0　　B. D，yn11　　C. Y，d11　　D. Y，yn8

95. 铭牌上阻抗电压的单位是(B)。

A. kV　　B. %　　C. V　　D. Ω

96. 变电所常用蓄电池一般采用(C)。

A. 铅酸蓄电池，锌-锰蓄电池，锂电池

B. 锂电池，碱性电池，锌-汞电池

C. 铅酸蓄电池，碱性蓄电池，镉-镍蓄电池

D. 碱性蓄电池，液体蓄电池，固体蓄电池

97. 铅酸性蓄电池在运行中，若发现电池的正极板提前损坏时，说明(A)。

A. 电池过充电　　B. 电池欠充电

C. 电池本身自放电严重　　D. 电池长期在浮充状态

98. 铅酸蓄电池在运行中，若发现电池负极极板硫化，容量降低，这是由于(C)。

A. 使用时间过长　　B. 使用时间过短　　C. 欠充电造成　　D. 过充电造成

99. 欠电压脱扣器的动作的方式为(C)。

A. 只有瞬时　　B. 只有延时

C. 有瞬时和延时两种　　D. 二者都无

100. 一台 JO-31-4，功率 2.2kW，额定电流 4.9A，启动电流是 34.4A，的电动机，配以 DZ5-20/330 的自动开关，电磁脱扣器瞬动电流为热脱扣器额定电流的 8～12 倍要选用(B)的热脱扣器。

A. 额定值 4.5A，整定范围 3～4.5A　　B. 额定值 6.5A，整定范围 4.5～6.5A

C. 额定值 10A，整定范围 6.5～10A　　D. 额定值 15A，整定范围 10～15A

101. 热继电器的保护特性是(C)的，即电流越大，动作时间越短。

A. 与时间成正比　　B. 正时限　　C. 反时限　　D. 与时间成反比

102. 欠电流继电器一般用于(D)。

A. 短路保护　　B. 过载保护　　C. 零电压保护　　D. 弱磁保护

103. 热继电器在通过额定电流时不动作，如果过载时能脱扣，但不能复位，反复调整无效，则说明(C)。

A. 热元件发热量太小　　B. 热元件发热量太大

C. 双金属片安装的方向反了　　D. 热元件规格错了

104. 选用熔断器时应根据配电系统中可能出现的最大故障电流选择具有(D)的熔断器。

A. 相应过载能力　　B. 较大额定电流
C. 相应额定电流　　D. 相应分断能力

105. 三相四线制低压配电系统中所有设备的外露可导电部分均各自经 PE 线单独接地的称为(D)。
A. IT 系统　B. TN 系统　C. TN-C 系统　D. TT 系统

106. 经消弧线圈接地的系统发生单相接地时控制室不会出现的信号有(B)等。
A. 警铃响　　B. 喇叭响
C. “母线接地”光字牌　　D. “消弧线圈动作”光字牌

107. 桥式起重机的提升电动机低速下放重载时，电动机工作在(C)状态。
A. 正转电动　B. 反转电动　C. 倒接反接制动　D. 再生发电制动

108. 桥式起重机控制线路中电动机的过载保护通常采用(B)。
A. 热继电器　B. 过流继电器　C. 过电压继电器　D. 熔断器

109. 桥式起重机的提升电动机下放空钩时，电动机工作在(D)状态。
A. 正转电动　B. 再生发电制动　C. 倒位反接制动　D. 反转电动

110. 起重机械是一种间歇工作的设备，经常处于启动和制动状态。制动器根据操作情况的不同有多种，但在起重机的提升机构上必须采用(A)制动的制动器以确保安全。
A. 断电式　B. 通电式　C. 电压降低式　D. 综合式

111. PLC 采用(D) 工作方式。
A. 读写　B. 通讯服务　C. 程序处理　D. 循环扫描

112. 直流调速系统的静差率一般是指系统在(B)。
A. 高速时的静差率　　B. 低速时的静差率
C. 额定转速时的静差率　　D. 高速和低速时的静差率的代数和

113. 无静差直流调速系统中必须具有的环节是(A)。
A. 积分调节器　　B. 比例调节器
C. 比例、微分调节器　　D. 微分调节器

114. 无静差直流调速系统的调节原理是(B)。
A. 依靠偏差的积累　　B. 依靠偏差对时间的积累
C. 依靠偏差对时间的记忆　　D. 依靠偏差的变化

115. 双闭环系统中不加电流截止负反馈，是因为(A)。
A. 有电流环保证　　B. 有转速环保证
C. 有比例积分器保证　　D. 有速度调节器的限幅保证

116. 电压负反馈调速系统通过稳定直流电动机电枢电压来达到稳定转速的目的，其原理是电枢电压的变化与(A)。
A. 转速的变化成正比　　B. 转速的变化成反比
C. 转速的平方成正比　　D. 转速的平方成反比

117. 带有速度、电流双闭环的调速系统，在启动时调节作用主要靠(A)调节器实现。
A. 电流　B. 速度　C. 负反馈电压　D. 电流、速度两个

118. 晶闸管-直流电动机调速系统中，为使电动机转速保持相对稳定，应采用(D)组

成闭环系统。

A. 电压负反馈　B. 电流负反馈　C. 电流正反馈　D. 速度负反馈

119. 直流电动机利用斩波器调速的过程中(B)。

A. 有附加能量损耗　B. 没有附加能量损耗

C. 削弱磁场　D. 增强磁场

120. 在小电流接地系统中，发生单相接地故障时，因(A)，所以一般允许短时间运行。

A. 不破坏系统电压的对称　B. 接地电流较小造不成危害

C. 相电压低对系统造不成危害　D. 接地电流为电容电流

121. 所谓负荷系数是指(C)。

A. 瞬时负荷与最大负荷的比值　B. 瞬时负荷与计算负荷的比值

C. 平均负荷与最大负荷的比值　D. 平均负荷与计算负荷的比值

122. 计算负荷与(B)是基本相当的。

A. 平均负荷　B. 年最大负荷

C. 用电设备设计负荷之和　D. 用电设备启动负荷

123. 线路的有功损耗与线路的(C)成正比。

A. 电压　B. 电流　C. 电阻　D. 频率

124. 最大负荷损耗小时是指在此假想时间内系统元件持续通过(D)所产生的电能损耗恰好等于实际负荷全年产生的电能损耗。

A. 最大电流　B. 额定电流　C. 平均负荷电流　D. 计算电流

125. 单台电动机的尖峰电流即是该电机的(D)。

A. 额定电流　B. 短路反馈电流　C. 最大负荷电流　D. 启动电流

126. 短路电流非周期分量只存在于(C)中。

A. 短路瞬间　B. 第一个周波　C. 短路暂态过程　D. 不对称短路

127. 两相短路电流用于(C)。

A. 选择电气设备　B. 导体短路稳定度校验

C. 相间保护灵敏度校验　D. 相间保护可靠性系数较验

128. 无限大容量系统中同一地点的单相短路电流比三相短路电流(B)。

A. 大　B. 小　C. 相等　D. 小$\sqrt{3}$倍

129. 短路时导体的温度在(C)时达到最高。

A. 短路瞬间　B. 短路暂态过程　C. 故障电流切除　D. 短路电流最大

130. 平行通电导体间的电动力与(C)成反比。

A. 长度　B. 电流　C. 距离　D. 截面积

131. 热稳定校验一般用(B)和 T_{ima} 来校验。

A. 三相短路冲击电流　B. 三相短路稳态电流

C. 两相短路电流　D. 单相短路电流

132. 电弧的压降主要在(D)上。

A. 触头　B. 阳极　C. 弧柱　D. 阴极

133. 电弧产生的高温进一步加强电弧的燃烧现象是(B)。

A. 热电发射　B. 热游离　C. 高电场发射　D. 碰撞游离

134. 高电场发射现象随着触头的分离而(B)。

A. 加强　B. 减弱　C. 保持不变　D. 无规律变化

135. 直流电弧的特点是(D)。

A. 触头完全打开后就熄灭　B. 灭弧相对较容易

C. 触头完全打开前就熄灭　D. 熄灭较困难但一般不会复燃

136. 灭弧最快的是(A)。

A. 真空开关　B. 少油开关　C. 空气开关　D. 多油开关

137. 线路速断保护的保护范围一般是(C)。

A. 本线路全长　B. 延伸到下一级线路首端

C. 不能保护本线路全长　D. 延伸到下一级线路末端

138. 变压器的后备保护中灵敏度最高的是(B)。

A. 过流电保护　B. 复合电压启动的过流电保护

C. 低电压启动的过流电保护　D. 过负荷保护

139. 单台运行的变压器容量超过 10MV·A 时，要求装设(D)来取代电流速断保护。

A. 零序电流保护　B. 温度保护　C. 高频保护　D. 纵联差动保护

140. 电动机的电流速断保护动作电流按躲过(D)来整定。

A. 短路电流　B. 允许最大过负荷电流

C. 反馈电流　D. 最大启动电流

141. 电动机的差动保护动作电流按躲过(A)来整定。

A. 电动机额定电流　B. 区外故障最大不平衡电流

C. 最大启动电流　D. 短路电流

142. 变压器分接开关一般设在(A)上。

A. 高压绕组　B. 低压绕组　C. 出线装置　D. 绕组中性点

143. 变压器铁芯采用薄硅钢片叠制是为了(B)。

A. 提高磁通　B. 减少涡流　C. 减少漏磁　D. 节省金属

144. 电流互感器不完全星形接线的公共线上的电流大小反映的是(B)。

A. 不平衡电流　B. 未接 CT 相的相电流

C. 线电流　D. 两相电流有效值之和

145. 电压互感器副边回路所接仪表或继电器线圈，其阻抗必须(A)。

A. 高　B. 低

C. 既可以高，又可以低　D. 是纯电阻性的

146. 工厂电力线路树干式结线的优点是(D)。

A. 可靠性高　B. 自动化适应性强

C. 事故影响面小　D. 开关数量少投资较省

147. 按经济截面选择导线(A)。

A. 年运行费用接近最小　B. 投资接近最小

C. 电能损耗接近最小　D. 金属耗用量

148. 复式整流装置有(A)，因此能保证可靠供电。

A. 电压源和电流源　　　　B. 整流电源和储能设备
C. 两个电流源　　　　D. 两个电压源

149. 免维护铅酸电池的特点是(B)。
A. 不需要维护
B. 需要定期进行单元电压和温度测试等少量维护工作
C. 仅需要定期添注电解液
D. 超过使用寿命后才需要维护

150. 对于二次回路标号表述，正确的是(B)。
A. 3.33 是跳闸回路　　　　B. 3.7 是合闸回路
C. 7.37 是跳闸回路　　　　D. 3.7 是跳闸回路

151. 下重复动作的中央复归式事故音响信号装置在第一次动作后(D)，当另一台开关再自动跳闸仍可动作。
A. 必须由值班员解除音响　　　　B. 瞬时自动复归
C. 须值班员解除音响、复归把手　　　　D. 经过整定时限自动解除音响

152. 微机监控装置的基本任务是(A)。
A. 数据采集、操作控制、事件记录　　　　B. 在线潮流、短路分析
C. 有功、无功控制　　　　D. 画面显示、防误操作

153. 交流绝缘监视装置不适用于(C)。
A. 中性点经消弧线圈接地系统　　　　B. 中性点不接地系统
C. 中性点直接接地系统　　　　D. 中性点经高阻接地

154. 下列情况下，重合闸不应动作的是(D)。
A. 线路运行中发生永久性故障　　　　B. 线路运行中发生瞬时性故障
C. 线路主保护动作　　　　D. 手动合于故障线路

155. 变电所高低压均为单母分段结线方式，高低压母线分段开关备自投均投入，当高压进线开关跳闸时应该(A)。
A. 高压侧备自投动作　　　　B. 低压侧备自投动作
C. 高压侧备自投先动作，低压侧后动作　　　　D. 低压侧备自投先动作，高压侧后动作

156. 逆变电路的任务是把(B)。
A. 交流电变成直流电　　　　B. 直流电变成交流电
C. 交流电变成交流电　　　　D. 直流电变成直流电

157. 以下系统中，不属于有源逆变的是(B)。
A. 直流可逆拖动系统　　　　B. 晶闸管中频电源
C. 绕线异步电动机串级调速系统　　　　D. 高压直流输电

158. 当供电系统发生故障时，只离故障点最近的继电保护装置动作，切除故障，而其他非故障部分仍能正常工作，满足这一要求的特性叫(B)。
A. 速动性　　B. 选择性　　C. 灵敏性　　D. 可靠性

159. 在母线保护中(A)保护是母线的基本保护。
A. 差动　　B. 速断　　C. 距离　　D. 过流

160. 变压器差动速断是当差动电流大于最大可能(B)时立即跳闸。

A. 负荷电流　　B. 励磁涌流　　C. 干扰　　D. 冲击电流

161. 工时定额通常包括作业时间、布置工作地时间、休息与生活需要的时间、以及(A)和结束时间。

A. 加工准备　　B. 辅助时间

C. 停工损失时间　　D. 非生产性工作时所消耗的时间

162. 缩短基本时间的措施有(A)。

A. 采用新设备　　B. 加大辅助时间

C. 减少准备时间　　D. 减少布置工作地时间

163. 缩短辅助时间的措施有(A)。

A. 大力提倡技术改革和技术改造　　B. 减少作业时间

C. 减少准备时间　　D. 减少休息时间

164. 常用的 SF_6 断路器采用的是(A)。

A. 弹簧机构　　B. 电磁机构　　C. 电动机构　　D. 手动机构

165. 带传动的优点是(C)。

A. 传动比准确　　B. 结构紧凑　　C. 传动平稳　　D. 效率很高

166. 电动机轴承要求运转平稳、低噪声、经济和支承结构简单等，因此(D)类型是电动机轴承的最佳选择。

A. 圆柱滚子轴承　　B. 推力球轴承　　C. 调心球轴承　　D. 深沟球轴承

167. 轴承是用来支承(C)的。

A. 轴径　　B. 轴头　　C. 轴颈　　D. 轴肩

168. 卧式小型异步电动机应选用轴承的类型名称是(A)。

A. 深沟球轴承　　B. 推力滚子轴承

C. 四点接触球珠球　　D. 滚针轴承

169. 轴承转速高的电动机，应选用黏度较小的润滑脂或工作锥入度(过去叫针入度)(A)的润滑脂。

A. 较大　　B. 较小　　C. 特大　　D. 大

170. 电机润滑油的作用是(C)。

A. 降低轴承运行速度

B. 增高电机的工作速度

C. 降低摩擦力，减少磨损，还可以防锈蚀，降噪声，减振并利于散热

D. 降低轴承温度

多选题

1. 在进行电压源与电流源互换时，应注意的事项是(A，B，C)

A. I_S 的正方向与 E 的方向应一致　　B. 等效是对外路而言的

C. 理想电压源与理想电流源不能等效互换　C. 等效对外电路对内电路均有效

2. 一三相对称负载，联成Y形接到三相对称电源上，现测得U相电流为10A，则U相、V相、W相的线电流的解析式为(B，D)A。

A. $i_V = 10\sqrt{2}\sin\omega t$　　B. $i_W = 10\sqrt{2}\sin(\omega t+120°)$

C. $i_W=10\sqrt{2}\sin\omega t$　　D. $i_V=10\sqrt{2}\sin(\omega t-120°)$

3. 在RLC串联电路中，已知 $R=30\Omega$，$L=254Hm$，$C=80\mu F$。电源电压 $u=\sqrt{2}\times 220\sin(314t+30°)$，则：电路的复功（ B，D ）。

A. $968\angle 7°$　　B. $968\angle 53°$　　C. $582.5-j773.1$　　D. $582.5+j773.1$

4. 如图所示电路的复阻抗为（ A，D ）Ω。

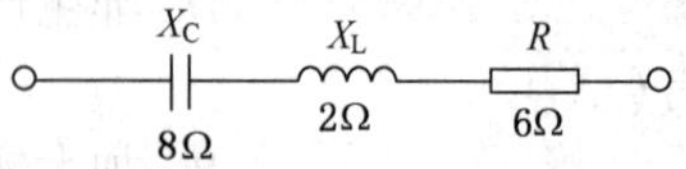

A. $6-j6$　　B. $6+j10$　　C. $6\sqrt{2}\angle 45°$　　D. $6\sqrt{2}\angle -45°$

5. 正弦在RLC串联电路中，已知 $R=6\Omega$，$X_L=10\Omega$，$X_C=2\Omega$，$f=50Hz$，电压为 $120\angle 0°V$，则电路的电流为（ B，C ）A。

A. $12\sqrt{2}$　　B. $12\angle -53°$

C. $i=12\sqrt{2}\sin(314t-53°)$　　D. $12\cos 53°$

6. RLC串联电路发生串联谐振时，下列描述正确的是（ A，D ）。

A. 阻抗角等于零　　B. 电压与电流反相

C. 电路表现为感性　　D. 电路表现为纯电阻性

7. 若等效电导 $g=\dfrac{R}{R^2+X^2}$ 与电纳 $b=\dfrac{X}{R^2+X^2}$ 并联，则其等效复阻抗为（ A，B ）。

A. $Z=\dfrac{1}{g-jb}$　　B. $R+jX$　　C. $Z=\dfrac{1}{g+jb}$　　D. $R-jX$

8. 三相四线制中，三相不对称负载供电特点有（ A，B，C，D ）。

A. 各相负载所承受的电压为对称的电源相电压，与负载是否对称无关

B. 各线电流等于相应的各负载的相电流

C. 中线电流等于三个负载电流的相量和

D. 中性线的作用：使三相电路能够成为互不影响的独立电路，无论各相负载如何变动都不影响各相电压

9. 关于对称三相电路的功率计算，以下公式正确的是（ B，C ）。

A. $P=\sqrt{3}U_pI_p\cos\phi$　　B. $P=3U_pI_p\cos\phi$

C. $P=\sqrt{3}U_lI_l\cos\phi$　　D. $P=3U_lI_l\cos\phi$

10. 互感电动势的方向与（ A，D ）有关。

A. 互感磁通的变化趋势　　B. 磁场的强弱

C. 线圈的匝数　　D. 线圈的绕向

11. 如图所示，如果将两线圈顺接串联，则应将（ A，D ）连接。

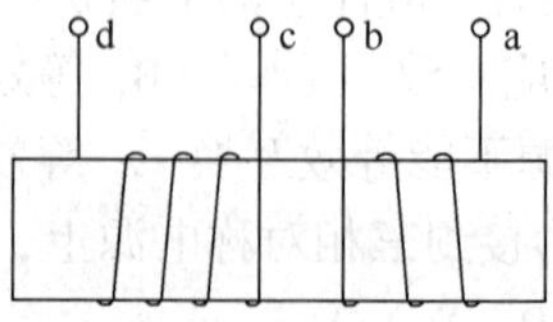

A. a端和c端　　B. a端和d端　　C. b端和c端　　D. b端和d端

12. 产生周期性非正弦交流电的来源有(A，B，C)。

A. 电源电动势不是正弦交流量

B. 电路中具有几个不同频率的正弦电动势共同作用

C. 电路中有非线性元件

D. 电路中有线性电阻

13. 若要测量非正弦周期电压或电流的有效值，应选用(C，D)来进行。

A. 磁电系仪表　B. 整流系仪表　C. 电磁系仪表　D. 电动系仪表

14. 减少铁芯中磁滞损耗的办法有(B，C)。

A. 选用硬磁材料作铁芯　B. 选用磁导率高的软磁材料作铁芯

C. 铁芯钢片中加入适量的硅　D. 提高电源电压的频率

15. 交流电磁铁吸合过程中，下列描述正确的是(A，C，D)。

A. 磁阻由大到小　B. 吸力大小基本不变

C. 线圈的电感量由小到大　D. 线圈电流由大到小

16. 用初始值、稳态值和时间常数来分析线性电路过渡过程的方法叫作三要素法。它适用于(A，B)元件的线性电路过渡过程分析。

A. R、C　B. R、L　C. R、L、C　D. R 串联

17. 磁路欧姆定律可由(A，B)来证明其正确。

A. 描述磁场性质的磁通连续性原理　B. 安培环路定律

C. 楞次定律　D. 磁路欧姆定律

18. 一组不对称三相系统的向量，可以看作是三组对称三相系统的分量的合成，这三组对称系统的向量叫做该不对称三相系统向量的对称分量，分别叫(A，B，D)。

A. 正序分量　B. 负序分量　C. 不对称分量　D. 零序分量

19. 三输入 TTL“与非”门，若使用时只用两个输入端，则另一剩余输入端应(A，C)。

A. 接电源　B. 接地　C. 悬空　D. 接“0”电平

20. TTL“与非”门的逻辑功能为(A，C)。

A. 有 0 出 1　B. 有 0 出 0　C. 全 1 出 0　D. 全 1 出 1

21. 下列公式中，错误的是(A，D)。

A. $AB+\bar{A}C=BC$　B. $A+BC=(A+B)(A+C)$

C. $A+B=\overline{\overline{AB}}$　D. $AB+\bar{A}C+BC=AB+BC$

22. 下列电路中，不属于时序逻辑电路的是(B，D)。

A. 计数器　B. 全加器　C. 寄存器　D. 数据选择器

23. 双稳态触发器脉冲过窄，将会使电路出现的后果是(B，C)。

A. 空翻　B. 不翻转　C. 触发而不翻转　D. 随机性乱翻转

24. 下列各种类型的触发器中，(C，D)能用来构成移位寄存器。

A. RS 触发器　B. 同步 RS 触发器

C. 主从 JK 触发器　D. 维持阻塞触发器

25. 在三相桥式全控整流电路中(C，D)。

A. 晶闸管上承受的电压是三相相电压的峰值

B. 负载电压是相电压

C. 晶闸管上承受的电压是三相线电压的峰值

D. 负载电压峰值是线电压有效值

26. 带平衡电抗器三相双反星形可控整流电路中，平衡电抗器的作用是使两组三相半波可控整流电路(B，D)。

A. 相串联　B. 相并联　C. 单独输出　D. 以180°相位差相并联

27. 晶闸管两端并联 RC 吸收电路可起到(B，C)作用。

A. 防止出现谐振现象

B. 对晶闸管换流时产生的过电压能量进行吸收

C. 保护晶闸管不致被损坏

D. 提高晶闸管的移相范围

28. 整流电路加滤波器的主要作用是(B，C)。

A. 提高输出电压　B. 减少输出电压脉动程度

C. 减少输出电压中的交流成分　D. 限制输出电流、降低输出电压

29. 在硅稳压电路中，限流电阻 R 的作用是(A，D)。

A. 限流　B. 降压　C. 调流　D. 调压

30. 组成晶闸管触发电路的基本环节是(A，B，D)等环节。

A. 同步移相　B. 脉冲形成与整形　C. 脉冲封锁　D. 脉冲放大与输出

31. 进行仪表校验时，应按(A，B)选择标准仪表。

A. 标准仪表的精度应比被校仪表高 1~2 个等级

B. 标准仪表的测量范围应比被校仪表大 1/3

C. 标准仪表与被测仪表的型号应一致

D. 标准仪表与被测仪表的测量范围应一致

32. 电流互感器伏安特性试验的作用是(B，C)。

A. 检查容量是否等于额定容量　B. 检查互感器有无层间短路

C. 为继电保护提供数据　D. 检查极性是否正确

33. 变压器极性测试方法主要有(A，B，C)。

A. 直流法　B. 交流法　C. 变比电桥法　D. 频率表法

34. 交流电动机的试验内容主要包括(A，B，D)。

A. 绝缘电阻的测定　B. 绕组直流电阻的测定

C. 接地电阻测定　D. 耐压试验

35. 在变电站中，可用来调节电网的无功功率的设备是(C，D)。

A. 绕线式电动机　B. 鼠笼式电动机　C. 同步电动机　D. 并联电容器

36. 同步电机的特点是(A，B，C)。

A. 机械特性为绝对硬特性，故转速恒定　B. 没有启动转矩

C. 调节励磁电流可改变其运行特性　D. 没有启动电流

37. 同步发电机按不同的励磁连接方式分为(A，B)。

A. 同轴直流发电机励磁　B. 晶闸管整流器励磁

C. 变压器励磁　D. 交流励磁

38. 异步启动时，同步电动机的励磁绕组不能直接短路，否则（ A，D ）。
A. 引起电流太大电机发热
B. 将产生高电势影响人身安全
C. 将发生漏电影响人身安全
D. 转速无法上升到接近同步转速，不能正常启动
39. 直流耐压试验中微安表可接于（ A，B，C ）。
A. 试验变压器高压侧出线端　B. 试验变压器高压侧接地端
C. 被试品接地端　D. 试验变压器低压侧接地端
40. 做交流耐压试验应注意（ A，B ）。
A. 接线是否正确，调压器是否零位　B. 试验电压应从零逐渐加起
C. 交流耐压试验完后再做非破坏性试验　D. 试验结束后应将电压突然降至零
41. 检测直流电机电枢绕组接地故障时，将直流低压电源接到相隔近一个极距的两个换向片上，测量换向片和轴的压降，若某处的压降（ C，D ），则与该换向片连接的电枢线圈有接地故障。
A. 为全电压　B. 为 1/2 全电压　C. 为零　D. 甚微
42. 测量（ A，B ）参数可以判断变压器绕组存在匝间短路。
A. 直流电阻　B. 测量变比　C. 介质损耗　D. 泄漏电流
43. 变压器的预防性试验项目包括测量（ A，B，C，D ）。
A. 变压器绕组的绝缘电阻和吸收比　B. 变压器绕组的直流电阻
C. 绕组连同套管的泄漏电流和介质损失　D. 绝缘油电气强度试验和性能试验
44. 下列为变压器油的预防性试验项目的有（ A，B，C，D ）。
A. 绝缘强度　B. 酸值　C. 闪点　D. 水分
45. 三相变压器采用某种接法时，其原、副边绕组对应线电压向量平行且指向相同，该变压器采用的是（ A，B ）联接组别。
A. Y，yn0　B. D，d0　C. Y，d11　D. Y，yn8
46. 低压电力电缆由（ A，B，D ）部分构成。
A. 缆芯　B. 绝缘层　C. 屏蔽层　D. 保护外皮
47. 电缆可分为（ A，B，C ）。
A. 控制电缆　B. 电力电缆　C. 通讯电缆　D. 导线
48. 自动开关的保护装置脱扣器种类有（ A，B，C，D ）。
A. 速断脱扣器　B. 欠压脱扣器　C. 分励脱扣器　D. 过流脱扣器
49. 保护电力线路的熔断器的熔体应满足的条件是（ B，C，D ）。
A. 熔体额定的电流应小于线路的计算电流
B. 熔体额定的电流大于线路的额定电流
C. 熔断器保护还要与线路的保护配合
D. 熔体的断流容量大于线路短路电流
50. 在 TN 系统中，应在（ B，C，D ）重复接地。
A. 变压器中性点处　B. 架空线路终端
C. 架空线路沿线每公里处　D. 线路引入车间或大型建筑物处

51. 接地电阻主要包括接地装置的(A，B，C)。

A. 导体电阻　B. 接地与土壤之间的接触电阻

C. 散流电阻　D. 土壤电阻

52. 测量接地电阻方法有(A，B，C，D)。

A. 接地摇表法　B. 交流电流-电压表法

C. 电桥法　D. 三点法

53. 在中性点不接地系统中，当系统中有一相发生金属性接地后(A，B，D)。

A. 其他两相对地电压升高到$\sqrt{3}$倍　B. 三相线电压不变

C. 三相相电压不变　D. 接地相对地电压为零

54. 当中性点不接地系统中有一相发生金属性接地后，采取逐条拉路法选线时，若在拉开某一线路开关时出现(A，D)现象，可确定此线路中有接地点。

A. 三相相电压恢复正常

B. 三相线电压正常

C. 一相对地电压为零，另两相升高到$\sqrt{3}$倍

D. 接地光字消失

55. 电抗器是在电路中用于(A，B，D)。

A. 限流　B. 稳流　C. 无功补偿　D. 移相

56. PLC 的硬件系统主要有(A，B，C)、通信接口、编程器和电源等部分。

A. CPU　B. 存储器　C. I/O 单元　D. 打印机

57. PLC 用户程序执行的过程分为(B，C，D)三个阶段。

A. 循环扫描　B. 输入采样　C. 程序处理　D. 输出刷新

58. 按调制方法的不同，斩波器有(B，C，D)三种工作情况。

A. 通断控制　B. 脉冲调宽　C. 调频　D. 混合调制

59. 斩波电路的主要用途有(A，B，C)。

A. 可控直流开关稳压电源　B. 作为焊接电源

C. 直流电机的调速控制　D. UPS 直流电源

60. 中性点不接地系统发生单相接地时其线电压(A，B)。

A. 相位不变　B. 幅值不变　C. 幅值增大　D. 相位变化

61. 要求双回路供电的负荷是(A，B)。

A. 一级负荷　B. 二级负荷　C. 三级负荷　D. 其他负荷

62. 工厂供电系统决定电能损耗的主要因素是(A，C)。

A. 变压器损耗　B. 线路损耗　C. 电动机损耗　D. 电力电容器损耗

63. (A，B，C)属于非对称短路。

A. 单相短路　B. 两相短路　C. 两相接地短路　D. 三相短路

64. 三相短路电流用于(A，B，D)。

A. 选择电气设备　B. 导体短路稳定度校验

C. 相间保护灵敏度校验　D. 相间保护可靠性系数较验

65. 制定标幺值参数表示的等效电路时，变压器两侧的(B，C)不同。

A. 基准功率　B. 基准电压　C. 基准电流　D. 基准阻抗

66. 电弧造成的危害有(A，C，D)。

A. 延长短路电流通过时间　　B. 产生过电压
C. 烧损设备　　D. 引起弧光短路

67. 产生电弧的游离方式有(A，B，C，D)。
A. 热电发射　　B. 高电场发射　　C. 碰撞游离　　D. 热游离

68. 以下说法正确的有(A，C，D)。
A. 越靠近电源的线路过电流保护动作时间越长
B. 越靠近电源的线路过电流保护动作时间越短
C. 越靠近电源的线路故障时短路电流越大
D. 过流保护动作时间超过 0.7s 时应装设电流速断保护

69. 变压器差动保护可以保护(A，B，C)故障。
A. 内部相间故障　　B. 引出线相间故障
C. 匝间故障　　D. 严重过负荷

70. 变压器油枕的作用是(B，D)。
A. 提高散热效果　　B. 调节油量
C. 安装瓦斯继电器　　D. 减少油与空气的接触面

71. 电压互感器使用时要注意(A，B，C)。
A. 工作时二次侧不得短路　　B. 二次侧必须有一端接地
C. 连接时注意极性　　D. 负载阻抗要小

72. 断路器的信号回路是用来指示一次电路设备工作的位置状态，一般分为(B，C，D)。
A. 保护动作信号　　B. 断路器位置信号　　C. 事故信号　　D. 预告信号

73. 交流绝缘监视装置可以判明(A，C)发生了单相接地故障。
A. 某一相　　B. 某个回路　　C. 某条母线　　D. 某根电缆

74. 自动重合闸时间必须满足(B，C)所需的时间。
A. 短路电流非周期分量衰减　　B. 故障点去游离
C. 断路器准备好再次动作　　D. 保护动作

75. 下列情况母线联络开关 BZT 不应该动作(A，B，C)。
A. 备用电源无压　　B. PT 断线
C. 进线开关因负载侧故障跳闸　　D. 进线开关因低电压跳闸

76. 交-交变频器适用于(A，D)的场合。
A. 低速　　B. 高速　　C. 小容量　　D. 大容量

77. 变频调速广泛应用于(A，B，C)场合。
A. 异步电动机的调速运行　　B. 需要频繁启动、停车
C. 高频电动机高速运行　　D. 不用接触器可实现 Y-△控制

78. 调节电压型逆变电路的输出电压的方式有(A，B，D)。
A. 调节直流侧电压　　B. 移相调压
C. 调节负载大小　　D. 脉冲调制调压

79. 变频器中，半控桥逆变电路的缺点是(A，B)。
A. 输出交流电压的幅值较低，仅为 $U_d/2$　　B. 需要分压电容器

C. 控制复杂　　　　　　　　　　　　D. 需要分压电阻

80. 电力晶闸管电压型逆变电路输出电压的方式有(A，B，C)。

A. 调节直流侧电压　　　　　　　　B. 移相调压

C. 脉幅调压　　　　　　　　　　　D. 脉宽调压

81. 继电保护的基本要求有(B，C，D)。

A. 安全性　　B. 选择性　　C. 快速性　　D. 灵敏性

82. 晶体管型继电器电压形成回路由(B，C，D)组成。

A. 信号发生器　　B. 电压变换器　　C. 电流变换器　　D. 电感变压器

83. 输电线路的高频保护由(A，C，D)组成。

A. 继电保护　　B. 低频通道　　C. 收发信机　　D. 高频通道

84. 母排采用(A，B，D)方法联接，以防止热胀冷缩。

A. 软联接　　B. 伸缩节　　C. 硬联接　　D. 电缆联接

85. 链传动按用途不同，可分为(A，B，C)。

A. 传动链　　B. 起重链　　C. 牵引链　　D. 齿形链

86. 转轴的应用特点是(A，B)。

A. 支承转动零件　　B. 传递动力　　C. 承受拉力　　D. 承受剪应力

简答题

1. 何谓半加器和全加器?

答: 半加器只考虑两个 1 位二进制数 A 和 B 相加，不考虑低进位来的进位数相加称为半加。全加器：除了两个 1 位二进制数，还与低位向本位的进数相加，称之为全加。

2. 寄存器是由什么元件构成的? 它具有哪些功能?

答: ①寄存器是由具有存储功能的触发器构成的。②主要功能就是存储二进制代码。因为一个触发器只有 0 和 1 两个状态，只能存储 1 位二进制代码，所以由 n 个触发器构成的寄存器只能存储 n 位二进制代码。寄存器还具有执行数据接收和清除数据的命令的控制电路(控制电路一般是由门电路构成的)。

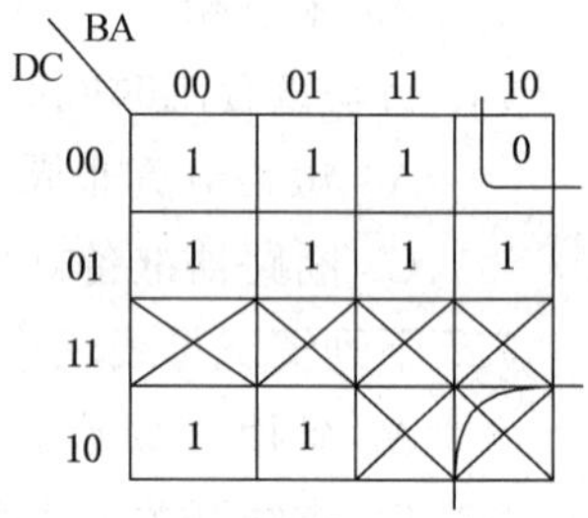

3. 列出七段数码管译码器 C 段的卡诺图及函数式。

答: ① 卡诺图如图所示；

② 函数式为：

$$L=\overline{\bar{C}B\bar{A}}=C+\bar{B}+A$$

4. 如何区分一个运放电路是线性应用还是非线性应用?

答: ①运放有负反馈时，电路为线性应用；②运放无负反馈或有正反馈时，电路为非线性应用。

5. 按顺序写出对晶闸管可控整流电路进行过电流保护的 5 种措施。

答: ①利用进线电抗器或整流变压器的漏电抗限制短路电流。②用高灵敏度过电流继电器来限制过载电流。③采用脉冲移相进行电流的限制。④使用直流快速开关。⑤用快速熔断器进行短路保护。

6. 正弦波振荡器是由哪几部分组成的? 它们各在电路中起什么作用?

答: ①一个正弦波振荡器由放大部分、反馈部分和选频部分组成。②在电路中，放大部分利用晶体管的放大作用，使电路有足够大的放大倍数，维持电路振荡。③反馈部分是把输出信号正反馈到输入端，作为放大电路的输入信号。④选频部分的作用就是使电路仅对某种频率的信号能满足自激振荡条件，从而产生振荡。

7. 什么是直流放大器？什么叫直流放大器的零点漂移？零点漂移对放大器的工作有何影响？

答：①能放大缓慢变化的直流信号的放大器称为直流放大器。②当直流放大器输入信号为零时，输出信号不能保持为零，而要偏离零点上下移动称直流放大器的零点漂移。③由于信号的变化是缓慢的，在放大器的输出端就无法分清漂移和有用信号，甚至使电路无法正常工作。

8. 直流放大器中的零点漂移是怎样产生的？

答：①在多极直接耦合放大电路中，零点漂移的产生是由于温度的变化引起晶体管参数的变化，以及电源电压波动、电阻元件阻值的变化等引起的。②其中主要是温度变化引起晶体管参数变化而引起的静态工作点的变化（尤其是前级），这些变化经各级放大，在输出端就出现了零点漂移电压，即产生了零点漂移。

9. 什么是带电流负反馈放大电路的稳压电路？它主要是由哪些部分组成？

答：①把稳压器输出电压中出现的微小变化取出后，经过放大，送去控制调整管的管压降，从而获得较高稳压精度的稳压电路称为带电流负反馈放大电路的稳压电路。②它主要是由整流滤波电路、基准电压电路、取样电路、比较放大电路和调整器件等组成。

10. 简述示波器的操作步骤。

答：①正确预调示波器。②通电，调节示波器"辉度"、"聚焦"等旋钮。③调水平亮线。④接入被测电压。⑤调波形幅值。⑥调波形个数及宽窄。⑦稳定波形。⑧调整完毕后清理设备及现场。

11. 普通示波器中，触发扫描与一般扫描有什么不同？

答：①一般扫描就是一个锯齿波发生器，它不需要外界信号控制就能自激产生直线性变化的锯齿波。②触发扫描不能自激产生直线性变化的锯齿波，它必须在外界信号的触发下才能产生锯齿波。③外界信号触发一次，它产生一个锯齿波扫描电压，外界信号不断触发，它能产生一系列的扫描电压。④利用触发扫描不但能观察周期性出现的脉冲，还能观察非周期性出现的脉冲，甚至能观察单次出现的脉冲。

12. 电子射线示波管的波形显示原理是什么？

答：将足够的被测信号电压加于垂直偏转板上，同时在水平偏转板上施加与之对应的矩齿波电压，只要被测信号电压与水平扫描电压周期相同，便可在荧光屏上获得稳定的被测信号电压波形。

13. 示波器探头的作用是什么？

答：被测信号源与示波器隔离，能测量较高的电压信号。提高示波器的输入阻抗。减小测量引线分布电容对被测信号波形的影响。减小外界干扰的影响。

14. 简述高压电机绝缘电阻的测试方法。

答：在测量绝缘电阻时，应隔离电源，拆除对外接导线；当每相绕组始末端都有引出线时，可分别测量每相绕组对外壳的绝缘电阻和相与相之间的绝缘电阻，非被测绕组短并接地。如果定转子绕组只有三个出线端，只能将三个出线端用导线连接在一起。

15. 简单说明带笼型启动绕组的同步电动机的启动过程。

答：启动前先将励磁绕组经过启动电阻 R_{st} 接成闭合回路（R_{st} 约为励磁绕组电阻的 7～10 倍）。然后接通三相电源，这时定子与笼型绕组成一台异步电动机，相当于异步电动机的启动过程。当转子升到额定转速的 95% 左右时，将 R_{st} 切除，并接通励磁电源，将转子牵入同步。

16. 同步电动机的励磁系统的作用是什么？

答：①向同步电动机的励磁绕组提供直流电功率，称励磁功率系统；②根据同步电动机运行情况对励磁电流进行自行调节，称励磁调节系统。

17. 什么叫同步电动机的失步现象？

答：同步电动机的电磁转矩 T_{cm} 和功角 δ 之间的关系近似为一正弦曲线，在低负载时，功角 δ 很小，随着负载的增大，δ 也增大；当负载转矩超过最大转矩 T_{max} 时，电动机就不能再保持同步转速运行的现象称为“失步”。

18. 直流电机装置换相磁极有何要求？

答：①换相磁极装在相邻的两个主磁极之间；②换相极的励磁绕阻必须和电枢串联，使其磁场强弱能随电枢电流而变化；③换相极的磁场方向必须与电枢磁场的方向相反，以抵消电枢次磁场对主磁场的影响。

19. 常用导线有哪些？各有什么用途？

答：①常用导线可分为绝缘导线、裸导线两种，其线芯为铜或铝。②橡皮绝缘导线、塑料绝缘导线：主要用于低压配电线路、小容量的低压电气设备以及各种控制电路中。③电磁线及各种型号的漆包线：主要用于中小型电动机、变压器以及各种电器设备、自动化设备的线圈等。④裸导线、铜铰线、钢芯铝铰线：主要用于架空线路。

20. 蓄电池放电过程应注意的事项有哪些？

答：①蓄电池放电电流不应超过 10h 放电率规定值；②蓄电池电压不应低于放电终止电压；③放电至电池容量的 75%时，应停止放电，在低温时，应适当减少放电总容量；④蓄电池首次放电完毕后立即进行充电，最多不超过 10h；⑤使用年久或容量较低的蓄电池应适当减小放电电流；多个电池连接在一起放电时，应注意各电池的电解液相对密度，温度和放电电压、电流，并做好记录。

21. 电池室正常运行中为什么严禁烟火？

答：电池在充电中，当充电电流不能全部使极板作用于化学反应时，一部分电流使电解液中的水分解为氢气和氧气，分别沿负极板与正极板析出，充拆于电池室中，当室内空气中的氢气含量达到一定数量时，遇有明火可能发生爆炸，故在充电中的电池室内严禁烟火。

22. 对变电站的接地电阻有什么要求？

答：①大电流接地系统中变电站的接地电阻 $R \leqslant 2000/I(\Omega)$。②当 $I > 4000A$ 时，可取 $R \leqslant 0.5\Omega$。小电流接地系统中，当高低压设备共用一个接地装置时，接地电阻 $R \leqslant 120/I(\Omega)$。③当仅用于高压电力设备的接地装置是接地电阻 $R \leqslant 250/I(\Omega)$。④在任何情况下，小电流接地电阻不宜大于 10Ω。以上各式中 I 表示接地短路电流。

23. 桥式起重机的控制器通常都设置了零位联锁，请说明保护实现的方式和保护的作用。

答：通常将控制器仅在零位闭合的触点与该机构失压保护作用的零电压继电器或线路接触器的线圈相串联，并用该继电器或接触器的常开触点作自锁，保证只有当主令或凸轮控制器手柄置于“零”位时，才能接通控制电路，实现零位联锁保护。保护设置的作用是避免当控制手柄不在零位而发生停电事故时，没有将控制手柄复零位，一旦重新来电，将使电动机自行启动而发生危险。

24. 为什么无静差调速系统中常用 PI 调节器而少用积分调节器？

答：在有输入量的情况下，积分调节器的输入量对时间的积分再加入原输出量；而 PI

调节器在输入量突然加入的时候，将产生一个立即响应输入量的突跳，加快了响应过程。因此在调速系统中，为达到快速的响应，通常多使用PI调节器。

25. 在双闭环直流调速系统中，电流调节器起什么作用？

答：电流调节器的作用：

① 对电网电压波动起及时抗作用；

② 启动时保证获得允许的最大电流；

③ 在转速调节过程中，使电流跟随其给定电压 U_i 变化；

④ 当电机过载甚至于堵转时，限制电枢电流最大值，从而起到快速的安全保护作用。

26. 在双闭环直流调速系统中，速度调节器各起什么作用？

答：速度调节器作用：

① 转速 n 跟随给定电压 U_n 变化，稳态无静差；

② 对负载变化起抗扰作用；

③ 其输出限幅值决定允许的最大电流。

27. 为什么小电流接地系统在发生单相接地时可允许短时继续运行，但又不允许长期运行？

答：①因为小电充接地系统发生单相地时，系统的三个线电压无论是相位和量值均未发生变化，系统中的所有三相设备仍然可以继续运行，规程规定，可允许暂时继续运行2h。②但是因为接地是另外两相对地电压升高，其绝缘薄弱点故障概率增大，如果另一相又发生接地故障，则形成两相接地短路，③系统中电压互感器线圈将加上额定线电压，铁芯严重饱和，厂家一般按运行2h设计；经消弧线圈接地的系统消弧线圈亦按短时带电设计，所以不允许长期运行。

28. 提高功率因数的意义及通常采用什么方法？

答：①提高功率因数可提高电力系统和用电企业的设备的利用率。②可降低电力系统电能损耗和提高供电质量。③提高功率因数的办法可分为提高自然功率因数和无功补偿两种。提高自然功率因数的办法有：合理配用异步电动机，消除异步电动机在轻负载下的运行现象，降低轻负载运行电动机的运行电压；限制异步电动机的空载电流；异步电动机同步化运行；合理调度变压器的经济运行，消除变压器的空载现象等。④无功补偿的办法有：并联适当的电容器和并联同步调相机。

29. 无限大容量电源的含义是什么？提供的短路电流包括几种分量？有什么特点？

答：①无限大容量电源使之容量相对很大、内阻抗相对很小和端电压恒定的等效电源或等效系统。②提供的短路电流包括周期分量、非周期分量和倍频分量。③最大的特点是周期分量的值不随时间而变化。

30. 开关触头间产生电弧的根本原因是什么？发生电弧有哪些游离方式？其中最初的游离方式是什么？维持电弧的游离方式又是什么？

答：①开关触头间产生电弧的根本原因是触头本身及触头周围介质中含有大量可被游离的电子。②产生的电弧的游离方式有：热电发射，高电场发射，碰撞游离，热游离四种方式。③最初的游离方式是热电发射。④维持电弧燃烧的游离方式是热游离方式。

31. 线路电流速断保护的动作电流如何整定？电流速断保护为什么会出现“死区”？如何弥补？

答：①线路电流速断保护的动作电流应按躲过所保护线路末端的最大短路电流来整定。②由于电流速断保护的动作电流是按躲过线路末端的最大短路电流来整定的，因此在靠近线路末端的一段线路上发生的不一定是最大短路电流时，速断保护就不能动作，也就是说速断保护不能保护全长。保护装置不能保护的区域就称为“死区”。③弥补的方法：一般规定，凡装有电流速断保护的线路，都必须装设带时限的过电流保护，且过电流保护的动作时间比电流速断保护至少长一个时间级差 $\Delta t=0.5\sim0.7\text{s}$，而且前后级的过电流保护的动作时间应符合“阶梯原则”，以保证选择性。

32. 自耦变压器与双绕组变压器有何区别?

答：①双绕组变压器原副绕组之间只有磁的耦合，没有电的联系，而自耦变压器原、副绕组之间除了有磁的联系之外，还有电的联系。②双绕组变压器传送电功率时，全部是由两个绕组之间的电磁感应传送，而自耦变压器传送电功率，一部分是由电磁感应传送，另一部分则是通过电路联接直接传送。

33. 互感器有哪些功能？电流互感器工作时二侧开路有什么后果?

答：互感器从原理上讲是一种特殊的变压器，其主要功能有：①用来使仪表、继电器等二次设备与一次系统主电路绝缘。要避免主电路的高压直接引入仪表继电器等二次设备，又可防止二次设备的故障影响主电路正常工作，提高一、二次电路的安全可靠性，并有利于人身安全。②用来扩大仪表、继电器等二次设备的应用范围，还可以使二次仪表继电器等设备的规格统一，有利于二次设备的批量生产。

电流互感器工作时，若二次开路，会产生如下后果：①铁芯由于磁通剧增而过热；②二次侧可感应出危险的高压、危及人身安全和设备安全(击穿二次绕组的绝缘)。

34. 导线和电缆截面的选择应考虑哪些条件？一般动力线路宜先按什么条件选择？照明线路宜先按什么条件选择?

答：①在导线和电缆截面选择时应考虑的条件有：发热条件、电压损耗条件、经济电流密度、机械强度。②一般动力线路宜先按发热条件选择截面，再校验电压损耗和机械强度。③低压照明线路，因其对电压水平要求较高，宜按允许的电压损耗进行选择，再校验发热条件和机械强度。

35. 下图为采用电磁操作机构的断路器控制回路及其信号系统。①说明手动合闸的动作过程，合闸后红灯 RD 亮的意义。②当一次电路发生故障保护动作于跳闸，说明动作过程及信号。

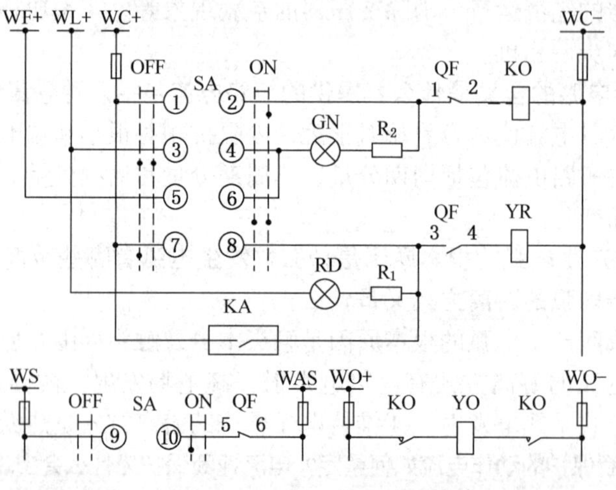

答：①合闸时，SA 手柄顺时针扳转 45°SA1-2 接通→QF1-2→KO→-，KO 带电，其他触头闭合电磁合闸线圈 YD 带电，断路器合闸。合闸完成后，SA 自动返回，SA1-2 断开，QF1-2 断开，GN 灭，QF3-4 闭合。②红灯 RD 亮。说明断路器在合闸位置，并监视跳闸回

路的完好性。③当一次电路故障保护动作时，KA 闭合，WC+→KA→QF3-4→YR→-，YR 带电，断路器跳闸，QF3-4 断开，红灯 RD 灭；QF1-2 闭合→SA 在合后位置，SA5-6 闭合：WF(+)→SA5-6→GN. R1→QF1-2→KO→-；GN 绿灯闪光，说明断路器自动跳闸。④SA合后位置 SA9-10→QF5-6→WAS，事故音响信号回路接通，发出事故跳闸音响信号。此时值班人员，可将 SA 的手柄向逆时针方向转 45°，然后松开，使 SA 触点与 QF 的辅助触点恢复对应关系。全部事故信号解除。

36. 对备用电源自动投入装置的基本要求是什么？

答：①当常用电源失压或电压降得很低时，备自投应把此路断路器分断。如上级断路器装有备自投时，备自投跳闸应带有时限，以便躲过上级备自投的动作时间。备用电源的断路器，应在常用断路器跳开后立即合闸。②常用断路器因继电保护动作(负载侧故障)跳闸，或备用电源无电时，备自投均不应动作。③备自投只应动作一次。它由备用电源断路器(或母联断路器)跳闸后，将其合闸回路闭锁起来实现，以免将备用电源合闸到永久性故障上去。④备自投的动作时间应尽量缩短。⑤电压互感器的熔丝熔断或其刀开关拉开时，备自投不应误动作。⑥常用电源正常的停电操作时备自投不能动作，以防备用电源投入。

37. 下图为定时限过电流保护的原理结线图：①画出它的展开图；②当主电路发生相间短路时，试说明保护的动作过程。

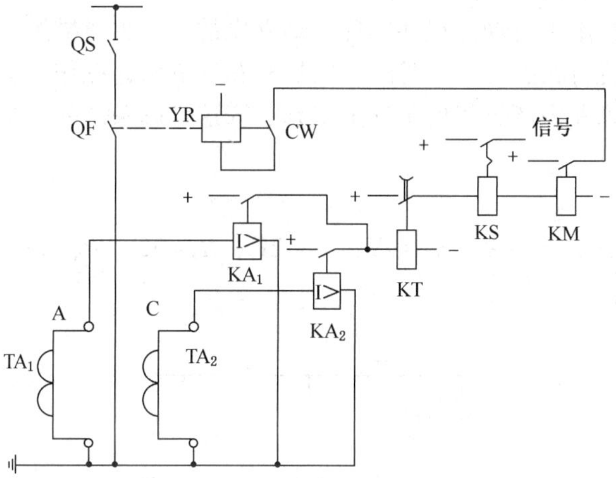

答：① 该图的展开图如下图。

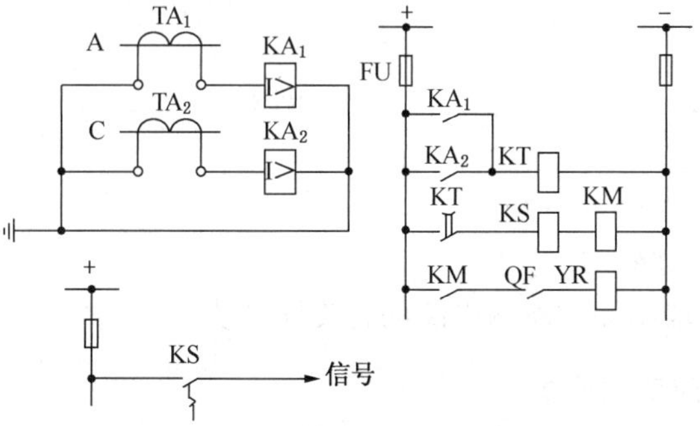

② 当主电路发生相间短路时，KA_1、KA_2 中至少有一个瞬时动作，动合触头闭合，KT

启动，达到其整定时限后，其延时触点闭KS、KM启动，KM触点闭合，启动跳闸线圈YR，使QF跳闸，切除故障。KS动作，掉牌并发出灯光音响信号。

38. 采用变频调速的特点有哪些？

答：采用变频调速的特点是：①节能；②调速范围宽；③控制性能可以达到和超过高精度直流伺服电动机的控制性能；④很容易实现电动机的正反转；⑤高速驱动；⑥变频器和电动机可以分离、可适用于各种工作环境；⑦电源的容量只需为电动机许可容量的1.5倍；⑧电源的功率因素对电动机功率的影响。

39. 什么叫低电压闭锁的过电流保护？在什么情况下采用？

答：①在过电流保护中的电流继电器的常开触点与中间继电器的线圈回路中串入低电压继电器的常闭触点就构成了低电压闭锁的过电流保护。②低电压闭锁的过电流保护用在过电流保护的灵敏系数达不到1.2的情况。

40. 为什么要规定滚动轴承的游隙？

答：①滚动轴承在装配后，如果轴承游隙过大，将使同时承受负荷的滚动体减少，应力集中，寿命降低，同时，还将降低轴承的旋转精度，引起振动和噪声。②如果轴承游隙过小，则易发热和磨损，同样会降低轴承的寿命。③因此，规定适当的游隙，是保证轴承正常工作，延长使用寿命的重要措施之一。

41. 简述信号联锁在生产中的作用。

答：①信号联锁是用来自动监视并实现自动操作的一个重要措施。②当设备或管道中的某些工艺参数超限或运行状态发生异常时，以灯光和音响引起操作人员注意，必要时联锁动作实现紧急操作，以确保生产过程处于安全状态。③这是确保产品质量及设备和人身安全所必须的。

计算题

1. 如图所示：已知 $E_1=18V$，$E_2=9V$，$R_1=2\Omega$，$R_2=3\Omega$，$R_3=6\Omega$，用支路电流法求 I_1、I_2、I_3 的值。

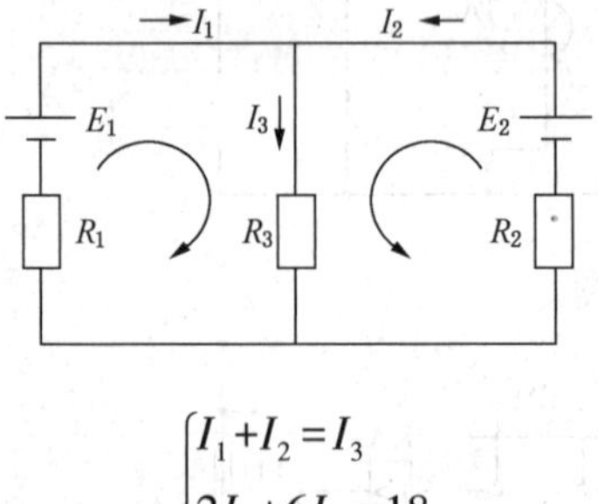

解：
$$\begin{cases} I_1+I_2=I_3 \\ R_1I_1+R_3I_3=E_1 \\ R_2I_2+R_3I_3=E_2 \end{cases} \qquad \begin{cases} I_1+I_2=I_3 \\ 2I_1+6I_3=18 \\ 3I_2+6I_3=9 \end{cases}$$

解得：$I_1=3A$，$I_2=-1A$，$I_3=2A$

答：I_1 为3A，I_2 为-1A，I_3 为2A。

2. 试用回路电流法求解图中所示电路的各支路电流。

解：回路电流的方向如图所示：

根据基尔霍夫第二定律列出回路的电压方程如下：

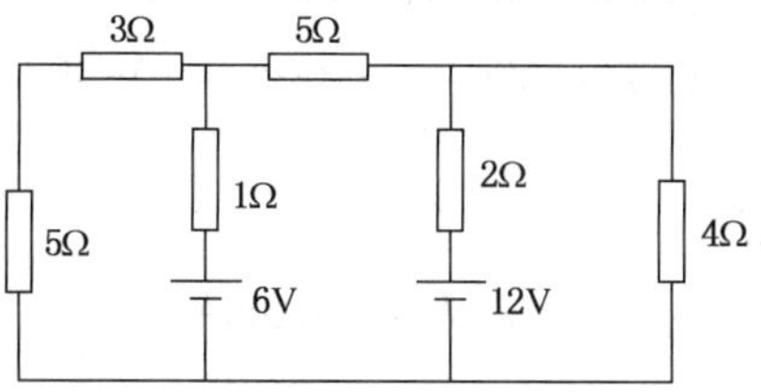

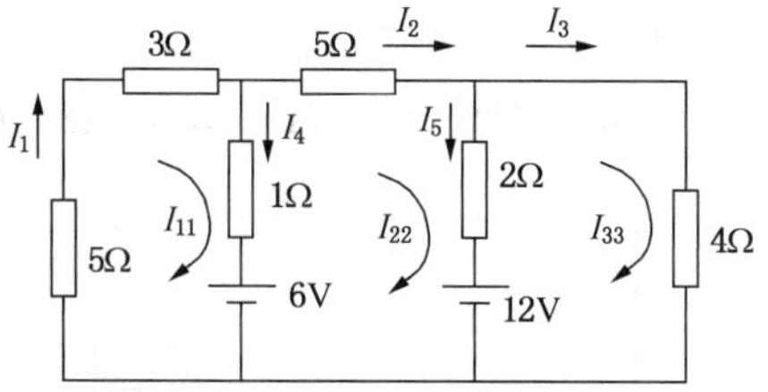

$$\begin{cases}(5+3+1)I_{11}-1I_{22}=-6\\(1+5+2)I_{22}-1I_{11}-2I_{33}=6-12\\(2+4)I_{33}-2I_{22}=12\end{cases}$$

解得：

设各支路电流方向如图所标，则：

$I_1=I_{11}=-0.7\text{A}$　　$I_2=I_{22}=-0.4\text{A}$

$I_3=I_{33}=1.9\text{A}$　　$I_4=I_{11}-I_{22}=-0.3\text{A}$

$I_5=I_{22}-I_{33}=-2.3\text{A}$

答：I_1 值为-0.7A，I_2 值为-0.4A，I_3 值为1.9A，I_4 值为-0.3A，I_5 值为-2.3A。

3. 用回路电流法求下图所示电路中的支路电流。

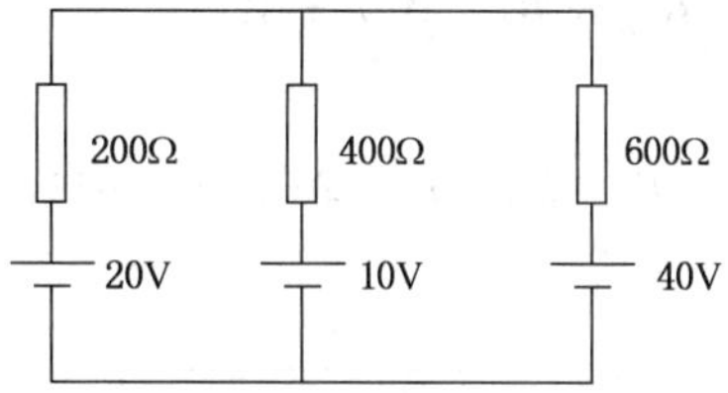

解：回路电流的方向如图所示：

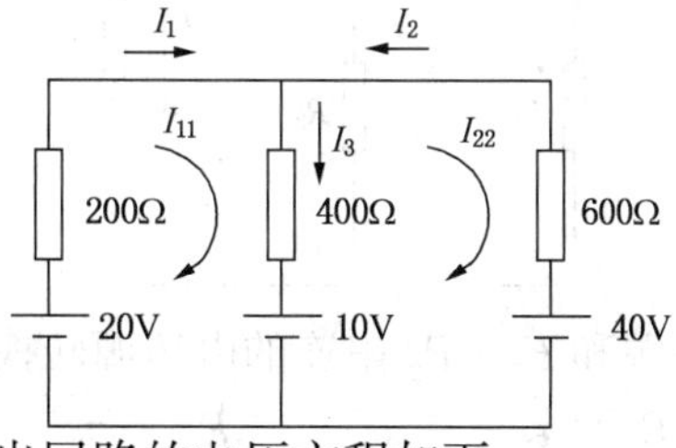

根据基尔霍夫第二定律列出回路的电压方程如下：

$$\begin{cases}(200+400)I_{11}-400I_{22}=20-10\\(400+600)I_{22}-400I_{11}=10-40\end{cases}$$

解得：

设各支路电流方向如图所标，则：

$$I_1=I_{11}=-4.5\text{mA}$$

$$I_2=-I_{22}=32\text{mA}$$

$$I_3=I_{11}-I_{22}=27.5\text{mA}$$

答：I_1 值为-4.5mA，I_2 值为 32mA，I_3 值为 27.5mA。

4. 如图所示，已知 $E_1=10\text{V}$，$R_1=2\Omega$，$R_2=7\Omega$，$R_3=8\Omega$，$R_4=3\Omega$，$R_5=1.3\Omega$，试用戴维南定理求电流 I_5 的值。

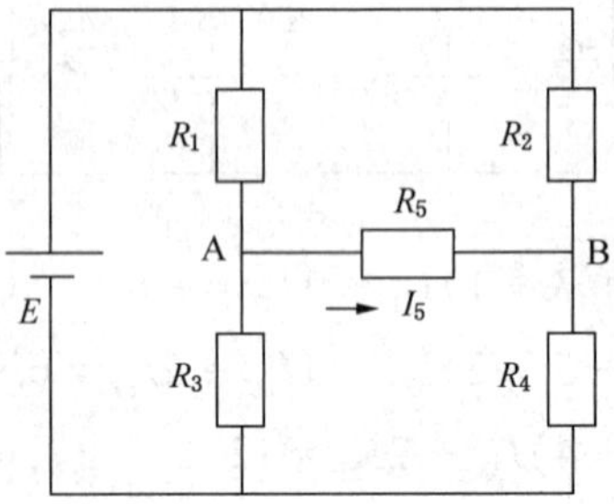

解：将 R_5 拆去，得：

$$U_{\text{ABK}}=\frac{R_3E}{R_1+R_3}-\frac{R_4E}{R_2+R_3}=\frac{8\times10}{2+8}-\frac{3\times10}{7+3}=5\text{V}$$

再将 E 短路，得：

$$R_{\text{AB}}=\frac{R_1R_3}{R_1+R_3}+\frac{R_2R_4}{R_2+R_4}=\frac{2\times8}{2+8}+\frac{7\times3}{7+3}=3.7\Omega$$

$$I_5=\frac{U_{\text{ABK}}}{R_{\text{AB}}+R_5}=\frac{5}{3.7+1.3}=1\text{A}$$

答：I_5 的值为 1A。

5. 如图所示，已知 $E_1=6\text{V}$，$R_1=2\Omega$，$E_2=2\text{V}$，$R_2=4\Omega$，$R=5\Omega$，试用电压源与电流源等效变换的方法求电流 I。

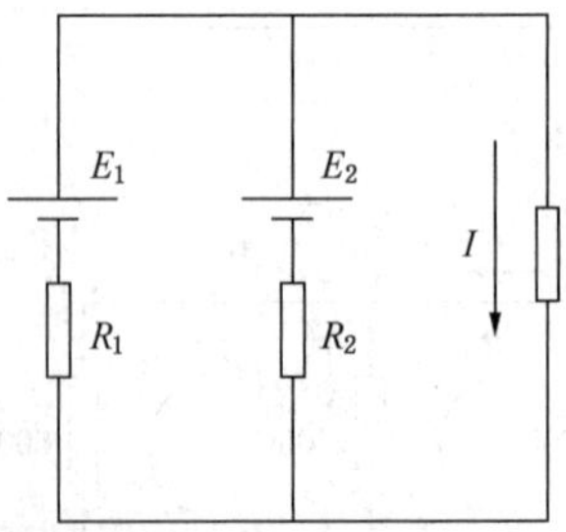

解：将 E_1、R_1 串连的电压源和 E_2、R_2 串连的电压源转换为等效的电流源

$$I_{\text{S1}}=\frac{E_1}{R_1}=\frac{6}{2}=3\text{A},\ I_{\text{S2}}=\frac{E_2}{R_2}=\frac{2}{4}=0.5\text{A}$$

可得等效电路如下：

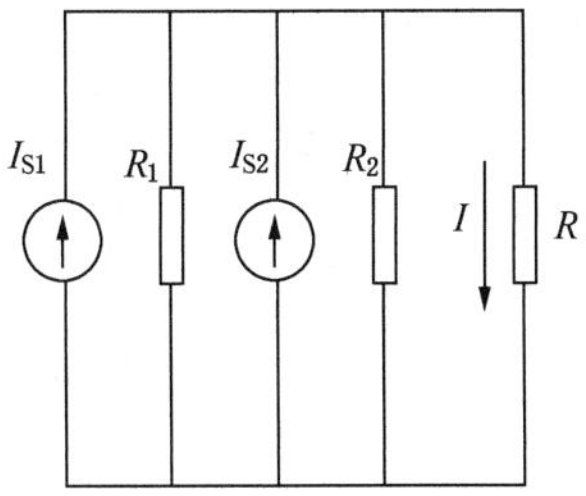

可得：$I_S = I_{S1} + I_{S2} = 3 + 0.5 = 3.5A$，$R_i = \frac{4}{3}\Omega$

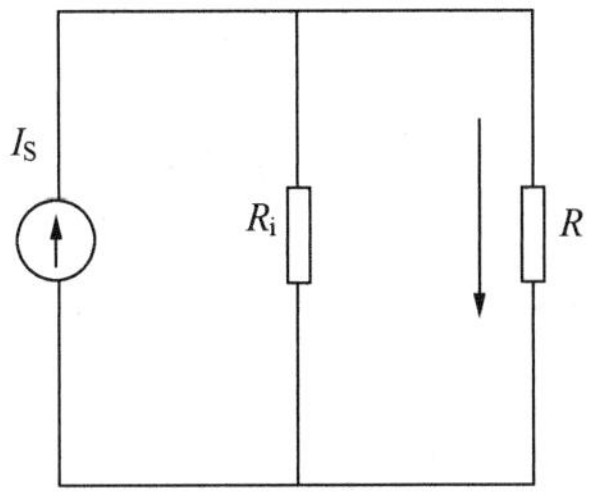

可得：

$$E = \frac{14}{3}V$$

$$I = \frac{E}{R_i + R} = \frac{\frac{14}{3}}{\frac{4}{3} + 5} = 0.7A$$

答：电流 I 的值为 0.7A，方向如图所示。

6. 如图所示，已知 $E_1 = 54V$，$E_2 = 18V$，$R_1 = 3\Omega$，$R_2 = 4\Omega$，$R_3 = 6\Omega$，试用叠加原理求 I_3 的值。

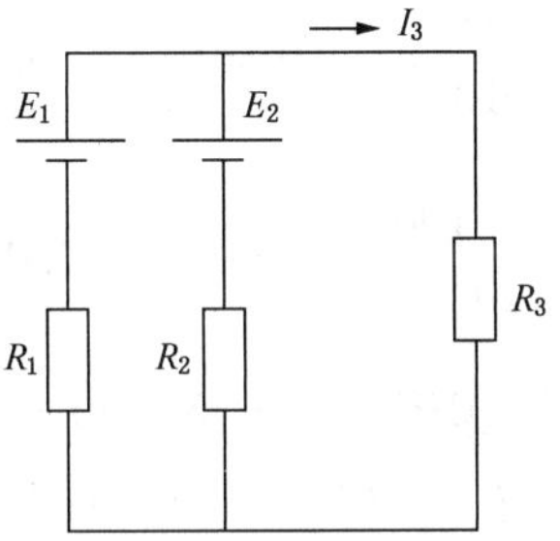

解：

$$I'_3 = \frac{E_1}{R_1 + R_2//R_3} \times \frac{R_2}{R_2 + R_3} = \frac{54}{3 + 4//6} \times \frac{4}{4 + 6} = 4A$$

$$I''_3 = \frac{E_2}{R_2 + R_1//R_3} \times \frac{R_1}{R_1 + R_3} = \frac{18}{4 + 3//6} \times \frac{3}{3 + 6} = -1A$$

$$I_3 = I'_3 + I''_3 = 4 + (-1) = 3A$$

答：I_3 值为 3A。

7. 试求如图所示电路的等效电阻 R_{AB}。

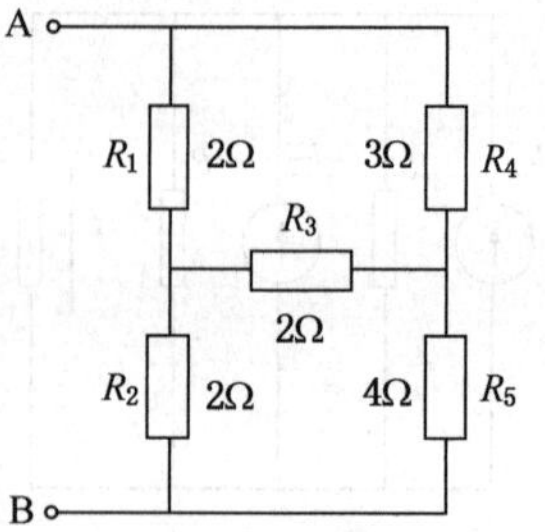

解：将原图变换为：

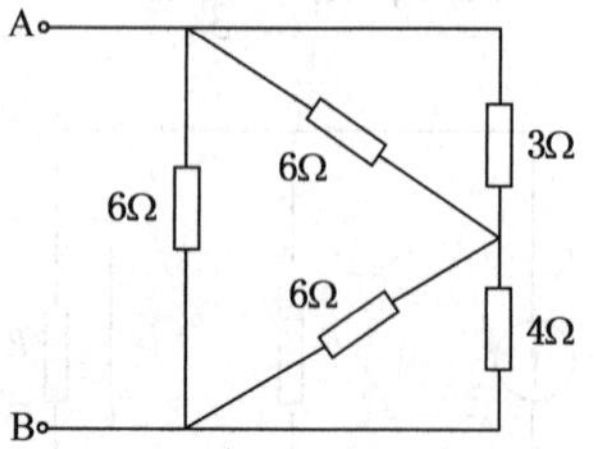

$$R_{AB}=\frac{6\times\left(\frac{6\times3}{6+3}+\frac{24}{10}\right)}{6+\frac{6\times3}{6+3}+\frac{24}{10}}\approx2.5\Omega$$

答：等效电阻 R_{AB} 为 2.5Ω。

8. $\overline{Z}_1=10\Omega$，$\overline{Z}_2=j10\Omega$，$\overline{Z}_3=(10-j10)\Omega$，并联后接工频电压 $U=100\text{V}$，求 I_1、I_2、I_3 及总电流 I。

解：

$$I_1=\frac{U}{\overline{Z}_1}=\frac{100}{10}=10\text{A}$$

$$I_2=\frac{U}{\overline{Z}_2}=\frac{100}{j10}=-j10=10\angle-90^\circ\text{A}$$

$$I_3=\frac{U}{\overline{Z}_3}=\frac{100}{10-j10}=5+j5=7.07\angle45^\circ\text{A}$$

$$I=I_1+I_2+I_3=10+(-j10)+5+j5=15-j5=15.8\angle-18.44^\circ\text{A}$$

答：$I_1=10\text{A}$，$I_2=10\angle-90^\circ\text{A}$，$I_3=7.07\angle45^\circ\text{A}$，总电流 $I=15.8\angle-18.44^\circ\text{A}$。

9. 如图所示，已知 $R=10\Omega$，$L=31.85\text{mH}$，$u=100\sqrt{2}\sin(314t+30^\circ)\text{V}$，求总电流 I。

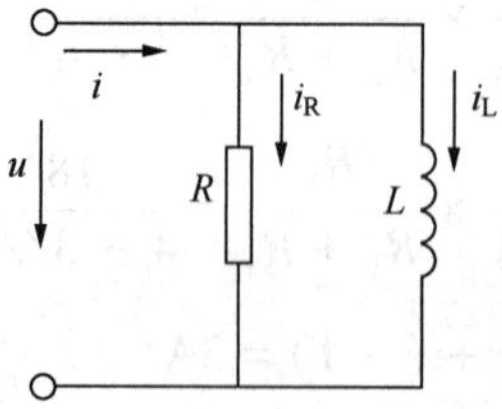

解：由题得：$U=100\angle30^\circ$

$$I_R = \frac{U}{R} = \frac{100\angle 30^\circ}{10} = 10\angle 30^\circ \text{A}$$

$$U = I_L j\omega L$$

得：$$I_L = \frac{U}{j\omega L} = \frac{100\angle 30^\circ}{j314 \times 31.85 \times 10^{-3}} = \frac{100\angle 30^\circ}{10\angle 90^\circ} = 10\angle -60^\circ$$

$$I = I_R + I_L = 10\angle 30^\circ + 10\angle -60^\circ = 13.7 - j3.7 = 14.2\angle -15^\circ$$

得：$i = 14.2\sqrt{2}\sin(\omega t - 15^\circ) = 20\sin(314t-15^\circ)$

答：总电流 $i = 20\sin(314t - 15^\circ)$，方向如题图所示。

10. 对称三相交流电路，电源线电压 380V，每相负载中 $R=16\Omega$，$X_L=12\Omega$，Y 连接，求相电压、相电流、线电流及三相有功功率。

解：

$$Z_\phi = \sqrt{R^2 + X_L^2} = \sqrt{16^2 + 12^2} = 20\Omega$$

$$\cos\phi = \frac{R}{Z_\phi} = \frac{16}{20} = 0.8$$

$$U_\phi = \frac{U_L}{\sqrt{3}} = \frac{380}{\sqrt{3}} = 220\text{V}$$

$$I_\phi = \frac{U_\phi}{Z_\phi} = \frac{220}{20} = 11\text{A}$$

$$I_L = I_\phi = 11\text{A}$$

$$P = \sqrt{3}U_L I_L\cos\phi = \sqrt{3} \times 380 \times 11 \times 0.8 = 5.8\text{kW}$$

答：相电压为 220V，相电流和线电流均为 11A，三相有功功率为 5.8kW。

11. 设计一个用与非门组成的组合逻辑电路，当输入的三位二进制数 I_2，I_1，I_0 大于等于 5 时，输出为 1。

答：由题意可得卡诺图（如图所示 a），化简得到与或式，并变换为与非–与非式：

$$L = I_2I_1 + I_2I_0 = \overline{\overline{I_2I_1} \cdot \overline{I_2I_0}}$$

由与非–与非式得出逻辑图如图所示 b。

I_2 \ I_1I_0	00	01	11	10
0	0	0	0	0
1	0	1	1	1

(a)

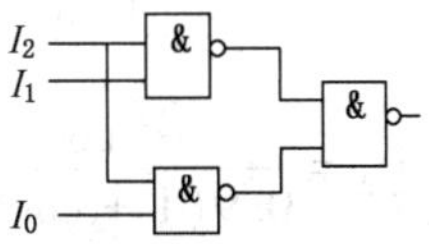

(b)

12. 画出用两块 8 选 1 数据选择器组成的全加器电路。

答：（1）真值表；（2）逻辑表达式；（3）逻辑图。

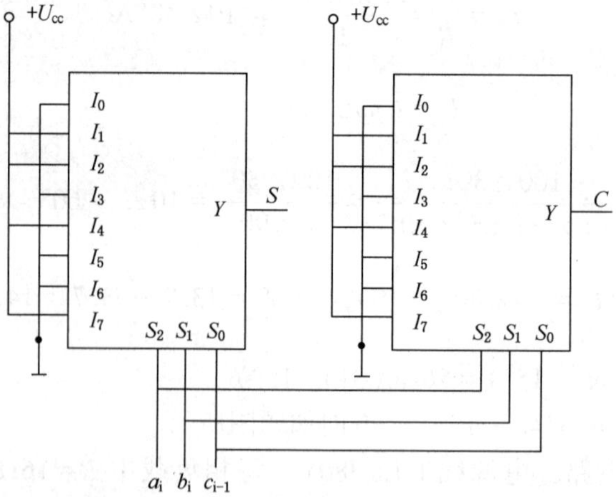

13. 列出 8 选 1 数据选择器的函数式，设输出为高电平有效。

答：函数式如下：

$$Y=\overline{S}_2\overline{S}_1\overline{S}_0I_0+\overline{S}_2\overline{S}_1S_0I_1+\overline{S}_2S_1\overline{S}_0I_2+\overline{S}_2S_1S_0I_3+$$
$$S_2\overline{S}_1\overline{S}_0I_4+S_2\overline{S}_1S_0I_5+S_2S_1\overline{S}_0I_6+S_2S_1S_0I_7$$

14. 图示电路中，已知 $U_0=U_{i1}+0.2U_{i2}$，设 $R_f=100\text{k}\Omega$，求 R_1，R_2。

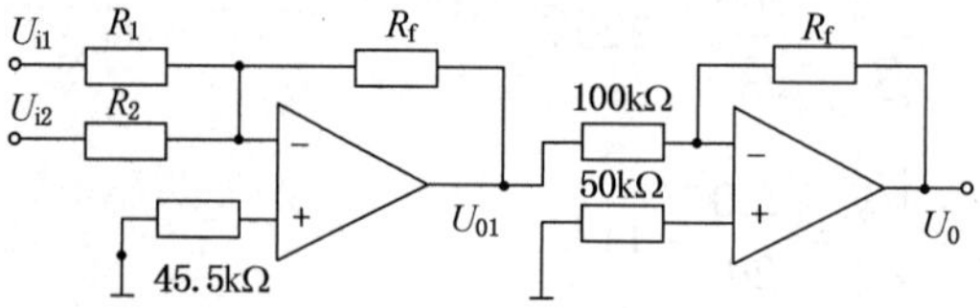

解：取第一个运放输出为 U_{01}

$$U_{01}=-\left(\frac{R_f}{R_1}U_{i1}+\frac{R_f}{R_2}U_{i2}\right)$$

所以 $U_0=-\dfrac{R_f}{100}U_{01}=\dfrac{100}{R}U_{i1}+\dfrac{100}{R_2}U_{i2}$

与已知 U_0 表达式对比得：$R_1=100\text{k}\Omega$，$R_2=500\text{k}\Omega$

答：R_1 为 100kΩ，R_2 为 500kΩ。

15. 有一个单相全控桥整流电路，供给一个 2Ω 的电阻负载，要求输出的直流平均电压 0~48V 连续可调，为了可靠工作，设最小控制角 $\alpha=30°$，试计算变压器次级电压，电流有效值并选用晶闸管。

解：因为

$$U_{LAV}=0.9U_2\frac{1+\cos\alpha}{2}$$

得：

$$U_2=\frac{2U_{LAV}}{0.9(1+\cos\alpha)}=\frac{2\times48}{0.9(1+\cos30°)}=57\text{V}$$

变压器次级电流有效值：

$$I_2=\frac{U_2}{R_L}\sqrt{\frac{1}{2\pi}\sin2\alpha+\frac{180°-\alpha}{180°}}$$

$$= \frac{57}{2}\sqrt{\frac{\sin 2\times 30^\circ}{2\pi}+\frac{180^\circ-30^\circ}{180^\circ}} = 27.9A$$

流过晶闸管的电流有效值 I_T 为：$I_T = \frac{I_2}{\sqrt{2}} = \frac{27.9}{\sqrt{2}} = 19.7A$

晶闸管额定电流：$I_{T(AV)} \geqslant \frac{I_T}{1.57} = \frac{19.7}{1.57} = 12.5A$

考虑 1.5~2 倍电流余量，取 $I_{T(AV)} = 20A$

$$\sqrt{2}U_2 = \sqrt{2}\times 57 = 80.6V$$

考虑额定电压 2~3 倍余量，取 $U_n = 200V$

选 KP20-2 型号的晶闸管。

答：变压器次级电压 57V，电流有效值为 27.9A；选用的晶闸管型号为 KP20-2。

16. 三相半波可控整流电路，变压器二次相电压为 20V，带大电感负载，无续流二极管，试计算 $\alpha=45^\circ$时的输出电压，如负载电流为 200A，求晶闸管上的最高电压和晶闸管电流的平均值 I_{dT}、有效值 I_T。

解：$U_d = 1.17U_{2\Phi}\cos\alpha = 1.17\times 20\times\cos 45^\circ = 16.5V$

$U_{TM} = \sqrt{6}U_{2\Phi} = \sqrt{6}\times 20 = 49V$　　$I_d = 200A$

$I_T = I_d/\sqrt{3} = 200/\sqrt{3} = 115.5A$　　$I_{dT} = I_d/3 = 200/3 = 66.7A$

答：$\alpha=45^\circ$时的输出电压为 16.5V，晶闸管上的最高电压为 49V，晶闸管电流的平均值为 66.7A、有效值为 115.5A。

17. 已知：电源频率为 50Hz，转差率为 0.03 的四极电机，求：电动机的转速 n。

解：根据同步转速 $n_1 = 60f/p$ 可得：

$$n_1 = 60f/p = 60\times 50/2 = 1500r/min$$

又根据 $n = (1-S)n_1$ 得：

电动机的转速：$n = (1-0.03)\times 1500 = 1455r/min$

答：电动机的转速为 1455r/min。

18. 一台 1000kV · A 三相变压器，Y，yn0 接法，高压侧电压 6.3kV，低压侧为 0.4kV。试计算高低压侧额定电流各是多少？

解：

$$I_1 = P/(\sqrt{3}U_1) = 1000/(1.732\times 6.3) = 91.6A$$

$$I_2 = P/(\sqrt{3}U_2) = 1000/(1.732\times 0.4) = 1443A$$

答：高压侧额定电流为 91.6A，低压侧额定电流为 1443A。

19. 某厂一台三相电力变压器的一次电压为 10kV，一次电流为 57.5A，一次绕组匝数为 800 匝，二次电压为 400V，求二次电流和二次绕组匝数为多少？变压器额定容量为多少？

解：已知 $U_1 = 10kV$，$U_2 = 400V$，$I_1 = 57.7A$，$N_1 = 800$ 匝

设二次绕组匝数为 N_2，则

$K = U_1/U_2 = N_1/N_2$，$N_2 = N_1/K = 800/(10000/400) = 32$ 匝

设二次额定电流 I_2，则

$$U_1/U_2 = I_1/I_2,\quad I_2 = (U_1/U_2)I_1 = (10000/400)\times 57.5 = 1437.5A$$

设变压器额定容量为 S，则

$$S=\sqrt{3}U_1I_1=\sqrt{3}\times10\times57.5\approx1000\text{kV}\cdot\text{A}$$

答：变压器二次电流为 1437.5A，二次绕组匝数为 32 匝，变压器额定容量为 1000kV·A。

20. 写出下列梯形图所对应的语句表。

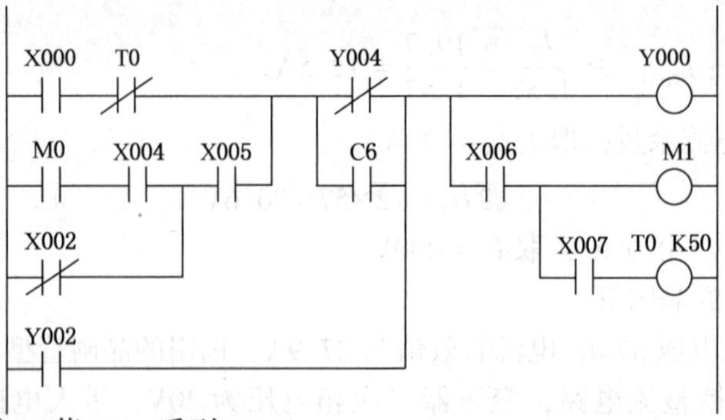

答：（此答案对应三菱 FX_{2N} 系列 PLC）

LD	X000	AND	X005	ANB		OUT	M1
ANI	T0	ORB		OR	Y002	AND	X007
LD	M0	LDI	Y004	OUT	Y000	OUT	T0
AND	X004	OR	C6	AND	X006		K50
ORI	X002						

21. 设计一脉冲发生程序(用梯形图表示)，当开关 S_0 闭合时，产生振荡周期为 4s 的脉冲输出，并画出波形图。

解：（此答案对应三菱 FX_{2N} 系列 PLC）

① 分配输入输出继电器

输入继电器：开关 S_0　　　X000

输出继电器：　　　　　　Y000

② 程序

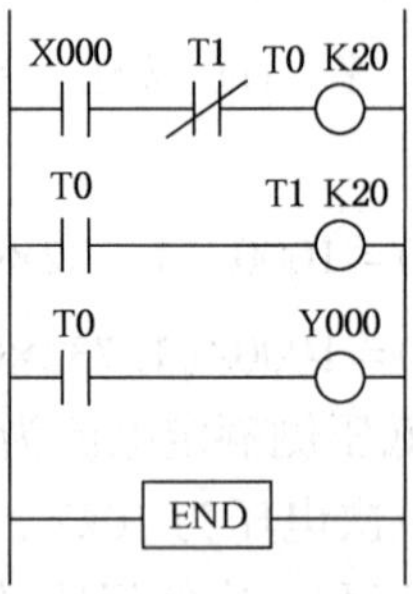

③ 波形图

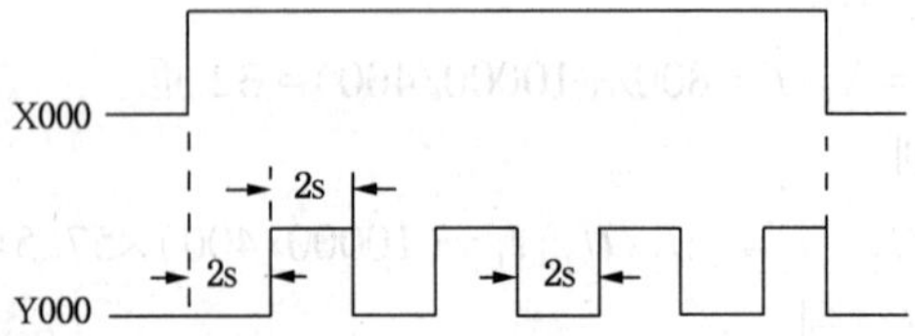

22. 有一台车，按下启动按钮 SB，台车向右行驶，碰到行程开关 LS11 后，台车后退。后退过程中碰到限位开关 LS12 时，台车暂停 10s 后改为向右行驶，碰到限位开关 LS13 后，台车又后退。当限位开关 LS12 再一次动作时，台车停止。（限位开关触点平常为断开状态，只有台车前进到极限位置时才闭合）。行程动作示意图：

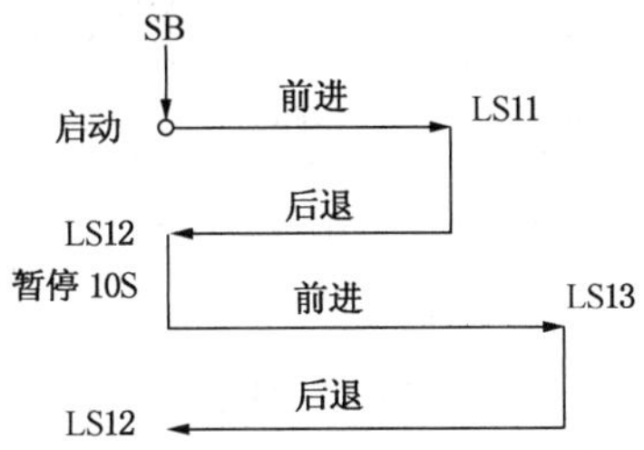

试画出实现上述要求的 SFC 图。

解：（此答案对应三菱 FX_{2N}系列 PLC）

① 分配输入/输出继电器

输入	输出
SB：X000	右行接触器：Y000
LS11：X011	左行（后退）接触器：Y001
LS12：X012	
LS13：X013	

② SFC 图

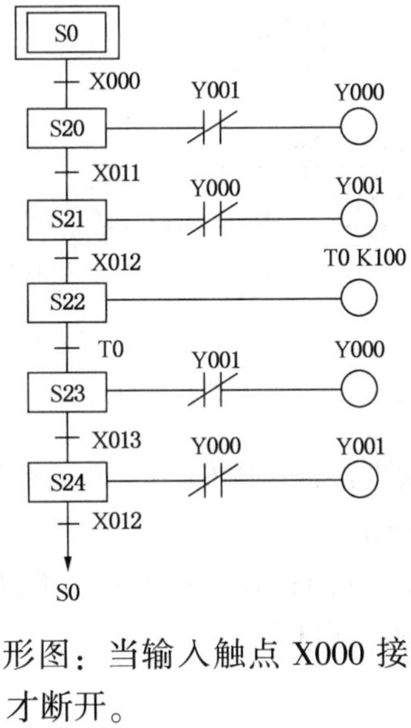

23. 设计一个延时断开的梯形图：当输入触点 X000 接通时，输出继电器 Y000 立即接通；当 X000 断开 10s 后，Y000 才断开。

解：（此答案对应三菱 FX_{2N}系列 PLC）

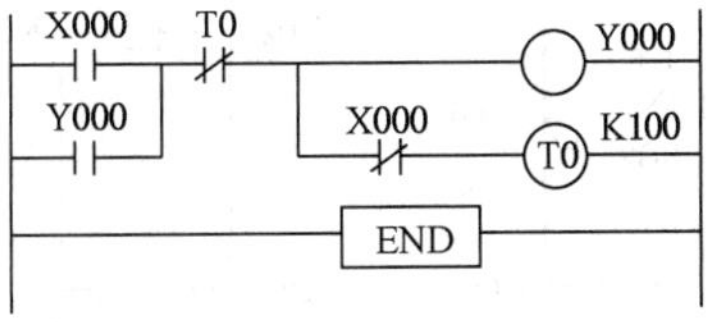

24. 设计一个延时开和延时关的梯形图：输入触点 X001 接通 3s 后输出继电器 Y000 闭合，之后 X001 断开 2s 后 Y000 断开。

解：（此答案对应三菱 FX_{2N} 系列 PLC）

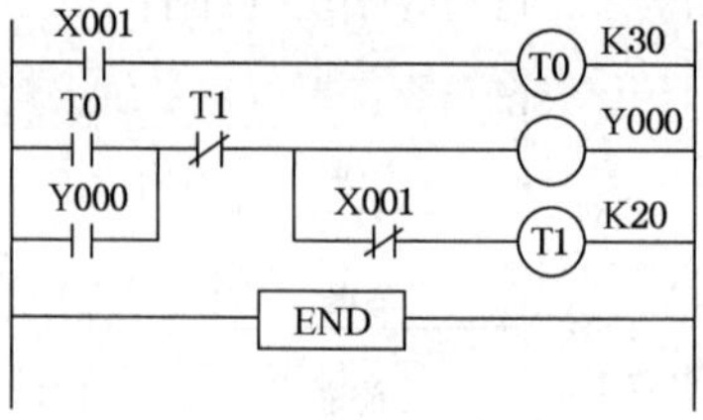

25. 设计一个实现电机 Y/△降压启动的梯形图：按下启动按钮 SB1，KM1、KM3 获电，电动机降压启动；经过 5s 后，KM1、KM2 获电，KM3 断电，电动机全压下运转；按下停止按钮 SB2，电动机停转。

要求：①画出 PLC 输入输出接线图；②编制实现上述功能的梯形图。

解：（此答案对应三菱 FX_{2N} 系列 PLC）

① I/O 分配及接线图：

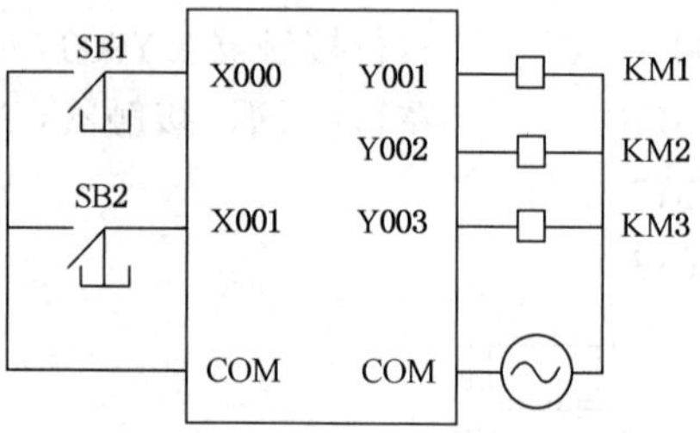

② 梯形图：

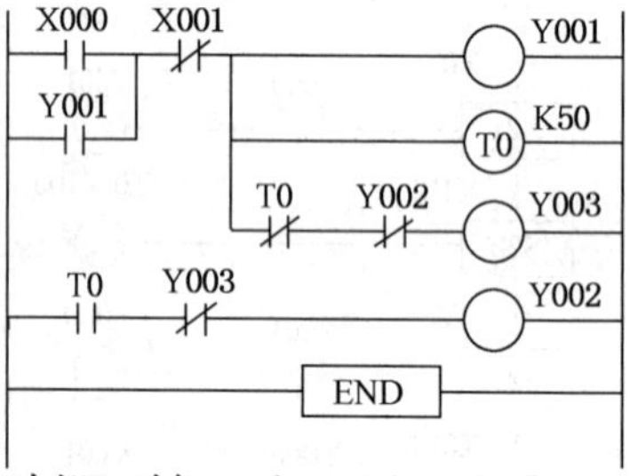

26. 按下启动按钮 SB1，电动机正转；过 5s 后，电动机反转；再过 5s，又正转；循环反复。按下停止按钮 SB2，电动机停止。

要求：①画出 PLC 输入输出接线图；②编制实现上述功能的梯形图。

解：（此答案对应三菱 FX_{2N} 系列 PLC）

① I/O 分配及接线图：

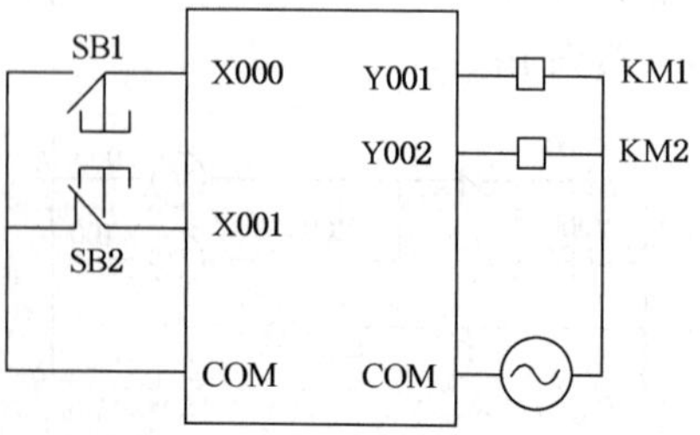

② 梯形图：

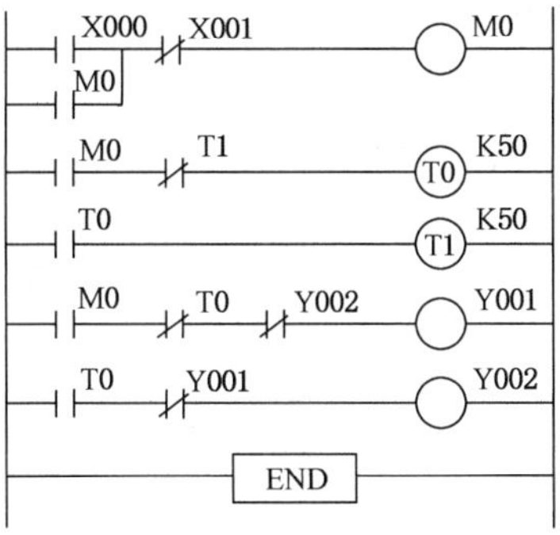

27. 按下正向启动按钮 SB1，KM1 得电，电机正向运转；按下反向启动按钮 SB2，KM2 得电，电机反向运转；按下停止按钮 SB3，电机停转。

要求：①画出 PLC 输入输出接线图；②编制实现上述功能的梯形图。

解：（此答案对应三菱 FX_{2N}系列 PLC）

① I/O 分配及接线图：

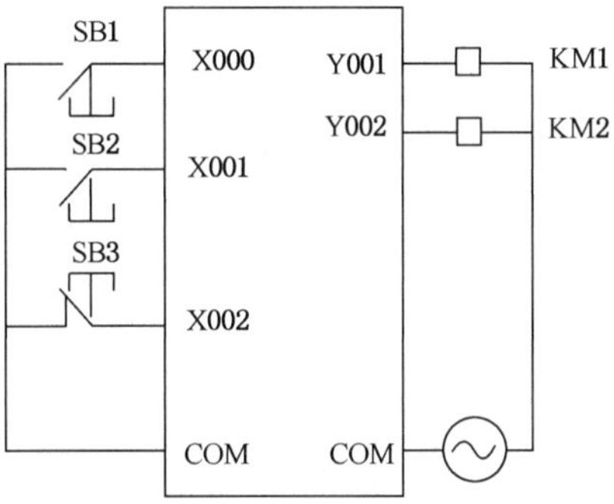

② 梯形图：

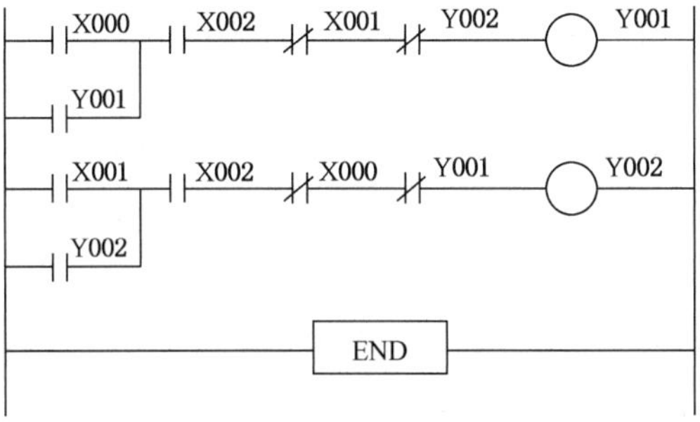

28. 有一 380V 线路，供给机修车间的冷加工机床电动机容量共 150kW，行车容量 5.1kW（$\varepsilon_N = 15\%$）通风机容量 7kW。试用需要系数法确定 380V 线路的计算负荷 P_{30}、Q_{30}、I_{30}。（机修车间的 $K_\alpha = 0.50$，$\cos\psi = 0.5$，$\tan\psi = 1.73$）

解：先求取设备容量

电动机 150kW；吊车 $P_e = 2P_N\sqrt{\varepsilon_N} = 2\times5.1\times\sqrt{15\%} = 3.95$kW；通风机 7kW。

总设备容量：150+3.95+7 = 160.95kW

有功计算负荷 $P_{30} = K_d \cdot P_e = 0.5\times160.95 = 80.5$kW

$Q_{30}=P_{30}\cdot\tan\psi=80.5\times1.73=139.2\text{kVar}$

$S_{30}=P_{30}/\cos\psi=80.5/0.5=161\text{kV}\cdot\text{A}$

$I_{30}=S_{30}/\sqrt{3}U=161/\sqrt{3}\times0.38=245\text{A}$

答：计算负荷 $P_{30}=80.5\text{kW}$、$Q_{30}=139.2\text{kVar}$、$I_{30}=245\text{A}$。

29. 某 380V 线路供给表中所示 4 台电动机，试计算其尖峰电流（建议 $K_{\Sigma}=0.9$）

电动机参数	M_1	M_2	M_3	M_4
额定电流 I_n/A	35	14	56	20
启动电流 I_{st}/A	148	85	160	135

解：$I_{PK}=K_{\Sigma}\Sigma(n-1)(i=1)I_{(N\cdot i)}+I_{st\cdot max}$表示：$I_{st\cdot max}=135-20=115\text{A}$

∴ $I_{PK}=K_{\Sigma}\Sigma(n-1)(i=1)I_{(N\cdot i)}+I_{st\cdot max}=0.9\times(35+14+56)+135=229.5\text{A}$

或：$I_{PK}=I_{30}+(I_{st}-I_N)\max=K_{\Sigma}\cdot(I_{N1}+I_{N2}+I_{N3}+I_{N4})+(I_{st}-I_N)\max$

$=0.9\times(35+14+56+20)+(135-20)=227.5\text{A}$

30. 回路各元件阻抗如图所示，用有名值计算方法求 K_1、K_2 点三相短路时，变压器高压侧的短路电流。

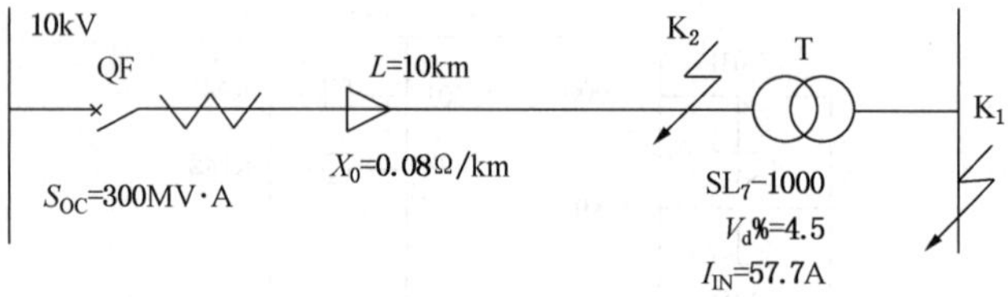

解：① 用有名值法计算：

先计算各元件阻抗

$$X_s=U_c^2/S_{oc}=10.5^2/300=0.3675$$

$$X_{wl}=0.08\times10=0.8\Omega$$

$$X_T^*=U_k\%/100\cdot U_c^2/S_N=4.5/100\times10.5^2/1=4.96125\Omega$$

② 先求 K_1 点三相短路电流

$$X_{\Sigma(3)}=X_s+X_{wl}+X_T=0.3675+0.8+4.96125=6.12875\Omega$$

∴ $$I_{K1(3)}=U_c/1.732X_{\Sigma(3)}=10.5/(1.732\times6.12875)=0.989\text{kA}$$

③ 求高压侧 K_2 点三相短路电流

$$X_{\Sigma(2)}=0.3675+0.8=1.1675$$

$$I_{k2(3)}=U_c/1.732X_{\Sigma(2)}=10.5/(1.732\times1.1675)\approx5.2\text{kA}$$

31. 在图中为某车间 6kV 配电室准备新增添一条 6kV 聚乙烯铜芯电缆配出线，线路首端装有少油式断路器，其主保护动作时间为 1.1s，断路器断开时间为 0.2s。按照热稳定度要求，此电缆芯线最小截面是多少？（$C=140A\sqrt{s}\cdot\text{mm}^{-2}$）

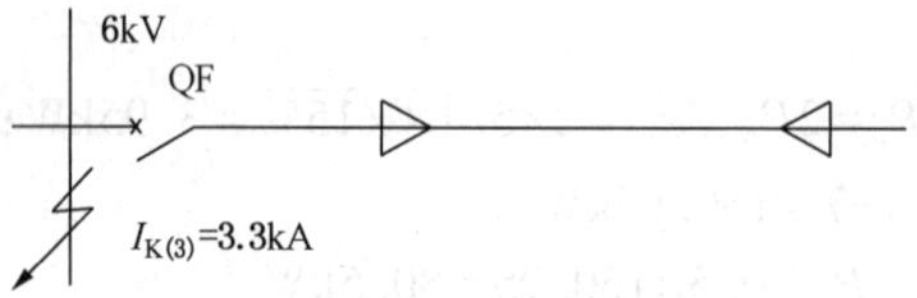

解：根据电缆热稳定计算公式，可求出在该配电室安装的 6kV 铜芯聚乙烯电缆的最小截面。

$$A_{min}=I_{K(3)}\sqrt{t_{min}}/C$$

$$t_{min}=1.1+0.2+0.05=1.35s$$

$$\therefore \quad A_{min}=(3.3\times10^3)\sqrt{1.35}/140=27.4mm^2$$

答：该电缆截面不得小于 $27.4mm^2$。

三、技能操作鉴定要素细目表

鉴定范围						鉴定点	
一级		二级		三级		代码	名称
代码	名称	代码	名称	代码	名称		
A	技能要求	A	工作前准备	C	材料选择	001	合理选用变压器大修所需材料
						002	根据电气设备使用环境，正确选用防爆电气设备
				D	读图分析与计算	001	分析总降变电所主变的保护动作原理及各种保护的配合
						002	分析总降变电所备用电源自投入的工作原理
						003	分析总降变电所 6~10kV 配出线保护的工作原理
						004	导线截面积选择的计算
						005	分析 20/5t 吊车电气线路工作原理
						006	高压电动机保护整定值的计算
						007	10kV 配出线保护定值的计算
		B	装调与维修	A	电气检修与排除故障	001	6~10kV 断路器检修工作程序
						002	6~10kV 断路器检修工艺
						003	排除 6kV 配出线二次回路故障
						004	总降变电所异常现象的分析及排除
						005	根据保护安装图，测试保护动作的正确性，并排除故障
						006	排除直流系统接地故障
						007	排除电压互感器“PT 断线”的故障
						008	备用电源自动投入装置的故障判断与处理
						009	排除自耦变压器降压启动控制电路故障
				B	配线与安装	001	双速电动机控制线路的安装与调试
						002	调试自动往返工作台控制线路
						003	备用电源自动投入装置的接线
						004	PLC 的 I/O 接线(电机控制)
						005	安装晶闸管交流调压电路
						006	通用变频器的安装
						007	GL 型继电器构成的反时限过流保护安装调试
						008	安装三段式电流保护
						009	安装光控音乐门铃电路

续表

鉴定范围						鉴定点	
一级		二级		三级		代码	名称
代码	名称	代码	名称	代码	名称		
				C	调试与测绘	001	PLC 控制正反转电机调试
						002	绘制双速电动机控制电路安装图
						003	自动往返工作台电气控制原理图改画成安装图
						004	用 PLC 控制 Y-△启动控制系统的梯形图绘制
						005	绘制变压器差动保护安装图
						006	绘制高压断路器的控制信号电路图
						007	简单的直流电动机调速系统的测试
						008	单结晶体管振荡电路安装与调试
						009	S9-630/10 型变压器的吊芯检查
						010	晶闸管单相桥式半控(KCO1 触发)整流电路的调试
						011	变压器大修后的测试项目和方法
						012	变压器直流电阻测试
						013	总降变电所保护整组试验
						014	将 6kV 出线保护原理图改为安装图
						015	低压异步电动机的空载试验
						016	用示波器测量电压波形
						017	用灯泡电容法确定三相电源相序
				D	新技术应用	001	用 PLC 控制 Y-△启动电动机的程序编制
						002	变频器的选择原则
						003	锯齿波触发电路的制作与调试
						004	安装和调试阶梯波信号发生电路
						005	计数、译码和显示电路的组装和调试
						006	运行中免维护铅酸蓄电池的活化

四、技能操作试题

试题 1：分析总降变电所主变的保护动作原理及各种保护的配合

（考核时间：90min）

序号	考核内容	考核要点	配分	评分标准	检测结果	扣分	得分	备注
1	总降变电所主变的保护内容	总降变电所主变的保护中主保护和后备保护是怎样配制的	15	主保护和后备保护分析不清不得分				

续表

序号	考核内容	考核要点	配分	评分标准	检测结果	扣分	得分	备注
2	总降变电所主变电量和非电量保护	主要了解主变电量和非电量保护的配制情况和具体内容	10	电量和非电量保护分析不清不得分				
3	总降变电所主变的纵差动保护	纵差动保护的比例制动和二次谐波制动的动作原理	20	比例制动和二次谐波制动原理分析不清不得分				
4	总降变电所主变各保护的工作原理	复合电压闭锁过流保护、零序过流保护、零序过压保护、负序过流保护、过压保护、过负荷保护、过流启动风机等的动作原理	20	各种保护动作原理一样解释不清扣5分				
5	总降变电所主变的微机保护	传统电磁式保护和微机保护有的区别	15	对微机保护不了解不得分				
6	总降变电所主变的保护相互的配合关系	有关总降变电所主变的保护相互的配合关系有比较清楚的阐述	20	对总降变电所主变的保护相互的配合关系分析不清不得分				
7	安全文明生产	遵守国家或企业有关安全规定		每违反一项从总分中扣除5分，严重违反者停止操作			—	
合计			100					

试题2：分析总降变电所备用电源自投入的工作原理

（考核时间：90min）

序号	考核内容	考核要点	配分	评分标准	检测结果	扣分	得分	备注
1	备用电源自投入的工作原理	总降变电所为什么要设置备用电源自投入	15	不能对备用电源自投入的工作原理解释清楚不得分				
2	备用电源自投入的种类	了解和掌握备用电源自投入的各种方式和工作模式	15	备用电源自投入的种类不了解每少一种扣5分				
3	微机实现备用电源自投入的工作原理	了解微机实现备用电源自投入的工作原理及各种投入方式的判据	20	对微机实现备用电源自投入的模式不了解每少一种扣5分				

续表

序号	考核内容	考核要点	配分	评分标准	检测结果	扣分	得分	备注
4	电压互感器在备用电源自投入的作用	电压互感器的接点在控制回路中的主要作用和工作原理	25	电压互感器的接点在控制回路中的主要作用和工作原理解释不清不得分				
5	计算备用电源自投入继电器各参数的整定值	针对备用电源自投入的工作要求设定继电器参数的整定值	25	熟练计算备用电源自投入各继电器参数的整定值每少一相扣 10 分				
6	安全文明生产	遵守国家或企业有关安全规定；在规定时间内完成		每违反一项从总分中扣除 5 分，严重违反者停止操作			—	
		合　计	100					

试题 3：分析总降变电所 6~10kV 配出线保护的工作原理

（考核时间：90min）

序号	考核内容	考核要点	配分	评分标准	检测结果	扣分	得分	备注
1	总降变电所6~10kV配出线保护的工作原理	掌握总降变电所 6~10kV 配出线保护的工作原理	35	对总降变电所 6~10kV 配出线保护的工作原理不了解不得分，解释不清酌情扣分				
2	总降变电所6~10kV配出线设置保护的种类	掌握总降变电所 6~10kV 配出线设置保护的种类	30	对总降变电所 6~10kV 配出线设置保护的种类了解不清每少一项扣5 分				
3	总降变电所6~10kV配出线设置保护的计算方法	掌握总降变电所 6~10kV 配出线各种保护的动作配合	35	不能说明每两种保护之间的配合关系，每少一项扣 12 分				
4	安全文明生产	遵守国家或企业有关安全规定		每违反一项从总分中扣除 5 分，严重违反者停止操作			—	
		合　计	100					

试题 4：导线截面选择的计算

（考核时间：30min）

序号	考核内容	考核要点	配分	评分标准	检测结果	扣分	得分	备注
1	选择条件	选择条件齐全、完整	20	选择条件不全或不完整扣 5 分				
2	线路等效变换	正确进行线路等效变换	10	线路等效变换不正确扣 5 分				
3	负荷计算	计算过程、计算结果正确	10	计算过程、计算结果不正确扣3 分				
4	发热条件选择截面	计算过程、计算结果正确	20	计算过程、计算结果不正确扣5 分				
5	机械强度校验	查表选择，要求数据正确	10	查表选择，数据不正确扣 5 分				
6	电压损耗校验	计算过程、计算结果正确	30	计算过程或计算结果不正确扣10 分				
7	安全文明生产	遵守国家或企业有关安全规定；在规定时间内完成		每违反一项从总分中扣除 5 分，严重违反者停止操作			—	
合　计			100					

试题 5：分析 20/5t 吊车电气线路工作原理

（考核时间：30min）

序号	考核内容	考核要点	配分	评分标准	检测结果	扣分	得分	备注
1	原理图分析	思路清晰，读图方法正	30	思路不清晰，读图方法不正确扣 10 分				
2	20/5t 吊车系统设备的组成	基本概念清楚	30	回答不正确每处扣 5 分；不完整每处扣 3 分				
3	20/5t 吊车电气线路工作原理	工作原理回答	40	回答不正确每处扣 5 分；不完整每处扣 3 分				
4	安全文明生产	遵守国家或企业有关安全规定		每违反一项从总分中扣除 5 分，严重违反者停止操作			—	
合　计			100					

试题6：高压电动机保护整定值的计算

（考核时间：120min）

序号	考核内容	考核要点	配分	评分标准	检测结果	扣分	得分	备注
1	高压电动机保护设置的种类	高压电动机所设保护的种类	10	正确列出高压电动机保护种类每少一项扣3分				
2	差动保护的计算	对差动保护的定值正确进行计算	15	不能正确计算不得分				
3	堵转保护的设置和计算	正确计算堵转保护的定值	10	不能正确计算不得分				
4	反时限过电流保护的计算	正确计算反时限过电流保护的定值	10	不能正确计算不得分				
5	过热保护的设置要求和整定值的计算	对过热保护的定值正确进行计算	15	不能正确计算不得分				
6	低电压闭锁过电流保护的计算	正确计算低电压闭锁过电流保护的整定值	10	不能正确计算不得分				
7	零序电流保护的设置要求和定值的计算	正确计算零序电流保护的整定值	10	不能正确计算不得分				
8	负序电流保护的设置要求和整定值的计算	正确计算负序电流保护的整定值	10	不能正确计算不得分				
9	过电压、低电压保护的设置要求和整定值的计算	正确计算过电压、低电压保护的整定值	10	不能正确计算不得分				
10	安全文明生产	遵守国家或企业有关安全规定		每违反一项从总分中扣除5分，严重违反者停止操作			—	
		合　计	100					

试题7：6~10kV断路器检修工作程序

（考核时间：30min）

序号	考核内容	考核要点	配分	评分标准	检测结果	扣分	得分	备注
1	准备工作	工具、用具准备	10	工具选择不正确扣2分				
2	检修工作程序	检修周期和项目确定	5	周期和项目未做扣5分				
		修前准备	25	未办理安全作业票扣5分；未检查断路器的现状扣5分；未对断路器进行必要的测试扣5分				
		断路器本体检修	15	未按检修工艺检修每项扣2分				
		操作机构检修	10	未按检修工艺每项扣2分				
		特性试验和电气试验	10	每少做一项扣2分				
		异常现象及原因查找并处理	10	如果有问题未做处理扣10分				
		验收和确认	10	未经验收投入运行扣10分				
3	使用工具	正确使用工具	2	工具使用不正确扣2分				
		正确维护工具	3	工具乱摆乱放扣3分				
4	安全文明生产	遵守国家或企业有关安全规定		每违反一项从总分中扣除5分，严重违反者停止操作			—	
		合　计	100					

试题8：排除6kV配出线二次回路故障

（考核时间：30min）

序号	考核内容	考核要点	配分	评分标准	检测结果	扣分	得分	备注
1	准备工作	工具、用具准备	5	工具选择不正确扣2分				
2	故障查找及排除	查找二次回路故障的要求和方法	5	查找二次回路故障不清楚扣2分；方法不正确扣3分				
		熟悉故障回路的图纸	5	图纸不熟悉扣5分				
		了解故障现象	5	故障现象未经了解直接查线扣10分				
		进行外部检查	5	对外部未经检查直接操作扣10分				
		现象分析，查找原因	40	第一步不先查找容易发生故障的回路，而盲目地去查找扣5分；未按照图纸一回路一回路地进行查找扣10分；找不出原因扣15分				
		故障处理	15	对查找出的故障未能处理或排除扣15分				
		开关分、合试验和联动试验	15	故障排除后未对开关进行分、合试验扣5分；未对开关进行联动试验扣10分				

续表

序号	考核内容	考核要点	配分	评分标准	检测结果	扣分	得分	备注
3	使用工具	正确使用工具	2	工具使用不正确扣 2 分				
		正确维护工具	3	工具乱摆乱放扣 3 分				
4	安全文明生产	遵守国家或企业有关安全规定；在规定时间内完成		每违反一项从总分中扣除 5 分，严重违反者停止操作			—	
		合　计	100					

试题 9：总降变电所异常现象分析及排除(以 35kV 总降为例)

（考核时间：30min）

序号	考核内容	考核要点	配分	评分标准	检测结果	扣分	得分	备注
1	准备工作	工具、用具准备	5	工具选择不正确扣 2 分				
2	分析和处理	熟悉 35kV 总降一、二次图纸	10	一次图不熟扣 5 分；二次图不熟扣 5 分				
		熟悉微机监控系统及现场实际情况	20	对微机监控系统不会操作扣 5 分；对现场实际情况不了解扣 5 分				
		对于各种不同的异常现象进行分析判断和排除	60	对变电所发生的异常现象未能分析出原因扣 10 分；找出原因后未能处理扣 10 分；在查找分析和处理异常现象过程中，每发现一项违规操作扣 3 分				
3	使用工具	正确使用工具	2	工具使用不正确扣 2 分				
		正确维护工具	3	工具乱摆乱放扣 3 分				
4	安全文明生产	遵守国家或企业有关安全规定		每违反一项从总分中扣除 5 分，严重违反者停止操作			—	
		合　计	100					

试题 10：根据保护安装图，测试保护动作的正确性并排除故障

（考核时间：40min）

序号	考核内容	考核要点	配分	评分标准	检测结果	扣分	得分	备注
1	了解保护安装图	熟悉保护安装图	10	对保护安装图不了解不得分				
2	测试速断和过流保护动作整定值和动作时限的正确性	正确测试速断和过流保护动作整定值和动作时限	10	对速断和过流保护动作整定值和动作时限测试错误每处扣 10 分				

续表

序号	考核内容	考核要点	配分	评分标准	检测结果	扣分	得分	备注
3	测试差动保护动作整定值、动作时限和TA极性的正确性	正确测试差动保护动作整定值、动作时限和TA极性	15	对差动保护动作整定值、动作时限和TA极性测试错误每处扣5分				
4	测试负序保护动作整定值、动作时限的正确性	正确测试负序保护动作整定值、动作时限	10	对负序保护动作整定值、动作时限测试错误每处扣10分				
5	测试过压、欠压保护动作整定值、动作时限的正确性	正确测试过压、欠压保护动作整定值、动作时限	10	对过压、欠压保护动作整定值、动作时限测试错误每处扣5分				
6	测试零序接地保护动作整定值、动作时限的正确性	正确测试零序接地保护动作整定值、动作时限	10	对过压、欠压保护动作整定值、动作时限测试错误每处扣5分				
7	测试其他保护动作整定值、动作时限的正确性	正确测试其他保护动作整定值、动作时限	15	对其他保护动作整定值、动作时限测试错误每处扣10分				
8	对在测试中的故障进行处理	对测试中的故障能准确处理	20	对测试中的故障不能准确处理每处扣10分				
9	安全文明生产	遵守国家或企业有关安全规定		每违反一项从总分中扣除5分，严重违反者停止操作			—	
合计			100					

试题11：直流系统接地故障的排除

（考核时间：30min）

序号	考核内容	考核要点	配分	评分标准	检测结果	扣分	得分	备注
1	直流系统	直流系统的结构	10	主要结构缺一项扣3分				
2	绝缘监视	直流绝缘监视装置的原理与作用	20	不会操作扣5分；原理讲不完全缺一项扣5分				
3	故障判断	接地极性判断	30	判断错误扣10分				
		接地程度判断	10	不会判断金属性接地扣5分、不会判断不完全接地扣3分				
4	故障点寻找	故障点的寻找方法	30	步骤不对错一步扣5分；寻找方法不对扣10分				
5	安全文明生产	遵守国家或企业有关安全规定		每违反一项从总分中扣除5分，严重违反者停止操作			—	
		合　计	100					

试题12：排除电压互感器“PT断线”故障

（考核时间：30min）

序号	考核内容	考核要点	配分	评分标准	检测结果	扣分	得分	备注
1	准备工作	准备工具、仪表识读题目给定电路	10	工具、仪表缺一项扣1分；读图错误一处扣1分；错误说明设备作用一处扣5分				
2	排除故障的步骤	排除故障步骤正确	40	步骤错一步扣10分；在停PT一次前未退低电压保护者扣20分				
3	排除故障的方法	检查PT二次熔体	50	一次拔出两个或两个以上者扣20分；判断熔体质量方法不对者扣10分				
4	安全文明生产	遵守国家或企业有关安全规定		每违反一项从总分中扣除5分，严重违反者停止操作			—	
		合　计	100					

试题13：备用电源自动投入装置的故障判断与处理

（考核时间：30min）

序号	考核内容	考核要点	配分	评分标准	检测结果	扣分	得分	备注
1	准备工作	准备工具、仪表识读题目给定电路	10	工具、仪表缺一项扣1分；读图错误一处扣1分；错误说明设备作用一处扣5分				

续表

序号	考核内容	考核要点	配分	评分标准	检测结果	扣分	得分	备注
2	故障现象分析与判断	正确分析故障现象发生的原因，判断故障性质	30	测试、判断故障原因错误扣10分；逻辑分析错误扣10分；判断结果错误扣10分				
3	故障处理	方法正确	40	处理方法错误扣20分；处理结果错误扣20分；超时5min扣5分				
4	试运行	正确检查电路试运行一次成功	20	检查电路漏一项扣2分；测试方法错误一处扣5分；试运行、拒动一次扣5分；三次不成功停止操作				
5	安全文明生产	遵守国家或企业有关安全规定		每违反一项从总分中扣除5分，严重违反者停止操作			—	
	合　计		100					

试题14：排除自耦变压器降压启动控制电路故障

（考核时间：45min）

序号	考核内容	考核要点	配分	评分标准	检测结果	扣分	得分	备注
1	准备工作	准备工具、仪表识读题目给定电路	5	工具、仪表缺一项扣1分				
2	识图	认真识别电气原理图	10	不会识图扣10分；不能正确识别每个图形、符号的意义一处扣1分				
3	外观检查	观察电路外观是否有明显故障点	20	不能发现明显故障点一处扣5分；未检查外观扣20分				
4	通电观察现象	接通电源观察故障现象	15	未接通电源观察故障现象扣5分；不能根据故障现象判断故障原因扣10分				
5	测量判断	用万用表(电压法或电阻法)、验电器判断故障	20	仪器、仪表使用不当一次扣5分；测量没有逻辑性扣10分				
6	判断拆除故障	通过测量判断故障点；拆除故障	30	不能确定故障点扣30分；少确定一处故障点扣5分；少排除一处故障点扣5分；带电拆除故障扣5分				
7	安全文明生产	遵守国家或企业有关安全规定		每违反一项从总分中扣除5分，严重违反者停止操作			—	
	合　计		100					

试题 15：双速电动机控制线路安装与调试

（考核时间：120min）

序号	考核内容	考核要点	配分	评分标准	检测结果	扣分	得分	备注
1	准备工作	器材、仪器、仪表和连接导线准备齐全	5	少准备一件扣1分				
2	元件安装	制作电器板，元件布局合理；元件安装正确	20	元件布置不合理扣3分；元件安装不正确每处扣2分；漏装接线端子板扣3分				
3	接线	接线正确；接线牢固，电气接触良好；布线合理美观	40	接线错误或接触不良每处扣10分；布线不合理扣3分，不美观扣2分；漏套线号套管扣3分				
4	试运转	接电源试运转，达到预定控制要求；能正确处理电动机在高、低速时转向不一致的问题；测定高、低速时的转速	25	经两次试运转，电路才正常工作扣2分；两次仍不能正常工作扣5分；不会处理高、低速时电机转向不一致问题扣10分；未测定或不会测定转速扣5分				
5	安装外观	布置合理；接线整齐美观	10	布置不全理扣5分，接线不整齐美观扣5分				
6	安全文明生产	遵守国家或企业有关安全规定		每违反一项从总分中扣除5分，严重违反者停止操作			—	
	合　计		100					

试题 16：安装调试自动往返工作台控制线路

（考核时间：60min）

序号	考核内容	考核要点	配分	评分标准	检测结果	扣分	得分	备注
1	准备工作	工具仪表准备齐全使用正确；电器元件、导线的选择符合要求	5	仪器使用不当扣5分；元件选择错误，每个扣2分				
2	元件布置	熟悉元件布局情况；熟悉元件安装布线	15	元件布局不合理扣5分；布线检查错误一处，每处扣5分				
3	试运行	接电源运行达到控制要求；试运行方法和步骤正确	40	经两次试运行才正常，扣5分；试运行方法、步骤不当每个扣5分				
4	调整行程	调整行程正确；SQ_1、SQ_2、SQ_3、SQ_4元件布局正确	40	不能正确调整行程，一处扣10分；SQ_1、SQ_3调试不符合要求扣10分				
5	安全文明生产	遵守国家或企业有关安全规定；在规定时间内完成		每违反一项从总分中扣除5分，严重违反者停止操作			—	
	合　计		100					

试题 17：PLC 的 I/O 电路接线(电动机的控制)

(考核时间：120min)

序号	考核内容	考核要点	配分	评分标准	检测结果	扣分	得分	备注
1	电路设计	根据给定的考核内容及控制要求，设计 PLC 控制 I/O 接线图	35	输入输出地址遗漏或搞错，每处扣 1 分；接线图表达不正确或画法不规范，每处扣 2 分				
2	接线	按 PLC 控制 I/O 接线图正确接线	65	PLC 控制 I/O 接线图接线错误，每处扣 2 分；损坏元件，每只扣 5 分；系统硬件安装有错误，每处扣2 分				
3	安全文明生产	遵守国家或企业有关安全规定		每违反一项从总分中扣除 5 分，严重违反者停止操作			—	
合　计			100					

试题 18：安装晶闸管交流调压电路

(考核时间：100min)

序号	考核内容	考核要点	配分	评分标准	检测结果	扣分	得分	备注
1	准备工作	工具仪表准备齐全使用正确；核对元件数量和规格；检查元件和晶闸管	10	工具仪表不全扣 2 分；工具仪器使用不当扣 2 分；核对有误，每个扣 3 分				
2	装接	装接正确焊接牢固；元件排列整齐、美观、线路板清洁；焊点光亮圆滑，无虚焊、漏焊；焊接过程中不损坏元件	45	装接不正确，每处扣 3 分；排列不整齐扣 2 分；虚焊或焊点有毛刺每处扣 2 分；焊接时损坏元件扣10 分				
3	调试	用万用表测量负载两端的可调范围，记录最大值和最小值；用示波器测量电路中指定点的波形，并绘在直角坐标中	45	不会测量扣 5 分；数据不准确扣 5 分；不会使用示波器扣 10 分；绘错波形每处扣 10 分				
4	安全文明生产	遵守国家或企业有关安全规定		每违反一项从总分中扣除 5 分，严重违反者停止操作			—	
合　计			100					

试题 19：通用变频器的安装

(考核时间：180min)

序号	考核内容	考核要点	配分	评分标准	检测结果	扣分	得分	备注
1	准备工作	准备好变频器等相关器具和工具	10	少准备一件扣 2 分				
2	设计	根据给定电路图，绘制电路图及变频器接线图，并写出需设定的参数	30	不能正确绘图扣 20 分；参数设定错误扣 10 分				

续表

序号	考核内容	考核要点	配分	评分标准	检测结果	扣分	得分	备注
3	检测元件	检测各元件参数及质量	5	未检查元件数目扣 3 分；未检查质量扣 2 分				
4	正确接线	元件布置合理，导线连接正确，参数输入正确	45	安装不规范每处扣 2 分；主电路布线错误扣 5 分；变频器连接错误扣 10 分；参数输入错误一处扣 2 分				
5	检查程序通电试验	按照被控设备的动作要求进行调试	10	不会按规定进行调试或方法正确扣 3 分；试车不成功扣 8 分				
6	安全文明生产	遵守国家或企业有关安全规定		每违反一项从总分中扣除 5 分，严重违反者停止操作			—	
		合　计	100					

试题 20：GL 型继电器构成的反时限过流保护安装调校

（考核时间：180min）

序号	考核内容	考核要点	配分	评分标准	检测结果	扣分	得分	备注
1	GL 型继电器的结构、原理和实现反时限过流保护的情况	GL 型继电器的结构、原理和反时限过流保护的情况	5	对 GL 型继电器的结构、原理和反时限过流保护的情况不能清楚的掌握不得分				
2	GL 型继电器的安装要求并正确接线	并掌握 GL 型继电器的安装要求并正确接线	20	GL 型继电器的安装要求了解不清扣 10 分；不能正确接线，接线错误每处扣 10 分				
3	对 GL 型继电器本体正确进行调试	对 GL 型继电器本体能正确拆装并正确进行调试	30	对 GL 型继电器本体不能正确拆装扣 10 分；不会调试扣 30 分；调试不准确扣 20 分				
4	通过接线端子接模拟动作电源进行GL型继电器的动作调试	对 GL 型继电器进行模拟动作电流调试	25	对 GL 型继电器进行模拟动作电流不会调试不得分；调试不准确扣20 分				

续表

序号	考核内容	考核要点	配分	评分标准	检测结果	扣分	得分	备注
5	正确使用机械或电子秒表对GL型继电器反时限过流保护进行动作时限调试	对GL型继电器反时限过流保护进行动作时限调试	20	对GL型继电器进行反时限过流保护进行动作时限不会调试不得分；调试不准确扣10分				
6	安全文明生产	遵守国家或企业有关安全规定；在规定时间内完成		每违反一项从总分中扣除5分，严重违反者停止操作			—	
合　计			100					

试题21：安装三段式电流保护回路

（考核时间：90min）

序号	考核内容	考核要点	配分	评分标准	检测结果	扣分	得分	备注
1	三段式电流保护的工作原理	三段式电流保护的工作原理	20	对三段式电流工作原理不能清楚的掌握不得分				
2	三段式电流保护的设置要求和接线方法	掌握三段式电流保护的设置要求和接线方法	20	对三段式电流保护的设置要求和接线方法不能清楚的掌握不得分				
3	对三段式电流保护进行安装接线	对三段式电流保护进行安装接线正确	60	三段式电流保护进行安装接线不正确每处扣15分				
4	安全文明生产	遵守国家或企业有关安全规定		每违反一项从总分中扣除5分，严重违反者停止操作			—	
合　计			100					

试题 22：安装光控音乐门铃电路

（考核时间：50min）

序号	考核内容	考核要点	配分	评分标准	检测结果	扣分	得分	备注
1	准备工作	准备电工常用工具及万用表、电子元件	10	每少准备一件扣 2 分				
2	操作程序	检查元件好坏，核对元件数量和规格	10	未核对元件数量扣 5 分；未检查元件扣 5 分				
3		正确使用工具和仪表，装接质量可靠，装接符合工艺要求	60	布局不合理扣 5 分；焊点粗糙、拉尖、有残渣，每处扣 2 分；元件虚焊、漏焊、松动损坏每处扣 5 分；接点松动、露铜过长压绝缘层、元件的标称值不直观、安装高度不合要求每处扣 5 分				
4		通电试验	20	通电调试一次不成功扣 5 分；二次不成功扣 10 分；三次不成功 15 分；调试过程中损坏元件，每处扣5 分				
5	安全文明生产	遵守国家或企业有关安全规定；在规定时间内完成		每违反一项从总分中扣除 5 分，严重违反者停止操作			—	
		合　计	100					

试题 23：PLC 控制电机正反转的编程与调试

（考核时间：180min）

序号	考核内容	考核要点	配分	评分标准	检测结果	扣分	得分	备注
1	电路设计	根据给定的考核内容及控制要求，设计 PLC 控制 I/O 接线图	20	输入输出地址遗漏或搞错，每处扣 1 分；接线图表达不正确或画法不规范，每处扣 2 分				
2	接线	按 PLC 控制 I/O 接线图正确接线	45	PLC 控制 I/O 接线图接线错误，每处扣 2 分；损坏元件，每只扣 5 分；系统硬件安装有错误，每处扣2 分				
3	程序输入及调试	熟练操作 PLC 键盘，能正确地将所编写的程序输入 PLC；按照被控设备的动作要求进行模拟调试，达到设计要求	35	不会熟练操作 PLC 键盘输入指令，扣 2 分；不会用删除、插入、修改等命令，每项扣 2 分；一次试车不成功扣 4 分；两次试车不成功扣 8 分；三次试车不成功扣 10 分				
4	安全文明生产	遵守国家或企业有关安全规定		每违反一项从总分中扣除 5 分，严重违反者停止操作			—	
		合　计	100					

试题 24：用 PLC 改造通电延时带直流能耗制动的 Y–Δ 启动的控制电路，并进行设计、安装与调试

（考核时间：120min）

序号	考核内容	考核要点	配分	评分标准	检测结果	扣分	得分	备注
1	电路设计	根据给定的继电控制电路图，列出 PLC 控制 I/O 口（输入/输出）元器件地址分配表，设计梯形图及 PLC 控制 I/O 口（输入/输出）接线图，根据梯形图，列出指令表	50	输入输出地址遗漏或搞错，每处扣 1 分；梯形图表达不正确或画法不规范，每处扣 2 分；接线图表达不正确或画法不规范，每处扣 2 分；指令有错，每条扣 2 分				
2	接线	按 PLC 控制 I/O 口（输入/输出）接线图正确安装	30	不按 PLC 控制 I/O（输入/输出）接线图接线，每处扣 2 分；损坏元件，每只扣 2 分				
3	程序输入及调试	熟练操作 PLC 键盘，能正确地将所编写的程序输入 PLC；按照被控设备的动作要求进行模拟调试，达到设计要求	20	不会熟练操作 PLC 键盘输入指令，扣 2 分；不会用删除、插入、修改等命令，每项扣 2 分；一次试车不成功扣 4 分；两次试车不成功扣 8 分；三次试车不成功扣 10 分				
4	安全文明生产	遵守国家或企业有关安全规定		每违反一项从总分中扣除 5 分，严重违反者停止操作			—	
合　计			100					

试题 25：单结晶体管振荡电路的安装与调试

（考核时间：30min）

序号	考核内容	考核要点	配分	评分标准	检测结果	扣分	得分	备注
1	正确使用仪表检查筛选元器件	正确检查元器件；正确筛选元器件	10	未检查元器件扣 5 分；元器件筛选错误扣 5 分				
2	电路安装	按图正确接线	30	元件接错扣 15 分；接触不良每处扣 5 分；元件整体布局不美观、不合理扣 1～10 分；跨接线超过 2 根数，每多一根扣 1 分				
3	调试步骤	示波器使用	10	未调出标准的水平基准线扣 5 分；不会正确调节示波器各旋钮扣 5 分				
		调出二个调试点的稳定波形。要求示波器显示 2～4 个脉冲波头	45	送电烧坏元器件扣 45 分，并停止作业；未调出电容两端锯齿波形扣 15 分；未调出尖脉冲波形扣 30 分；波形宽窄及个数不合适扣 5 分				
		调试完毕，仪器归位，清理现场	5	调试完毕后，仪器未归位，现场未清理扣 5 分				
4	安全文明生产	遵守国家或企业有关安全规定		每违反一项从总分中扣除 5 分，严重违反者停止操作			—	
合　计			100					

试题 26：S9-630/10 型变压器的吊芯检查

（考核时间：30min）

序号	考核内容	考核要点	配分	评分标准	检测结果	扣分	得分	备注
1	准备工作	工具、用具准备	15	工具、材料准备不充分扣 2～5 分；仪器、仪表准备不充分扣 3 分；起重设备准备不充分扣 3 分				
		修前的油样试验	5	未进行修前的油样分析试验扣 5 分				
2	操作过程	吊芯检查	60	吊芯的环境要求不清楚扣 2～5 分；不清楚吊芯检查的注意事项、主要项目及其内容扣 2～15 分；不清楚吊芯检查的检修项目质量标准扣 5～20 分；不清楚吊芯检查的方法和操作步骤扣 5～20 分；不能概要叙述其他辅助设施检修项目内容及标准扣 5～10 分				
3		修后试验	15	不清楚修后主要试验项目扣 2～10 分；不清楚修后主要项目试验标准扣 2～5 分				
4	使用工具	正确使用工具、仪表	5	工具、仪表使用不正确扣 2～5 分				
5	安全文明生产	遵守国家或企业有关安全规定；在规定时间内完成		每违反一项从总分中扣除 5 分，严重违反者停止操作			—	
		合　计	100					

试题 27：晶闸管单相桥式半控（KCO1 触发）整流电路的调试

（考核时间：120min）

序号	考核内容	考核要点	配分	评分标准	检测结果	扣分	得分	备注
1	识图	识读给定题目中的电路图	10	错误解释文字、符号、意义、每个扣 0.5 分；错误说明一个设备在电路中的作用扣 1 分				
2	识别设备、材料	正确识别本题目所需设备、材料	10	设备、材料型号识错，每个扣 0.5 分；设备、材料规格识错，每个扣1 分				
3	选用仪器、仪表	正确选用本题目所需仪器、仪表检测元器件	10	错误选择仪器、仪表的规格、型号，每项扣 1 分；使用方法不正确扣 1 分；测试结果错误扣 1 分				
4	选用工、器具	正确选用本题目所需电工工、器具	10	错误选择工、器具类别和规格均扣 1 分；使用方法不正确扣 0.5 分				

续表

序号	考核内容	考核要点	配分	评分标准	检测结果	扣分	得分	备注
5	分析与判断故障	正确分析故障现象、判断故障性质	30	测试、判断故障原因错误扣 3 分；逻辑分析错误扣 3 分；判断结果错误扣 10 分				
6	故障处理	方法正确	15	处理方法错误扣 2 分；排除故障时间超过 5min 扣 2 分；处理结果错扣 6 分				
7	检查测试运行	正确检查电路，测试运行一次成功	15	检查电路每漏一项扣 1 分；测试方法每错一处扣 1 分；试运行一次不成功扣 4 分				
8	安全文明生产	遵守国家或企业有关安全规定		每违反一项从总分中扣除 5 分，严重违反者停止操作			—	
合　计			100					

试题 28：变压器大修后的测试项目和方法

（考核时间：60min）

序号	考核内容	考核要点	配分	评分标准	检测结果	扣分	得分	备注
1	大修后绝缘测试项目	项目齐全	40	少一个项目扣 5 分				
2	测试时的处理方法	方法正确	20	少一项扣 10 分				
3	绝缘试验项目的标准和判断标准	标准、判断正确	40	每项 10 分，小项内容不全适当扣分				
4	安全文明生产	遵守国家或企业有关安全规定		每违反一项从总分中扣除 5 分，严重违反者停止操作			—	
合　计			100					

试题 29：总降变电所保护整组试验

（考核时间：100min）

序号	考核内容	考核要点	配分	评分标准	检测结果	扣分	得分	备注
1	总降主变继电保护的工作原理	主变继电保护的工作原理	10	对主变继电保护的工作原理不能清楚的掌握不得分				

续表

序号	考核内容	考核要点	配分	评分标准	检测结果	扣分	得分	备注
2	总降主变继电保护的设置要求	并掌握总降主变继电保护的设置要求	10	对总降主变继电保护的设置要求说明不清不得分				
3	总降主变继电保护的主保护纵差动保护的整定值进行计算	对纵差动保护的整定值进行计算	20	主变继电保护纵差动保护的整定值计算公式不对不得分，计算数字错误每处扣10分				
4	总降主变继电保护的后备保护的整定值进行计算	对后备保护的整定值进行计算	20	对后备保护的整定值计算错误，一项扣10分				
5	总降主变设置有过励磁保护的整定值进行计算	对过励磁保护的整定值进行计算	20	对过励磁保护的整定值进行计算，每错误一处扣10分				
6	继电保护进行整组试验	对继电保护进行整组试验	20	仪器仪表接线、仪器仪表使用错误，一项扣10分				
7	安全文明生产	遵守国家或企业有关安全规定；在规定时间内完成		每违反一项从总分中扣除5分，严重违反者停止操作			—	
		合　计	100					

试题30：将6kV出线保护原理图改为安装图

（考核时间：90min）

序号	考核内容	考核要点	配分	评分标准	检测结果	扣分	得分	备注
1	6kV出线保护的工作原理	6kV出线保护的工作原理	10	对6kV出线保护的工作原理不能清楚的掌握不得分				
2	6kV出线保护的设置要求	并掌握6kV出线保护的设置要求	10	对6kV出线保护的设置要求说明不清不得分				

续表

序号	考核内容	考核要点	配分	评分标准	检测结果	扣分	得分	备注
3	对6kV出线保护原理图有清晰的读解	熟读6kV出线保护原理图	20	对6kV出线保护原理图读解不清不得分				
4	正确对6kV出线保护原理图改为安装图	将6kV出线保护原理图改为安装图	60	6kV出线保护原理图改为安装图每处错误扣20分				
5	安全文明生产	遵守国家或企业有关安全规定；在规定时间内完成		每违反一项从总分中扣除5分，严重违反者停止操作			—	
		合　　计	100					

试题31：用示波器测量电压波形

（考核时间：90min）

序号	考核内容	考核要点	配分	评分标准	检测结果	扣分	得分	备注
1	准备工作	准备工具、仪表	5	少准备一项扣1分				
2	测量项目	按要求找出测量点	15	少找出一个测量点扣2分				
		测量方法正确	30	测量方法错一处扣5分				
		测量结果正确	15	测量结果错一处扣2分				
3	示波器使用	调节步骤方法正确	15	调节步骤方法错一处扣5分				
		面板各旋钮位置选择正确	20	面板各旋钮位置选择不当扣5分				
4	安全文明生产	遵守国家或企业有关安全规定		每违反一项从总分中扣除5分，严重违反者停止操作			—	
		合　　计	100					

试题32：用灯泡电容法确定三相电源相序

（考核时间：60min）

序号	考核内容	考核要点	配分	评分标准	检测结果	扣分	得分	备注
1	准备工作	选择元器件并检测	30	选择错误一处扣10分；未检测一处扣5分				
2	接线方法	接线方法正确	30	接线方法不正确扣20分				
3	确定相序	正确判断相序	40	判断相序不正确错一处扣20分				
4	安全文明生产	遵守国家或企业有关安全规定		每违反一项从总分中扣除5分，严重违反者停止操作			—	
		合　　计	100					

试题 33：用 PLC 控制 Y-△启动电动机的程序编制

（考核时间：240min）

序号	考核内容	考核要点	配分	评分标准	检测结果	扣分	得分	备注
1	电路设计	根据给定的继电控制电路图，列出 PLC 控制 I/O 口（输入/输出）元器件地址分配表，设计梯形图及 PLC 控制 I/O 口（输入/输出）接线图，根据梯形图，列出指令表	40	输入输出地址遗漏或搞错，每处扣 1 分；梯形图表达不正确或画法不规范，每处扣 2 分；接线图表达不正确或画法不规范，每处扣 2 分；指令有错，每条扣 2 分				
2	接线	按 PLC 控制 I/O 口（输入/输出）接线图正确安装	35	不按 PLC 控制 I/O（输入/输出）接线图接线，每处扣 2 分；损坏元件，每只扣 2 分				
3	程序输入及调试	熟练操作 PLC 键盘，能正确地将所编写的程序输入 PLC；按照被控设备的动作要求进行模拟调试，达到设计要求	25	不会熟练操作 PLC 键盘输入指令，扣 2 分；不会用删除、插入、修改等命令，每项扣 2 分；一次试车不成功扣 4 分；两次试车不成功扣 8 分；三次试车不成功扣 10 分				
4	安全文明生产	遵守国家或企业有关安全规定		每违反一项从总分中扣除 5 分，严重违反者停止操作			—	
		合　计	100					

试题 34：锯齿波触发电路的制作与调试

（考核时间：180min）

序号	考核内容	考核要点	配分	评分标准	检测结果	扣分	得分	备注
1	元件检测筛选	测试元件方法正确	20	测试方法不对，每次扣 5 分				
		元件技术参数选择合理		元件技术参数相差太大，每件扣 3 分				
2	元件安装、焊接	元件安装位置正确	30	元件安装位置错误，每件扣 3 分				
		元件焊接符合工艺		元件排列不整齐扣 5 分；元件有虚焊、毛刺，每件扣 3 分				
3	调试电路	调试方法正确	50	示波器使用错误扣 10 分；调试顺序错误扣 10 分				
		正确给出观察点、波形图		观察点波形不对，每个扣 5 分				
4	安全文明生产	遵守国家或企业有关安全规定；在规定时间内完成		每违反一项从总分中扣除 5 分，严重违反者停止操作			—	
		合　计	100					

试题 35：安装和调试阶梯波信号发生电路

（考核时间：100min）

序号	考核内容	考核要点	配分	评分标准	检测结果	扣分	得分	备注
1	准备工作	准备电工常用工具及万用表、电子元件	10	每少准备一件扣 2 分				
2	按图焊接	正确使用工具和仪表，焊接质量可靠，焊接技术符合工艺要求	35	布局不合理扣 1 分；焊点粗糟、拉尖、有焊接残渣，每处扣 1 分；元件虚焊、气孔、漏焊、松动、损坏元器件，每处扣 1 分；引线过长、焊剂不擦干净，每处扣 1 分；元器件的标称不直观、安装高度不合乎要求扣 1 分；工具、仪表使用不正确，每次扣 1 分；焊接时损坏元器件，每个扣 2 分				
3	调试后通电试验	在规定时间内，利用仪器仪表调试后进行通电试验	30	通电一次不成功扣 5 分；两次不成功扣 10 分；三次不成功扣 15 分；测试过程中损坏元器件，每只扣 2 分				
4	测试	在所焊接的电子电路板上，用双综示波器测试电路中 A 点（A 点由考评员自定）电压波形，并绘出波形，写出峰值	20	开机准备工作不熟练，扣 1 分；测量过程中，操作步骤每错 1 步扣 2 分；波形绘制错扣 3 分；写出的波形峰值错误，扣 3 分				
5	清理现场	停电、拆线	5	未先停电拆电源线扣 3 分；未清理现场扣 2 分				
6	安全文明生产	遵守国家或企业有关安全规定		每违反一项从总分中扣除 5 分，严重违反者停止操作			—	
合　计			100					

试题 36：计数、译码和显示电路的组装和调试

（考核时间：100min）

序号	考核内容	考核要点	配分	评分标准	检测结果	扣分	得分	备注
1	准备工作	准备电工常用工具及万用表、电子元件	10	每少准备一件扣 2 分				
2	操作程序	检查元件好坏，核对元件数量和规格	10	未核对元件数量扣 5 分；未检查元件扣 5 分				
3	元件安装	正确使用工具和仪表，装接质量可靠，装接技术符合工艺要求	55	布局不合理扣 5 分；焊点粗糙、拉尖、有残渣，每处扣 2 分；元件虚焊、气孔、漏焊、松动、损坏元件，每处扣 2 分；接点松动、露铜过长、压绝缘层每处扣 5 分；引线过长、焊剂不擦干净每处扣 5 分；元器件的标称值不直观，安装高度不合要求扣 5 分；工具、仪表使用不正确，每次扣 2 分				
		通电试验	20	通电调试一次不成功扣 5 分；二次不成功扣 10 分；三次不成功扣 15 分；调试过程中损坏元件，每处扣5 分				

续表

序号	考核内容	考核要点	配分	评分标准	检测结果	扣分	得分	备注
4	清理现场	停电、拆线	5	未先停电拆电源线扣3分；未清理现场扣2分				
5	安全文明生产	遵守国家或企业有关安全规定；在规定时间内完成		每违反一项从总分中扣除5分，严重违反者停止操作			—	
		合　计	100					

试题37：运行中免维护铅酸蓄电池的活化

（考核时间：60min）

序号	考核内容	考核要点	配分	评分标准	检测结果	扣分	得分	备注
1	准备工作	工具、用具准备	5	工具选择不正确，仪器仪表准备不全扣5分				
2	操作程序	电池放电	40	选择电池放电率及负载容量不正确扣10分；接线连接方法错误扣5~10分；未将电池温度控制在允许范围内扣5分；记录项目不全扣2分/项；电池的放电终止电压确定错误扣5分；仪器、仪表使用方法错误扣2~5分				
3		电池充电	35	选择电池充电电流及负载容量不正确扣10分；接线连接方法错误扣5~10分；未将电池温度控制在允许范围内扣5分；不按规定测量和记录放电电池的端电压、电流扣5~10分；不知道电池充电过程中的均冲、浮充转换要求扣10分				
4		结果分析	20	电池充放电曲线分析错误扣10分；电池的容量估算方法错误扣5分；不能根据估算的结果决定是否进行再次活化扣5分				
5	安全文明生产	遵守国家或企业有关安全规定		每违反一项从总分中扣除5分，严重违反者停止操作			—	
		合　计	100					

第四部分

技师/高级技师

一、理论知识鉴定要素细目表

行业通用理论知识鉴定要素细目表

鉴定范围						鉴定点		
一级		二级		三级		代码	名称	重要程度
代码	名称	代码	名称	代码	名称			
A	基本要求	B	基础知识	B	识图基础知识	001	设备布置图基础知识	X
						002	管道布置图基础知识	X
						003	化工设备图尺寸标注方法	X
						004	装配图内容	X
				D	质量基础知识	001	ISO 9000 族标准质量管理审核的依据	X
						002	ISO 9001 标准质量管理体系的总体思路	X
				E	计算机基础知识	001	数据库的概念	X
						002	数据表的建立	X
						003	PowerPoint 课件的制作	X
B	相关知识	E	管理知识	A	生产管理	001	生产的管理	X
						002	设备的管理	X
						003	现场的管理	X
				B	编写技术文件	001	生产总结报告的常用格式	X
						002	技术论文的结构内容	X
						003	技术论文标题拟订的基本原则	X
						004	技术论文摘要拟订的基本原则	X
						005	技术论文编写的基本要素	X
						006	装置标定报告主要内容	X
						007	装置验收报告主要内容	X
						008	工艺技术规程主要内容	X
						009	岗位操作法的主要内容	X
						010	检修方案的主要内容	X
						011	开工方案的主要内容	X
						012	停工方案的主要内容	X
				C	技术改进	001	技术改造的目的	X
						002	技术改造的程序	X
						003	技术改造方案的主要内容	X
						004	技术改造的有关步骤	X
						005	技术改造申请书的编写格式	X
						006	技术革新成果的鉴定知识	X
						007	技术改造的注意事项	X
						008	技术革新成果报告的主要内容	X

续表

鉴定范围						鉴定点		
一级		二级		三级		代码	名称	重要程度
代码	名称	代码	名称	代码	名称			
		F	培训与指导	A	培训与指导	001	专项培训方案制定的要求	X
						002	培训教学常用方法	X
						003	培训教案编写的要求	X
						004	培训教学的组织实施	X
						005	评估培训效果的意义	X

工种理论知识鉴定要素细目表

鉴定范围						鉴定点		
一级		二级		三级		代码	名称	重要程度
代码	名称	代码	名称	代码	名称			
A	基本要求	B	基础知识	H	电子技术	001	晶闸管的结构	X
						002	晶闸管对触发电路的要求	X
						003	单结晶体管触发电路工作原理	X
						004	单结晶体管触发电路分析	X
						005	触发电路的定相	X
						006	逆变失败的原因	X
						007	最小逆变角 βmin	X
						008	逆变工作状态时的直流电动机的机械特性	Y
						009	有源逆变电路的应用	Y
						010	单相交流调压电路的计算	X
						011	三相交流调压电路的计算	X
						012	升降压变换电路概念	X
						013	库克变换电路概念	X
						014	全桥直流变换电路概念	Y
						015	无源逆变的工作原理	X
						016	无源逆变的换相概念	X
						017	电压型逆变电路的概念	X
						018	电流型逆变电路的概念	X
						019	PWM 控制的基本原理	Y
						020	脉冲宽度调制型逆变电路的概念	X
						021	单相交-交变频电路工作原理	X
						022	三相交-交变频电路的概念	X
						023	晶闸管的串联电路概念	X

续表

鉴定范围						鉴定点		
一级		二级		三级		代码	名称	重要程度
代码	名称	代码	名称	代码	名称			
						024	晶闸管的并联电路概念	X
						025	晶闸管的保护电路	X
B	相关知识	A	专业知识	E	电器知识	001	异步电动机的变频调速原理	X
						002	变频器的基本构成	X
						003	变频器内部电路的基本功能	Y
						004	逆变电路的基本工作原理	X
						005	变频器的种类	X
						006	变频器的控制方式	X
						007	V/f 控制变频器的工作原理	X
						008	转差率控制变频器的工作原理	X
						009	矢量控制变频器的工作原理	Y
						010	提高转矩控制性能的措施	X
						011	变频器中半导体开关器件知识	Y
						012	直流中间电路的作用	X
						013	几种主要的逆变电路	X
						014	变频器制动电路的作用	X
						015	变频器制动电路的工作原理	X
						016	变频器主电路的几种常见结构	X
						017	变频控制电路的作用	X
						018	变频器保护电路的作用	X
						019	变频器的主要功能	X
						020	变频器主电路、控制电路的选择	X
						021	变频器线路用断路器的选择	X
						022	变频器漏电保护器的选择	X
						023	变频器电磁接触器的选择	X
						024	变频器过载继电器的选择	X
						025	变频器电抗器的作用	X
						026	变频器电抗器的选择	X
						027	变频器制动电阻的选择	X
						028	变频器的输入电路	X
						029	变频器的输出电路	X
						030	变频器的安装调试	X
						031	变频器的维修保养	X

续表

鉴定范围						鉴定点		
一级		二级		三级		代码	名称	重要程度
代码	名称	代码	名称	代码	名称			
						032	变频器驱动系统故障分析	Y
						033	变频器的应用	Y
						034	变频器的抗干扰措施	Y
						035	变频器常见异常现象	X
						036	变频器常见异常的处理对策	X
						037	绝缘电阻的测量原理	X
						038	影响绝缘电阻的因素	X
						039	吸收比的测量原理	X
						040	极化指数的测量原理	X
						041	泄漏电流试验的测量原理	X
						042	直流耐压试验的影响因素	X
						043	西林电桥测 $\tan\delta$ 的原理	X
						044	介损试验的适用范围	X
						045	用介损角正切值判断绝缘水平的方法	X
						046	工频交流耐压试验的注意事项	X
						047	绝缘油的运行控制标准	Y
						048	绝缘油的电气强度耐压试验	X
						049	绝缘油的再生方法	X
						050	绝缘油色谱分析的判断方法	X
						051	六氟化硫的现场测试	Y
						052	高压电机的故障分析	X
						053	电机的启动力矩、电流、电压、转速等之间的关系	X
						054	同步发电机的主要技术参数	Y
						055	同步发电机的结构	X
						056	发电机的励磁方式	X
						057	相复励、静态励磁的概念	Y
						058	发电机的故障分析	X
						059	发电机的试验项目	X
						060	发电机的试验标准	X
						061	变压器的故障分析	X
						062	变压器并列运行的潮流计算	X
						063	变压器的有载调压	X
						064	全封闭组合电器(GIS)的特点	X

续表

鉴定范围						鉴定点		
一级		二级		三级		代码	名称	重要程度
代码	名称	代码	名称	代码	名称			
						065	电缆中间头制作工艺	X
						066	终端头的制作工艺	X
						067	交联聚乙烯电缆的故障分析	X
						068	电缆故障的探测方法	X
						069	电缆截面选取的计算	X
						070	UPS 的原理	X
						071	UPS 的故障分析	X
						072	阀型避雷器电气特性	X
						073	氧化锌避雷器的电气特性	X
						074	避雷器的试验	X
						075	避雷针的保护范围的计算	X
						076	小电流接地系统电容电流分析	X
						077	电容电流的计算	X
						078	消弧线圈的补偿	X
						079	接地选线的原理	Y
				F	电力拖动自动控制知识	001	PLC 的安装注意事项	X
						002	PLC 的配线注意事项	X
						003	PLC 电源电路的外部配线	X
						004	PLC 输入的外部配线	Y
						005	PLC 输出的外部配线	Y
						006	PLC 的试运行	X
						007	PLC 的日常维护检修项目	X
						008	PLC 的特殊扩展设备	Y
						009	PLC 的应用指令	X
						010	PLC 的步进指令	X
						011	PLC 控制系统的设计步骤	Y
						012	PLC 的选型知识	X
						013	PLC 的典型网络了解	Z
						014	自动送料装置控制程序的编写	X
						015	自动交通灯程序的编写	X
						016	模拟灯光控制程序的编写	X
						017	抢答器+七段码控制程序的编写	X
						018	小车往返送料控制程序	X

续表

鉴定范围						鉴定点		
一级		二级		三级		代码	名称	重要程度
代码	名称	代码	名称	代码	名称			
						019	四层电梯控制程序的编写	X
						020	材料分拣装置控制程序的编写	Y
						021	数控机床的工作原理	Y
						022	可编程控制器的基本原理	X
						023	机电一体化的概念及基本构成	Y
				G	工厂供电知识	001	总降变电所典型故障分析	X
						002	高压电缆的故障分析判断	X
						003	大型电动机振动分析	Y
						004	总降变电所竣工验收细则	X
						005	工厂供电系统节能改造项目建议	Y
						006	继电保护的分类	Y
						007	微机保护概念	X
						008	微机保护硬件及组成	Y
						009	微机保护的优点及特点	Y
						010	综合自动化概念	X
						011	综合自动化系统组成	Y
						012	工厂高压线路的继电保护整定计算	X
						013	电力变压器的继电保护整定计算	X
						014	高压电动机的继电保护整定计算	X
						015	继电保护检测回路形式及特点	Y
						016	电力系统故障的类型	Y
						017	继电保护整定方法	Y
						018	继电保护测试方法	Y
						019	常用保护继电器	X
						020	备用电源自动投入装置	X
						021	绝缘监察装置	X
						022	母线保护	Y
						023	微机保护软件概念	X
						024	微机保护软件特点	X
						025	微机保护软件逻辑图	X
						026	微机保护系统可靠性概念	X
						027	微机保护系统造成偏差的原因	X
						028	微机保护系统抗干扰措施	Y
						029	自动化系统通迅规约的概念	X

续表

鉴定范围						鉴定点		
一级		二级		三级		代码	名称	重要程度
代码	名称	代码	名称	代码	名称			
						030	故障录波器的基本组成	X
						031	低周减载的概念	Z
						032	系统解列装置的概念	Z
						033	高压厂用电的快切装置的概念	Z
						034	自动准同期装置的基本概念	Z
						035	变电所综合自动化系统的特点	X
						036	变电所综合自动化系统的基本功能	X
						037	变电所综合自动化系统的结构	X
						038	电力系统经济运行	X
						039	自控系统的概念及原理	X
						040	二次回路	X
						041	自动重合闸装置	X
						042	微机保护装置故障的自动检测	X
						043	变电站综合自动化的通信内容和通信功能	X

二、理论知识试题

行业通用理论知识试题

判断题

1. 设备布置图是构思建筑图的前提，建筑图又是设备布置图的依据。 (√)

2. 化工设备图中，如图管道立面图，其平面图为。 (×)

正确答案：化工设备图中，如图管道立面图，其平面图为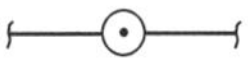。

3. 在化工设备图中，由于零件的制造精度不高，故允许在图上将同方向(轴向)的尺寸注成封闭形式。 (√)

4. 装配图中，当序号的指引线通过剖面线时，指引线的方向必须与剖面线平行。 (×)

正确答案：装配图中当序号的指引线通过剖面线时，指引线的方向必须与剖面线不平行。

5. 只有 ISO 9000 质量保证模式的标准才能作为质量审核的依据。 (×)

正确答案：除 ISO 9000 族质量标准以外，还有其他一些国际标准可以作为质量审核的依据。

6. ISO 9000：2000 版标准减少了过多强制性文件化要求，使组织更能结合自己的实际，控制体系过程，发挥组织的自我能力。 (√)

7. 数据库就是存储和管理数据的仓库。 (×)

正确答案：数据库就是按一定结构存储和管理数据的仓库。

8. 在计算机应用软件中 VFP 数据表中日期字段的宽度一般为 10 个字符。 (×)

正确答案：在计算机应用软件中 VFP 数据表中日期字段的宽度一般为 8 个字符。

9. 在应用软件 PowerPoint 中可以插入 WAV 文件、AVI 影片，但不能插入 CD 音乐。（×）

正确答案：在 PowerPoint 中可以插入 WAV 文件、AVI 影片，也能够插入 CD 音乐。

10. 在应用软件 PowerPoint 中播放演示文稿的同时，单击鼠标右键，选择“指针选项”中的“画笔”选项，此时指针会自动的变成一支画笔的形状，按住鼠标左键，就可以随意书写文字了。（√）

11. 基本生产过程在企业的全部生产活动中居主导地位。（√）

12. 企业的生产性质、生产结构、生产规模、设备工装条件、专业化协作和生产类型等因素都会影响企业的生产过程组织，其中影响最大的是生产规模。（×）

正确答案：企业的生产性质、生产结构、生产规模、设备工装条件、专业化协作和生产类型等因素都会影响企业的生产过程组织，其中影响最大的是生产类型。

13. 日常设备检查是指专职维修人员每天对设备进行的检查。（×）

正确答案：日常设备检查是指操作者每天对设备进行的检查。

14. 现场管理是综合性、全面性、全员性的管理。（√）

15. 通过对工艺指标分析和对比可以找出设备运行中存在的不足和问题，指导有目的地加以优化和改进。（√）

16. 关键词是为了文献标引工作，从论文中选取出来，用以表示全文主要内容信息款目的单词或术语，一般选用 3~8 个词作为关键词。（√）

17. 技术论文的摘要是对各部分内容的高度浓缩，可以用图表和化学结构式说明复杂的问题，并要求对论文进行自我评价。（×）

正确答案：技术论文的摘要是对各部分内容的高度浓缩，在摘要中不可以用图表和化学结构式，不要对论文进行自我评价。

18. 理论性是技术论文的生命，是检验论文价值的基本尺度。（×）

正确答案：创见性是技术论文的生命，是检验论文价值的基本尺度。

19. 生产准备应包括：组织机构（附组织机构图）、人员准备及培训、技术准备及编制《投料试车总体方案》（附投料试车统筹网络图）、物资准备、资金准备、外部条件准备和营销准备。（√）

20. 工艺技术规程侧重于主要规定设备如何操作。（×）

正确答案：工艺技术规程侧重于主要规定设备为何如此操作。

21. 岗位操作法应由车间技术人员根据现场实际情况编写，经车间主管审定，并组织有关专家进行审查后，由企业主管批准后执行。（√）

22. 技术改造的过程中竣工验收时应以基础设计为依据。（×）

正确答案：技术改造的过程中竣工验收的依据是批准的项目建议书、可行性研究报告、基础设计（初步设计）、有关修改文件及专业验收确认的文件。

23. 技术改造项目正式验收后要按照对技术经济指标进行考核标定，编写运行标定报告。（×）

正确答案：技术改造项目正式验收前要按照对技术经济指标进行考核标定，编写运行标定报告。

24. 培训需求分析是培训方案设计和制定的基础和指南。（√）

25. 案例教学因受到案例数量的限制，并不能满足每个问题都有相应案例的需求。(√)

26. 主题是培训教案的灵魂，提纲是教案的血脉，素材是培训教案的血肉。(√)

27. 在培训活动中，学员不仅是学习资料的摄取者，同时也是一种可以开发利用的宝贵的学习资源。(√)

28. 对内容、讲师、方法、材料、设施、场地、报名的程序等方面的评价属于结果层面的评价。(×)

正确答案：对内容、讲师、方法、材料、设施、场地、报名的程序等方面的评价属于反应层面的评价。

单选题

1. 设备布置图中，用(B)线来表示设备安装基础。

A. 细实　　B. 粗实　　C. 虚　　D. 点划

2. 如图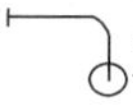为一根管道空间走向的平面图，它的左视图是(B)。

A. 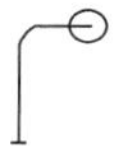　　B. 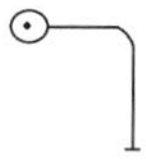　　C. 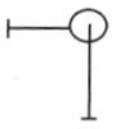　　D. 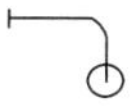

3. 在储罐的化工设备图中，储罐的筒体内径尺寸 ϕ2000 表示的是(A)尺寸。

A. 特性　　B. 装配　　C. 安装　　D. 总体

4. 关于零件图和装配图，下列说法不正确的是(C)。

A. 零件图表达零件的大小、形状及技术要求

B. 装配图是表示装配及其组成部分的连接、装配关系的图样

C. 零件图和装配图都用于指导零件的加工制造和检验

D. 零件图和装配图都是生产上的重要技术资料

5. 在 ISO 9000 族标准中，可以作为质量管理体系审核的依据是(A)。

A. GB/T 19001　　B. GB/T 19000　　C. GB/T 19021　　D. GB/T 19011

6. 按 ISO 9001：2000 标准建立质量管理体系，鼓励组织采用(A)方法。

A. 过程　　B. 管理的系统　　C. 基于事实的决策　　D. 全员参与

7. 目前，比较流行的数据模型有三种，下列不属于这三种的是(D)结构模型。

A. 层次　　B. 网状　　C. 关系　　D. 星形

8. 在计算机应用软件中 VFP 数据库中浏览数据表的命令是(A)。

A. BROWS　　B. SET　　C. USE　　D. APPEND

9. 在应用软件 PowerPoint 中演示文稿的后缀名是(C)。

A. doc　　B. xls　　C. ppt　　D. ppl

10. 在生产过程中，由于操作不当造成原材料、半成品或产品损失的，属于(A)事故。

A. 生产　　B. 质量　　C. 破坏　　D. 操作

11. 对设备进行清洗、润滑、紧固易松动的螺丝、检查零部件的状况，这属于设备的(C)保养。

A. 一级　　B. 二级　　C. 例行　　D. 三级

12. 分层管理是现场 5S 管理中(C)常用的方法。

A. 常清洁　　B. 常整顿　　C. 常组织　　D. 常规范

13. 目视管理是现场 5S 管理中(D)常用的方法。

A. 常组织　　B. 常整顿　　C. 常自律　　D. 常规范

14. 按规定中、小型建设项目应在投料试车正常后(D)内完成竣工验收。

A. 两个月　　B. 一年　　C. 三个月　　D. 半年

15. 下列叙述中，(A)不是岗位操作法中必须包含的部分。

A. 生产原理　　B. 事故处理　　C. 投、停运方法　　D. 运行参数

16. 下列选项中，不属于标准改造项目的是(A)。

A. 重要的技术改造项目　　B. 全面检查、清扫、修理

C. 消除设备缺陷，更换易损件　　D. 进行定期试验和鉴定

17. 在停车操作阶段不是技师所必须具备的是(D)。

A. 组织完成装置停车吹扫工作

B. 按进度组织完成停车盲板的拆装工作

C. 控制并降低停车过程中物耗、能耗

D. 指导同类型的装置停车检修

18. 下列选项中，属于技术改造的是(C)。

A. 原设计系统的恢复的项目　　B. 旧设备更新的项目

C. 工艺系统流程变化的项目　　D. 新设备的更新项目

19. 为使培训计划富有成效，一个重要的方法是(A)。

A. 建立集体目标

B. 编成训练班次讲授所需的技术和知识

C. 把关于雇员的作茧自缚情况的主要评价反馈给本人

D. 在实施培训计划后公布成绩

20. 在培训教学中，案例法有利于参加者(D)。

A. 提高创新意识　　B. 系统接受新知识

C. 获得感性知识　　D. 培养分析解决实际问题能力

21. 课程设计过程的实质性阶段是(C)。

A. 课程规划　　B. 课程安排　　C. 课程实施　　D. 课程评价

22. 正确评估培训效果要坚持一个原则，即培训效果应在(B)中得到检验。

A. 培训过程　　B. 实际工作　　C. 培训教学　　D. 培训评价

多选题

1. 设备布置图必须具有的内容是(A，B，D)。

A. 一组视图　　B. 尺寸及标注　　C. 技术要求　　D. 标题栏

2. 在化工设备图中，当控制元件位置与任一直角坐标轴平行时，可用(A，C，D)表示。

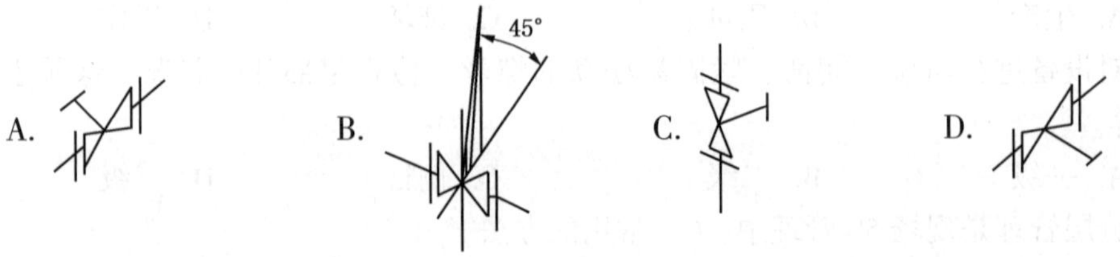

3. 在化工设备图中，可以作为尺寸基准的有(A，B，C，D)。

A. 设备筒体和封头的中心线　　B. 设备筒体和封头时的环焊缝

C. 设备法兰的密封面　　D. 设备支座的底面

4. 在化工设备图中，可以作为尺寸基准的有(A，B，D)。

A. 设备筒体和封头的中心线　　B. 设备筒体和封头时的环焊缝

C. 设备人孔的中心线　　D. 管口的轴线和壳体表面的交线

5. 下列叙述中，不正确的是(A，B，D)。

A. 根据零件加工、测量的要求而选定的基准为工艺基准。从工艺基准出发标注尺寸，能把尺寸标注与零件的加工制造联系起来，使零件便于制造、加工和测量

B. 装配图中，相邻零件的剖面线方向必须相反

C. 零件的每一个方向的定向尺寸一律从该方向主要基准出发标注

D. 零件图和装配图都用于指导零件的加工制造和检验

6. 在 ISO 9000 族标准中，内部质量体系审核的依据是(A，B，C，D)。

A. 合同要素　　B. 质量文件

C. ISO 9000 族标准　　D. 法律、法规要求

7. ISO 9001 标准具有广泛的适用性，适用于(B，D)。

A. 大中型企业　　B. 各种类型规模及所有产品的生产组织

C. 制造业　　D. 各种类型规模及所有产品的服务的组织

8. 在计算机应用软件中 VFP 能用来建立索引的字段是(C，D)字段。

A. 通用型(图文型)　B. 备注(文本型)　C. 日期　D. 逻辑

9. 关于幻灯片的背景，说法不正确的是(A，C，D)。

A. 只有一种背景　B. 可以是图片　C. 不能更改　D. 以上都错

10. 企业在安排产品生产进度计划时，对市场需求量大，而且比较稳定的产品，其全年任务可采取(A，B)。

A. 平均分配的方式　　B. 分期递增方法

C. 抛物线形递增方式　　D. 集中轮番方式

11. 设备的一级维护保养的主要内容是(A，B，C)。

A. 彻底清洗、擦拭外表　　B. 检查设备的内脏

C. 检查油箱油质、油量　　D. 局部解体检查

12. 现场目视管理的基本要求是(A，B，C，D)。

A. 统一　B. 简约　C. 鲜明　D. 实用

13. 在月度生产总结报告中对工艺指标完成情况的分析应包括(A，B，C，D)。

A. 去年同期工艺指标完成情况　　B. 本月工艺指标完成情况

C. 计划本月工艺指标情况　　D. 未达到工艺指标要求的原因

14. 技术论文标题拟订的基本要求是(B，C，D)。

A. 标新立异　B. 简短精练　C. 准确得体　D. 醒目

15. 技术论文摘要的内容有(A，C，D)。

A. 研究的主要内容　　B. 研究的目的和自我评价

C. 获得的基本结论和研究成果　　D. 结论或结果的意义

16. 技术论文的写作要求是(A，B，D)。

A. 选题恰当　B. 主旨突出　C. 叙述全面　D. 语言准确

17. 装置标定报告的目的是(A，B，D)。

A. 进行重大工艺改造前为改造设计提供技术依据

B. 技术改造后考核改造结果，总结经验

C. 完成定期工作

D. 了解装置运行状况，获得一手资料，及时发现问题，有针对性地加以解决

18. 下列选项中，属于竣工验收报告的内容有(A，B，C，D)。

A. 工程设计　B. 竣工决算与审计　C. 环境保护　D. 建设项目综合评价

19. “三级验收”是指(B，C，D)验收。

A. 个人　B. 班组　C. 车间　D. 厂部

20. 在技术改造过程中(A，B，C)的项目应该优先申报。

A. 解决重大安全隐患　B. 生产急需项目

C. 效益明显项目　D. 技术成熟项目

21. 在技术改造方案中(A，C，D)设施应按设计要求与主体工程同时建成使用。

A. 环境保护　B. 交通　C. 消防　D. 劳动安全卫生

22. 技术改造申请书应包括(A，B，C，D)。

A. 项目名称和立项依据　B. 项目内容和改造方案

C. 项目投资预算及进度安排　D. 预计经济效益分析

23. 进行技术革新成果鉴定必要的条件是(A，B，C，D)。

A. 技术革新确实取得了良好的效果

B. 申报单位编制好技术革新成果汇报

C. 确定鉴定小组人员、资格

D. 确定鉴定的时间、地点和参加人员，提供鉴定时所需各种要求

24. 培训方案应包括(A，B，C，D)等内容。

A. 培训目标　B. 培训内容　C. 培训指导者　D. 培训方法

25. 在职工培训活动中，培训的指导者可以是(A，B，C，D)。

A. 组织的领导　B. 具备特殊知识和技能的员工

C. 专业培训人员　D. 学术讲座

26. 在职工培训中，案例教学具有(A，B，C)等优点。

A. 提供了一个系统的思考模式

B. 有利于使受培训者参与企业实际问题的解决

C. 可得到有关管理方面的知识与原则

D. 有利于获得感性知识，加深对所学内容的印象

27. 在职工培训中，讲授法的缺点是(A，B，D)。

A. 讲授内容具有强制性　B. 学习效果易受教师讲授水平的影响

C. 适用的范围有限　D. 没有反馈

28. 培训教案一般包括(A，B，C，D)等内容。

A. 培训目标　B. 教学设计　C. 培训目的　D. 重点、难点

29. 编写培训教案的基本技巧是(A，B，C，D)。

A. 确立培训的主题　B. 构思培训提纲　C. 搜集素材　D. 整理素材

30. 培训项目即将实施之前需做好的准备工作包括(A，B，C，D)。

A. 通知学员　B. 后勤准备　C. 确认时间　D. 准备教材

31. 生产管理或计划部门对培训组织实施的(A，B)是否得当具有发言权。

A. 培训时机的选择　B. 培训目标的确定　C. 培训计划设计　D. 培训过程控制

32. 在评估培训效果时，行为层面的评估，主要包括(B，C，D)等内容。

A. 投资回报率　B. 客户的评价　C. 同事的评价　D. 主管的评价

33. 培训评估的作用主要有(B，D)等几个方面。

A. 提高员工的绩效和有利于实现组织的目标

B. 保证培训活动按照计划进行

C. 有利于提高员工的专业技能

D. 培训执行情况的反馈和培训计划的调整

简答题

1. 在 ISO 9000 族标准中质量体系审核的依据包括哪些内容?

答: ①相关的质量保证模式标准(一般是 ISO 9001、9002、9003)；②质量手册或质量管理手册或质量保证手册；③程序文件；④质量计划；⑤合同或协议；⑥有关的法律、法规。

2. 简述生产过程的基本内容。

答: ①生产准备过程；②基本生产过程；③辅助生产过程；④生产服务过程。

3. 什么是设备检查? 设备检查的目的是什么?

答: ①设备检查是指对设备的运行状况、工作性能、磨损腐蚀程度等方面进行检查和校验；②设备检查能够及时查明和清除设备隐患，针对发现的问题提出解决的措施，有目的地做好维修前的准备工作，以缩短维修时间，提高维修质量。

4. 现场管理有哪些具体要求?

答: ①组织均衡生产；②实现物流有序化；③设备状况良好；④纪律严明；⑤管理信息准确；⑥环境整洁，文明生产；⑦组织好安全生产，减少各种事故。

5. 经济指标分析时应注意什么?

答: ①指标的准确性。指标的采集汇总必须准确，错误的数据缺乏参照和分析性，甚至产生错误的结论。②指标的可比性。在进行指标分析时通常要在相同运行的状况下进行比较，通常要参照上个月和去年同期的指标。如果运行的状况发生变化要对指标进行相应的修正，否则就失去了指标的可比性。③突出指标分析指导的作用。通过指标分析和对比要找出设备运行中存在的不足和问题，指导有目的地加以优化和改进。

6. 国家标准技术论文应该包括哪些内容?

答: 技术论文应包括题目、作者、摘要、关键词、引言、正文、结论、致谢、参考文献、附录等十个部分。

7. 通常情况下技术论文的结构是怎样的?

答: 在通常情况下技术论文的正文结构应该是按提出问题——分析问题——提供对策来布置的。①要概括情况、阐述背景、说明意义、提出问题。②在分析问题时必须观点明确，既要抓住矛盾的主要方面，又不能忽视次要方面，析因探源，寻求出路。③要概括前文，肯定中心论点，提出工作对策。提供的对策要有针对性和必要的论证。

8. 技术论文摘要的要求是什么？

答：摘要文字必须十分简练，篇幅大小一般限制字数不超过论文字数的5%。论文摘要不要列举例证，不讲研究过程，不用图表，不给化学结构式，也不要作自我评价。

9. 简述技术论文的写作步骤。

答：①选题，确定论文的主攻方向和阐述或解决的问题。选题时一般要选择自己感兴趣的和人们关心的“焦点”问题；②搜集材料，要坚持少而精的原则，做到必要、可靠、新颖，同时必须充分；③研究资料，确定论点，选出可供论文作依据的材料，支持论点；④列出详细的提纲，使想法和观点文字化、明晰化、系统化，从而可以确定论文的主调和重点。提纲拟订好后，可以遵循论文写作的规范和通常格式动笔拟初稿。

10. 在竣工验收报告中关于工程建设应包括哪些内容？

答：①工程建设概况；②工程建设组织及总体统筹计划；③工程进度控制；④工程质量控制；⑤工程安全控制；⑥工程投资控制；⑦未完工程安排；⑧工程建设体会。

11. 工艺技术规程应包括哪些内容？

答：①总则；②原料、中间产品、产品的物、化性质以及产品单耗；③工艺流程；④生产原理；⑤设备状况及设备规范。⑥操作方法；⑦分析标准；⑧安全计划要求。

12. 岗位操作法应包括哪些内容？

答：①名称；②岗位职责和权限；③本岗位与上、下游的联系；④设备规范和技术特性，原料产品的物、化性质；⑤开工准备；⑥开工操作步骤；⑦典型状况下投、停运方法和步骤；⑧事故预防、判断及处理；⑨系统流程图；⑩运行参数正常范围和各种试验。

13. 检修方案应包括哪些内容？

答：①设备运行情况；②检修组织机构；③检修工期；④检修内容；⑤检修进度图；⑥检修的技术要求；⑦检修任务落实情况；⑧安全防范措施；⑨检修备品、备件；⑩检修验收内容和标准。

14. 在开车准备阶段技师应具备哪些技能要求？

答：①能完成开车流程的确认工作；②能完成开车化工原材料的准备工作；③ 能按进度组织完成开车盲板的拆装操作；④能组织做好装置开车介质的引入工作；⑤能组织完成装置自修项目的验收；⑥能按开车网络图计划要求，组织完成装置吹扫、试漏工作；⑦能参与装置开车条件的确认工作。

15. 开工方案应包括哪些内容？

答：①开工组织机构；②开工的条件确认；③开工前的准备条件；④开工的步骤及应注意的问题；⑤开工过程中事故预防和处理；⑥开工过程中安全分析及防范措施；⑦附录，重要的参数和控制点、网络图。

16. 停工方案应包括哪些内容？

答：①设备运行情况；②停工组织机构；③停工的条件确认；④停工前的准备条件；⑤停工的步骤及应注意的问题；⑥停工后的隔绝措施；⑦停工过程中事故预防和处理；⑧停工过程中安全分析及防范措施；⑨附录，重要的参数和控制点。

17. 技术改造的目的是什么？

答：通过采用新技术、新工艺，解决制约系统安、稳、优生产运行的问题，推动技术进步和技术创新，更好地提高企业经济效益。

18. 技术改造的前期准备是什么?

答: 通过选题和论证确定技术改造的项目和内容，提出立项申请和改造方案。经领导和专家批准后，进行改造设计和设计审查。改造项目确定后，需及时落实资金，完成设备、材料的采购，落实施工单位，组织设计交底。

19. 技术改造方案的主要内容是什么?

答: ①项目名称；②项目负责单位；③项目负责人；④建设立项理由和依据，包括原始状况、存在问题和改造依据；⑤改造主要内容，需要写明改造涉及装置设备及详细改造内容；⑥改造技术方案，需写明技术分析、技术要求、方案选择、设备选型及详细的技术方案，并注明动力消耗指标及公用工程配套情况；⑦预计改造效果及经济效益，包括改造后主要经济、技术指标及取得效果；经济效益(附计算式)及技术经济分析；⑧投资计划，包括主要设备材料清单和费用安排(设备询价、材料费用、安装施工费用等)；⑨计划进度安排；⑩安全环保措施。

20. 技术改造的步骤是什么?

答: ①前期准备，确定技术改造的项目和内容，经领导和专家批准后，进行改造设计和设计审查。改造项目确定后，需及时落实资金，完成设备、材料的采购，落实施工单位，组织设计交底。②实施阶段，根据改造设计的要求，施工单位应在规定工期内保质保量地完成改造的各项内容。在此过程中应对工程进度、工程质量、工程安全、工程投资进行重点控制；③验收阶段，改造项目完成后，应及时组织投用试车，进行性能考核，检验是否达到设计要求，在运行正常后组织进行竣工验收，并填写竣工验收报告；④后评估阶段，在设备稳定运行一段时间后，应组织对技术改造进行后评估，总结技术改造的效果和经验，根据生产运行实际情况提出建议。

21. 技术革新成果鉴定小组主要程序和主要内容是什么?

答: ①听取申报单位技术革新成果汇报情况；②实地查验技术革新成果完成情况，审阅技术革新成果申报资料；③讨论对技术革新成果验收意见，签署技术革新成果验收证书；④颁发技术革新成果验收证书。

22. 在技术改造过程中施工管理时应注意什么?

答: ①对改造工程施工全过程应进行组织和管理，及时发现并解决施工存在的问题，严格按照技术检修规程及施工图纸进行施工，确保工程质量和施工进度；②在施工过程中，应加强质量监督并进行实施阶段的设计协调工作，对检查发现的工程质量问题有权责令其停止施工并限期整改。③在施工过程中，应加强对施工现场安全、人身安全的监督，禁止“三违”现象的出现，对不符合要求的有权责令其停止施工并限期整改。④在施工过程中，应加强对施工周围环境的影响的监管，对施工过程中产生的废物要及时妥善处理。

23. 技术革新成果的主要内容是什么?

答: 技术革新成果的主要内容是：①项目编号、成果名称、完成单位、申报日期、项目负责人、主要完成人、工作起止时间；②系统原始状况和技术难点；③实施报告，包括方案、措施、完成时间、取得成果(附图纸、资料、技术说明)；④社会、经济效益；⑤申报车间审核意见、技术主管部门审核意见、专业评审小组意见和企业主管领导意见。

24. 培训方案有哪些要素组成?

答: 培训方案主要有培训目标、培训内容、培训指导者、受训者、培训日期和时间、培训场所与设备以及培训方法等要素组成。

25. 培训需求分析包括哪些内容？

答：培训需求分析需从多维度来进行，包括组织、工作、个人三个方面。①组织分析指确定组织范围内的培训需求，以保证培训计划符合组织的整体目标与战略要求；②工作分析指员工达到理想的工作绩效所必须掌握的技能和知识。③个人分析是将员工现有的水平与预期未来对员工技能的要求进行比照，发现两者之间是否存在差距。

26. 什么是培训方案？

答：培训方案是培训目标、培训内容、培训指导者、受训者、培训日期和时间、培训场所与设备以及培训方法的有机结合。

27. 什么是演示教学法？在教学中演示教学法具有哪些优点？

答：演示法是运用一定的实物和教具，通过实地示范，使受训者明白某种事务是如何完成的。演示法优点为：①有助于激发受训者的学习兴趣；②可利用多种感官，做到看、听、想、问相结合；③有利于获得感性知识，加深对所学内容的印象。

28. 如何准备教案？

答：准备教案要从以下几个方面着手：

①做好培训需求分析。②教案的编写：确定教案的核心内容与结构；选择合适的教案模式。③培训方式的选择与应用。

29. 在培训教学的组织实施与管理的前期准备阶段，主要的工作有哪些？

答：①确认和通知参加培训的学员；②培训后勤准备；③确认培训时间；④教材的准备；⑤确认理想的讲师。

30. 培训评估具有什么意义？

答：①能为决策提供有关培训项目的系统信息，从而做出正确的判断。②可以促进培训管理水平的提升。③可使培训管理资源得到更广泛的推广和共享。

31. 应从哪些方面评价培训效果？

答：主要应从以下四个层面评估培训效果的：①反应，即课程刚结束时，了解学员对培训项目的主观感觉；②学习，即学员在知识、技能或态度等方面学到了什么；③行为，即学员的工作行为方式有多大程度的改变；④结果，即通过诸如质量、数量、安全、销售额、成本、利润、投资回报率等可以量度的指标来考查，看最终产生了什么结果。

工种理论知识试题

判断题

1. 为了保证晶闸管的可靠触发，外加门极电压的幅值应比 U_{GT}大几倍。 (√)

2. 使用门极强脉冲触发可解决串联晶闸管开通过程的动态均压问题。 (×)

正确答案：使用门极强脉冲触发可以迅速缩短开通时间，减少器件开通时间的差异。

3. 晶闸管串并联时，通常采用先并后串的连接方法联接。 (×)

正确答案：晶闸管串并联时，通常采用先串后并的连接方法联接。

4. 晶闸管在遭受过电压时，会立即发生反向击穿或正向转折。 (√)

5. 单结晶体管触发电路中，稳压管断开，电路能正常工作。 (×)

正确答案：单结晶体管触发电路中，稳压管断开，电路不能正常工作。

6. 可关断晶闸管(GTO)的开通和关断均依赖于一个独立的电源。 (√)

7. 1GBT 的耐压很高，但温度特性较差。 (×)

正确答案： 1GBT 的耐压很高，且具有良好的温度特性。

8. 三相桥式整流电路实为三相半波共阴极组与共阳极组的串联。 （√）

9. 三相桥式有源逆变电路中，需对 α_{min} 和 β_{min} 限制在不小于 30°的范围内。 （√）

10. 直流电动机在逆变状态的特性是整流状态的延续。 （√）

11. 直流电动机从电动运行转变为发电制动运行，相应的变流器由整流转换成逆变，这一过程是不能在同一组桥内实现的。 （√）

12. 单相交流调压器对于电感性负载，控制角 α 的移相范围为 0°～180°。 （×）

正确答案： 单相交流调压器对于电感性负载，控制角 α 的移相范围为 ϕ～180°。

13. 三相三线制交流调压电路比三相四线制调压电路应用更广泛。 （√）

14. 在降压直流变换电路中，当满足一定的条件时，纹波电压的大小与负载无关。（√）

15. 改变三相桥式逆变电路晶体管的触发频率就能改变输出电压的频率。 （√）

16. 改变三相桥式逆变电路晶体管的触发顺序就能改变输出电压的相序。 （√）

17. 电压型逆变电路通常采用并联多重方式。 （×）

正确答案： 电压型逆变电路通常采用串联多重方式。

18. 三相桥式有源逆变电路中，最小控制角 α_{min}、最小逆变角 β_{min} 定得越大，变流装置越经济，工作越可靠。 （×）

正确答案： 最小控制角 α_{min}、最小逆变角 β_{min} 定得越大，就不能充分利用整流变压器的容量，也减小了变流器的电压调节范围。

19. 逆变状态的机械特性是整流状态的延续。 （√）

20. 电动机从电动运行转变为发电制动运行，原变流器由整流转换成逆变。 （×）

正确答案： 电动机从电动运行转变为发电制动运行，相应的变流器由整流转换成逆变，这一过程是不能在同一组桥内实现的。

21. 在控制角等于逆变角（$\alpha=\beta$）的工作制中，二组桥的输出电压平均值相等且平衡，因此不存在环流电压。 （×）

正确答案： 控制角等于逆变角（$\alpha=\beta$）的工作制中，虽然二组桥的输出电压平均值相等且平衡，但它们的瞬时值不相等，存在环流电压。

22. 全桥直流变换电路的输入是幅度不变的直流电压，输出是幅度和极性均可变的直流电压。 （√）

23. 凡是负载电压的相位超前负载电流的场合都可以实现负载换相。 （×）

正确答案： 凡是负载电流的相位超前负载电压的场合都可以实现负载换相。

24. 变频器就是一个可以任意改变频率的交流电源。 （√）

25. 改变逆变电路中六个晶闸管的导通和关断顺序，就能改变异步电动机的转向。（√）

26. 变频器分为交-交变频和交-直-交变频两种形式。 （√）

27. 转差变频控制变频器采用的是开环控制方式。 （×）

正确答案： 转差变频控制变频器采用的是闭环控制方式。

28. 在采用转差率控制的变频器中，只要控制电动机的转差频率就能起到保护电动机的作用。 （√）

29. 恒转矩特性负载消耗的能量与转速无关。 （×）

正确答案： 恒转矩特性负载消耗的能量与速度成正比。

30. 在电流型变频器中，直流中间电路通过大容量电解电容对输出电流进行平滑。(×)

正确答案：在电流型变频器中，直流中间电路通过大容量电感对输出电流进行平滑。

31. 在电流型变频器中，必须根据电动机减速的需要专门设置制动电路。(×)

正确答案：电压型变频器中，必须根据电动机减速的需要专门设置制动电路。

32. 制动电阻 R 的大小决定了变频器的制动能力。(√)

33. 变频器中，当在输入端误加过高电压时，过电压保护立即动作。(×)

正确答案：变频器中，当在输入端误加过高电压时，过电压保护并不能提供保护。

34. 变频器最大适配电机容量一般以 2 极普通异步电动机为对象。(×)

正确答案：变频器最大适配电机容量一般以 4 极普通异步电动机为对象。

35. 变频器对异步电动机进行启动、停止是通过电磁接触器进行的。(×)

正确答案：变频器对异步电动机进行启动、停止，通过变频器的控制端子指令进行的。

36. 当变频器和 PLC 配合使用时，必须根据变频器的输入阻抗选择 PLC 的输出模块。(√)

37. 在检查变频器控制电路连线时，可以使用万用表的蜂鸣功能。(×)

正确答案：在检查控制电路连线时，不可以使用万用表的蜂鸣功能。

38. 变频器的地线除了可防触电外，还可以防止过电压，所以务必要接地。(×)

正确答案：变频器的地线除了可防触电外，还可以防止噪声，所以务必要接地。

39. 不允许用布擦兆欧表表面玻璃，因为摩擦产生静电荷会影响测量结果。(√)

40. 吸收比是指用兆欧表在历时 15s 内所测得的绝缘电阻和历时 60s 内所测得的绝缘电阻值的比值，即吸收比 $=R_{15''}/R_{60''}$。(×)

正确答案：吸收比是指用兆欧表在历时 60s 内所测得绝缘电阻和历时 15s 内所测得绝缘电阻值的比值，即吸收比 $=R_{60''}/R_{15''}$。

41. 极化指数是指用兆欧表在历时 10min 所测得绝缘电阻和历时 1min 所测得绝缘电阻值的比值。即极化指数 $=R_{10\text{min}}/R_{1\text{min}}$。(√)

42. 在一定频率的交流电场中，当一定电压施加给某一绝缘介质时，其损耗与 $\tan\delta$ 成正比。(√)

43. 所谓“再生”就是用化学和物理的方法清除油中的溶解和不溶解的杂质，重新恢复或接近油的原有性能指标。(√)

44. SF_6 气体断路器含水量超标，可将 SF_6 气体放尽，重新充入新气体即可。(√)

45. 额定功率相同的三相异步电动机，转速低的转矩小，转速高的转矩大。(×)

正确答案：额定功率相同的三相异步电动机，转速低的转矩大，转速高的转矩小。

46. 发电机的直流励磁机方式是向发电机转子提供直流电流，交流励磁机方式是向发电机转子提供交流电流。(×)

正确答案：发电机的直流励磁机方式是向发电机转子提供直流电流，交流励磁机方式向发电机转子提供的也是直流电流。

47. 有载调压是变压器在带负荷运行中，可用手动或电动变换一次分接头，以改变一次线圈匝数，进行分级调压。(√)

48. SF_6 气体断路器内部无 SF_6 气体后或真空状态，不允许操作断路器。(√)

49. SF_6 断路器的 SF_6 气体中生产物 CF_4(四氟化碳)气体越多，开断能力越大。(√)

50. 电缆终端头和中间头从开始剥切到制作完成必须连续进行，一次完成，以免受潮。 (√)

51. 氧化锌避雷器对大气过电压和操作过电压都起保护作用。 (√)

52. 不接地的放射状电网中，线路发生一相接地，则非故障线路始端流过线路本身的电容电流，方向为母线流向线路。 (√)

53. 在小电流接地系统中电压互感器高压熔断器一相熔断，控制室出现的信号和系统发生接地是一样的，区别在于非故障相电压不升高。 (√)

54. PLC 的外部电源不关闭即可进行 PLC 的安装和配线作业。 (×)

正确答案：一定要在 PLC 的外部电源全部关闭之后才可进行 PLC 的安装和配线作业。

55. 对于 PLC 中传递模拟量的信号线，可以不使用屏蔽线。 (×)

正确答案：对于 PLC 中传递模拟量的信号线，应使用屏蔽线。

56. 若将 AC 电源接在直流输入输出端子或直流电源端子上，不会对 PLC 造成不良影响。 (×)

正确答案：若将 AC 电源接在直流输入输出端子或直流电源端子上，将烧坏 PLC。

57. 一般要求 PLC 输入的开关、按钮为常开状态，它的常闭触点可通过软元件在程序中反映，从而使程序清晰明了。 (√)

58. 在 PLC 输出负载的接线中，共用一个公共点的输出端可以驱动不同电压等级的负载。 (×)

正确答案：在 PLC 输出负载的接线中，不同电压等级的负载应分组连接，共用一个公共点的输出端只能驱动同一电压等级的负载。

59. 某状态的 STL 触点闭合，则与其相连的电路动作；如果该 STL 触点断开，则与其相连的电路停止动作。 (√)

60. 在选择 PLC 时，要根据输入信号的类型选择与之相匹配的输入模块。 (√)

61. SF_6 电气设备安装完毕，在投运前应复查 SF_6 气室内的温度和空气含量以及设备的检漏。 (×)

正确答案：SF_6 电气设备安装完毕，在投运前应复查 SF_6 气室内的湿度和空气含量以及设备的检漏。

62. 测量继电器能直接反应电气量的变化，按所反应量的不同，又可分为电流、电压、功率方向、阻抗、频率继电器等。 (√)

63. 数据采集系统与 CPU 的数据传递方式有程序查询、中断、直接内存存取三种方式。 (√)

64. 以微处理器为核心组成的电力系统继电保护称为电力系统微机保护。 (√)

65. CRT 屏幕操作闭锁功能，只要输入正确的操作口令就有权进行操作控制。 (×)

正确答案：CRT 屏幕操作闭锁功能，只有输入正确的操作口令和监护口令才有权进行操作控制。

66. 晶体管型继电器电压形成回路是由电压变换器、电流变换器、电感变压器组成的。 (√)

67. 电力系统故障的类型，具体到元件来说有发电机事故、汽轮机事故、锅炉事故、变压器事故、断路器事故、线路事故等。 (√)

68. 测量继电器能直接反应电气量的变化，按所反应量的不同，又可分为电流、电压、功率方向、阻抗、频率继电器等。 (√)

69. 瓦斯保护装置的特点是动作迅速、灵敏度高，能反应变压器油箱内部的各种类型故障，也能反应外部的一些故障。 (×)

正确答案： 瓦斯保护装置的特点是动作迅速、灵敏度高，能反应变压器油箱内部的各种类型故障，但不能反应外部故障。

70. 采用母联分段断路器 BZT 接线方式的供电系统，母联 BZT 装置可以动作两次。(×)

正确答案： 采用母联分段断路器 BZT 接线方式的供电系统，母联 BZT 装置只能动作一次。

71. 采用备用变压器自动投入装置 BZT 接线方式的供电系统，备用变压器一般不受电，只有在工作变压器有故障时才投入运行。 (√)

72. 有绝缘监视装置的电压互感器在高压熔丝断一相时，二次开口三角形两端会产生零序电压。 (√)

73. 微机保护软件就是一组程序。 (×)

正确答案： 微机保护软件就是一组微机执行程序。

74. 微机保护的优点之一是计算能力，能完成常规保护无法进行的功能或较难解决的问题。 (√)

75. 由于电动机在较大的启动电流下，因零序不平衡电流引起保护误动作，电动机微机保护采用了最大相电流作为制动量。 (√)

76. 根据故障录波器所录的波形数据，可以明确地分析、判断电力系统中线路和设备故障发生的地点、发展过程和故障类型。 (√)

77. 低周减载装置设置特殊轮是为了在特殊运行方式时保证有足够数量的较次要负荷可以切除。 (×)

正确答案： 特殊轮是为了在低周减载切除部分负荷后系统已经稳定，但频率仍然偏低时再切除少量负荷，使频率恢复正常。

78. 为防止暂态误动作，低周解列装置应带有 0.3~1s 的时限。 (√)

79. 厂用快切装置最本质的任务是确保在事故情况下第一时间切除故障工作电源及接入备用电源。 (√)

80. 发电机准同期并列是指将未加励磁的发电机升速到接近系统频率，合上开关，再加励磁，在升压过程中由系统将发电机接入同步运行。 (×)

正确答案： 发电机自同期并列是指将未加励磁的发电机升速到接近系统频率，合上开关，再加励磁，在升压过程中由系统将发电机接入同步运行。

81. 综合自动化系统的各单元模块具有自诊断功能，使得系统的可靠性大提高。 (√)

82. 中央预告信号是在启动回路中串接信号灯，其重复动作是通过启动回路并入信号灯来产生脉冲电流启动冲击继电器实现的。 (√)

83. 周期检测指利用保护功能执行的两个相邻采样间隔内的富裕时间来循环地执行一个自检程序，实现在 CPU 处理量较大情况下的检测，如 RAM、EPROM 等检测。 (√)

84. 局域网(LAN)是计算机网络中最普遍地一种，很适合应用在电力系统变电站计算机网络中。LAN 网传输介质可以是双绞线、电缆和光纤。 (√)

单选题

1. 当阳极电流减小到(D)以下时，晶闸管才能恢复阻断状态。

A. 正向漏电流　B. 通态平均电流　C. 擎住电流　D. 维持电流

2. 为了减少门极的损耗，广泛采用(C)触发信号触发晶闸管。

A. 直流　B. 交流　C. 脉冲　D. 交直流

3. 把直流电源中恒定的电压变换成(D)的装置称为直流斩波器。

A. 交流电压　B. 可调交流电压

C. 脉动方波直流电压　D. 可调直流电压

4. 串联晶闸管在阻断状态，每个晶闸管(D)。

A. 承受相等的正向电压　B. 承受相等的反向电压

C. 流过的电流为零　D. 流过相等的漏电流

5. 晶闸管的静态均流的根本措施是(D)。

A. 串均流变压器　B. 串电感

C. 用门极强触发　D. 挑选伏安特性比较一致的器件

6. 单结晶体管触发电路输出的脉冲宽度主要决定于(C)。

A. 单结晶体管的特性　B. 电源电压的高低

C. 电容的放电时间常数　D. 电容的充电时间常数

7. 如图所示中，改变(A)就能达到改变 α 角的目的。

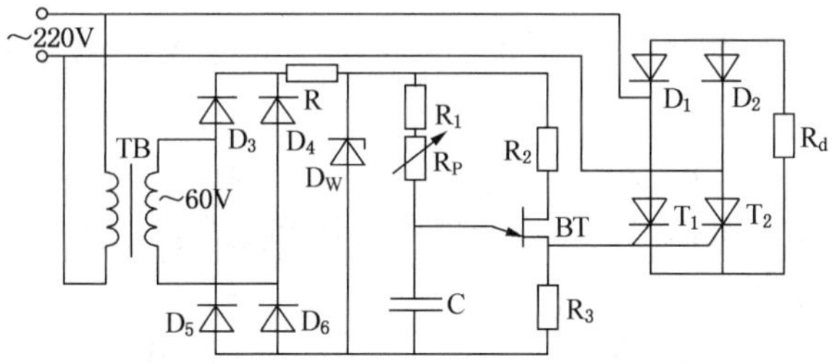

A. R_P　B. R_2　C. R_3　D. D_W

8. 下列不属于单结晶体管触发电路优点的是(D)。

A. 单结晶体管触发电路结构简单，性能可靠

B. 抗干扰能力强

C. 温度补偿性能好

D. 输出脉冲前沿平缓

9. 三相桥式半控整流电路中，每只晶闸管承受的最高正反向电压为变压器二次相电压的(C)。

A. $\sqrt{2}$倍　B. $\sqrt{3}$倍　C. $\sqrt{2}\times\sqrt{3}$倍　D. $2\sqrt{3}$倍

10. 三相桥式全控整流电路，电阻性负载时，最大移相范围是(B)。

A. 90°　B. 120°　C. 150°　D. 180°

11. 晶闸管整流装置，若负载端串联大电感使输出电流为平直波形，则负载上消耗的功率为(C)。

A. 输出直流电压 U_d 与输出直流电流 I_d 的乘积

B. 输出直流电压 U_d 与输出有效电流 I_d 的乘积

C. 输出有效电压 U 与输出直流电流 I_d 的乘积

D. 输出有效电压 U 与输出有效电流 I_d 的乘积

12. 下列特点中，不属于采用强触发脉冲优点的是(A)。

A. 可以改变晶闸管的开通时间

B. 有利于改善串并联器件的动态均压和均流

C. 提高晶闸管的承受(di/dt)能力

D. 不可以改变晶闸管的开通时间

13. 在逆变状态，三相全控桥式整流电路中的晶闸管在阻断时，主要承受(C)。

A. 反向电压　　B. 直流电压　　C. 正向电压　　D. 交流电压

14. 逆变器是将(C)的装置。

A. 交流电变换为直流电　　B. 交流电压升高或降低

C. 直流电变换为交流电　　D. 直流电压升高或降低

15. 交流调压器采取通断控制方式的缺陷是(C)。

A. 电路复杂　　B. 功率因素低

C. 输出电压调节不平滑　　D. 成本高

16. 晶闸管交流调压器可以通过控制晶闸管的通断来调节(D)。

A. 输入电压的有效值　　B. 输入电压的最大值

C. 输出电流的有效值　　D. 输出电压的有效值

17. 三相三线交流调压电路同向不同相的晶闸管 V_{T1}，V_{T3}，V_{T5} 的触发脉冲相位依次相差(C)。

A. 60°　　B. 90°　　C. 120°　　D. 180°

18. 晶闸管交流调压电路输出的电压与电流波形都是非正弦波，导通角 θ(B)，即输出电压越低时，波形与正弦波差别越大。

A. 越大　　B. 越小　　C. 等于 90°　　D. 等于 180°

19. 三相同步变压器的相序接错，不会发生(A)的情况。

A. 整流输出电压正常　　B. 整流输出电压缺相

C. 无整流输出电压　　D. 触发电路工作正常

20. 在晶闸管可逆调速系统中，为防止逆变颠覆，应设置(C)保护环节。

A. 限制 α_{min}　　B. 限制 β_{min}

C. 限制 α_{min} 和 β_{min}　　D. 限制 β_{max}

21. 可控变流装置的为限制 α_{min} 和 β_{min}，触发电路一般都要采取对(A)限制的措施。

A. 控制电压　　B. 同步电压　　C. 电源电压　　D. 偏移电压

22. 下列直流变换电路中，电流波纹小的电路是(D)。

A. 降压变换电路　　B. 升压变换电路

C. 升降压变换电路　　D. 库克电路

23. 既能实现 DC/DC 变换，又能实现 DC/AC 变换的电路是(B)变换电路。

A. 升压直流　　B. 全桥直流

C. 库克直流　　D. 升降压直流

24. 斩波器也可称为(C)变换器。

A. AC/DC B. AC/AC C. DC/DC D. DC/AC

25. 并联谐振式逆变电路中的换相方式属于(C)。

A. 器件换相 B. 电网换相 C. 负载换相 D. 电容换相

26. 交-交变换电路中的换相方式属于(B)。

A. 器件换相 B. 电网换相 C. 负载换相 D. 电容换相

27. 逆变器根据对无功能量的处理方法不同，分为(C)。

A. 电压型和电阻型 B. 电流型和功率型

C. 电压型和电流型 D. 电压型和功率型

28. 电流型逆变电路输出的电压波形由(B)决定。

A. 可控元件 B. 负载性质

C. 电流的大小 D. 直流侧电压的高低

29. 在晶闸管斩波器中，保持晶闸管触发频率不变，改变晶闸管导通的时间从而改变直流平均电压值的控制方式叫(A)。

A. 定频调宽法 B. 定宽调频法

C. 定频定宽法 D. 调频调宽法

30. 单相交-交变频电路的工作原理与(A)相似。

A. 直流电动机可逆调速系统用的四象限可逆变流系统

B. 谐振式脉宽调制逆变电路

C. 单相桥式 PWM 逆变电路

D. 单相桥式整流电路

31. 对于交-交变频电路的正反两组变流电路，哪组工作，由(A)决定。

A. 输出电流的方向

B. 输出电压的极性

C. 输出电压方向和输出电流方向是否相同

D. 输出电压方向和输出电流方向是否相异

32. 三相交-交变频电路输出电压中的谐波(B)。

A. 和单相交-交变频电路输出电压中的谐波不一致

B. 和单相交-交变频电路输出电压中的谐波一致

C. 大于单相交-交变频电路输出电压中的谐波

D. 小于单相交-交变频电路输出电压中的谐波

33. 变频调速所用的 VVVF 型变频器，具有(C)功能。

A. 调压 B. 调频

C. 调压、调频 D. 调功率

34. 在变频调速时，若保持 V/f=常数，可实现(D)，并能保持过载能力不变。

A. 恒功率调速 B. 恒电流调速

C. 恒效率调速 D. 恒转矩调速

35. 变频器中，采用转差频率控制方式时需检测电动机的实际(D)。

A. 电压 B. 电流 C. 功率 D. 转速

36. 下列控制方式中，(D)是异步电动的一种理想控制方式。

A. E/f 控制　　B. V/f 控制

C. 转差频率控制　　D. 矢量控制

37. 电压型 PAM 晶体管方式逆变电路和电压型 PAM GTO 晶闸管方式逆变电路的区别是(C)。

A. 测量电路　　B. 滤波电路

C. 驱动信号　　D. 显示电路

38. 下列变频器中，(C)变频器常用于高频变频器。

A. 电压型晶闸管　　B. PWM 型 GTO 晶闸管

C. 斩波方式 PAM 晶体管　　D. 电流型晶闸管

39. PAM 晶体管变频器的输出频率可高达(D)kHz。

A. 0.5　　B. 1　　C. 2　　D. 3

40. 当存储器数据写入异常时，(B)将起作用。

A. 电子热保护　　B. 控制电路异常保护

C. 瞬时过电流保护　　D. 欠电压保护

41. 变频器无传感器简易速度控制器的作用是(A)。

A. 提高通用变频器的速度控制精度　　B. 保证运行的连续性

C. 防止电动机长时间过电流　　D. 减少机械振动

42. 变频器中，为减少机械振动，降低冲击功能应包含(D)内容。

A. 对 V/f 和转矩补偿值进行调节　　B. 对电动机参数设定值进行调节

C. 选择停止方式和设定跳越频率　　D. 对载频频率进行分段调节

43. 在变频器回路中设置绝缘变压器的作用是(D)。

A. 隔离　　B. 阻抗匹配

C. 抑制电流的变化　　D. 减小漏电电流

44. 变频器制动电阻的大小以使制动电路不超过额定电流的(D)为宜。

A. 20%　　B. 30%　　C. 40%　　D. 50%

45. 变频器控制电路的绝缘电阻大于(B)MΩ 为正常。

A. 0.5　　B. 1　　C. 2　　D. 5

46. 下列故障现象中，(A)会引起低电压保护动作。

A. 供电电路连接不良　　B. 散热片堵塞

C. 减速时间太短　　D. 制动电阻器的阻值太大

47. 选择变频器的基本原则是(A)。

A. 负载的额定电流不超过变频器额定电流

B. 负载的额定电压不高于变频器额定输出电压

C. 负载的额定容量不超过变频器额定容量

D. 负载的额定功率不超过变频器的可用电动机的功率

48. 在较多场合被用来抑制噪声的电路是(A)。

A. 线滤波器　　B. 插入电抗

C. 噪音滤波变压器　　D. 有源滤波器

49. 引起电动机绕组绝缘复合劣化的原因是(D)。

A. 过载　　B. 频繁地启动、停止

C. 冷却风扇故障　　D. 电压或电流急剧变化

50. 变频器产生传导性或放射性的电磁干扰的原因是(C)。

A. 高次谐波电流

B. 高次谐波电压

C. 逆变器高速开关动作时电压或电流急剧变化

D. 系统发生共振

51. 测量绝缘电阻时外界的(B)、湿度及被试设备加压时间的长短都能影响到测量数据。

A. 电场　　B. 温度　　C. 湿度　　D. 磁场

52. 极化指数 P_I 为 R_{10min}/R_{1min}，当绝缘受潮或污染时，接近于(A)。

A. 1　　B. 1.3　　C. 1.5　　D. <1

53. 通过测 $\tan\delta$ 可以灵敏地反映出绝缘的分布性缺陷，“预规 DL/T 596—1996”中对(D)不要做此项试验。

A. 变压器　　B. 套管　　C. 互感器　　D. 避雷器

54. 修理后的直流电机进行各项试验的顺序应为(C)。

A. 空载试验→耐压试验→负载试验　　B. 空载试验→负载试验→耐压试验

C. 耐压试验→空载试验→负载试验　　D. 负载试验→空载试验→耐压试验

55. 测试绝缘油的电气强度耐压试验时，所用的标准油杯中的电极极间的间隙应置为(C)mm。

A. 50　　B. 25　　C. 2.5　　D. 5

56. 做油中溶解气体的色谱分析，气体含量成分为总烃高、C_2H_2 高、构成总烃主要成分 H_2 高，则故障性质判断为(B)。

A. 局部放电　　B. 电弧放电　　C. 火花放电　　D. 高温过热

57. 如果绕线式异步电动机中的三相转子绕组中任意二相与启动变阻器的接线对调，则电动机将（ B ）。

A. 正转　　B. 不改变转动方向

C. 反转　　D. 无法运转

58. 直流电机的电枢绕组若为单波绕组，则绕组的并联支路数将等于(D)。

A. 主磁极数　　B. 主磁极对数　　C. 1 条　　D. 2 条

59. 为了避免电动机在低于额定电压较多的电源电压下运行，其控制线路中必须有(B)。

A. 过压保护　　B. 失压保护　　C. 失磁保护　　D. 漏电保护

60. 变压器绕组绝缘颜色较深、质地较硬，但用手压时，无裂纹和脱落，为(A)的绝缘。

A. 合格　　B. 良好　　C. 不可靠　　D. 已经损坏

61. 变压器绕组绝缘富有弹性、色泽新鲜均衡，用手压时，无残留变形，为(B)的绝缘。

A. 合格　　B. 良好　　C. 不可靠　　D. 已经损坏

62. 变压器绕组绝缘变脆、颜色深暗，用手压时，有轻微裂纹和变形，为(C)的绝缘。

A. 合格　　B. 良好　　C. 不可靠　　D. 已经损坏

63. 下述故障现象中，不是直接引发套管对地击穿的是(D)。

A. 套管有隐蔽的裂纹或有碰伤　　B. 套管表面污秽严重

C. 变压器油面下降过多　　D. 套管间有小动物

64. SF_6 断路器的 SF_6 气体中生产物 CF_4(四氟化碳)的量与开断能力的关系是(D)。

A. 没有关系　　B. 气体越多，开断能力越弱

C. 气体越少，开断能力越大　　D. 气体越多，开断能力越大

65. SF_6 气体断路器经过解体大修后，对原来的气体(C)。

A. 可持续使用

B. 不能使用

C. 进行净化处理后使用

D. 作毒性、生化试验合格，并进行净化处理后使用

66. SF_6 气体断路器灭弧室及与其相通的气室内 SF_6 气体的含水量在交接时及大修后不应大于(B)。

A. 1.5×10^{-6}(体积分数)　　B. 150×10^{-6}(体积分数)

C. 3×10^{-4}(体积分数)　　D. 300ppm

67. 为改善电缆半导电层切断处绝缘表面的电位分布，所采用的应力控制层材料的体积电阻率(C)。

A. 越高越好

B. 越低越好

C. 并非越高越好，而要用半导体材料

D. 没有特殊要求

68. 交联电缆的屏蔽层应用带绝缘的胶合导线单独接地，铜屏蔽层接地线的截面积不应小于(A)mm^2(如铜丝屏蔽接地线截面积与铜丝屏蔽层截面积相等)。

A. 25　　B. 50　　C. 10　　D. 6

69. 热收缩型电缆附件所用绝缘管、应力控制管、分支手套等是经过(A)等工序形成的。

A. 交联—加热—扩张—冷却定型　　B. 交联—扩张—冷却定型—加热

C. 交联—加热—冷却定型—扩张　　D. 加热—扩张—冷却定型—交联

70. 用兆欧表、欧姆表、直流耐压试验分别可确定的故障性质依次是(D)。

A. 断线、短路(接地)、闪络性故障　　B. 断线、闪络性故障、短路(接地)

C. 闪络性故障、短路(接地)、断线　　D. 短路(接地)、断线、闪络性故障

71. 电缆短时允许过载电流是指电缆导线超过其最高允许长期工作温度时所传送的电流。一般 6~10kV 为(A)，连续 2h。

A. 15%　　B. 10%　　C. 5%　　D. 30%

72. UPS 系统在输入交流停电后，可在一定时间内(B)。

A. 通过蓄电池不间断输出交流　　B. 通过直流逆变不间断输出交流

C. 通过整流不间断输出交流　　D. 通过交流逆变不间断输出交流

73. UPS 系统可以在(B)故障后，可以自动切旁路，用市电维持输出供电。

A. 整流单元　　B. 逆变单元　　C. 交流输入断电　D. 蓄电池系统

74. 阀型避雷器的灭弧电压是指在保证灭弧(切断工频续流)条件下允许加在避雷器上的(B)。

A. 冲击电压波值　　B. 最高工频电压值

C. 额定电压值　　D. 放电电压值

75. 阀型避雷器内并联电容是用于控制(D)。

A. 额定电压　　B. 工频放电电压

C. 雷电电压　　D. 冲击放电电压

76. 根据“预规 DL/T 596—1996”要求，下列不属于阀型避雷器要做的试验项目有(C)。

A. 绝缘电阻测试

B. 测电导电流和串联组合元件的非线性因数差值

C. 运行电压下的交流泄漏电流

D. 工频放电电压

77. 根据“预规 DL/T 596—1996”要求，下列不属于金属氧化物避雷器要做的试验项目是(B)。

A. 绝缘电阻测试

B. 工频放电电压

C. 测直流 1mA 时的临界动作电压 U_{1mA} 及 $0.75U_{1mA}$ 下的泄漏电流

D. 运行电压下的交流泄漏电流

78. 小电流接地系统单相接地时的接地电容电流，它的大小等于正常时一相对地充电(电容)电流的(A)倍。

A. 3　　B. $\sqrt{3}$　　C. 1/3　　D. $1/\sqrt{3}$

79. 3~6kV 的电网接地电流大于 30A，中性点(A)。

A. 经消弧线圈　　B. 直接接地

C. 不接地　　D. 可接地也可不接地

80. 中性点不接地系统单相接地自动选线装置，采取的原理是(A)。

A. 比较电容电流方向法　　B. 零序电流直接跳闸

C. 注入信号法　　D. 无功分量法

81. PLC 输入模块中无内部电源时，开关元件的输入接线应采用(B)接线方式。

A.
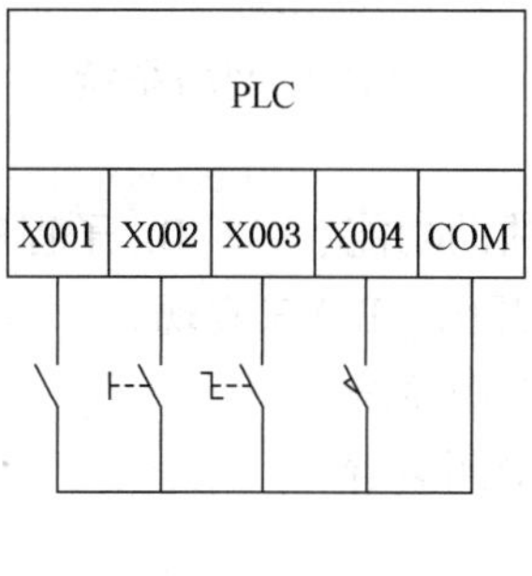

B.
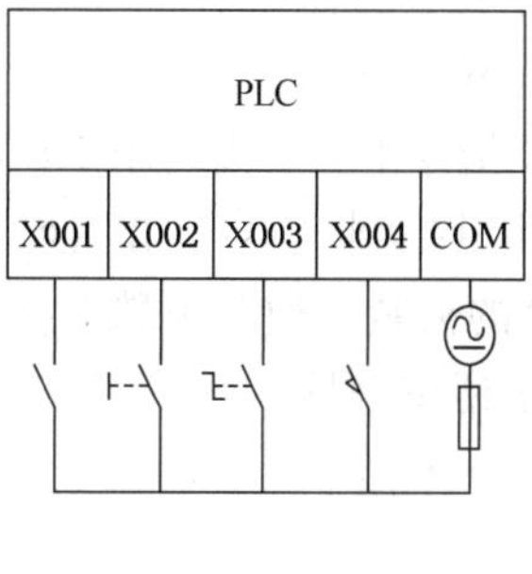

C.

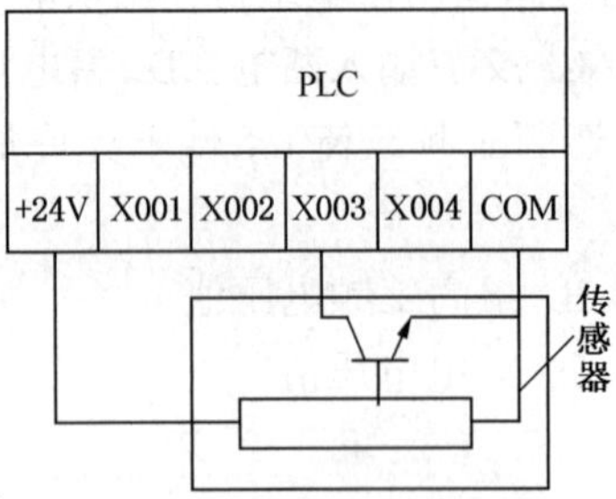

D.

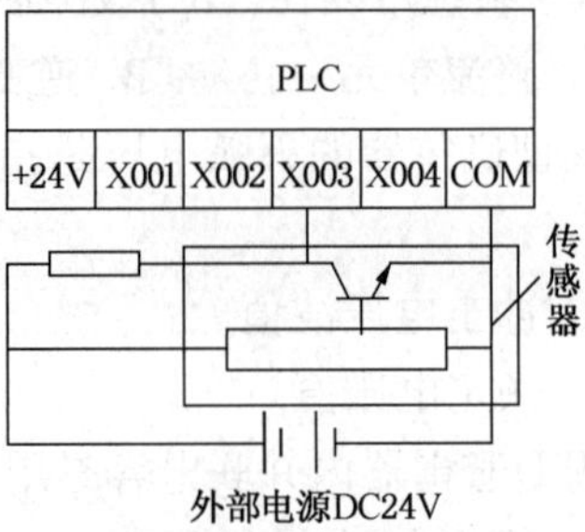

82. 若 PLC 输出端接交流电感性负载，则应在(D)。

A. 负载回路中串联续流二极管　　B. 负载回路中串联浪涌吸收器

C. 负载的两端并联续流二极管　　D. 负载的两端并联浪涌吸收器

83. 将测量变送器转换成的连续变化的电压、电流信号变换为 CPU 能处理的数字信号的 PLC 单元是(A)。

A. 模拟量输入单元　　B. 开关量 I/O 单元

C. 模拟量输出单元　　D. PID 控制单元

84. 将 CPU 处理后的数字信号转换成相应的模拟量信号输出，以满足生产过程控制需要的 PLC 单元是(C)。

A. 模拟量输入单元　　B. 开关量 I/O 单元

C. 模拟量输出单元　　D. PID 控制单元

85. 如图，T20 为 100ms 定时器，则 T20 的设定值是(B)s。

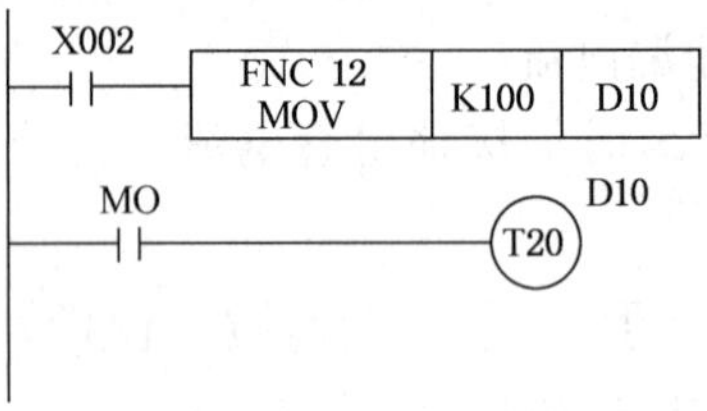

A. 100　　B. 10　　C. 1　　D. 2

86. PLC 用户程序存储容量估算方法是存储容量等于开关量 I/O 点总数×10 加上模拟量通道数×100，再按实际需要留(B)的余量。

A. 1%~5%　　B. 20% ~ 30%　　C. 50%　　D. 100%

87. 如图所示的可编程序控制器网络表示的是(B)。

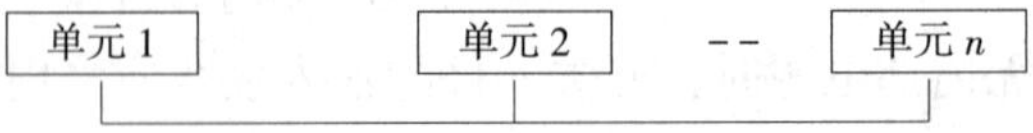

A. 下位连接系统　　B. 同位连接系统

C. 上位连接系统　　D. 复合型 PLC 网络系统

88. 在 G 指令中，T 代码用于(B)。

A. 主轴控制　　B. 换刀　　C. 辅助功能　　D. 子程序调用

89. 刀具的夹紧，通常由碟形弹簧实现，刀具的松开由(B)来实现。

A. 电磁离合器　　B. 液压系统

C. 机械装置　　D. 检测装置

90. F1 系列 PC 的 OUT 指令是驱动线圈指令，但它不能驱动(A)。
A. 输入继电器　B. 输出继电器　C. 辅助继电器　D. 内部继电器
91. 若 T0 为 100ms 定时器，则当时间设定常数 $K=100$ 时，其时间设定值为(B)s。
A. 1　B. 10　C. 100　D. 1000
92. 机电一体化系统基本上由机械系统、(C)五个子系统组成。
A. 电子信息处理系统、控制系统、动力系统、执行元件系统
B. 电子信息处理系统、控制系统、动力系统、传感检测系统
C. 电子信息处理系统、动力系统、传感检测系统、执行元件系统
D. 电子信息处理系统、控制系统、伺服传动系统、执行元件系统
93. 变压器差动保护各侧 CT 保护特性不一致会导致(A)。
A. 区外故障误动　B. 拒动
C. 变压器充电时躲不过励磁涌流　D. 正常运行时差动启动
94. 变压器差动瓦斯保护动作后，应按(C)处理。
A. 可以立即恢复送电
B. 瓦斯放气后恢复送电
C. 应查明瓦斯动作原因后，再确定能否送电
D. 必须吊芯大修后才能送电
95. 对于在用的(B)系列变压器，应有计划地进行改造。
A. S8　B. S7　C. S9　D. S10
96. 在选用电动机容量时，应考虑(A)。
A. 与负荷相匹配，以免轻载运行　B. 尽量选择大容量
C. 不考虑异常工况　D. 选用高转速电机
97. 用微机保护实现上下级的配合时限差可以比传统保护缩小是因为(B)。
A. 动作电流整定精确度高　B. 动作时间离散性小
C. 动作时间快　D. CPU 反应时间快
98. 电网相间短路三段式电流保护的主保护是(D)。
A. 电流Ⅰ段　B. 电流Ⅱ段
C. 电流Ⅲ段　D. 电流Ⅰ、Ⅱ段
99. 线路瞬时速断保护应按躲过(C)来整定。
A. 系统最小方式时，路末端两相短路时流经保护的短路电流
B. 线路首端短路时流经保护的最大短路电流
C. 线路末端短路时流经保护的最大短路电流
D. 线路最大负荷电流
100. 变压器短路电压标幺值和(C)相等。
A. 空载损耗　B. 短路损耗
C. 短路阻抗标幺值　D. 短路电流标幺值
101. 中间、时间以及信号继电器属于(B)。
A. 测量继电器　B. 辅助继电器
C. 控制继电器　D. 非电量继电器

102. 下列故障中，不属于瓦斯保护范围的是(D)。

A. 变压器内部的多相短路　　B. 铁芯故障

C. 油面下降或漏油　　D. 变压器引出线故障

103. 绝缘监视装置的作用是判别小电流接地系统的(B) 故障。

A. 两相接地短路　　B. 单相接地

C. 三相短路　　D. 两相接地

104. 母线不完全差动保护一般由(B)保护装置构成。

A. 差动过电流　　B. 两段式电流

C. 差动电流速断　　D. 三段式电流

105. 为防止 TV 断线误切电动机，电动机微机保护设置了 TV 断线 (A)保护的逻辑。

A. 闭锁电压　　B. 复合闭锁

C. 闭锁电流　　D. 无闭锁

106. 电动机微机保护中用电动机(A)构成堵转保护。

A. 转换开关和相电流　　B. 相电流和相电压

C. 转换开关和线电压　　D. 转换开关和相电压

107. 通信接口四线的总线子集的型号为(D)。

A. RS-242　　B. RS-232　　C. RS-485　　D. RS-422

108. 与传统的光线录波器相比，微机型故障录波器的启动方式增加了(A)启动方式。

A. 电流电压变化量　　B. 复合电压

C. 低电压　　D. 过电流

109. 低周减载装置在(A)时，按频率下降情况自动减去足够数量的较次要负荷，以保证系统安全运行和向重要负荷的不间断供电。

A. 当系统出现有功功率缺额、周波下降

B. 发电机跳闸

C. 供电线路严重过负荷

D. 脱网

110. 局域网(LAN)的数据传输速率较高，通常为 1~20Mbit/s 中，但其传输距离较近，一般为(B)km。

A. 0. 1~1　　B. 0. 1~10

C. 0. 1~100　　D. 0. 1~1000

111. 对线路经济运行，降低电路损耗和电压损失具有重要意义的措施是(D)。

A. 增大导线截面　　B. 减少导线截面

C. 提高电网电压　　D. 提高电路的功率因数

112. 变压器效率为最大值的条件是(C)。

A. 铜耗大于铁耗　　B. 铁耗大于铜耗

C. 铜耗等于铁耗　　D. 变压器工作在额定电压下

113. 现代控制理论以(B)为基础，主要研究多变量、变参数、非线性、高精度及高效能等各种复杂控制系统。

A. 传递函数　　B. 状态空间法

C. 微电脑　　D. 逻辑代数

114. 自动控制系统中开环放大倍数(C)。

A. 越大越好

B. 越小越好

C. 在保证系统动态特性的前提下越大越好

D. 在保证系统动态特性的前提下越小越好

115. 一般闭环自动控制系统由输入环节、比较环节、放大环节、执行环节、被控对象(C)和间接被控对象组成。

A. 稳定环节　　B. 调整环节

C. 反馈环节　　D. 执行环节

116. 以下关于继电保护屏屏面布置原则的说法，错误的是(D)。

A. 调整、检查工作较多的继电器布置在中部，其余则布置在屏的上部

B. 相同安装单元的屏面布置宜对应一致

C. 各屏上信号继电器宜集中布置，安装中心线离地面不宜低于 600mm

D. 试验部件与连接片的安装中心线离地面宜不低于 800mm

117. 6~10kV 线路均为就地控制，当断路器事故跳闸时，通常启动(D)来启动冲击继电器发出事故音响。

A. 灯光信号小母线　　B. 预报信号小母线

C. 闪光信号小母线　　D. 事故音响信号小母线

118. 当线路故障出现时，保护装置动作将故障切除，然后重合闸，若是稳定性故障，则立即加速保护装置动作将断路器断开的是(D)。

A. 二次重合闸保护　　B. 一次重合闸保护

C. 重合闸前加速保护　　D. 重合闸后加速保护

119. 微机保护装置中，采用“模式校验法”常用于检测的对象是(A)。

A. RAM　　B. CPU

C. 出口通道　　D. 数据采集系统

120. 在变电站综合自动化系统中，前置机或通信控制机与控制中心的通信信息中，属于遥测信息的是(B)。

A. 断路器位置信号　　B. 母线电压

C. 距离保护闭锁复归信号　　D. 有载变压器分接头位置调节

121. 电力系统中，缩写 SCADA 的内容是(D)。

A. 电网调度自动化系统

B. 配电管理系统

C. 灵活交流输电系统

D. 电网调度自动化系统中的监视控制与数据采集系统

多选题

1. 普通晶闸管导通后处于(B，D)状态。

A. 临界饱和　B. 深度饱和　C. 不饱和　D. 导通

2. 晶闸管的关断时间与(A，B)有关。

A. PN 结的温度　B. 关断前阳极电流的大小

C. 触发脉冲的宽度　D. 维持电流

3. 对晶闸管触发电路的要求是(A，C，D)。

A. 触发脉冲应有足够的功率

B. 脉冲的频率符合要求

C. 触发脉冲与晶闸管的阳极电压同步，脉冲移相范围满足要求

D. 触发脉冲的波形符合要求

4. 晶闸管保护电路中，抑制过电压的方法有(A，B，D)。

A. 用非线性元件限制过电压的幅度　B. 用电阻消耗产生过电压的能量

C. 用非线性元件限制过电压的相位　D. 用储能元件吸收产生过电压的能量

5. 变频器中，设置晶闸管保护电器应考虑的因素有(A，D)。

A. 晶闸管承受过电压和过电流的能力较差，短时间的过电流和过电压就会把器件损坏

B. 考虑晶闸管的安装环境

C. 要充分发挥器件应有的过载能力

D. 要考虑装置运行是可能出现的暂时的过电流和过电压的数值来确定器件的参数

6. 单结晶体管触发电路的特点是(A，B，D)。

A. 电路简单，易于调整　B. 输出脉冲前沿陡

C. 触发功率大、脉冲较宽　D. 移相范围约 150°

7. 单结晶体管触发电路由(A，B，D)等部分组成。

A. 同步电源　B. 移相电路　C. 振荡电路　D. 脉冲形成电路

8. 对触发电路的精度要求较高的大、中功率的变流器，应用较多的是(A，C，D)。

A. 锯齿波触发电路　B. 单结晶体管触发电路

C. 正弦波触发电路　D. 集成触发器

9. 直流电动机在电流断续时，电动机的机械特性和(A，B，D)有关。

A. 逆变角　B. 导通角　C. 重叠角　D. 电路参数

10. 下列属于三相半波可控整流电路缺点的是(A，B，C，D)。

A. 晶闸管承受较高的正反向的峰值电压

B. 变压器二次绕组周期导电角仅 120°，绕组利用率低

C. 绕组中电流是单方向的，其直流分量会使铁芯直流磁化

D. 整流的附加电流要流入电网零线，引起额外损耗

11. 可控整流电路中，重叠角 γ 与(A，C)有关。

A. 直流平均电流 I_d　B. 晶闸管的关断时间

C. 换相电流 X_B　D. 安全裕量角 θ

12. 三相四线制调压电路的缺点是(A，B)。

A. 零线上谐波电流较大，含有三次谐波

B. 会产生较大的漏磁通，引起发热和噪音

C. 电路中晶闸管上承受的电压高

D. 必须采用宽脉冲或双脉冲触发

13. 三相三线制调压电路具有的优点是(C，D)。

A. 会产生较大的漏磁通　　B. 零线上谐波电流较大

C. 输出谐波含量低，且没有三次谐波　　D. 对邻近的通讯线路干扰小

14. 三相三线制交流调压电路的优点为(B，C，D)。

A. 可采用窄脉冲触发　　B. 输出谐波含量低

C. 没有三次谐波　　D. 对邻近的通讯线路干扰小

15. 在降压直流变换电路中，电感中的电流是否连续，取决于(B，C，D)。

A. 输出电压　　B. 开关频率

C. 滤波电感　　D. 电容的数值大小

16. 无源逆变通常应用于(C，D)。

A. 交流串级调速系统　　B. 高压直流输电

C. 不间断电源　　D. 中频电源

17. 可控变流装置的换流重叠角 γ 与(C，D)有关。

A. 晶闸管的关断时间　　B. 安全裕量角

C. 直流平均电流　　D. 换相电抗

18. 逆变电流断续时电动机的机械特性和(A，C，D)有关。

A. 逆变角　　B. 负载大小　　C. 电路参数　　D. 导通角

19. 可控整流有源逆变电路通常应用于(A，B)场合。

A. 直流可逆电力拖动　　B. 高压直流输电

C. 家用电器　　D. UPS 电源

20. 下列电路中，(C，D)变换电路的输出电压与输入电压极性相反。

A. 降压　　B. 升压　　C. 升降压　　D. 库克

21. PWM 型逆变电路的多重化是为了(B，C，D)。

A. 减少低次谐波　　B. 提高等效开关频率

C. 减少开关损耗　　D. 减少和载波频率有关的谐波分量

22. 改变(B，C，D)就可以改变异步电动机转速。

A. 电源相位　　B. 电源频率　　C. 转差率　　D. 电动机磁极对数

23. 变频器由(A，C)组成。

A. 主电路　　B. 断路器　　C. 控制电路　　D. 反馈电路

24. 变频器主电路由(A，B，C)组成。

A. 整流电路　　B. 直流中间电路

C. 逆变电路　　D. 控制电路

25. 交-交变频电路采用有环流控制方式的优点是(A，B，C)。

A. 避免出现电流断续现象，可消除电流死区，改善变频电路的输出特性

B. 可以提高变频器的性能

C. 可以提高输出上限频率　　D. 在控制上比无环流方式复杂

26. 改善三相交-交变频电路的输入功率因素的方法有(B，C，D)。
A. 采取公共交流母线进线方式　　B. 采取输出星形联结方式
C. 直流偏置　　D. 采取梯形联结方式
27. 采用PWM控制方式变频器的优点是(A，B，C)。
A. 减少高次谐波引起的不良影响　　B. 转矩波动小
C. 控制电路简单　　D. 成本高
28. 采用(A，B，D)的变频器属于闭环控制。
A. 转差率控制方式　　B. 转差型矢量控制方式
C. V/f 控制方式　　D. 无速度传感器矢量控制方式
29. 下列为恒转矩负载的是(B，C)。
A. 泵　　B. 传送带　　C. 卷扬机　　D. 吊车
30. 变频器在驱动冲击负载时，为避免因过流而跳闸，应采取的措施有(A，C)。
A. 增加变频器容量　　B. 增加变频器输出电压
C. 加装大飞轮　　D. 减小变频器容量
31. 复合模块是将(A，C，D)封装在一起的器件。
A. 整流电路　　B. 保护电路　　C. 制动电路　　D. 逆变电路
32. 下列设备中，通常采用电流型晶闸管变频器的是(A，C)。
A. 轧钢机械　　B. 真空泵　　C. 起重机　　D. 鼓风机
33. 通用变频器中，主控制电路主要完成的任务是(A，B，C，D)。
A. 输入信号的处理　　B. 加减速速率调节
C. 运算处理
D. 在 PWM 控制的变频器中完成 PWM 波形的演算
34. 变频器 PAM 工作方式一般用于(B，D)的场合。
A. 低速　　B. 低噪音
C. 负载转矩波动大　　D. 高频调速
35. 在变频控制电路中，选择线路用断路器的依据是(B，C，D)。
A. 断路器的额定电压大于变频器的额定电压
B. 断路器的额定电流大于变频器的额定电流
C. 断路器断路能力大于短路时的短路电流
D. 断路器的动作特性
36. 变频器中设置过载继电器的意义是(B，C，D)。
A. 实现过载保护
B. 防止变频器因高次谐波引起电机的温升变大，甚至会出现烧毁电机的可能
C. 电动机连续工作在低速区域时，以电动机额定电流为基准面选定的保护并不能为电机提供保护
D. 在低速范围冷却风扇的效果变差
37. 变频器中采用输入电抗器的主要目的是(A，B，C)。
A. 实现变频器和电源的匹配　　B. 改善功率因素
C. 减少高次谐波的不良影响　　D. 降低电动机的运行噪音

38. 变频器在(A，B，C，D)情况下，应选用输出电抗器。

A. 由过电流造成保护电路误动作

B. 变频器进入限流动作，以致于得不到足够大的转矩

C. 转矩效率降低

D. 电动机过热

39. 变频器输出侧连接时，应注意的问题是(A，B，C)。

A. 连接输出接线前切断电源

B. 变频器输出端子(U、V、W)接好时，正转命令便可使电机逆时针旋转(从驱动侧观察)。当转动反向时，转换 U、V、W 中的二相

C. 不要将电源接到 U、V、W

D. 允许接电容器

40. 变频器故障指示功能包含的内容有(A，B，C)。

A. 显示出现的故障内容　　B. 显示故障发生时的操作条件

C. 显示过去故障的内容　　D. 显示正常工作参数

41. 长期存放的变频器需要定期充电的原因是防止电解电容会发生劣化而发生(B，C)现象。

A. 电流升高　　B. 耐压降低　　C. 漏电增加　　D. 电压下降

42. 变频器日常检查时，应注意(A，B，D)。

A. 键盘面板显示正常　　B. 无异常的噪声、振动和气味

C. 滤波电容的静电容量　　D. 无过热或变色等异常情况

43. 变频器在风机控制中通过(A，B)达到节能目的。

A. 控制输入或输出端的风门　　B. 控制旋转速度

C. 调节风量　　D. 调节压力

44. 通常采用(A，B，C)，来减少外部噪声对变频器的影响。

A. 带有内部线圈的设备的旁边接浪涌接收器

B. 主回路和控制回路(信号回路)分开布线，控制线采用屏蔽线和双铰线

C. 输入端插入电抗器

D. 隔离变压器

45. 变频器出现低电压故障时，应进行的检查及处理内容有(A，B，C，D)。

A. 检查或调整电源电压

B. 修理或更换接触器或断路器

C. 在同一电源系统中，是否有大启动电源负载

D. 改正接线，检查电源电容

46. 用兆欧表测量绝缘电阻时，总的电流由(A，C，D)电流合成。

A. 泄漏　　B. 充电　　C. 电容　　D. 吸收

47. 测量绝缘电阻时外界影响因素有周围环境(B，C)及被试设备加压时间的长短都能影响到测量数据。

A. 电场　　B. 温度　　C. 湿度　　D. 磁场

48. 测量绝缘电阻时吸收现象的持续时间长短与(A，B，C，D)有关。

A. 设备的绝缘结构　　B. 设备的绝缘状况
C. 测量仪表的输出容量　　D. 绝缘介质的种类

49. 直流泄漏试验中出现(A，B，C，D)情况时，可认为设备直流泄漏试验不合格。
A. 被试物发生击穿现象
B. 被试物发生间隙性击穿现象(微安表大幅度周期性摆动)
C. 试验后的绝缘电阻比试验前显著降低
D. 泄漏电流值比上次试验值增加的变化量很大

50. 直流耐压试验测得的泄漏电流值应排除(A，B，D)等影响因素。
A. 湿度　B. 温度　C. 设备电容量　D. 污染

51. 通过测 $\tan\delta=(U)$ 的曲线，观察 $\tan\delta$ 是否随电压而上升，来判断绝缘内部是否有(C，D)等缺陷。
A. 受潮　B. 干燥　C. 分层　D. 裂纹

52. 测量 $\tan\delta$ 时有(A，B，C)等外界影响因素都能影响到测量数据。
A. 表面污染　B. 温度　C. 湿度　D. 加压时间

53. 在进行交流耐压试验前，必须对被试品先进行(A，B，C)等项目的试验，并合格。
A. 绝缘电阻、吸收比　　B. 泄漏电流
C. 介质损失角　　D. 励磁特性试验

54. 对于运行中的绝缘油简化试验测定的主要项目有(A，B，C)。
A. 水溶性酸 pH 值　B. 酸值　C. 闪点　D. 击穿电压

55. 绝缘油中溶解气体“预规 DL/T 596—1996”规定的注意值是指(A，C，D)等。
A. 总烃　B. 丙烷　C. 乙炔　D. 氢

56. 六氟化硫断路器的 SF_6 气压监测是通过(A，B)来完成的。
A. 真空压力表　　B. 密度继电器
C. SF_6 压力表　　D. 通过泄漏量测量

57. 汽轮发电机的主要结构有定子、转子、(A，B，D)等组成。
A. 轴承和轴承座　　B. 冷却系统
C. 测温元件　　D. 励磁系统

58. 同步发电机的定子测温元件测量的是(A，C)的温度。
A. 定子绕组　B. 转子绕组　C. 铁心　D. 轴承

59. 发电机在运行工况下，调节发电机转子电流，可以改变(C，D)。
A. 发电机的转速　　B. 输出的有功功率
C. 输出的无功功率　　D. 发电机的端电压

60. 发电机转子回路的电气故障有(A，C，D)。
A. 一点接地　B. 相间短路　C. 匝间短路　D. 两点接地

61. 发电机做泄漏电流试验时，在测量某一相泄漏电流时，电压升到某值后，电流表指针剧烈摆动，常见在(A，B，D)有故障。
A. 该相绕组端部　　B. 槽口靠接地处绝缘
C. 铁芯内的该相绕组　　D. 出线套管有裂纹

62. “预规 DL/T”对发电机定子泄漏试验和直流耐压试验周期是(A，B，D)。

A. 1 年或小修时　　B. 大修前、后
C. 大修后　　D. 更换绕组后

63. 二次额定电流分别为 1445A 和 1084A 的两台变压器并联运行，当前一台的输出电流为 1000A 时，后一台的输出电流为 900A，这两台变压器（ A，B ）。

A. 变比相差过大　　B. 短路电压相差过大
C. 联接组别不同　　D. 冷却方式不同

64. 有载调压分接开关，在变换分接过程中可采用（ A，C ）过渡，以限止其过渡时的循环电流。

A. 电抗　　B. 电容　　C. 电阻　　D. 电阻加电容

65. 交联电缆不宜用直流高电压进行耐压试验的原因是（ A，B，D ）。

A. 直流耐压会有电子注入到交联电缆聚合物介质内部
B. 在半导电层凸出处或微小空隙等处产生空间电荷积累
C. 有利于发现电缆故障
D. 电缆投运叠加交流电压后易发生绝缘击穿

66. 为了正确地找到故障点，根据其原理常用的方法有（ A，B，D ）等。

A. 电桥法　　B. 脉冲示波器法　　C. 对地电位法　　D. 声测法

67. 阀型避雷器内的火化间隙的作用是（ A，C，D ），它可以串联而成，从而得到较高的初始电压以防电弧重燃。

A. 绝缘　　B. 导电　　C. 放电　　D. 灭弧

68. 消弧线圈的作用是（ A，B，C ）。

A. 减小接地电容电流　　B. 防止电弧重燃
C. 中性点经消弧线圈接地　　D. 接地电容电流减小为零

69. 经消弧线圈接地系统单相接地自动选线装置，通常采取的原理有（ A，B，C ）。

A. 5 次谐波分量法　　B. 有功分量法
C. 注入信号法　　D. 无功分量法

70. PLC 的安装场所应远离强干扰源，在有（ B，C，D ）的地方应充分考虑屏蔽措施。

A. 腐蚀性气体　　B. 静电干扰
C. 电场强度很强　　D. 放射性

71. PLC 的安装场所应避免（ A，B，D ）。

A. 高温　　B. 结露　　C. 通风　　D. 灰尘

72. 布置 PLC 的接地线时，应注意（ A，B，C，D ）。

A. 正确区分接地种类和方式
B. 采用专用接地或共用接地的接地方式
C. 交流地和信号地不能使用同一根地线
D. 模拟信号地、数字信号地、屏蔽地，应按 PLC《操作手册》的要求连接接地线必须使用 $2mm^2$ 以上的导线

73. 可采用（ A，B，C ）等设备以提高 PLC 供电系统的可靠性和抗干扰能力。

A. 隔离变压器　　B. 交流稳压器
C. UPS　　D. 柴油发电机

74. PLC 系统电源的配接线应(A，D)。

A. 使用压接端子　　B. 多股线直接接在端子上

C. 不用 UPS　　D. 使用单线

75. 下列(A，C，D)是 PLC 的特殊扩展设备。

A. 模拟量 I/O 单元　B. 开关量 I/O 单元　C. PID 控制单元　D. 位置控制单元

76. 如图所示，CJ 为条件跳转指令，当 X000 闭合时，程序(A，C，D)。

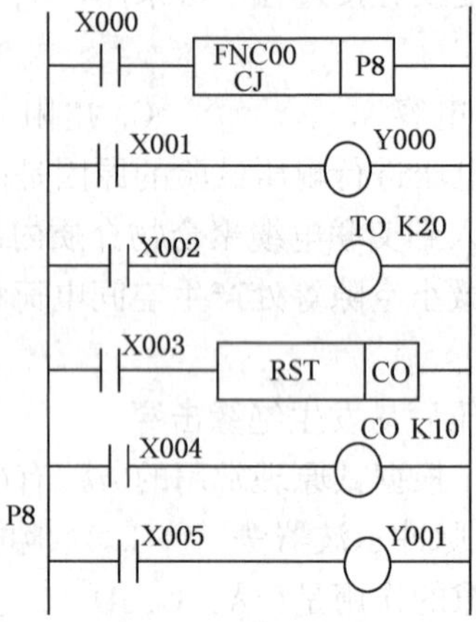

A. 在跳转指令到标号 P8 间的梯形图都不被执行，从指针标号 P8 处开始执行

B. 顺序执行梯形图的下一界(LD X001 OUT Y000)

C. Y000 不论触点 X001 闭合与否，都保持触点闭合前的状态

D. 触点 X002 闭合，定时器不计时

77. 下列说法中，正确的有(C，D)。

A. 继电器输出模块的负载回路，只可选用直流电源

B. 晶闸管输出模块的负载回路，可选用直流电源，也可选用交流电源

C. 继电器输出模块一般适用于开关速度不高且又需要大电流输出时场合

D. 晶体管输出模块适用要求快速开断或动作频繁时的场合

78. PLC 网络包括(A，D)。

A. PLC 控制网络　　B. 管理网络

C. 编程网络　　D. PLC 通信网络

79. 如图所示用 PLC 设计的"比较电路"，用开关 SA 控制比较过程的运行，将输入信号端 A 和 B 作比较，按条件接通某一输出。下列说法正确的有(A，B，C，D)。

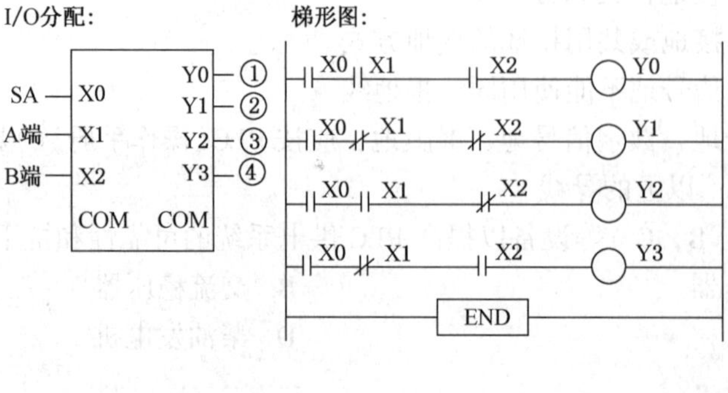

A. A、B 同时输入信号，①端有输出

B. A、B 均无输入信号，②端有输出

C. A 有输入信号，B 无输入信号，则③端有输出

D. A 无输入信号，B 有输入信号，则④端有输出

80. 用 PLC 对两台电动机 M1 和 M2 进行控制，SB1 为启动按钮，SB2 为停止按钮。根据所提供的梯形图，下列说法正确的有(A，B)。

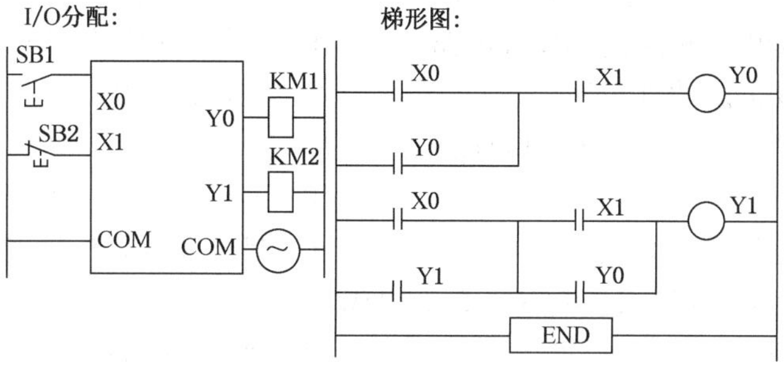

A. 按下启动按钮，M1、M2 同时运转

B. 停止时，M1 先停止

C. 按下启动按钮，M1 先运转，M2 后运转

D. 停止时，M2 先停止

81. 引起断路器分闸失灵的电气回路故障原因是(A，B，D)。

A. 直流电压过低，电源容量不足

B. 分闸线圈断线、或低电压不合格

C. 合闸缓冲偏移，滚轮及缓冲杆卡动

D. 分闸回路内元件接触不良或断线

82. 电力电缆常见的故障是(A，B，C)。

A. 对地绝缘击穿　　B. 接地、短路

C. 断线　　D. 电缆崩裂

83. 高压电缆发生故障的原因有(A，B，C，D)。

A. 绝缘受潮、绝缘老化变质

B. 运行中过电压、过负荷或短路故障引起的电缆过热

C. 外力机械损伤、护层的腐蚀

D. 中间接头和终端头制作的材料缺陷、设计和制作工艺问题

84. 引起电动机振动的原因与(A，B，C)有关。

A. 轴承　　B. 电动机安装、地基状况

C. 与及电机传动设备运行情况　　D. 环境温度

85. 安装、检修滚动轴承的两个关键问题是（ A，D ）。

A. 正确的清洗方法　　B. 外观检查

C. 轴承选择　　D. 正确的安装方法

86. 下列电源中，属于电力系统中的无功电源的有(B，C，D)。

A. 电感器　　B. 调相机　　C. 电容器　　D. 同步发电机

87. 工厂供电中，常用节电措施有(A，B，D)。

A. 功率因数补偿　　B. 加强节电管理

C. 采用环形供电　　D. 使用节电的用电器

88. 继电保护按保护对象分类有（ A，B，D ）。

A. 发电机、变压器　　B. 母线、线路

C. 压缩机　　D. 电动机、电容器等保护

89. 微机保护与传统继电保护相比具有(B，C，D)优点。

A. 有实现继电保护功能的硬件电路　　B. 有保护功能的软件程序

C. 有管理功能的软件程序　　D. 动作速度快

90. 与传统保护相比，微机保护具有的优点是(A，C，D)。

A. 可靠性高、灵活性大　　B. 不需要定期维护调试

C. 保护性能得到很大改善　　D. 易于获得附加功能、经济性好

91. 综合自动化系统有(A，B，C，D ）组成。

A. 数据识别单元　　B. 微机保护测控

C. 变电站主机　　D. 中央计算机

92. 变压器速断保护应按躲过(A，B)整定。

A. 低压侧母线短路时流保护的最大短路电流

B. 变压器空载合闸时的励磁涌流

C. 区外故障时的最大不平衡电流

D. 最大负荷电流

93. 变压器差动保护应按躲过(B，C，D)整定。

A. 低压侧母线短路时流保护的最大短路电流

B. 变压器空载合闸时的励磁涌流

C. 区外故障时的最大不平衡电流

D. 最大负荷电流

94. 变压器发生严重故障时，瓦斯继电器的动作情况是(A，C，D)。

A. 内部压力增大，油被迅速地推向油枕

B. 下开口杯被油流冲击而转动，使接点闭合而发信号

C. 下开口杯被油流冲击而转动，接点闭合而使断路器跳闸

D. 上开口杯因为油重而下沉，使干簧接点闭合而发信号

95. 按 BZT 装置低电压继电器的整定原则，下列不应断开工作电源的是(A，B，D)。

A. 网络内发生远端短路，工作母线上的电压因之降低，但当继电保护把短路切除后，工作母线的电源可以恢复时

B. 当工作母线电压因电动机自启动而降低时

C. 母线真正完全失压时

D. 工作母线 TV 发生一相保险熔断时

96. 绝缘监视装置一般应用于(A，C，D)。

A. 中性点经消弧线卷接地系统　　B. 中性点直接接地系统

C. 中性点不接地系统　　D. 中性点经电阻接地系统

97. 关于母线不完全差动保护原理的说法中，不正确的是(A，D)。
A. 母线不完全差动保护需要在与母线相连的所有回路上装设具有相同变比的电流互感器
B. 母线不完全差动保护一般由两段式电流保护构成，即差动电流速断和差动过电流保护装置
C. 母线不完全差动保护的第Ⅰ段保护主要任务是保护母线，保护动作不要求有选择性
D. 母线不完全差动保护的第Ⅰ段保护动作电流应躲开电流回路未接入母差保护装置中的引出线电抗器后的最小短路电流

98. 微机保护的监控程序包括(A，C，D)。
A. 人机接口处理程序　　B. 自检程序
C. 插件调试程序　　D. 整定设置显示等配置的程序

99. 微机保护的优点是(A，B，C)。
A. 算法丰富
B. 计算能力、编程能力强大
C. 能完成常规保护无法进行功能或较难解决的问题
D. 保护范围扩大

100. 按干扰源分类有(B，C)。
A. 差模干扰　　B. 外部干扰　　C. 内部干扰　　D. 共模干扰

101. 差模干扰的来源主要是(A，B，D)。
A. 各信号线对干扰源的相对位置不对称
B. 长线传输的互感、分布电容的相互干扰
C. 对地干扰
D. 工频干扰

102. 切断干扰耦合途径的方法是(A，B，C，D)。
A. 屏蔽与隔离、滤波退耦旁路　　B. 提高对供电电源要求
C. 合理分配布置插件　　D. 正确的接地处理

103. 微机保护的干扰将造成微机保护装置的(B，C，D)。
A. 造成保护动作时间就长　　B. 计算或逻辑错误
C. 程序出轨　　D. 元件的损坏

104. 通讯规约是为了保证变电所与控制中心之间能正确传输信息，必须有一套关于(B，C，D)的约定，这种约定称为传输规约，又叫“远动规约”、“通讯规约”。
A. 信息的数量　　B. 信息传输的顺序
C. 信息内容　　D. 信息格式(报文格式)

105. 电力系统数据远传通信的种类有(A，B，C，D)。
A. 电力线载波　　B. 音频电缆　　C. 微波　　D. 光纤

106. 光线录波器中的记录误差与振动子的(A，B，C)有关。
A. 非线性误差　　B. 幅频特性
C. 滞后和阻尼因数　　D. 偏转速度

107. 系统解列装置主要有(A, B, C, D)。

A. 低周、低压解列 B. 过负荷解列

C. 振荡解列 D. 过电压解列

108. 自动准同期装置中，恒定越前时间的整定与(B, C)有关。

A. 发电机与系统频率差 B. 合闸出口回路动作时间

C. 并列断路器合闸时间 D. 发电机与系统电压差

109. 综合自动化具有保护、控制、诊断和监视、正常及故障时各种(A, B, C, D)和现代系统控制功能。

A. 波形记录 B. 相位和频率的测量

C. 历史数据记录、计算(数据处理) D. 通信信息共享

110. 综合自动化供电系统数据处理与记录包括(A, B, C, D)。

A. 变电所运行参数的统计

B. 分析与计算

C. 变电所内各种事件信息的顺序记忆并登录存档

D. 变电所内运行参数和设备越限报警及记录

111. 综合自动化系统由(A, B, C, D)组成。

A. 数据识别层(DAU 层) B. 微机保护与测控层(PC 层)

C. 变电站主机层(SC 层) D. 中央计算机层(CC 层)

112. 直流操作中央复归重复动作的中央事故信号装置通常具有(A, B, C, D)功能。

A. 事故信号连续出现时能够重复动作

B. 能够手动或自动解除音响

C. 能够进行事故音响试验

D. 能够监视事故直流电源故障

113. 下列关于重合闸后加速保护的说法，正确的是(A, B)。

A. 重合闸后加速保护通常用于 35kV 的电网中和对重要负荷供电的送电线路上

B. 永久性故障能在第二次瞬时切除，并仍有选择性

C. 重合闸后加速保护的重合闸成功率比“前加速”高

D. 在几段串联线路上可采用一套 ZCH 装置，简单经济

114. 下列属于局域网的内容是(B, C, D)。

A. 网络的干扰源 B. 网络的拓扑结构

C. 网络的传输介质 D. 网络的通信方式

简答题

1. 说出电流型逆变电路的主要特点。

答：①直流侧接有大电感，相当于电流源，直流回路呈现高阻抗；②交流侧电流为矩形波，而交流侧电压波形和相位因负载阻抗角的不同而异，其波形常接近正弦波；③因直流电流无脉动，故传送功率的脉动由直流电压的脉动来体现的；④直流侧电感起缓冲无功能量的作用，因电流不能反向，故可控硅不必反并二极管；⑤当用于交-直-交变频器且负载是电动机时，若交-直变换为可控整流可方便地实现再生制动。

2. 脉宽调制(PWM)型变频电路有哪些主要特点?

答:①可以得到相当接近正弦波的输出电压;②整流电路采用二极管,可获得接近 1 的功率因素;③只有一级可控的功率环节,电路结构较简单;④通过对输出脉冲宽度的控制就可以改变输出电压,大大加快了变频器的动态响应。

3. 为什么电流型变频器不需要专门设置制动电路?

答:当异步电动机作为异步发电机工作时、由于直流电路电压的极性将发生变化,电能将按照异步电动机—变频器—供电电源的方向流动,可以通过适当控制直接将电能馈还给电源,而不需要专门设置制动电路。

4. 变频器和上位机配合时需注意的事项有哪些?

答:①继电器和晶闸管的允许电压、允许电流,使用高可靠性的控制用继电器;②布线分开,考虑噪声影响;③联接正确;④感性负载并联浪涌吸收器或续流二极管,容性负载应以串联方式接入限流电阻;⑤变频器和 PLC 的电压信号范围不同时,可通过内部参数进行调节。

5. 变频器柜内安装注意事项有哪些?

答:①考虑到柜内温度的增加,不要将变频器存放在密封的小盒之中或在其周围空间堆放零件、热源等。②柜内的温度应保持不超过 50℃。③在柜内安装冷却(通风)扇时,应设计成冷却空气能通过热源部分。④柜内安装一个以上变频器情况下,可采用横向布局。在一定要纵向布局(上下)时,要在变频器之间加一个隔板以防止下面的变频器的热量影响上面的变频器。

6. 变频器试运行前应作哪些检查或确认?

答:①输入的交流电源是否符合额定值;②主回路输入和输出顺序是否接好;③主回路和控制回路与接地端子是否连接无短路;④面板是否已连接;⑤螺钉连接器、端子是否齐全;⑥外部电路操作是否已确认;⑦为了安全起见,断开与电机和机器相连的耦合及皮带独立运行。当与机器直接连接运行时,要注意不要产生危险。

7. 变频器的试运行步骤有哪些?

答:①所有操作开关设为关(OFF);②将频率设定器设定为最小值;③将线路开关合上。观察片刻并查看在控制回路,顺序电路等处有无发热现象;④当线路合上时,触摸面板上的数据显示部分闪亮片刻,这是因为 CPU 正在进行内部数据的读操作,后将设定数据查看设定的数据是否满足规格;⑤给正转或反转命令。用频率设定器监视一下,查看电机是否开始转动,在此条件下确认转动方向正确;⑥逐渐增加频率设定器并且查看是否到电机的最大频率;⑦确认完成后立即停机,将频率设定器设定增大些,并查看是否可平滑加速和减速。到此试运行结束,连接负载运行。

8. 变频器的日常检查内容有哪些?

答:①安装地点的环境是否异常;②冷却系统上否正常;③变频器、电动机、电抗器、变压器等是否过热;④变频器、电动机是否有异常振动、异常声音;⑤主电路电压和控制电路电压是否正常;⑥滤波电容器是否有异味;⑦各种显示是否正常。

9. 变频器的定期检查内容有哪些?

答:①清扫空气过滤器,同时检查冷却系统上否正常;②检查螺丝、螺钉是否松动,并紧固;③检查导体绝缘是否有腐蚀和过热的痕迹;④检查绝缘电阻是否在正常范围内;⑤检查或更换冷却风扇、滤波电容、接触器等；⑥进行顺序保护动作试验，确认保护、显示回路无异常；⑦确认变频器在单体运行时输出电压的平衡度。

10. 使用通用变频器有哪些优势?

答：①实现异步电动机的调速运行；②实现频繁启动、停车；③不用主电路接触器即可实现正反转控制；④可实现在恶劣环境下电动机的调速运行；⑤实现高频电动机的高速运行；⑥启动电动机时，可减少电源的容量；⑦在整个调速范围内，电网的功率因数可以保持较高值。

11. 为什么用兆欧表测量大容量绝缘良好的设备的绝缘电阻时，其数值愈来愈高?

答：①用兆欧表测量绝缘电阻是给绝缘物加一个直流电压，在此电压作用下，绝缘物中产生一个电流 i，所测得的绝缘电阻 $R_j=U/i$。因此总电流 i 由三部分组成：即不变的电导电流 i_L、快速衰减的电容电流 i_c 和衰减的吸收电流 i_a；②测量绝缘电阻时，由于兆欧表的电压线圈的电压是固定的，而流过兆欧表的电流线圈的电流随时间的延长而变小，故兆欧表反映出来的电阻值愈来愈高。设备容量愈大，吸收电流和电容电流愈大，绝缘电阻随时间升高的现象就愈显著。

12. 影响绝缘电阻测量值的主要因数有哪些?

答：①有绝缘结构(几何形状、尺寸和表面光洁程度)，绝缘材料种类和组合方式；②导体与绝缘材料接触面状况，湿度、温度影响；③设备上剩余电荷的影响；④加电压时间的长短；⑤测量接线和表计形式的影响。

13. 在直流高压试验时，所加的直流电压为什么要采用负极性?

答：①在极不均匀的电场中，气体的击穿电压与电极所带电荷的极性有很大的关系；②在同一棒对板的电场中，棒带负电时的击穿电压比带正电时要高出一倍多，电气设备的外绝缘接近于这种极不均匀的电场；③一般电气设备的外绝缘水平比内绝缘水平高，内绝缘的缺陷和故障也较外绝缘多；④对设备做直流耐压试验，虽然内、外绝缘都受到考验但最主要的还是检查内绝缘；⑤内绝缘主要是液体、固体材料并采用了极间屏蔽等措施，其正负极性的电压对绝缘击穿的影响不大。例如电缆绝缘在正极性击穿中只比负极性低 10%，对设备做直流耐压试验时，一般不希望外绝缘发生闪烁，为此采用负极性的直流电压。

14. 为什么测量电力设备绝缘的 $\tan\delta$ 时，一般要求空气的相对湿度小于 80%?

答：①测量电力设备绝缘的 $\tan\delta$ 时，一般使用 QS_1 型西林电桥；②如测量时空气相对湿度较大，会使绝缘表面有低电阻导电支路，对 $\tan\delta$ 测量形成空间干扰；这种表面低电阻的泄漏，对 $\tan\delta$ 的影响，因不同试品、不同接线而不同；③一般情况下，正接线时有偏小的测量误差；而反接线时，则有偏大的测量误差；④由于加装屏蔽环会改变测量时的电场分布，因此不宜加装屏蔽环；⑤为保证测量 $\tan\delta$ 的准确度，一般要求测量时相对湿度不大于 80%。

15. 在“预规 DL/T 596—1996”中运行中的电力变压器油中溶解气体色谱分析要求的注意值是多少?

答：变压器运行中，油中溶解气体含量超过下列任何一项值时应引起注意：①总烃含量 >150ppm；②H_2 含量>150ppm；③C_2H_2 含量>5ppm(500kV 变压器为 1ppm)；④当烃类气体总和的产气速率达到 0. 25mL/h(开放式)和 0. 5mL/h(密闭式)，相对产气速率大于 10%/mon 时，则认为设备有异常；⑤当设备有异常时，宜缩短检测周期，进行追踪分析。

16. 简述相复励自动励磁调节器的特点。

答：①由于调节器采用了相复励变压器，使发电机的励磁不仅与定子电压和电流有关，而且与定子电压和电流间的相位有关，亦即同负载的功率因数有关；②因此，从原理上讲，当发电机定子电压和电流一定而发电机负载的功率因数改变时，调节器能保证发电机所需要的励磁，亦即实现了相复励调节。

17. 发电机的绝缘试验项目有哪些?

答：①定子绕组的绝缘电阻、吸收比、极化指数；②定子绕组的直流电阻；③定子绕组的泄漏电流和直流耐压试验；④定子绕组的交流耐压试验；⑤转子绕组的绝缘电阻、直流电阻及交流耐压；⑥发电机和励磁机的励磁回路所连接的设备(不包括发电机转子和励磁机电枢)的绝缘电阻及交流耐压。

18. 发电机定子绕组泄漏电流的要求和直流耐压的标准是什么?

答：①各相泄漏电流差不应大于最小值的100%；最大泄漏电流小于20A者，与历年试验结果比较不应有显著变化；②泄漏电流不随时间的延长而增大；③全换绕组3.0U_n耐压，局部换绕组2.5U_n耐压，大修前：对不大于20年者2.5U_n耐压，大于20年直连架空线者2.5U_n耐压，大于20年的非直连架空线者(2~2.5)U_n耐压，小修和大修后2.0U_n耐压。

19. 叙述电缆故障点测试正确步骤。

答：①首先确定电缆故障的性质，用兆欧表测得绝缘电阻值确定短路(接地)故障，用欧姆表测量直流电阻确定断线故障，直流耐压试验确定闪络性故障；②故障点的初步定位，一般使用电桥法和脉冲法，根据故障性质和测试设备的条件，确定使用一种或一种以上的方法；③电缆故障点的精确定位，一般使用感应法和声测法。其测试误差为：粗测≤3%，精测≤1m。

20. 简述静止式UPS的组成环节和原理框图。

答：①静止式UPS由整流器、逆变器、蓄电池、静态开关四大元件组成；②原理框图如下。

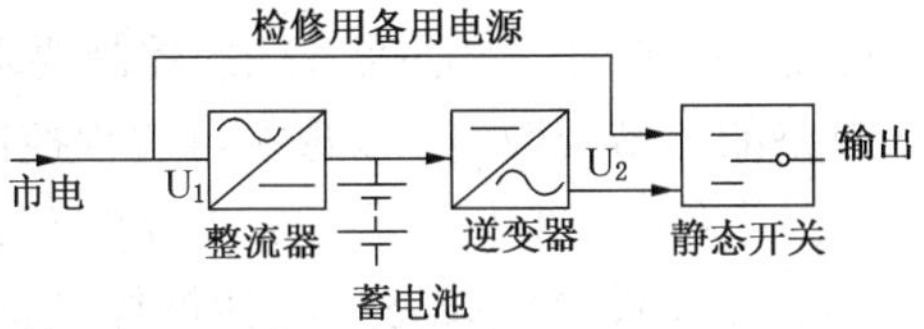

21. UPS系统有哪些部位和元件可能发生故障，如何处理。

答：①市电故障，负载有蓄电池供电；②整流器故障，负载有蓄电池供电；③逆变器故障，转至维修旁路供电；④风扇故障，转至维修旁路供电；⑤静态开关故障，转至维修旁路供电；⑥负载故障，关断故障消除后再开机。

22. 简述氧化物避雷器的优点。

答：①体积小，结构简单，具有极强的抗污性能；②无间隙，改善了避雷器陡波响应特性，提高了对设备保护的可靠性；③在大气过电压下动作后，实际上无工频续流通过，可承受多重雷击延长了工作寿命；④通流能力大，提高了动作负载能力；⑤电气设备所受的过电压可降低；⑥可对大容量电容器组进行保护；⑦装入GIS时不存在由SF_6气压变化引起放电电压变化和间隙中电弧引起SF_6的分解；⑧易制成直流避雷器。

23. 在什么系统上装设消弧线圈?

答：①在3~60kV的电网中，当接地电容电流大于下列数值时，变压器中心点经消弧线圈接地；②3~6kV 的电网接地电流大于 30A；③10kV 的电网接地电流大于 20A；20kV 的电网接地电流大于 15A；④35kV 的电网接地电流大于 10A 时可装设消弧线圈；⑤在与发电机或调相机有电气联系的 3~15kV 的电网接地电流大于 5A 时，应装设消弧线圈，必要时可以装设在发电机中心点上。

24. PLC 在调试前应作哪些准备工作？

答：①在通电前认真检查电源线、接地线、输入/输出线是否正确连接，各端子螺丝是否拧紧；②在断电情况下，将编程器或带有编程软件的 PC 机等外围设备通过通信电缆和 PLC 的通信接口连接；③接通 PLC 电源，确认电源指示灯点亮，并用外围设备将 PLC 的模式设定为“编程”状态；④用外围设备写入程序，利用外围设备的程序检查功能检查控制程序的错误和文法错误；⑤在以上过程中，可观察 PLC 状态指示灯的情况，根据指示灯的反映，判断故障所在。

25. PLC 的日常维护检修项目有哪些？

答：①在电源端子上判断电压是否在规定范围之内；②周围温度、湿度、粉尘等是否符合要求；③在输入/输出端子上测量电压是否在基准范围内；④各单元是否安装牢固，外部配线螺栓是否松动，连接电缆有否老化断裂；⑤输出触点接触是否良好；⑥注意锂电池电压指示灯的状态，指示灯亮时应及时更换电池。

26. 简要说明 PLC 控制系统的设计内容。

答：①选择用户输入设备和输出设备；由输出设备控制的输出对象如电动机、电磁阀等；②选择 PLC，包括机型、容量、I/O 模块和电源等；③分配 I/O 点，绘制输入/输出端子的连接图；④设计控制程序，包括设计梯形图、语句表(即程序清单)或控制系统流程图；⑤如必要，设计操作台、电气柜、模拟示盘和非标准电器等；⑥编制控制系统的技术文件。包括设计说明书、使用说明书、电气图及电气元件明细表等。

27. 简要说明 PLC 控制系统的设计步骤。

答：①分析被控对象，明确控制要求；②根据系统的控制要求，确定 I/O 设备的数量及种类，据此确定 PLC 的 I/O 设备的类型及数量；③选择可编程控制器；在满足控制要求的前提下，力争最好的性能价格比，并有良好的售后服务；④分配 I/O 点的地址；列出 I/O 设备与 PLC 的 I/O 点的地址对照表；⑤设计电气线路，包括被控设备的主电路及 PLC 外部的其他控制电路图，PLC 的 I/O 接线图，PLC 主机、扩展单元及 I/O 设备供电系统图，电气控制柜结构及电器设备安装图等；⑥设计控制程序；⑦调试；⑧技术文件整理。

28. 简述高压 SF_6 开关无法合闸的故障原因。

①操作电压不够；②合闸电磁线圈烧断、合闸铁心卡住或机构卡涩跳闸后未复归；③辅助接点损坏或调整不合适造成接触不良或过早分断；④控制回路断线、控制开关合闸接点接触不良或按钮接触不良；⑤断路器弹簧未储能；⑥操作机构、装配及调整等原因；⑦SF_6 气压不足。

29. 简述新投用电力变压器的冲击试验要求。

答：在额定电压下对变压器的冲击合闸试验，应进行 5 次，每次间隔时间宜为 5min，无异常现象；所有继电保护装置均投入正常运行状态；冲击合闸宜在变压器高压侧进行；对中性点接地的电力系统，试验时变压器中性点必须接地；发电机变压器组中间连接无操作断开点的变压器，可不进行冲击合闸试验。

30. 微机保护硬件系统通常包括哪几个部分?

答:微机保护硬件系统通常包括以下五个部分:

①数据处理单元,即微机主系统;②数据采集单元,即模拟量输入系统;③开关量输入输出系统,即数字量输入/输出接口;④通信接口;⑤电源。

31. 简述综合自动化系统。

答:电力系统微机保护与控制综合自动化系统(简称综合自动化系统)是集电力系统保护、控制、监视、测量、故障分析等多功能为一体的自动化系统,可以同步完成电力系统的优化控制、经济运行和智能决策等功能,能够全面改善电力系统的性能。

32. 什么是电力系统局部事故?

答:局部事故是指电力系统中个别元件发生事故,使周波、电压、潮流分布发生变化,有时甚至使局部系统发生振荡,局部地区用户用电受到影响。

33. 什么是电力系统的系统事故?

答:系统事故,就是系统内失去大电源,主要联络线跳闸,周波、电压急剧变化,系统发生振荡,系统瓦解,大面积用户停电。具体到元件来说有发电机事故、汽轮机事故、锅炉事故、变压器事故、线路事故等。

34. 简述系统的最大、最小运行方式。

答:在继电保护的整定计算中,一般都要考虑电力系统的最大与最小运行方式。①最大运行方式是指在被保护对象末端短路时,系统的等值阻抗最小,通过保护装置的短路电流为最大的运行方式;②最小运行方式是指在上述同样短路点下,系统等值阻抗最大,通过保护装置的短路电流为最小的运行方式。

35. 简述微机继电保护装置的现场检验的内容。

答:微机继电保护装置的现场检验应做以下几项内容:

①测量绝缘;②检验逆变电源。拉合直流电流,直流电压缓慢上升、缓慢下降时逆变电源和微机继电保护装置应能正常工作;③检验固化的程序是否正确;④检验数据采集系统的精度和平衡度;⑤检验开关量输入和输出回路;⑥检验定值单;⑦整组检验;⑧用一次电流及工作电压检验。

36. 简述组成微机保护运行程序的三个部分。

答:①主程序,包括初始化、全面自检、开放及等待中断等;②中断服务程序,通常有采样中断、串行口中断等,采样中断包括数据采集与处理、保护启动判定等,串行口中断完成保护 CPU 与保护管理 CPU 之间的数据传送;③故障处理程序。在保护启动后才投入,用以进行保护特性计算、判定故障性质等。

37. 微机保护装置工作环境中的干扰特点是什么?

答:①微机保护装置工作环境中的干扰是严重的,这些干扰的特点是频率高、幅度大,因而可以顺利通过各种分布电容的耦合;②另一方面这些干扰持续时间短,模拟保护可以用延时来躲过这些干扰,而微机保护由于计算机的工作是在时钟节拍的严格控制下以较高速度同步进行的,不能简单的设置延时回路。所以提高微机保护装置可靠性的重点在抗干扰上。

38. 简述机械光学故障录波器与微机数字式故障录波器获取故障前录波量信息的方法有何不同?

答:为获取故障前录波量信息光学故障录波器设置了信号延迟装置,也称记忆元件,由电容电感电路构成,其记录的录波量会随着时间的推移而衰减;而微机数字式故障录波器由于数据的采集是连续的故可将故障前一定时间的数据与故障后数据全部采集并存入缓冲区。

39. 简述变电所综合自动化系统的特点。

答：①功能综合化，除采用微机保护代替了机电式继电保护外，监视装置综合了仪表屏、模拟屏、中央信号系统和光字牌等；②结构微机化，实现各种功能，一个系统往往有几十个 CPU 同时并行运行；③操作监视屏幕化，指针式仪表读数被屏幕数据显示所代替；庞大的模拟屏被 CRT 屏幕上的实时接线画面取代，在操作屏上进行的跳合闸操作被 CRT 屏幕上光标取代，光字牌报警被 CRT 屏幕画面的动态显示和文字提示所取代，因此从计算机的彩色屏幕上可以监视到整个变电所的运行状况；④运行管理智能化，综合自动化系统不仅能监测供电系统的一次设备，还能够实现在线自检。这也是区别原有二次系统的重要特征。

计算题

1. 一单相半波可控整流电路，负载电阻 $R_d=10\Omega$，直接接到交流 220V 电源上，当控制角 $\alpha=30°$时，求输出电压平均值 U_d，输出电流平均值 I_d 和有效值 I，并选择晶闸管元件参数。

解：输出电压平均值：

$$U_d = 0.45 \times U_2 \times \frac{1+\cos\alpha}{2} = 0.45 \times 220 \times \frac{1+\cos30°}{2} = 92.4\text{V}$$

输出电压的有效值：$U = U_2\sqrt{\frac{\sin2\alpha}{4\pi}+\frac{\pi-\alpha}{2\pi}} = 151.8\text{V}$

输出电流的平均值：$I_d=U_d/R_d=92.5/10=9.25\ \text{A}$

输出电流有效值：　$I=U/R_d=15.18\text{A}$

承受的最大正向电压：$U_{TM}=\sqrt{2}U_2=311\text{V}$，2 倍的裕量 2×311＝622V，取 700V

$1.57I_{T(AV)}\geqslant 2I$，$I_{T(AV)}\geqslant 2I/1.57=19.3\text{A}$，取 20A

2. 三相全控桥式整流电路带电动机负载并串入足够大的电抗器，$U_{2\Phi}=160\text{V}$，电动机负载电流为 40A，负载电路总电阻为 0.2Ω，求当 $\alpha=60°$时流过晶闸管的电流平均值与有效值，电动机的反电势。

解：晶闸管的电流平均值：$I_{T(AV)}=I_d/3=40/3=13.3\text{A}$

晶闸管的电流有效值：$I_T=I_d/\sqrt{3}=13.3/\sqrt{3}=23.1\text{A}$

$U_d=2.34U_{2\Phi}\cos\alpha=\ U_d=2.34\times160\times\cos60°=187.2\text{V}$

电动机的反电势：$E=U_d-I_dR=187.2-40\times0.2=179.2\text{V}$

3. 三相全控桥反电动势阻感负载，$E=200\text{V}$，$R=1\Omega$，$L=\infty$，$U_2=220\text{V}$，$\alpha=60°$，求：U_d，I_d 的值。

解：$U_d=2.34U_{2\Phi}\cos\alpha=2.34\times220\times\cos60°=257.4\ \text{V}$

$I_d=(U_d-E)/R=(257.4-200)/1=57.4\text{A}$

4. 一交流单相晶闸管调压器，用作控制从 220V 交流电源送至电阻为 0.5Ω 感抗为 0.5Ω 的串联负载电路的功率。试求①控制角的范围；②负载电流的最大有效值。

解：① $\Phi=\arctan(\omega l/R)=\ \arctan(0.5/0.5)=\arctan1\ \ \Phi=45°=\pi/4$

控制角范围：$\pi/4\leqslant\alpha\leqslant\pi$

② 最大电流发生在 $\alpha_{min}=\Phi=\pi/4$，负载电流为正弦波，其有效值为：

$$I_0=\frac{U}{\sqrt{R^2+(\omega L)^2}}=\frac{220}{\sqrt{0.5^2+0.5^2}}=311\text{A}$$

5. 三相半波可控整流电路带最大电感负载 $R_d=10\Omega$，$U_{2\Phi}=220\text{V}$，求 $\alpha=45°$时负载的直流电压 U_d，流过晶闸管的平均电流 I_{dT}和有效电流 I_T。

解： $U_d=1.17\ U_{2\Phi}\cos\alpha=1.17\times220\times\cos45°=182\text{V}$

$I_d=U_d/R_d=182/10=18.2\text{A}$

$I_{dT}=1/3\ I_d=18.2/3=6\text{A}$

$I_T=1/\sqrt{3}\quad I_d=18.2/\sqrt{3}=10.5\text{A}$

6. 如图电路中，线电压有效值 $U=380\text{V}$，$R=1\Omega$，$\omega L=1\Omega$，试计算晶闸管电流最大有效值和 α 角的控制范围。

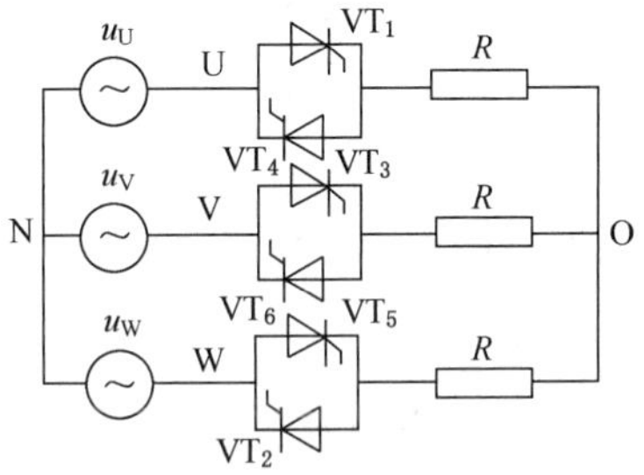

解： ① $\phi=\arctan(\omega L/R)=\ \arctan1=45°$

$Z=(1^2+1^2)^{1/2}=1.414\Omega$

晶闸管最大电流有效值发生在 $\alpha=\phi$ 时，每相负载电流为完整的正弦波，其有效值：

$$I_A=U/\sqrt{3}Z=380/(\sqrt{3}\times1.414)=155.78A$$

所以，晶闸管最大电流有效值 $I_T=I_A/\sqrt{2}=155.78/\sqrt{2}=109.8\text{A}$

② 最大 $\alpha=150°$　　最小 $\alpha=\phi=45°$

所以　$45°<\alpha<150°$

7. 给一根 6kV 电缆做直流耐压试验，试验电压为 24kV。使用 50000/220(V)试验变压器，在$\frac{1}{4}U_{试}$、$\frac{2}{4}U_{试}$、$\frac{3}{4}U_{试}$、$\frac{4}{4}U_{试}$ 时调压变压器输出电压各为多少？

解：

$$U\sim=\frac{U-}{\sqrt{2}\times\frac{U_{1N}}{U_{2N}}}=\frac{24000}{\sqrt{2}\times\frac{50000}{220}}\approx75\text{V}$$

$$75\times\frac{1}{4}\approx19\text{V},\ 75\times\frac{2}{4}\approx37.5\text{V},\ 75\times\frac{3}{4}\approx56\text{V},\ 75\times\frac{4}{4}\approx75\text{V}$$

答： 在 1/4、1/2、3/4、4/4$U_{试}$ 时调压变压器输出电压为 19V、37.5V、56V、75V。

8. 某 4 极绕线型三相异步电动机，转子绕组每相的电动势 $E_{20}=200\text{V}$，额定频率是 50Hz，额定转速是 1470r/min，求额定时转子电路的每相的电动势 E_2 和它的频率。

解： 由于 $E_2=SE_{20}$，4 极电动机 50Hz 时，$n_1=1500\text{r/min}$

额定时，$S=\frac{n_1-n}{n_1}\times100\%=\frac{1500-1470}{1500}\times100\%=2\%$

所以

$$E_2 = S \times E_{20} = 0.02 \times 200 = 4(\mathrm{V})E$$
$$f_2 = S \times f_{20} = 0.02 \times 50 = 1\mathrm{Hz}$$

答：转子的每相的电动势 4V、频率 1Hz。

9. 有两台 100kV·A、10/0.4kV 的变压器，阻抗电压均为 5%，其中一台为 Y，yn0 接线，另一台为 Y，d11 接线，试计算当两台变压器并列时，二次环流有多大？

解：已知 $U_1=10\mathrm{kV}$，$U_2=0.4\mathrm{kV}$，额定容量 $S=100\mathrm{kV \cdot A}$，阻抗电压为均 5%。

因此两台变压器二次测额定电流为

$$I_{2\mathrm{N}} = \frac{S_\mathrm{N}}{\sqrt{3}U_2} = \frac{100}{\sqrt{3} \times 0.4} = 145\mathrm{A}$$

二次环流为

$$I_{2\mathrm{H}} = \frac{2\sin\frac{\alpha}{2}}{\frac{2U_\mathrm{k}}{I_{2\mathrm{N}} \times 100}}$$

由于二次侧是星与三角形接线，线电压差 30°角

则

$$I_{2\mathrm{H}} = \frac{2\sin\frac{30^\circ}{2}}{\frac{2 \times 5}{145 \times 100}} = 751\mathrm{A}$$

可见在二次电压相差 30°时，环流是额定电流的 5 倍左右。

答：环流是 751A 是额定电流的 5 倍左右。

10. 图示室外变电所和附近一个高 80m 的烟囱的布置情况，烟囱装有避雷针，被保护物变电所的铁构架的高度 $h=10\mathrm{m}$，确定变电所直击雷的保护程度。

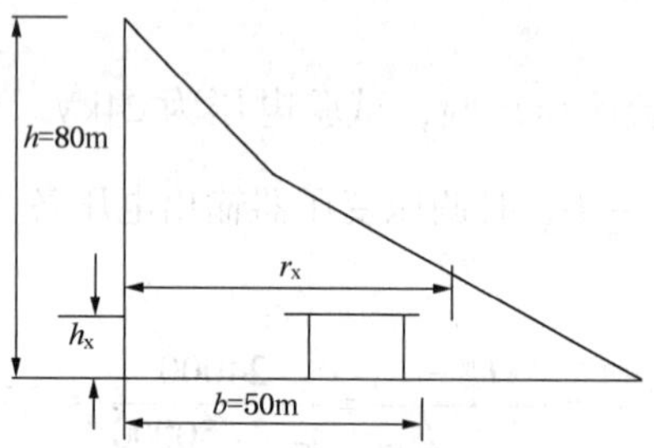

解：由于避雷针的高度 $h=80\mathrm{m}$，其有效高度 $h_\mathrm{a}=h-h_\mathrm{x}=80-10=70\mathrm{m}$，根据避雷针公式，求得在 h_x 高度的水平面上的保护半径 r_x 如下：由于 $h_\mathrm{x}<\frac{h}{2}$，$r_\mathrm{x}=(1.5h-2h_\mathrm{x})p$，又因 $30\mathrm{m}<h<120\mathrm{m}$ 时，故高度影响系数 p 取 $\frac{5.5}{\sqrt{h}}$

则保护半径为 $r_\mathrm{x}=(1.5\times80-2\times10)\times\frac{5.5}{\sqrt{80}}=61\mathrm{m}$ 由以上计算结果可见，变电所铁构架与避雷针的距离 $b_\mathrm{x}=50\mathrm{m}<61\mathrm{m}$，故在其保护范围之内。

答：变电所铁构架在其保护范围之内。

11. 当 X0 闭合时，将常数 100 传送到数据寄存器 D1 作为 T0 的设定值。当 X1 闭合时，T0 开始计时。计时到，若 X10 闭合，则 Y10 有输出；若 X11 闭合，则 Y11 有输出……若 X17 闭合，则 Y17 有输出。编制符合上述要求的梯形图。

答：

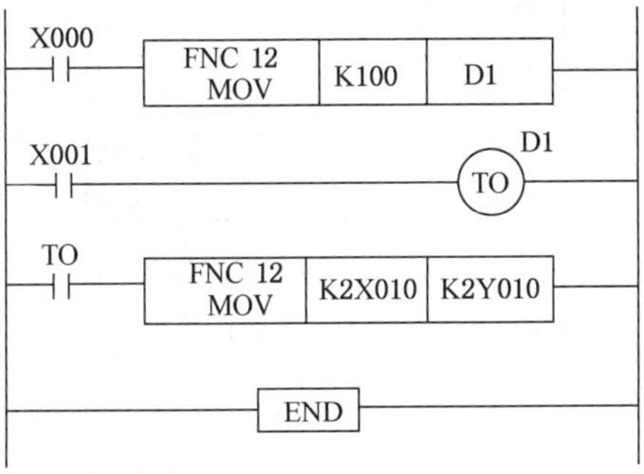

12. 用计数器对 X0 进行计数，当计数次数小于 10 次时，Y0 接通；当计数次数等于 10 次时，Y1 接通；当计数次数大于 10 次时，Y2 接通，试用 PLC 编程实现该控制要求，画出其梯形图。

答：

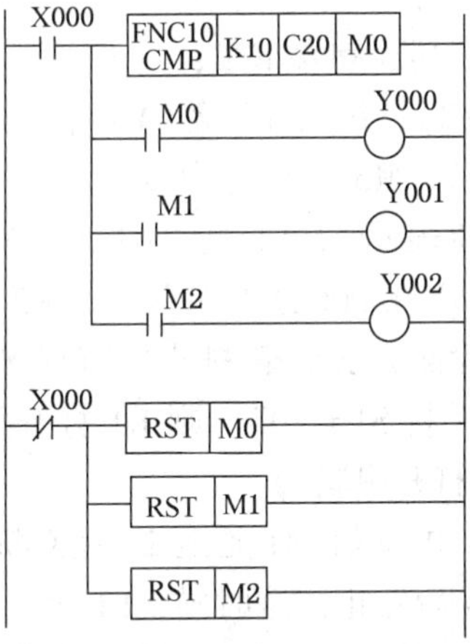

13. 当按下启动按钮时，A、B 两电机交替运转 5 次后自动停下，其中 A 电机运转的时间为 5s，B 电机运转的时间为 8s。另有紧急停止按钮，当按下此按钮时，系统停止工作。①画出 PLC 输入/输出接线图；②编制实现上述过程的 PLC 程序(STL 梯形图)

答：（此答案对应三菱 FX_{2N}系列 PLC）

① I/O 接线图

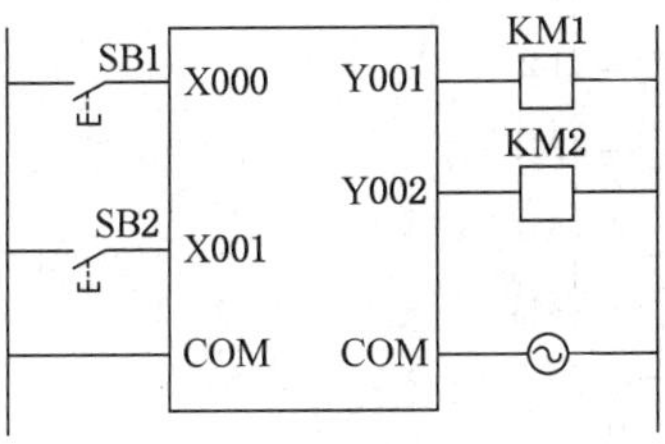

I/O 分配：

启动按钮 SB1	X000	电机 A	KM1	Y001
停止按钮 SB2	X001	电机 B	KM2	Y002

② STL 梯形图

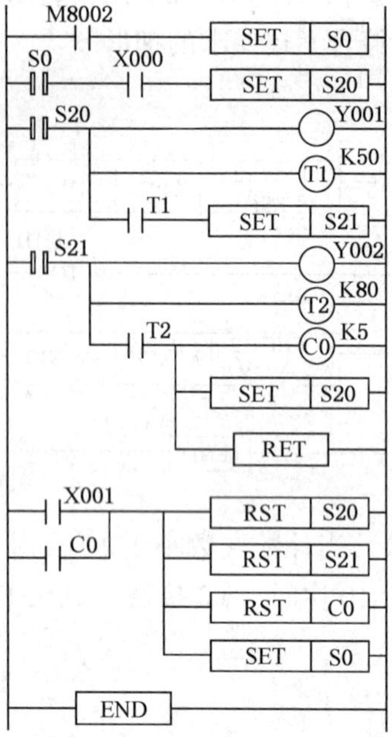

14. 如图有一自动送料装置，其控制要求是：

① 初始状态，红灯 L1 灭(Y2)，绿灯 L2 亮(Y3)，表示允许汽车开进装料。料斗 K2(Y0)，电动机 M1(Y4)、M2(Y5)、M3(Y6)皆为 OFF。

②当汽车到来时(用 S2 接通表示)，L1 亮，L2 灭，M3 运行，电动机 M2 在 M3 通 2s 后运行，M1 在 M2 通 2s 后运行，K2 在 M1 运行 2s 后打开出料。(S1 为料斗检测开关，若料斗内有料 S1 =“1”，则 K2 才能打开放料；若料斗内无料 S1 =“0”，则 K1 打开放料，直到料斗有料 S1 =“1”后，K2 方可打开出料。)

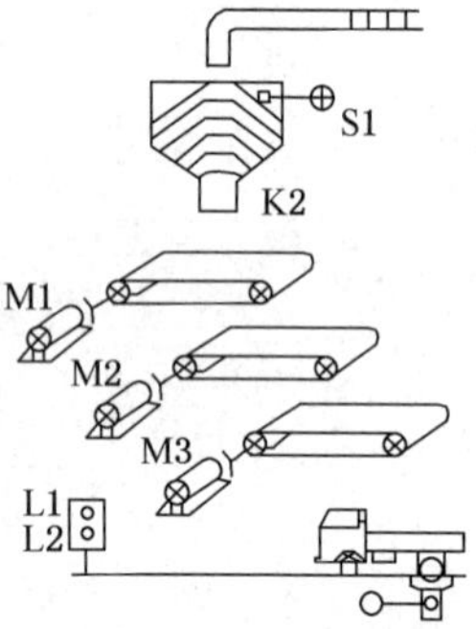

③当料满后(用 S2 断表示)，电动机 M1 延迟 2s 后关断，M2 在 M1 停 2s 后停止，M3 在 M2 停 2s 后停止，这时候，L1 灭，L2 亮。

要求：分配输入输出继电器，画出 PLC 输入/输出接线图。

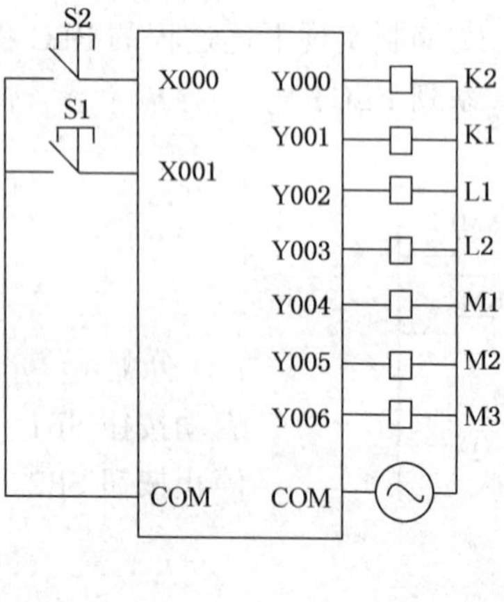

答：(此答案对应三菱 FX_{2N}系列 PLC)

15. 16 只四色节日彩灯，按红、黄、白、绿……顺序循环布置，要求每 1s 移动一个灯位。通过一个方式开关选择点亮方法：①每次只点亮 1 只灯泡；②每次顺序点亮 4 只灯泡。另有一停止按钮。PLC 输入输出继电器分配如下：方式选择开关 X000，停止按钮 X001，Y000~Y017 分别对应 16 个彩灯。

试编制实现上述功能的 PLC 控制程序。

答：(此答案对应三菱 FX_{2N}系列 PLC)

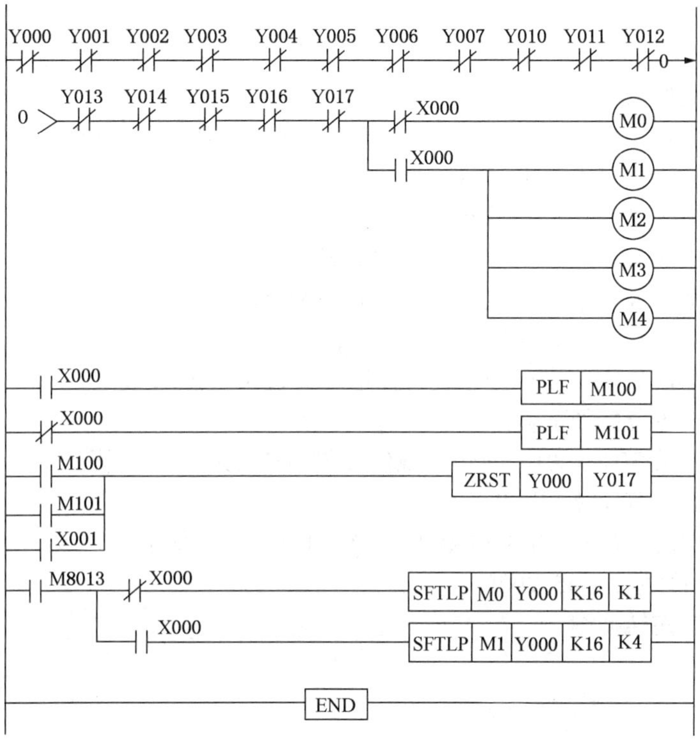

16. 设计一小车往返送料的 PLC 控制程序。

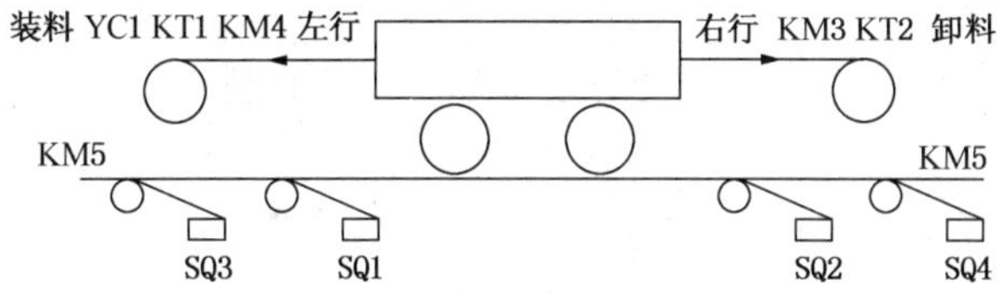

小车送料示意图

小车的工作过程是：

循环过程开始时，小车处于最左端，此时，装料电磁阀 YC1 得电，延时 20s；

装料结束，KM3、KM5 得电，向右快行；

碰到限位开关 SQ2 后，KM5 失电，小车慢行；

碰到 SQ4 时，KM3 失电，小车停，得电，卸料开始，延时 15s；

结束后，接触器 KM4、KM5 得电，小车向左快行；

碰到限位开关 SQ1，KM5 失电，小车慢行；

碰到 SQ3，KM4 失电，小车停，装料开始……如此周而复始。

17. 一小车往返送料，用 PLC 进行控制。

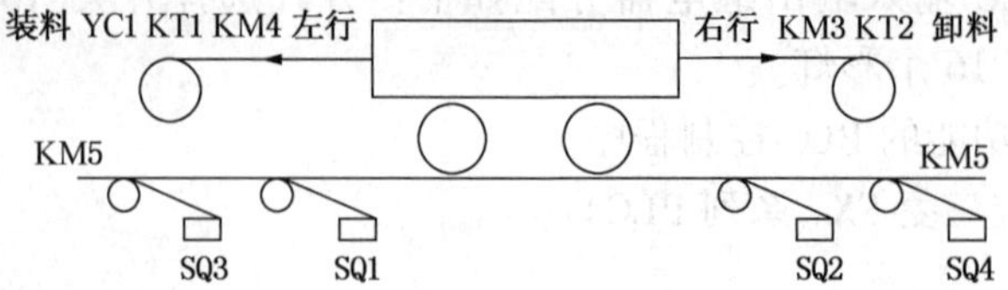

小车送料示意图

小车的工作过程是：

循环过程开始时，小车处于最左端，此时，装料电磁阀 YC1 得电，延时 20s；

装料结束，KM3、KM5 得电，向右快行；

碰到限位开关 SQ2 后，KM5 失电，小车慢行；

碰到 SQ4 时，KM3 失电，小车停，得电，卸料开始，延时 15s；

结束后，接触器 KM4、KM5 得电，小车向左快行；

碰到限位开关 SQ1，KM5 失电，小车慢行；

碰到 SQ3，KM4 失电，小车停，装料开始...... 如此周而复始。

输入输出继电器分配如下：

左快行限位开关 SQ1 X001，右快行限位开关 SQ2 X002，左行限位开关 SQ3 X003，右行限位开关 SQ4 X004，启动按钮 SB X011；

装料电磁阀 YC1 Y001，卸料电磁阀 YC2 Y002，右行接触器 KM3 Y003，左行接触器 KM4 Y004，快行接触器 KM5 Y005

要求：画出状态转换图

答：

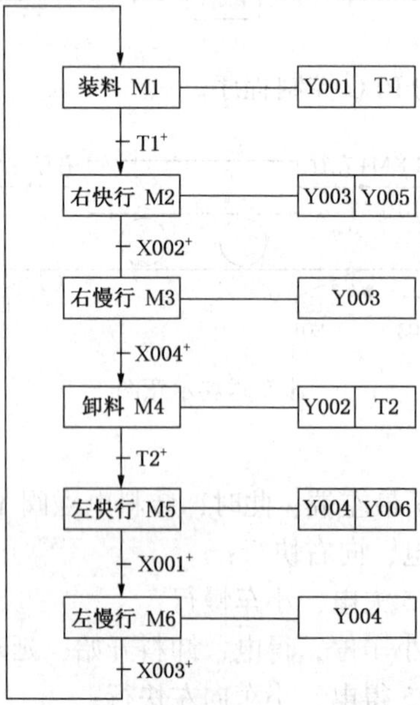

18. 编制一三层电梯箱内运行控制程序。电梯控制系统的要求如下：

① 电梯在一层或二层时，出现三层呼叫(3F=ON)信号，则电梯上升，运行到三层，三层限位开关 LS3 闭合后停止运行。

② 电梯在一层时，出现二层呼叫(2F=ON)信号，则电梯上升，运行到二层，二层限位开关 LS2 闭合后停止运行。

③ 电梯在一层时，同时出现二层和三层的呼叫(2F=ON，3F=ON)信号，则电梯上升；先上升到二层(LS2 闭合)，暂停运行 4s 后，再继续上升到三层，直到三层的限位开关闭合，电梯停止运行。

④ 电梯在三层或二层时，出现一层呼叫(1F=ON)信号，则电梯下降运行；直到一层的限位开关闭合，电梯停止下降运行。

⑤ 电梯在三层时，出现二层呼叫(2F=ON)信号，则电梯下降运行；直到二层的限位开关闭合，电梯停止下降运行。

⑥ 电梯在三层时，同时出现二层和一层的呼叫(2F=ON，3F=ON)信号，则电梯下降运行；先到二层(LS2 闭合)，暂停运行 4s 后，电梯又继续下降，直到一层的限位开关闭合，电梯停止下降运行。

⑦ 电梯在上升途中，任何下降呼叫均无效。

⑧ 电梯在下降途中，任何上升呼叫均无效。

⑨ 电梯到达每层的运行时间限定小于 10s；超过 10s，则电梯自动停止运行。

试①分配 I/O 继电器；②分配程序中所用的时间继电器；③分配程序中所用的辅助继电器。

答：(此答案对应三菱 FX_{2N}系列 PLC)

① I/O 继电器

输入继电器		输出继电器	
LS1	X000	电梯上升接触器	Y000
LS2	X001	电梯下降接触器	Y001
LS3	X002		
1F	X003		
2F	X004		
3F	X005		

② 定时器

T0 上升时暂停

T1 下降时暂停

③ 辅助继电器

M0(电梯在一层或二层时，出现三层呼叫)

M1(电梯在一层时，出现二层呼叫)

M3(电梯上升到二层时暂停，控制 T0)

M4(电梯在三层或二层时，出现一层呼叫)

M5(电梯在三层时，出现二层呼叫)

M7(电梯下降到二层时暂停，控制 T1)

19. 画出发电机微机保护的差动保护逻辑图。

答：

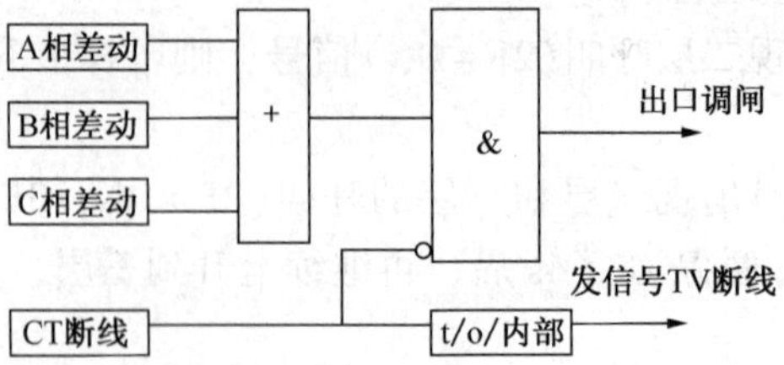

三、技能操作鉴定要素细目表（技师）

鉴定范围						鉴定点	
一级		二级		三级		代码	名称
代码	名称	代码	名称	代码	名称		
A	技能要求	A	工作前准备	B	工具、量具、仪器、仪表	001	双踪示波器的使用与维护
				D	读图分析与计算	001	绘制三段式电流保护安装图
						002	把具有差动保护的高压电动机保护原理图改画成安装图
						003	中央信号的工作原理分析
						004	设计三相桥式半控整流电路
						005	画出复合电压闭锁过流保护原理图
						006	数字式高压电动机保护整定值计算
		B	装调与维修	A	电气检修排除故障	001	35kV 变压器检修工艺编制
						002	ELK-1 滑差电动机可控硅调速电路的故障判断与处理
						003	晶闸管单相半控桥直流电动机调速电路调速失控的故障判断与处理
						004	电动机差动保护拒动的故障判断与处理
						005	异步电动机电磁式机械制动电路制动失控故障的判断与处理
						006	20/5t 桥式起重机电气控制线路故障检修
						007	大型电动机检修方案编制
						008	绕线式异步电动机转子回路故障的检查与处理
				B	配线与安装	001	主变保护屏配线
						002	断路器控制回路配线
						003	同步电动机晶闸管励磁装置的安装
						004	三相全控桥式整流主电路的绘制安装
						005	电动机差动保护接线
						006	PK-1 型中央信号屏安装与控制，音响、灯光、回路的调试

续表

鉴定范围						鉴定点	
一级		二级		三级		代码	名称
代码	名称	代码	名称	代码	名称		
				C	调试与测绘	001	主变压器差动保护(BCH—2)整定值调校
						002	35kV 变压器大修方案中试验的技术要求
						003	浇注式电流互感器绝缘试验
						004	变压器吸收比试验
						005	直流泄漏和耐压试验
						006	交流耐压试验
				D	新技术应用	001	微机保护定值输入，校验各定值的动作情况
						002	皮带运输机 PLC 控制系统程序设计与调试
						003	装卸料小车多方式运行 PLC 控制系统程序设计与调试

四、技能操作试题(技师)

试题 1：双踪示波器的使用与维护

（考核时间：20min）

序号	考核内容	考核要点	配分	评分标准	检测结果	扣分	得分	备注
1	测量准备	选择仪表正确，接线无误	30	选择仪表不正确，接线有误每处扣 5 分				
2	测量过程	测量过程正确无误	20	测量过程不正确或有误扣 10 分				
3	测量结果	测量结果在允许误差范围内	25	测量结果超差扣 20 分				
4	维护保养	对使用的仪表进行简单的维护保养	25	维护保养酌情扣 2~5 分				
5	安全文明生产	遵守国家或企业有关安全规定		每违反一项从总分中扣除 5 分，严重违反者停止操作			—	
合计			100					

试题 2：绘制三段式电流保护安装图

（考核时间：120min）

序号	考核内容	考核要点	配分	评分标准	检测结果	扣分	得分	备注
1	安装图布置及图形符号的标准	安装图布置原则及图形符号的标准	20	布置错误，每处扣 5 分；图形符号错误，每处扣 5 分				

续表

序号	考核内容	考核要点	配分	评分标准	检测结果	扣分	得分	备注
2	设备与设备、设备与端子排连线的原则与标注方法	连线的原则与设备端子、端子排两侧的标注方法	20	不了解原则扣10分；标注方法错一处扣5分				
3	将线路三段式电流保护原理图改画成安装图	将原理图改画成安装图规范正确	60	连线一处错误扣5分				
4	安全文明生产	遵守国家或企业有关安全规定		每违反一项从总分中扣除5分，严重违反者停止操作			—	
	合　计		100					

试题3：将具有差动保护的高压电动机保护原理图改画成安装图

（考核时间：120min）

序号	考核内容	考核要点	配分	评分标准	检测结果	扣分	得分	备注
1	安装图布置及图形符号的标准	安装图布置原则及图形符号的标准	20	布置错误，每处扣5分；图形符号错误，每处扣5分				
2	设备与设备、设备与端子排连线的原则与标注方法	连线的原则与设备端子、端子排两侧的标注方法	20	连线原则不清楚扣10分；标注方法错一处扣5分				
3	把具有差动保护的高压电动机保护原理图改画成安装图	原理图画成安装图规范正确	60	连线一处错误扣5分				
4	安全文明生产	遵守国家或企业有关安全规定		每违反一项从总分中扣除5分，严重违反者停止操作			—	
	合　计		100					

试题4：中央信号的工作原理分析

（考核时间：30min）

序号	考核内容	考核要点	配分	评分标准	检测结果	扣分	得分	备注
1	熟悉二次回路的标准图形符号	识别指定的5个标准图形符号	20	每错一个扣5分				

续表

序号	考核内容	考核要点	配分	评分标准	检测结果	扣分	得分	备注
2	工作原理	分析中央信号工作原理	40	首次动作过程分析每错一步扣5分；重复动作过程分析每错一步扣10分				
3	试验	试验按钮进行试验的动作过程分析	20	动作过程每错一步扣5分				
4	中央信号装置与电气设备的连接关系	信号装置与断路器、保护装置是如何连接的	20	每错一处扣2分				
5	安全文明生产	遵守国家或企业有关安全规定；在规定时间内完成		每违反一项从总分中扣除5分，严重违反者停止操作			—	
	合　计		100					

试题5：三相桥式半控整流电路的设计及分析

（考核时间：120min）

序号	考核内容	考核要点	配分	评分标准	检测结果	扣分	得分	备注
1	准备工作	文具、资料齐全	10	缺一项扣2分				
2	主电路的设计	电路图正确；电路元件选择	40	错一处扣2分；元件参数错一处扣2分				
3	触发电路	电路选择合理	20	选择不当一处扣5分				
4	续流二级管	续流二级管的选择	10	参数选择不当一处扣5分				
5	设计说明	同步信号的分析；同步信号的接法	20	分析不正确错一处扣5分；连接不正确错一处扣5分				
6	安全文明生产	遵守国家或企业有关安全规定		每违反一项从总分中扣除5分，严重违反者停止操作			—	
	合　计		100					

试题6：复合电压闭锁过流保护原理图的绘制

（考核时间：60min）

序号	考核内容	考核要点	配分	评分标准	检测结果	扣分	得分	备注
1	复合电压闭锁过流保护的适应范围和工作原理	复合电压闭锁过流保护的适应范围和工作原理	10	对复合电压闭锁过流保护的适应范围和工作原理不清楚不得分				
2	复合电压闭锁在保护的线路中是怎样实现的	电压闭锁在保护的线路中实现的方法	15	解释不清和不了解不得分				

续表

序号	考核内容	考核要点	配分	评分标准	检测结果	扣分	得分	备注
3	复合在电压闭锁过流保护中 TV 断线报警是怎样实现的	电压闭锁过流保护中 TV 断线报警的方式	15	解释不清和不了解不得分				
4	绘制复合电压闭锁过流保护原理图	正确绘制复合电压闭锁过流保护原理图	60	每画错一处扣 10 分				
5	安全文明生产	遵守国家或企业有关安全规定		每违反一项从总分中扣除 5 分，严重违反者停止操作			—	
		合　计	100					

试题 7：35kV 变压器检修工艺编制

（考核时间：120min）

序号	考核内容	考核要点	配分	评分标准	检测结果	扣分	得分	备注
1	大修方案的制定	任务分析明确，对设备状况熟悉	20	任务分析不明确、不结合实际每项扣 5 分				
2	大修方案的编制	方案各环节内容完整，可操作性强	30	准备工作不充分每项扣 5 分				
3	试车、调试试验	相应的试验步骤正确，数据合格	30	编制不合理每项扣 5 分；有错误每项扣 10 分				
4	验收工作	验收事项齐全，质量符合要求	20	事项考虑不周每项扣 5 分；质量不符合要求扣 10 分				
5	安全文明生产	遵守国家或企业有关安全规定		每违反一项从总分中扣除 5 分，严重违反者停止操作			—	
		合　计	100					

试题 8：滑差电动机可控硅调速电路的故障判断与处理

（考核时间：60min）

序号	考核内容	考核要点	配分	评分标准	检测结果	扣分	得分	备注
1	准备工作	工具、仪表仪器、器材齐全、检查合格	10	缺一项扣 2 分				
2	识图识别器材	正确识读电路图、正确识别器材	20	错误解释文字、符号、意义、每个扣 1 分；电路作用解释错一处扣 2 分；设备器材认错一处扣 1 分				
3	分析与判断故障	正确分析故障现象、判断故障性质、找出故障点	30	测试、判断错误扣 3 分；逻辑分析错误扣 3 分；判断结果错误扣 10 分				
4	故障处理	方法正确	30	方法错误扣 2 分，超时 5min 扣 2 分，结果错扣 6 分				

续表

序号	考核内容	考核要点	配分	评分标准	检测结果	扣分	得分	备注
5	试运行	试运行一次成功	10	二次成功扣4分；二次不成功停止操作				
6	安全文明生产	遵守国家或企业有关安全规定		每违反一项从总分中扣除5分，严重违反者停止操作			—	
合计			100					

试题9：电动机差动保护拒动的故障判断与处理

（考核时间：30min）

序号	考核内容	考核要点	配分	评分标准	检测结果	扣分	得分	备注
1	准备工作	工具齐全	5	缺一项扣2分				
2	识读差动保护电路图	识读差动保护电路图	15	分析电路原理错误一处扣5分				
3	故障分析与判断	分析故障现象，判断找出故障点，处理故障	60	分析判断故障现象错一处扣10分；寻找故障错误一处扣10分；故障未处理一处扣10分				
4	试验运行	保护功能齐全动作正确	20	错误一处扣10分				
5	安全文明生产	遵守国家或企业有关安全规定		每违反一项从总分中扣除5分，严重违反者停止操作			—	
合计			100					

试题10：异步电动机电磁式机械制动电路制动失控故障的判断与处理

（考核时间：30min）

序号	考核内容	考核要点	配分	评分标准	检测结果	扣分	得分	备注
1	准备工作	工具齐全	5	缺一项扣2分				
2	识读电路设备	正确识读电路与设备	15	讲电路原理每错误一处扣2分；识别设备每错一处扣5分				
3	故障分析与判断	分析与判断故障现象，找出故障点	45	分析判断故障现象每错一处扣10分；寻找故障每错误一处扣10分				
4	试验运行	保护功能齐全动作正确	35	每错误一处扣10分				
5	安全文明生产	遵守国家或企业有关安全规定		每违反一项从总分中扣除5分，严重违反者停止操作			—	
合计			100					

试题11：20/5t桥式起重机电气控制线路故障检修

（考核时间：30min）

序号	考核内容	考核要点	配分	评分标准	检测结果	扣分	得分	备注
1	准备工作	工具、用具准备	5	工具选择不正确扣2分				

续表

序号	考核内容	考核要点	配分	评分标准	检测结果	扣分	得分	备注
2	操作程序	识读原理图	15	不会识图酌情扣2~10分；不会分析原理图中各元器件的功能作用每个扣2分				
3		故障分析	30	故障分析思路不正确扣5~10分；确定故障范围过大扣10分；不能确定故障范围扣15分				
4		故障排除	50	停电不验电扣5分；仪表使用方法错误扣5~10分；排除故障顺序错误扣5~10分，方法错误扣5~10分；不能查出故障点扣10分；查出故障点不能排除扣10分；产生新的故障点不能排除扣30分；产生新的故障点并已排除扣10分；损坏元器件每只扣5~20分；故障排除后通电试车一次不成功扣20分				
5	安全文明生产	遵守国家或企业有关安全规定		每违反一项从总分中扣除5分，严重违反者停止操作				—
		合　计	100					

试题12：大型电动机检修方案编制

（考核时间：60min）

序号	考核内容	考核要点	配分	评分标准	检测结果	扣分	得分	备注
1	大修方案的制定	任务分析明确，对设备状况熟悉	20	任务分析不明确、不结合实际每项扣5分				
2	大修方案的编制	方案各环节内容完整，可操作性强	30	准备工作不充分每项扣5分				
3	试车、调试试验	相应的试验步骤正确，数据合格	30	编制不合理每项扣5分；有错误每项扣10分				
4	验收工作	验收事项齐全，质量符合要求	20	事项考虑不周每项扣5分；质量不符合要求扣10分				
5	安全文明生产	遵守国家或企业有关安全规定		每违反一项从总分中扣除5分，严重违反者停止操作				—
		合　计	100					

试题13：绕线式异步电动机转子回路故障的检查与处理

（考核时间：60min）

序号	考核内容	考核要点	配分	评分标准	检测结果	扣分	得分	备注
1	准备工作	工具、用具准备	5	工具选择不正确扣2分				

续表

序号	考核内容	考核要点	配分	评分标准	检测结果	扣分	得分	备注
2	转子回路故障的检查与处理	了解故障现象	5	不了解故障现象直接解体电机扣5分				
		检查与分析造成故障的原因	35	对不同故障未能分析出原因扣10分；未能在电机转子回路中找出故障点扣10分；在查找过程中方法错误每处扣2分				
		故障处理	35	对不同故障未能说出处理方法扣10分；处理不正确或不到位扣10分；在处理过程中程序错误每处扣2分				
		试验与试车	15	故障处理后未做试验扣10分；试车不合格扣5分				
3	使用工具	正确使用工具	2	工具使用不正确扣2分				
		正确维护工具	3	工具乱摆乱放扣3分				
4	安全文明生产	遵守国家或企业有关安全规定		每违反一项从总分中扣除5分，严重违反者停止操作			—	
	合　计		100					

试题 14：主变保护屏配线

（考核时间：60min）

序号	考核内容	考核要点	配分	评分标准	检测结果	扣分	得分	备注
1	准备工作	工具、用具准备	5	工具选择不正确扣2分				
2	保护配线	熟悉图纸	5	对图纸不熟悉直接配线扣5分				
		主变保护配线	50	差动保护配线不正确扣15分；瓦斯保护配线不正确扣10分；二次接线不符合规范扣10分				
		检查	10	配线结束不检查扣10分				
3	布线质量	联动试验	20	在联动试验中，保护装置未能按要求动作，每项扣5分				
		横平、竖直、转角90°	10	按质量给分				
4	安全文明生产	遵守国家或企业有关安全规定；在规定时间内完成		每违反一项从总分中扣除5分，严重违反者停止操作			—	
	合　计		100					

试题 15：断路器控制回路配线

（考核时间：60min）

序号	考核内容	考核要点	配分	评分标准	检测结果	扣分	得分	备注
1	准备工作	工具、用具准备	5	工具选择不正确扣2分				

续表

序号	考核内容	考核要点	配分	评分标准	检测结果	扣分	得分	备注
2	断路器控制回路配线	熟悉图纸	5	对图纸不熟悉直接配线扣5分				
		控制回路配线	50	合闸回路配线不正确扣10分；跳闸回路配线不正确扣10分；信号灯回路配线不正确扣10分；储能机构控制回路配线不正确扣10分；二次接线不符合规范扣10分				
		检查	10	配线结束不检查扣10分				
		开关分、合闸试验	20	不能合闸扣5分；不能分闸扣5分；信号灯指示不正确扣5分；不能储能扣5分				
3	布线质量	横平、竖直、转角90°	10	按质量给分				
4	安全文明生产	遵守国家或企业有关安全规定		每违反一项从总分中扣除5分，严重违反者停止操作			—	
		合　计	100					

试题16：同步电动机晶闸管励磁装置的安装

（考核时间：240min）

序号	考核内容	考核要点	配分	评分标准	检测结果	扣分	得分	备注
1	同步电动机启动和运行的原理	同步电动机启动和运行原理	20	同步电动机启动和运行原理不能清楚的掌握不得分				
2	同步电动机励磁装置的主整流电路的原理分析及安装调试	同步电动机励磁装置的主整流电路的原理分析及安装、调试	20	同步电动机励磁装置的主整流电路不清不得分；不会安装调试不得分				
3	同步电动机励磁装置的灭磁方法选择与安装	同步电动机励磁装置的灭磁方法选择按安装要求进行安装调试	20	对同步电动机励磁装置的灭磁方法不了解不得分；不能按安装要求进行安装调试不得分				
4	同步电动机晶闸管励磁装置控制回路的工作原理	同步电动机晶闸管励磁装置控制回路的工作原理	20	对同步电动机晶闸管励磁装置控制回路的工作原理不了解不得分				
5	励磁晶闸管控制回路调试	励磁晶闸管控制回路进行正确的调试	20	不能对励磁晶闸管控制回路进行正确的调试不得分				

续表

序号	考核内容	考核要点	配分	评分标准	检测结果	扣分	得分	备注
6	安全文明生产	遵守国家或企业有关安全规定		每违反一项从总分中扣除5分，严重违反者停止操作			—	
		合　计	100					

试题17：三相全控桥式整流主电路的绘制与安装

（考核时间：120min）

序号	考核内容	考核要点	配分	评分标准	检测结果	扣分	得分	备注
1	准备工作	文具、工具齐全	10	每缺一项扣2分				
2	画电路图	图形、文字符号正确、电路正确	35	图形、文字符号每错一处扣2分；电路不正确每错一处扣5分				
3	安装主电路	电路连接正确、接线牢固、线号齐全	35	每松动一处扣2分；每漏一线号扣2分				
4	电路外观	布置合理、总体美观	20	布置不合理扣5分；不整齐扣5分				
5	安全文明生产	遵守国家或企业有关安全规定		每违反一项从总分中扣除5分，严重违反者停止操作			—	
		合　计	100					

试题18：电动机差动保护接线

（考核时间：120min）

序号	考核内容	考核要点	配分	评分标准	检测结果	扣分	得分	备注
1	准备工作	工具齐全	5	缺一项扣2分				
2	排线、接线	排线正确、接线正确、套线号、TA极性正确	50	排线错一处扣2分；接线错一处扣5分；松动一处扣1分；缺一个扣1分；TA极性错误扣10分				
3	接线外观	美观整洁	15	露铜过长一处扣1分；不整洁、美观最高扣10分				
4	通电试验	电路功能正确齐全	30	动作不正确一处扣5分；功能不齐、缺一扣5分				
5	安全文明生产	遵守国家或企业有关安全规定		每违反一项从总分中扣除5分，严重违反者停止操作			—	
		合　计	100					

试题19：PK-1型中央信号屏安装及其控制，音响和灯光、回路的调试

（考核时间：120min）

序号	考核内容	考核要点	配分	评分标准	检测结果	扣分	得分	备注
1	识图	正确识读中央信号屏展开图、安装图	10	错误解释文字、符号、意义、每个扣1分；设备的作用错一处扣1分				

续表

序号	考核内容	考核要点	配分	评分标准	检测结果	扣分	得分	备注
2	选用仪器仪表	正确选用仪器仪表检测设备元器件	10	选择错误每个扣2分；使用方法错误扣1分；测量结果错误一个参数扣2分				
3	检查与安装	正确检查所属设备正确查线、正确安装	20	检查每漏一项扣1分；柜体的垂直，水平超过规定值扣2分，产线漏项扣2分				
4	调试作业	步骤合理方法正确继电器调试灯光、音响按钮试验	40	步骤不合理、方法不当扣2分；继电器定位不符合要求扣2分；灯光、音响、按钮动作不可靠每次扣2分				
5	试运行	正确检查调试电路试运行一次成功	20	检查电路每漏一项扣1分；试运行一次不成功扣6分；试运行二次不成功停止操作				
6	安全文明生产	遵守国家或企业有关安全规定		每违反一项从总分中扣除5分，严重违反者停止操作			—	
		合　计	100					

试题20：主变压器差动保护（BCH-2）整定值调校

（考核时间：90min）

序号	考核内容	考核要点	配分	评分标准	检测结果	扣分	得分	备注
1	根据情况分析	新安装和定期试验的不同处	10	少一项扣2分；少一项定期项目扣4分				
2	画图并结线	能画、能结线	10	不会一项扣2分；直流助磁试验不会扣4分				
3	熟悉标准	理解、掌握标准	20	少一项扣4分				
4	操作	平稳操作，正确读数，记录齐全，调校熟练	60	一项试验不会扣10分；调校一项不会扣5分；达不到技术要求一项扣5分				
5	安全文明生产	遵守国家或企业有关安全规定		每违反一项从总分中扣除5分，严重违反者停止操作			—	
		合　计	100					

试题21：35kV变压器大修方案中试验的技术要求

（考核时间：120min）

序号	考核内容	考核要点	配分	评分标准	检测结果	扣分	得分	备注
1	大修后的绝缘试验项目制定	要点齐全	30	少一项扣10分				
2	应做哪些绝缘试验项目	项目齐全	30	少一项扣4分				

续表

序号	考核内容	考核要点	配分	评分标准	检测结果	扣分	得分	备注
3	绝缘试验项目的标准和判断标准	项目齐全	30	每项6分，小项内容不全适当扣分				
4	吊芯（罩）检查前试验项目	项目齐全	10	少一项扣4分				
5	安全文明生产	遵守国家或企业有关安全规定		每违反一项从总分中扣除5分，严重违反者停止操作			—	
		合　计	100					

试题22：浇注式电流互感器绝缘试验

（考核时间：120min）

序号	考核内容	考核要点	配分	评分标准	检测结果	扣分	得分	备注
1	掌握项目及标准	绕组绝缘电阻、交流耐压试验、极性试验、二次绕组的直流电阻、校核励磁特性曲线、局部放电测量	20	少一项扣2分				
2	仪器使用	使用兆欧表规范，测量数据正确	15	测量仪表使用不正确、不规范扣5~10分				
		测量结果符合厂家标注	15	测量方法不正确扣10分				
		使用电桥正确、规范，测量数据正确	20	测量仪表使用不正确、不规范扣5~15分				
3	操作要求	①录制前对电流互感器去磁；②曲线要过拐点；③升流过程中电流表不得往返	30	①②项未做各扣10分，做得不够好适当扣1~5分；③项发生一次扣2分				
4	安全文明生产	遵守国家或企业有关安全规定		每违反一项从总分中扣除5分，严重违反者停止操作			—	
		合　计	100					

试题23：变压器吸收比试验

（考核时间：25min）

序号	考核内容	考核要点	配分	评分标准	检测结果	扣分	得分	备注
1	测量准备	兆欧表0位和∞位检查	10	有一项未做扣5分				
2	测量接线	被测线圈三相短路和非测量线圈三相短路接地	20	被测线圈三相未短路扣10分；非测量线圈三相未短路接地扣10分				
3	测量过程	试前干净，正时读数，会计算	40	未擦套管扣10分，读数不正确扣10分；不会计算扣20分				
4	测量前后放电	放电要充分	20	试前未放电扣5分；试后未放电扣15分				
5	测量结果分析	会对照“预规”判断是否合格	10	不知道吸收比应大于1.3扣10分；不会纵向比较扣5分				

续表

序号	考核内容	考核要点	配分	评分标准	检测结果	扣分	得分	备注
6	安全文明生产	遵守国家或企业有关安全规定		每违反一项从总分中扣除5分，严重违反者停止操作			—	
		合　　计	100					

试题24：交流耐压试验

（考核时间：25min）

序号	考核内容	考核要点	配分	评分标准	检测结果	扣分	得分	备注
1	试验接线	试验接线正确（设备布置合理，连线布置整齐清晰）	30	设备布置不合理，扣2分；连线布置不整齐清晰，扣2分；一根连线接错，扣5分				
2	试验操作顺序	试验操作顺序正确	30	调压器不在零位加电压，扣3分；调压器不在零位切断电源，扣3分；试前被试品未放电，扣3分；试后被试品未放电，扣3分；试前、试后未测绝缘电阻，扣3分				
3	加电压通电流	加电压通电流试验成功	10	第一次加压不成功，扣5分；第二次加压不成功，扣10分				
4	试验安全	试验安全	10	超过应加电压的10%，扣3分；高压引线对在距离不够，扣3分；发生短路事故一次，扣5分				
5	试验接线分析	试验接线分析正确	20	保护限流电阻7分；球间隙保护和测量6分；高压侧电压测量扣7分				
6	安全文明生产	遵守国家或企业有关安全规定		每违反一项从总分中扣除5分，严重违反者停止操作			—	
		合　　计	100					

试题25：微机保护定值输入，校验各定值的动作情况

（考核时间：90min）

序号	考核内容	考核要点	配分	评分标准	检测结果	扣分	得分	备注
1	微机保护的构成原理分析	微机保护的工作原理	5	微机保护的工作原理不能清楚的掌握不得分				
2	微机保护的人机对话窗口、界面及菜单设置清楚	微机保护的人机对话窗口、界面及菜单的设置	5	微机保护的人机对话窗口、界面及菜单的设置要求说明不清不得分				
3	微机保护的各开关、按键、指示灯的作用及操作方法	微机保护的各开关、按键、指示灯的作用及操作方法	10	微机保护的各开关、按键、指示灯的作用及操作每错误一处扣5分				

续表

序号	考核内容	考核要点	配分	评分标准	检测结果	扣分	得分	备注
4	输入微机保护的各保护定值	输入微机保护的各保护定值	40	微机保护的各保护定值输入每错误，每处扣10分				
5	微机保护的采样方式；保护线路的接线方式及微机保护的接线端子正确接线	微机保护装置正确的接线	10	微机保护装置的接线错误不得分				
6	将保护模拟信号输入至微机保护装置并校验各定值的动作情况	校验微机保护装置各保护定值的动作情况	30	校验方法错误不得分；保护模拟信号输入此外每次扣15分				
7	安全文明生产	遵守国家或企业有关安全规定		每违反一项从总分中扣除5分，严重违反者停止操作			—	
		合　计	100					

试题26：皮带运输机PLC控制系统程序设计与调试

（考核时间：240min）

序号	考核内容	考核要点	配分	评分标准	检测结果	扣分	得分	备注
1	电路设计	根据给定的考核内容及控制要求，列出PLC控制I/O地址分配表，设计梯形图及PLC控制I/O接线图	45	输入输出地址遗漏或搞错，每处扣1分；梯形图表达不正确或画法不规范，每处扣2分；接线图表达不正确或画法不规范，每处扣2分；指令有错，每条扣2分				
2	接线	按PLC控制I/O接线图正确接线，正确安装皮带运输机PLC控制系统	35	PLC控制I/O接线图接线错误，每处扣2分；损坏元件，每只扣5分；系统硬件安装有错误，每处扣2分				
3	程序输入及调试	熟练操作PLC键盘，能正确地将所编写的程序输入PLC；按照被控设备的动作要求进行模拟调试，达到设计要求	20	不会熟练操作PLC键盘输入指令扣2分；不会用删除、插入、修改等命令，每项扣2分；一次试车不成功扣4分；两次试车不成功扣8分；三次试车不成功扣10分				
4	安全文明生产	遵守国家或企业有关安全规定；在规定时间内完成		每违反一项从总分中扣除5分，严重违反者停止操作			—	
		合　计	100					

五、技能操作鉴定要素细目表(高级技师)

鉴定范围						鉴定点	
一级		二级		三级		代码	名称
代码	名称	代码	名称	代码	名称		
A	技能要求	A	工作前准备	B	工具、量具、仪器、仪表	001	变压器接线组别测量
						002	套管介质损失角试验
						003	用双踪示波器测量交流电频率、相位
				D	读图分析与计算	001	把具有差动保护的高压电动机保护原理图改画成安装图
						002	中央信号电路排除故障
						003	总降主变压器差动保护(BCH-2)整定值计算
						004	总降主变压器差动保护(数字式)整定值计算
						005	由中央信号原理图改画成设备安装图
		B	装调与维修	A	电气检修与排除故障	001	变频器的故障处理
						002	主变保护故障的排除
						003	UPS 设备原理分析与故障处理
						004	大型电动机检修方案编制
						005	同步电动机失步故障分析及处理
						006	35kV 电缆故障分析与处理
						007	蓄电池的维修
						008	由变压器大修前的试验数据分析变压器的故障
				B	配线与安装	001	高压电动机微机保护安装
						002	三相全控桥整流主电路与锯齿波同步触发器对接与调试
						003	电磁调速电动机的拆卸、接线与调试
				C	调试与测绘	001	同步电动机与励磁装置对接与调试
						002	带负荷测量差动保护回路的六角向量图
						003	配电变压器的空载试验
						004	配电变压器的短路试验
						005	安装和调试晶闸管直流电动机调速电路
						006	主变压器数字式保护整定值调校
				D	新技术应用	001	机械手装置的程序编制，并进行安装与调试
						002	四层电梯 PLC 程序设计与调试
						003	用 PLC 设计电气控制线路，并进行安装与调试
						004	自动交通信号灯程序编写
						005	安装和调试带有集成块的变音门铃电路

六、技能操作试题（高级技师）

试题1：变压器接线组别测量

（考核时间：30min）

序号	考核内容	考核要点	配分	评分标准	检测结果	扣分	得分	备注
1	掌握测量三种测量变压器接线组别的试验方法	能简述三种试验方法	30	少一种方法扣10分；叙述不清楚适当扣分				
2	用直流表法测量变压器的接线组别	选用仪表合适，方法正确，测量数据正确	40	仪表不合适扣10分；方法不当扣10分；一个数据不正确扣5分				
3	判定变压器的接线组别	查对正确	30	不会查对扣30分				
4	安全文明生产	遵守国家或企业有关安全规定		每违反一项从总分中扣除5分，严重违反者停止操作			—	
	合　计		100					

试题2：套管介质损失角试验

（考核时间：120min）

序号	考核内容	考核要点	配分	评分标准	检测结果	扣分	得分	备注
1	仪表使用	① 正确接线；②操作步骤正确	40	① 有一次处错误，试验中纠正扣5分；不合理扣5分；不会接线扣20分；②有一步错误操作扣5分				
2	检测环境	①知道室温在5℃以上，湿度小于80%以下；②擦干净和擦干套管表面	20	① 项错一个因素扣5分；②未进行，扣10分				
3	接线	接线正确	20	一种接线不会扣10分				
4	操作调试	临时改变接线，操作检查	10	不会接线扣5分；不会操作扣5分				
5	计算及操作	会操作，会计算	10	不会操作扣5分；不会计算扣5分				
6	安全文明生产	遵守国家或企业有关安全规定		每违反一项从总分中扣除5分，严重违反者停止操作			—	
	合　计		100					

试题3：用双踪示波器测量交流电频率、相位

（考核时间：20min）

序号	考核内容	考核要点	配分	评分标准	检测结果	扣分	得分	备注
1	测量前准备	开关及旋钮位置设置正确	10	设置不正确或不到位，每处扣5分				
2	测量过程	步骤正确，方法得当	30	步骤不正确或方法不得当一次扣5分				

续表

序号	考核内容	考核要点	配分	评分标准	检测结果	扣分	得分	备注
3	校准信号	输入正确并得到标准信号	20	方法不当或结果错误扣5分				
4	连接信号发生器	开关及旋钮位置设置正确，使用方法正确	20	设置或操作有误，每处扣5分				
5	读取测量结果	正确读数计算且结果在允许范围以内	20	读数不正确或计算结果不对扣5分				
6	安全文明生产	遵守国家或企业有关安全规定		每违反一项从总分中扣除5分，严重违反者停止操作			—	
	合　计		100					

试题4：中央信号电路排除故障

（考核时间：90min）

序号	考核内容	考核要点	配分	评分标准	检测结果	扣分	得分	备注
1	中央信号电路的工作原理	中央信号电路的工作原理分析	40	闪光信号事故分析不清楚扣10分；事故信号分析不清楚扣5分；预告信号分析不清楚扣5分				
2	闪光信号的故障排除	能排除预设的故障	20	不能排除故障扣10分				
3	事故信号的故障排除	能排除预设的故障	20	不能排除故障扣15分				
4	预告信号的故障排除	能排除预设的故障	20	不能排除故障扣15分				
5	安全文明生产	遵守国家或企业有关安全规定		每违反一项从总分中扣除5分，严重违反者停止操作			—	
	合　计		100					

试题5：总降主变压器差动保护(BCH-2)整定值计算

（考核时间：120min）

序号	考核内容	考核要点	配分	评分标准	检测结果	扣分	得分	备注
1	额定、短路电流的计算	引用公式正确，系数取用合理，计算误差符合工程计算要求	20	每个考核内容为10分；计算过程5分；计算结果5分				
2	动作电流的计算	引用公式正确，系数取用合理，计算误差符合工程计算要求	30	每个条件10分；计算过程5分；计算结果5分				
3	差动和平衡线卷的确定	引用公式正确，系数取用合理，计算误差符合工程计算要求	30	每个考核内容为10分；计算过程5分；计算结果5分				
4	短路线卷确定、灵敏度计算	引用公式正确，系数取用合理，计算误差符合工程计算要求	20	每个考核内容为10分；计算过程5分；计算结果5分				

续表

序号	考核内容	考核要点	配分	评分标准	检测结果	扣分	得分	备注
5	安全文明生产	遵守国家或企业有关安全规定；在规定时间内完成		每违反一项从总分中扣除5分；严重违反者停止操作			—	
合　计			100					

试题6：总降主变压器差动保护(数字式)整定值计算

（考核时间：90min）

序号	考核内容	考核要点	配分	评分标准	检测结果	扣分	得分	备注
1	电流相位、大小校正	引用公式正确，系数取用合理，计算误差符合工程计算要求	20	每个考核内容为10分；计算过程5分；计算结果5分				
2	比率制动的整定	引用公式正确，系数取用合理，计算误差符合工程计算要求	30	每个条件10分；计算过程5分；计算结果5分				
3	灵敏度计算	引用公式正确，系数取用合理，计算误差符合工程计算要求	15	计算过程10分；计算结果5分				
4	谐波制动比整定	引用公式正确，系数取用合理，计算误差符合工程计算要求	15	计算过程10分；计算结果5分				
5	差动电流速断的整定	引用公式正确，系数取用合理，计算误差符合工程计算要求	20	每个条件10分；计算过程5分；计算结果5分				
6	安全文明生产	遵守国家或企业有关安全规定；在规定时间内完成		每违反一项从总分中扣除5分，严重违反者停止操作			—	
合　计			100					

试题7：主变保护故障的排除

（考核时间：90min）

序号	考核内容	考核要点	配分	评分标准	检测结果	扣分	得分	备注
1	主变保护的工作原理	主变保护的工作原理及动作程序	20	不能掌握主变保护的工作原理及动作程序不得分				
2	主变保护故障的进行排除	主变保护出现的各种故障能迅速的给以排除	80	对主变保护出现的故障不能有效的排除每项扣40分；后备保护出现的故障不能有效的排除每项扣30分				
3	安全文明生产	遵守国家或企业有关安全规定		每违反一项从总分中扣除5分，严重违反者停止操作			—	
合　计			100					

试题 8：UPS 设备原理分析与故障处理

（考核时间：60min）

序号	考核内容	考核要点	配分	评分标准	检测结果	扣分	得分	备注
1	工作原理分析	根据控制框图，叙述工作原理	10	不能根据控制框图，叙述工作原理扣 10 分				
		其他问题： ① R 的作用 ② RYA 的作用 ③ SPWM 脉宽调制原理	30	少回答任一个问题扣 10 分				
2	故障排除	驱动电路中的功率 MOS 管被烧毁	20	不能排除该故障扣 20 分				
		后备供电时间缩短	20	不能排除该故障扣 20 分				
		电池组充电板上的整流器限流电阻被毁	20	不能排除该故障扣 20 分				
3	安全文明生产	遵守国家或企业有关安全规定		每违反一项从总分中扣除 5 分，严重违反者停止操作			—	
		合　计	100					

试题 9：大型电动机检修方案编制

（考核时间：120min）

序号	考核内容	考核要点	配分	评分标准	检测结果	扣分	得分	备注
1	大修方案的制定	任务分析明确，对设备状况熟悉	20	任务分析不明确、不结合实际每项扣 5 分				
2	大修方案的编制	方案各环节内容完整，可操作性强	30	准备工作不充分每项扣 5 分				
3	试车、调试试验	相应的试验步骤正确，数据合格	30	编制不合理每项扣 5 分；有错误每项扣 10 分				
4	验收工作	验收事项齐全，质量符合要求	20	事项考虑不周每项扣 5 分；质量不符合要求扣 10 分				
5	安全文明生产	遵守国家或企业有关安全规定；在规定时间内完成		每违反一项从总分中扣除 5 分，严重违反者停止操作			—	
		合　计	100					

试题 10：同步电动机失步故障分析及处理

（考核时间：180min）

序号	考核内容	考核要点	配分	评分标准	检测结果	扣分	得分	备注
1	同步电动机启动方式	同步电动机启动的工作原理	10	对同步电动机启动的工作原理不能清楚的掌握不得分				
2	同步电动机达到同步转速运行条件	同步电动机达到同步转速运行时的条件	10	对同步电动机达到同步转速运行时的条件了解不清不得分				

续表

序号	考核内容	考核要点	配分	评分标准	检测结果	扣分	得分	备注
3	同步电动机励磁装置的晶闸管主整流桥电路	同步电动机励磁装置的晶闸管主整流桥电路的组成方式和工作原理	10	对同步电动机励磁装置的晶闸管主整流桥电路的组成方式和工作原理了解不清不得分				
4	同步电动机励磁装置的投励、移相、灭磁、脉冲等环节	熟练掌握同步电动机励磁装置的投励、移相、灭磁、脉冲等环节的工作原理	10	对微机保护的各保护定值输入错误，每处扣 10 分				
5	使用示波器、万用表、电烙铁等专用表计和专用工具	同步电动机励磁装置检修所使用的示波器、万用表、电烙铁等专用表计和专用工具熟练掌握	10	不会使用示波器、万用表、电烙铁等专用表计和专用工具每样扣 5 分				
6	利用以上专业知识对同步电动机失步故障进行分析	对同步电动机失步故障进行分析和判断	20	对同步电动机失步故障进行分析和判断不得分				
7	处理同步电动机失步故障	正确和熟练地处理同步电动机失步故障	30	对同步电动机失步故障处理不熟练扣 10 分；不会处理同步电动机失步故障不得分				
8	安全文明生产	遵守国家或企业有关安全规定		每违反一项从总分中扣除 5 分，严重违反者停止操作			—	
		合　计	100					

试题 11：电缆线路故障检修

（考核时间：60min）

序号	考核内容	考核要点	配分	评分标准	检测结果	扣分	得分	备注
1	电缆故障的类型	回答齐全	30	缺一项扣 5 分				
2	产生电缆故障的原因	回答种类齐全，原因分析正确	30	仪器、仪表使用一当扣 5 分；测量中没有逻辑性扣 10 分				
3	电缆故障点的寻找	找出故障点并排除故障	40	不能确定故障点扣 5 分；每少查出 1 处扣 5 分；每少排除 1 处扣 5 分；带电拆除故障扣 5 分				
4	安全文明生产	遵守国家或企业有关安全规定		每违反一项从总分中扣除 5 分，严重违反者停止操作			—	
		合　计	100					

试题 12：蓄电池的维修（铅酸蓄电池）

（考核时间：60min）

序号	考核内容	考核要点	配分	评分标准	检测结果	扣分	得分	备注
1	准备工作	工具、用具准备	10	工具选择不正确扣 10 分				
2	故障类型判断	极板短路、硫化、弯曲，沉淀物过多、容器磨损，绝缘降低等	30	分析不正确、不完整每项扣 5 分				
3	故障原因分析	根据现象进行分析	30	原因分析不正确、不完整扣 5 分				
4	故障处理	正确处理并消除故障	30	使用工具不正确或处理方法不当扣 5 分				
5	安全文明生产	遵守国家或企业有关安全规定		每违反一项从总分中扣除 5 分，严重违反者停止操作			—	
	合　计		100					

试题 13：三相全控桥整流主电路与锯齿波同步触发器对接与调试

（考核时间：240min）

序号	考核内容	考核要点	配分	评分标准	检测结果	扣分	得分	备注
1	三相全控桥整流主电路	三相全控桥整流主电路的工作原理	10	对三相全控桥整流主电路的工作原理不能分析清楚不得分				
2	锯齿波同步触发器的工作原理	锯齿波同步触发器的工作原理	10	对锯齿波同步触发器的工作原理分析不清不得分				
3	示波器的使用方法	示波器的使用方法	20	不能灵活掌握示波器使用或使用方法不正确不得分				
4	锯齿波同步触发器的触发脉冲与三相全控桥整流主电路的各晶闸管的导通顺序	对锯齿波同步触发器的触发脉冲与三相全控桥整流主电路进行对接	30	锯齿波同步触发器的触发脉冲与三相全控桥整流主电路对接错误不得分				
5	对三相全控桥整流主电路与锯齿波同步触发器对接后进行调试	对三相全控桥整流主电路与锯齿波同步触发器对接后进行调试	30	对三相全控桥整流主电路与锯齿波同步触发器对接后进行调试不得分				
6	安全文明生产	遵守国家或企业有关安全规定		每违反一项从总分中扣除 5 分，严重违反者停止操作			—	
	合　计		100					

试题14：电磁调速电动机的拆卸、接线与调试

（考核时间：60min）

序号	考核内容	考核要点	配分	评分标准	检测结果	扣分	得分	备注
1	工器具准备	所需的工具、仪器和材料准备好；正确拆除电动机电源线，外壳接地线做好安全措施；正确拉下连轴器	10	所需的工具、仪器和材料没准备好，扣3分；不正确拆除电动机电源线，外壳接地线未做好安全措施，扣2分；不正确拉下连轴器，扣2分				
2	电动机的拆卸	拆卸方法和步骤正确；不能碰伤绕组；不损坏零部件；标记清楚	25	拆卸方法和步骤不正确，每处扣3分；损伤绕组扣5分；损坏零部件扣5分；标记不清楚扣3分				
3	电动机的装配	装配方法和步骤正确；不能碰伤绕组；不损坏零部件；轴承清洗干净，加润滑脂适量；螺钉紧固；装配后转动灵活	30	装配方法和步骤不正确，每处扣3分；损伤绕组扣5分；损坏零部件扣5分；轴承清洗不干净，加润滑脂不适量，扣3分；螺钉未紧固扣5分；装配后转动不灵活扣10分				
4	电机接线	接线正确、熟练；电动机外壳接地良好	15	接线不正确、不熟练，扣10分；电动机外壳接地不好，扣5分				
5	电机参数测试	测量绝缘电阻合格；测量电流、振动、转速及温度等	10	测量绝缘电阻不合格，扣5分；不会测量电流、振动、转速及温度等，扣5分				
6	空载试验	空载试验方法正确；根据试验结果判定电动机是否合格	10	空载试验方法不正确，扣5分；根据试验结果不会判定电动机是否合格，扣5分				
7	安全文明生产	遵守国家或企业有关安全规定		每违反一项从总分中扣除5分，严重违反者停止操作			—	
		合　计	100					

试题15：同步电动机与励磁装置对接与调试

（考核时间：180min）

序号	考核内容	考核要点	配分	评分标准	检测结果	扣分	得分	备注
1	同步电动机启动和运行原理分析	同步电动机启动和运行原理	10	对同步电动机启动和运行原理不能清楚的掌握不得分				
2	同步电动机励磁装置的主整流电路原理分析	同步电动机励磁装置的主整流电路	20	对同步电动机励磁装置的主整流电路不清不得分				
3	同步电动机励磁装置的灭磁方法及灭磁电阻的选择	同步电动机励磁装置的灭磁方法及灭磁电阻的选择	20	对同步电动机励磁装置的灭磁方法不了解不得分；对灭磁电阻不能正确选择扣10分				

续表

序号	考核内容	考核要点	配分	评分标准	检测结果	扣分	得分	备注
4	同步电动机励磁装置的投励原理和投励方法	同步电动机励磁装置的投励原理和投励方法	30	对同步电动机励磁装置的投励原理不清楚不得分，不了解投励方法扣10分				
5	同步电动机励磁装置的移相和脉冲环节的工作原理	同步电动机励磁装置的移相和脉冲环节的工作原理	20	对同步电动机励磁装置的移相环节的工作原理不了解扣10分，对脉冲环节的工作原理不了解扣10分				
6	安全文明生产	遵守国家或企业有关安全规定		每违反一项从总分中扣除5分，严重违反者停止操作			—	
	合　计		100					

试题16：带负荷测量差动保护回路的六角向量图

（考核时间：60min）

序号	考核内容	考核要点	配分	评分标准	检测结果	扣分	得分	备注
1	试验接线	会绘制试验接线图，现场能接线，功率表极性正确	10	接线不正确，每处扣5分；极性错误，每处扣5分				
2	试验条件和注意事项	条件和安全注意事项	10	少掌握1条扣5分				
3	操作过程	安全注意事项落实，正确操作，正确读数记录齐全	40	读数不正确每个扣5分；注意事项不明确或没实施每项扣5分				
4	绘制向量图	画出向图，掌握审查条件	40	画不出图扣全分，审查条件少1条扣5分				
5	安全文明生产	遵守国家或企业有关安全规定		每违反一项从总分中扣除5分，严重违反者停止操作			—	
	合　计		100					

试题17：配电变压器的短路试验

（考核时间：120min）

序号	考核内容	考核要点	配分	评分标准	检测结果	扣分	得分	备注
1	试验接线	会绘制试验结线图，现场能接线，功率表和互感器极性正确	20	接线不正确，每处扣5~10分；极性错误，每处扣5分				
2	设备选择	估算正确，使用导线和开关合适	20	不会选用，每项扣5~10分；选择不合适，每项扣5分				
3	操作过和	安全注意事项落实，正确操作，正确读数记录齐全	30	读数不正确每个扣5分；注意事项不明确或没实施每项扣5分				

续表

序号	考核内容	考核要点	配分	评分标准	检测结果	扣分	得分	备注
4	结果计算	会简单计算（略去误差，频率，和波形的校正）	30	不会计算每个扣15分；计算错误每个扣10分				
5	安全文明生产	遵守国家或企业有关安全规定		每违反一项从总分中扣除5分，严重违反者停止操作			—	
		合　计	100					

试题18：安装和调试晶闸管直流电动机调速电路

（考核时间：210min）

序号	考核内容	考核要点	配分	评分标准	检测结果	扣分	得分	备注
1	元件检查筛选	测试元件方法正确；元件技术参数选择合理	10	测试方法不对，每次扣5分；元件技术参数相差太大，每件扣3分				
2	元件安装	按图纸要求，正确使用工具，安装元器件；元件布局合理、准确；	35	元件安装位置错误，每件扣3分；元件排列不整齐扣5分				
3	接线	美观、紧固无毛刺	10	元件有虚焊、毛刺，每件扣3分				
4	通电试验	调试方法正确；正确给出观察点、波形图	45	示波器使用错误扣10分，调试顺序错误扣10分；观察点波形不对，每个扣5分				
5	安全文明生产	遵守国家或企业有关安全规定		每违反一项从总分中扣除5分，严重违反者停止操作			—	
		合　计	100					

试题19：主变压器数字式保护整定值调校

（考核时间：90min）

序号	考核内容	考核要点	配分	评分标准	检测结果	扣分	得分	备注
1	定值的输入	会接线、能操作并简单故障排除	40	输错一个数据扣5分				
2	主保护的调校	会接线、能操作并简单故障排除	20	不会接线扣10分；操作不当扣5分				
3	后备保护的调校	会接线、能操作并简单故障排除	20	不会接线扣10分；操作不当扣5分				
4	非电量保护的调校	会接线、能操作并简单故障排除	20	不会接线扣10分；操作不当扣5分				
5	安全文明生产	遵守国家或企业有关安全规定		每违反一项从总分中扣除5分，严重违反者停止操作			—	
		合　计	100					

试题 20：机械手装置的程序编制，并进行安装与调试

（考核时间：240min）

序号	考核内容	考核要点	配分	评分标准	检测结果	扣分	得分	备注
1	电路设计	根据给定的继电控制电路图，列出 PLC 控制 I/O 口（输入/输出）元器件地址分配表，设计梯形图及 PLC 控制 I/O 口（输入/输出）接线图，根据梯形图，列出指令表	40	输入输出地址遗漏或搞错，每处扣 1 分；梯形图表达不正确或画法不规范，每处扣 2 分；接线图表达不正确或画法不规范，每处扣 2 分；指令有错，每条扣 2 分				
2	接线	按 PLC 控制 I/O 口（输入/输出）接线图正确安装	35	不按 PLC 控制 I/O（输入/输出）接线图接线，每处扣 2 分；损坏元件，每只扣 5 分				
3	程序输入及调试	熟练操作 PLC 键盘，能正确地将所编写的程序输入 PLC；按照被控设备的动作要求进行模拟调试，达到设计要求	25	不会熟练操作 PLC 键盘输入指令，扣 2 分；不会用删除、插入、修改等命令，每项扣 2 分；一次试车不成功扣 4 分；两次试车不成功扣 8 分；三次试车不成功扣 10 分				
4	安全文明生产	遵守国家或企业有关安全规定		每违反一项从总分中扣除 5 分，严重违反者停止操作			—	
	合　计		100					

试题 21：四层电梯 PLC 程序设计与调试

（考核时间：150min）

序号	考核内容	考核要点	配分	评分标准	检测结果	扣分	得分	备注
1	电路设计	根据给定的考核内容及控制要求，分配输入输出继电器，设计 PLC 控制 I/O 接线图	20	输入输出地址遗漏或搞错，每处扣 1 分；接线图表达不正确或画法不规范，每处扣 2 分				
2	接线	按 PLC 控制 I/O 接线图，正确接线	20	PLC 控制 I/O 接线图接线错误，每处扣 2 分；损坏元件，每只扣 5 分；系统硬件安装有错误，每处扣 2 分				
3	程序输入及调试	熟练操作 PLC 键盘，能正确地将所编写的程序输入 PLC；按照被控设备的动作要求进行模拟调试，达到设计要求	60	不会熟练操作 PLC 键盘输入指令，扣 2 分；不会用删除、插入、修改等命令，每项扣 2 分；一次试车不成功扣 4 分，二次试车不成功扣 8 分，三次试车不成功扣 10 分				
4	安全文明生产	遵守国家或企业有关安全规定		每违反一项从总分中扣除 5 分，严重违反者停止操作			—	
	合　计		100					

试题22：用PLC设计电气控制线路，并进行安装与调试

（考核时间：60min）

序号	考核内容	考核要点	配分	评分标准	检测结果	扣分	得分	备注
1	了解并列出被控制系统的工艺要求和基本流程	要点正确	6	缺要点扣6分				
2	确定控制方案	要点齐全、正确（4个要点）	18	缺1个要点扣4.5分				
3	系统设计	要点齐全、正确（16个要点）	50	缺1个要点扣3分				
4	系统安装与接线	要点正确	6	缺要点扣6分				
5	系统调试	要点正确	6	缺要点扣6分				
6	系统的试运行	要点齐全、正确（3个要点）	14	缺1个要点扣4.5分				
7	安全文明生产	遵守国家或企业有关安全规定		每违反一项从总分中扣除5分，严重违反者停止操作			—	
		合　计	100					

试题23：自动交通信号灯程序编写

（考核时间：20min）

序号	考核内容	考核要点	配分	评分标准	检测结果	扣分	得分	备注
1	电路设计	根据给定的继电控制电路图，列出PLC控制I/O口（输入/输出）元器件地址分配表，设计梯形图及PLC控制I/O口（输入/输出）接线图，根据梯形图，列出指令表	40	输入输出地址遗漏或搞错，每处扣1分；梯形图表达不正确或画法不规范，每处扣2分；接线图表达不正确或画法不规范，每处扣2分；指令有错，每条扣2分				
2	接线	按PLC控制I/O口（输入/输出）接线图正确安装	35	不按PLC控制I/O（输入/输出）接线图接线，每处扣2分；损坏元件，每只扣5分				
3	程序输入及调试	熟练操作PLC键盘，能正确地将所编写的程序输入PLC；按照被控设备的动作要求进行模拟调试，达到设计要求	25	不会熟练操作PLC键盘输入指令，扣2分；不会用删除、插入、修改等命令，每项扣2分；一次试车不成功扣4分，二次试车不成功扣8分，三次试车不成功扣10分				
4	安全文明生产	遵守国家或企业有关安全规定		每违反一项从总分中扣除5分，严重违反者停止操作			—	
		合　计	100					

试题 24：安装和调试由 555 定时器组成的变音门铃电路

（考核时间：90min）

序号	考核内容	考核要点	配分	评分标准	检测结果	扣分	得分	备注
1	准备工作	准备电工常用工具及万用表、电子元件	10	每少准备一件扣 2 分				
2	按图焊接	正确使用工具和仪表，装接质量可靠，装接技术符合工艺要求	45	布局不合理扣 1 分；焊点粗糙、拉尖、有焊接残渣，每处扣 1 分；元件虚焊、气孔、漏焊、松动、损坏元器件，每处扣 1 分；引线过长、焊剂不擦干净，每处扣 1 分；元器件的标称不直观、安装高度不合乎要求扣 1 分；工具、仪表使用不正确，每次扣 1 分；焊接时损坏元器件，每个扣 2 分				
3	通电试验	在规定时间内，使用仪器、仪表调试后进行通电试验	40	通电一次不成功扣 5 分；两次不成功扣 10 分；三次不成功扣 15 分；测试过程中损坏元件，每个元件扣 5 分				
4	清理现场	停电、拆线	5	未先停电拆电源线扣 3 分；未清理现场扣 2 分				
5	安全文明生产	遵守国家或企业有关安全规定		每违反一项从总分中扣除 5 分，严重违反者停止操作			—	
合计			100					